普通高等教育农业部“十二五”规划教材

药用动物养殖学

Yaoyong Dongwu Yangzhixue

卫功庆　尹云厚　主编

中国農業大學出版社
CHINA AGRICULTURAL UNIVERSITY PRESS

内 容 简 介

《药用动物养殖学》包括7章，第一章为总论，其余6章为各论，包括了药用哺乳类动物、药用鸟类、药用爬行及两栖类动物、药用节肢动物、药用昆虫及其他药用动物。每章配有复习思考题，以便学生学习。

药用动物养殖学是"野生动物与自然保护区管理"、"中药学"、"中药资源与开发"等本科专业的专业方向课程或核心课程，同时，也是畜禽教育等高职教育类专业的必修课程。

图书在版编目(CIP)数据

药用动物养殖学/卫功庆，尹云厚主编.—北京：中国农业大学出版社，2015.9

ISBN 978-7-5655-1365-7

Ⅰ.①药… Ⅱ.①卫…②尹… Ⅲ.①药用动物-饲养管理 Ⅳ.①S865.4

中国版本图书馆 CIP 数据核字(2015)第 193090 号

书　名　药用动物养殖学

作　者　卫功庆　尹云厚　主编

策划编辑　赵　中　　**责任编辑**　韩元凤

封面设计　郑　川

出版发行　中国农业大学出版社

社　址　北京市海淀区圆明园西路2号　　**邮政编码**　100193

电　话　发行部 010-62818525,8625　　读者服务部 010-62732336

编辑部 010-62732617,2618　　出　版　部 010-62733440

网　址　http://www.cau.edu.cn/caup　　**e-mail** cbsszs@cau.edu.cn

经　销　新华书店

印　刷　涿州市星河印刷有限公司

版　次　2015年9月第1版　2015年9月第1次印刷

规　格　787×1 092　16开本　17.75印张　440千字

定　价　38.00元

图书如有质量问题本社发行部负责调换

编写人员

主　编　卫功庆　尹云厚

副主编　蔡凤坤　鞠贵春　杨宝田　何玉华

编　者　卫功庆　尹云厚　蔡凤坤　鞠贵春　杨宝田　温铁峰
张爱武　苏凤艳　杨桂芹　李舸民　宗　颖　白秀娟
郑　雪　何玉华　刘建博　李慧萍

前　言

2012年1月我完成国家留学基金委的访问学者研修任务，回到了阔别一整年的工作单位，吉林农业大学中药材学院，心情异常兴奋，打算在专业学术领域启动新的努力方向。恰逢农业部组织申报"十二五"规划教材，多年来就有的一个心愿涌上心头——重新编写《药用动物养殖学》。天遂人愿，申报工作顺利而成功，便有了今天的本书出版。

药用动物（medicinal animal）是动物界的组成部分，是中药中动物药（animal medicine）的生产者。新形势下，动物药的获得已经不能依赖野生资源（wild resources）了，而是主要依靠人工资源（artificial resources）。获取人工资源的主要方式之一是药用动物养殖。因此，只有大力发展药用动物养殖，提高技术和水平，才能满足不断增长的动物药需求。这不仅为人类健康事业做出重要贡献，而且还间接地保护了野生药用动物资源。由于药用动物养殖的意义重大，因此本人也感到任务艰巨。

本书打算作为动物养殖类专业和中药类专业的教科书。同时，也可供药用动物生产者作为技术参考。写作假定是，读者已经具备了动物学、生态学、生理学、营养学、繁殖学等基础知识。尽管本书是从全国的视角来论述的，但是书中还是列举了许多北方地区药用动物养殖的例子，而这些问题可能也会在中国的南方地区出现。

本书的内容被审慎地限定在与药用动物养殖有关的理论和技术上，没有涉及疾病及防治的内容。一方面，考虑本书的篇幅，另一方面，也是疾病及防治的内容较多、体系独立的缘故。有关此方面的知识请课外参考相关书籍和资料。

本书共分为7章，第一章为总论，其余6章为各论，依次为药用哺乳类动物养殖、药用鸟类养殖、药用爬行及两栖动物养殖、药用节肢动物养殖、药用昆虫养殖及其他药用动物养殖。每章配有复习思考题，以便学生学习。

感谢所有编者的辛勤努力和智慧，感谢我的学生们给我的反馈意见及细节上的修订，感谢中国农业大学出版社给予的热情鼓励与支持。最后，还要特别感谢白庆余先生为药用动物养殖所做的奠基性工作。

卫功庆
2015.3.28

目　录

第一章

总　论

第一节　药用动物与动物药

一、概念

在百度百科中,"药用动物(medicinal animal)"被描述为"凡具有一定的人药或能医治人、动物或植物的动物都可列入药用动物"。白庆余先生的定义是"药用动物是指身体的全部、局部或机体代谢产物人药的动物,它们所产生的药物统称为动物药"。显然,后者更具学术性,表述也更为清晰而富于实质性。

动物药和药用动物是一双对应的概念,但是,二者应用领域不同,后者属于生物学的范畴,而前者则隶属药学范畴。很显然,药用动物是根据动物对于人类的应用价值而人为划分的一个子类,与动物的天然属性与分类特性无关。动物药则是中药或天然药物的来源之一,或者是其组成部分。

从 20 世纪末开始,动物药的概念出现了双重含义。随着"兽医学(veterinary medicine)"改为"动物医学(animal medicine/medical science)","兽药(veterinary drugs/medicine)"也随之变为"动物药(animal drugs/medicine)"。这不仅给大众带来了困惑,也给相关行业人士的表述和应用带来了麻烦。为脱离此窘境,编者建议将中药中的"动物药(animal medicine)"改为"动物药材(medicinal ingredients from animals)",以示区别。

二、动物药的简史

中华人民共和国成立以前,中药中的动物药几乎都来自于野生动物。例如,杀麝取麝香、杀熊取熊胆等。

我国古代关于动物药的记载,首推后汉时期的《神农本草经》。在其记录的 365 种中草药中,共有 65 种动物药。其后,南北朝时期陶弘景在《名医别录》中又增加了穿山甲等数种药用动物至宋朝唐慎微《经史证类备急本草》的 1 746 种中草药中,记录了动物药达 315 种。明朝李时珍著的《本草纲目》,记录中草药 1 892 种,其中动物药为 461 种。清代赵学敏在《本草纲目拾遗》中记录了动物药122种。20世纪80年代初,《中国药用动物志》共收载药用动物485种,《中国动物药》一书中共记载动物药564味,涉及药用动物510种。我国历代本草及记载的动物药种类数见表1-1。

表1-1 我国历代本草及记录的动物药数量

书名	年代	著者	卷数	药物种类	动物药种数	附注
神农本草经	汉	作者不详	3	365	65	兽类16种,鸟类几十种,爬行类8种,鱼类几十种
神农本草经集注	南朝齐、梁	陶弘景	7	730		
新修本草	唐显庆四年	苏敬等	54	844		
本草拾遗	唐开元二十七年	陈藏器	10	增400		
蜀本草	五代后蜀	韩保升等	20	983		
开宝本草	宋开宝六年	马志等	21			
嘉祐补注本草	宋嘉祐五年	掌禹锡等	20	1 082		
经史证类备急本草	宋元祐年间	唐慎微	32	1 746	315	
本草衍义	宋政和六年	寇宗奭	20	472		兽类58种、鸟类84种
救荒本草	明永乐四年	朱橚	4	414		
本草纲目	明万历二十四年	李时珍	52	1 892	461	兽类68种、爬行类37种、两栖类9种、鱼类59种、鸟类87种
本草纲目拾遗	清乾隆三十年	赵学敏	10	716	122	收载本草纲目未载的药物

近代以来,也有许多药学专著记录了应时动物药。特别是中华人民共和国成立后,国家对中药极为重视,出版了大量权威性中药典籍。现将新中国出版的主要中药权威典籍及基本概况列于表1-2。

表1-2 新中国出版的代表性中药典籍及概况

书名	出版年代	出版社(编者)	卷(册)数	收录种类数
中药志	1959年	人民卫生出版社	4	500
全国中草药汇编	70年代	人民卫生出版社	上、下册	2 200
中药大辞典	1979年 2006年	江苏新医学院 南京中医药大学	一册 一册	5 767 6 008
原色中国本草图鉴	1986年	人民卫生出版社	25	5 000
中国民族药志	1984年	人民卫生出版社	2	1 200

续表 1-2

书名	出版年代	出版社(编者)	卷(册)数	收录种类数
中华人民共和国药典	1953 年、1963 年、1977 年、1985 年、1990 年、1995 年、2000 年、2005 年、2010 年	中国医药科技出版社	3	一部:收载药材和饮片、植物油脂和提取物、成方制剂和单味制剂等,品种共计 2 165 种,其中,新增 1 019 种修订 634 种。收载的动物药材和饮片 47 种。

三、药用动物产业的发展

根据 1985—1989 年全国中药资源普查结果,我国中药资源共有 12 772 种,其中药用动物有 414 科 879 属 1 574 种。在我国药用动物中,药用陆栖动物 329 科 720 属 1 295 种;药用海洋动物 85 科 141 属 275 种。

药用动物的提法随着动物药人工生产的开始而诞生。1956 年,中共中央国务院、林业部会同中国科学院,对全国自然保护区进行规划,提出在全国各省、自治区规划自然保护区四十多处。与此同时,为了应对野生中药资源的短缺,提出了"变野生为家养"的号召。就在此时期,国家在吉林省的东丰、四平、双阳,辽宁省的西丰等地建设了梅花鹿养殖场,在四川马尔康、陕西镇平和安徽佛子岭建立了养麝场。为了大力发展中药人工资源,还委托吉林省教委在吉林农业大学开设了"药用动物"和"药用植物"两个本科专业。这便是药用动物及生产的真正开端。

中华人民共和国成立 65 年来,药用动物养殖业有了空前的发展。随着人民医药卫生水平的不断提高,出口与内销的需要量成倍增长。现在各地人工养殖的药用动物约有 20 多种,变野生为家养的种类日益增多,其养殖方式大体上可分为原地复壮、引种放养、变野生为家养等几类。国家重视药用动物人工养殖,主动做好培育动物药人工资源的工作。我国已能成功地进行鹿、林麝、熊、全蝎、土鳖虫、蚯蚓、海马、甲鱼、水蛭等药用动物的人工养殖,许多地方建立了药用动物养殖场,不仅提供动物药药源,还出口换取了大量外汇。

第二节 药用动物的分类

一、经典动物分类系统

动物分类是认识和区别动物的种类,研究动物的系统发生、发展过程和规律的科学。药用动物分类则是专门研究有药用价值的动物分类分支,它应是整个动物分类学的一个组成部分,或者可称为应用分类学。进行动物分类的研究,需要有广泛的动物生物知识基础,如动物形态、细胞、胚胎、生理、生态、遗传、古动物学等学科的知识。对这些方面的资料和研究成果,在分类研究中加以归纳,推理演绎,形成比较全面的科学论据,特别是要求对动物的种类进行识别和鉴定,具有重大的实用性。尤其是将药用动物进行属(genus)、种(species)和亚种(subspecies)级的鉴定,实用价值更大。

关于动物分类的方法和步骤,大体为区系调查和系统分类研究两个阶段:首先要确定任务和制定计划,然后进行实地考察。采集动物的幼体和成体标本,雄性和雌性标本,测量动物的体尺和称重,记录采集日期、地点、海拔高度等。同时,要对动物进行生态观察和描述,如栖息地,生活习性,食性,数量统计,繁殖和迁徙行为等。接着,要对采集到的标本进行鉴定,确定其在动物分类系统中的地位。如果发现可能属于新种时,则应将标本和记录资料送交有关专门机构和专家进行鉴定。在进行区系调查和系统分类时,要特别着重对种群的形态性状,变异规律,亚种分化和种的进化趋向等方面的调查研究。

在分类学上,种是基本的单位。种的鉴别,在实际分类工作中,一般有两个基本准则,即形态上和分布上的准则。在形态方面,任何两个种之间,必定具有明显而稳定的形态差异。这些截然不同的性状区别,不仅限于动物的个别个体之间,而是种群之间的差异。在分布方面,每一个种群都有自己的分布区。两个不同的种群可能分布在同一个地区,也可能分布在不同的地区。前者称为同域型(sympatry),而后者称为异域型(allopatry)。凡属于同域型的不同种群,彼此并不相配生育,且未见杂种(或仅在极其偶然时见到),这些则认为是种。凡属异域型的种群,在它们的分布区(主要是繁殖区)相接触或跨越的地区,可能互配生殖,也可能不相杂交。凡不能杂交者,视为不同的种,凡能彼此杂交并能产生过渡或居间类型的,则应认为是同一种内的不同亚种。所以,两个种群在自然界中能否互配生育,是对种的判别的一条重要标准。由于动物交配的季节和时间的限制,不易直接觉察其是否互配生育,而从地理学角度来探究各种群的分布范围,在分布重叠或部分分布重叠的地区中,查看有无过渡类型(即杂种)的形成,也可以鉴别,这称为地理学准则。上述形态学的和地理学的依据,在分类学中统称为形态地理学方法。凡是种未有亚种分化者,称为单型种(monotypic species);凡是分化成几个亚种者,称为多型种(polytypic species)。凡是地方性种群,彼此间在分类上互有差异,而其差异至少达到种群的75%,就成为不同的亚种。亚种间在其分布相接触或重叠的地区,彼此可相互杂交而产生中间类型,这是与种的重要区别。

动物的名称,在各国的各个地区有所不同。有的同一种动物,常有不同的俗名;有的不同种的动物,在相异的地区却叫同一名称,形成"同种异名"或"同名异种"。因此,动物学上记载物种的名称,都用一种国际上通用的双名制,既便于国际交流,又免除文字障碍或误解。所谓双名制,就是以拉丁文或合于拉丁文格式的文字,记载物种的属名及其种名,把此二名连缀起来,即成为这个种的学名。属名的第一个字母要大写,种名皆用小写。遇有亚种时,则在种名之后再加以亚种名,用小写,即成为三名制。例如,中国林蛙(俗名哈士蟆),其全学名为:

属名　　种名

Rana　*chensinensis*

在整个动物分类系统中,分类学家将动物分为七个等级,即:

界 Kingdom
　门 Phylum
　　纲 Class
　　　目 Order
　　　　科 Family
　　　　　属 Genus
　　　　　　种 species

以种(species)作为分类的基本单位。把亲缘相近的种归纳为属(Genus),相近的属归纳为科(Family),相近的科归纳为目(Order),相近的目归纳为纲(Class),相近的纲归纳为门

(Phylum),而将所有门类的动物统归为整个动物界(Kingdom)。与植物界(plant kingdom)一样,组成了一个完整的动物分类系统。例如,产生鹿茸和鹿角的马鹿在动物界的分类地位为:

门 脊索动物门(Chordata)

纲 哺乳纲(Mammalia)

目 偶蹄目(Artiodactyla)

科 鹿科(Cervidae)

属 马鹿属(*Cervus*)

种 马鹿种(*elaphus*)

依照三名法,我国的东北地区所分布的马鹿称作黄臀赤鹿,即 *Cervus elaphus xanttcopygus*,而 xanttcopyg 一词又反映出马鹿的种下分化,即马鹿仅有一个种,即 *Cervus elaphus*,但分化成了许多个亚种,如:

东北马鹿 *C. e. xanttcopygus*

准噶尔马鹿 *C. e. songaricus*

甘肃马鹿 *C. e. kansuensis*

藏南马鹿 *C. e. wallichi*

这样,在动物分类检索表中就可以查清每种药用动物的分类地位,了解各种动物的亲缘关系,引导深入研究各种药用动物。

二、现代动物分类技术

动物分类以传统分类学(classical taxonomy)为基础,后来诞生了数值分类学(numerical taxonomy)、支序分类学(cladistics)、进化分类学(evolutionary systematics)和分子系统学(molecular phylogenetics)等。特别是后者,发展迅速,解决了许多低等动物分类的难题。

以林蛙为例,因为其外部形态受生境影响大,导致分类研究难度加大。近年来,通过分子生物学手段,对林蛙的生物大分子(DNA 和蛋白质)进行了探索性研究,取得了初步成果。此为其他低等药用动物的分类学研究指明了道路。

总结药用动物分类研究的成果,药用动物大致可分为 8 门。

(一)原生动物门(Protozoa)

原生动物是动物界中最低等的动物。除群体种属之外,大多数原生动物的身体都是由一个细胞构成,称为单细胞动物。它没有高等动物所具有的组织、器官和各个功能系统,但也具有营养、呼吸、排泄、行动、感应和生殖等各种生理机能,只是这些机能由同一团的原生质来承担。所以说,它既是一个单细胞动物,又是一个完全能独立生活的有机体,或称为无细胞动物。

对原生动物的药用价值研究较少。在国内外,有人研究利用培养草履虫(*Paramaecium caudatum*)的培养液来诊断胃癌。

(二)海绵动物门(Spongia)

海绵动物是最低等的多细胞动物。它的基本形态是辐射对称型,没有头、尾,左、右之分,一端固着在坚实的底基上,一端游离,体软如绵,故称海绵动物。海绵动物的组织学特点是只有皮层,胃层和非细胞组成的中胶层,因此,它属于两胚层动物。多生活在海水中,仅有少数种类生活在淡水里。

药用海绵动物脆弱针骨淡水海绵(*Spongilla fragilis* Lecidy),中药名紫梢花。此种动物为棒状群体，灰色或褐色。在流水中生活，固着在石块、树枝或水草之上，厚约 1 cm。主产于我国长江以北各省(区)。以干燥之群体入药，秋冬季节采集。体轻，质松，多孔而呈网状，气味淡弱。

紫梢花首载于《本草拾遗》，《图经本草》描述较详细。主要组成成分为海绵硬蛋白(spongin)，海绵异硬蛋白(sponginin)，尚含有磷酸盐及碳酸盐等。具有补肾、益精、助阳之功能。能治疗阳痿、遗精、带下及小便失禁等症。

海绵动物中有许多种类具有抗菌成分，现正在研究提取广谱性抗菌作用物质。近年来，又发现它对细胞生长发育有明显的抑制作用，并具有抗癌活性。

(三)腔肠动物门(Coelenterata)

腔肠动物也是低等的两胚层动物，在动物进化阶段上是真正后生动物的开始。它的身体由外胚层和内胚层组成，在内外胚层之间有一层胶状的中胶层。身体中央有一腔，称作消化腔。有一开孔与外界相通，兼具吞食和排出物质之功用。其体形也是辐射对称型。外胚层具有保护、运动、感觉的功能，由许多表皮肌肉细胞所组成；内胚层的功能主要是消化，是由许多消化细胞和内皮肌肉细胞所组成。腔肠动物开始出现了神经细胞，并具有了刺细胞和腺细胞。

药用腔肠动物主要有海月水母、海蜇、珊瑚和海浮石等。

1. 海蜇(*Rhopilema esculentum* Kishinouye)

海蜇呈伞形或半球形，直径一般为 250～450 mm，最大者可达 500 mm 以上。伞中央胶质厚，向边缘处逐渐变薄。外伞表面光滑。伞缘有感觉器 8 个，位于主辐和间辐的末端缺刻内，各缺刻间有许多缘瓣。活的海蜇通常为青蓝色，有时呈暗红色。口腕附属器乳白色，或近乎透明，雌性体色较深。海蜇是我国沿海所产的大型水母，喜在河口区和海湾附近生活，夏秋之季，可在海面上大量出现。捞出水后边缘部分很易溶化。北起辽宁，南到厦门均有分布。

海蜇作为药用始载于《本草拾遗》。陈藏器描述海蜇“大者如床，小者如斗”，“无眼目腹胃……”李时珍在《本草纲目》中描述“水母形浑然凝结，其色红紫，无口眼腹，下有物如悬絮……”在古医药资料中多称为“海蛇”。其干燥之全体入药。捕捞后撒上少量明矾晒干。用时以清水浸泡 2～3 d，每日换水，而后捞出应用。通过化学分析，海蜇是由蛋白质，脂肪，碳水化合物，灰分所组成。无机盐类含有钙、铁、磷、碘等，维生素类有维生素 B_1、烟酸等。具有清热解毒，消肿散结，降压等作用。主治淋巴结结核、高血压、阴虚便秘、热痰、硅沉着病等症。外用可治丹毒，烫伤。据资料报道，我国南海所产的黄斑海蜇(*Rhopilema pidum* Vanhoeffen)可同等入药。

2. 桃色珊瑚(*Corallium japonicum* Kishinouye)

为珊瑚虫纲的水生群体腔肠动物。呈树枝状，分枝扩展如扇。因其表面生有许多水螅体，因而称珊瑚虫。虫体能分泌大量的石灰质而形成外骨骼，即通常所见的石质坚硬的珊瑚。骨质红润晶莹，也是珍贵美丽的装饰品。此种珊瑚着生在海底礁石之上，各水螅体的触手可捕食微生物及腐烂生物体的残片。兼有无性生殖和有性生殖。我国台湾及南部海域较多，尤以西沙群岛所产著名。

桃色珊瑚是以其石灰质骨骼入药。采收后洗净、晾干，即可做药材，多断成 2～3 cm 碎段。主要成分为碳酸钙。具有安神，明目，镇惊的功能。可治目翳、惊痫、吐衄、心肺郁热诸症。

据资料记述，各种珊瑚类均有同效。

3. 脊突苔虫(*Costazia aculeata*)

药名海浮石，始载于《日华诸家本草》。为苔藓虫类骨骼。原动物为在海水中营固着生活的群体，呈树枝状，雌雄同体。骨骼入药，主要成分为碳酸钙，并含少量镁、铁等。具有清热化痰，软坚散结，通淋等功能。可治疮肿、目翳、瘿瘤、瘰疬、淋病、疝气以及肺热多痰、咳嗽等症。

(四)环节动物门(Annelida)

本门动物体圆而长，并具有环节，有真正体腔，行动器有刚毛，生在体壁或疣足上，有闭管循环器及成节排列的肾管。海产动物发生过程中有担轮幼虫期。本门的药用动物主要有多毛纲的沙蚕、沙蠋，寡毛纲的蚯蚓和蛭纲的水蛭。

1. 参环毛蚓(*Pheretima aspergillum*)

体长 110～380 mm，宽 5～12 mm，背孔自 11～12 节开始，环带占第 14、15、16 三节。环带上的体节上无背孔和刚毛。在环带以前，各节刚毛圆粗而硬。雌性生殖孔位于第 14 节腹面正中，仅有 1 个。雄性生殖孔在第 18 节腹面两侧，外缘有浅皮褶，受精囊孔 3 对，位于 6～7，7～8，8～9 四节之节间。受精囊球形，管较短，盲管也短而弯曲数转，为纳精囊。参环毛蚓生活在潮湿的土壤之中，多分布于广东、广西、福建等省(区)。

蚯蚓的药物名称叫作地龙，参环毛蚓称为广地龙，为中药的正品。地龙之名首见于《图经本草》，《本草纲目》中列为虫部湿生类。以干燥全体入药。广地龙除因产于南方之外，主要是加工时将参环毛蚓除去内脏，泥杂，洗去黏液，晒干。商品呈薄长条状，体色灰棕或灰红。北方所产的蚯蚓加工成地龙时多不去内脏，商品圆柱形，呈灰褐色或土灰色。土地龙一般以缟蚯蚓(*Allolobophora caliginosa trapezoides*(Duges))为主。

蚯蚓含蚯蚓解热碱(lumbrofebrine)，蚯蚓素(lumbritin)，蚯蚓毒三素(terrestrolumbrolysin)等；广地龙含有 6-羟基嘌呤(Hypoxanthini)。长期临床试验证明，地龙具有解热，镇静，利尿，通经，平喘，降压，抗组织胺及抗惊厥等多种功能。能治疗热结尿闭、高热烦躁、抽搐、经闭、半身不遂、咳嗽喘急、小儿急慢惊风、癫痫、高血压病、痹症等。

2. 水蛭

在动物分类上蛭类单分成一纲，称为蛭纲(Hirudinea)。蛭类无疣足，也无刚毛，靠肌肉伸缩，形成特殊的蛭行运动方式。前后端有吸盘，体节有定，雌雄同体，有黑褐色，或有黄橙色等花纹。水栖、陆栖或树栖的种类都有。蛭类实际上是营半自由生活和半寄生生活。

蛭类作为药用动物的种类很多。俗名蚂蟥。其中主要有日本医蛭(*Hirudo nipponica* Whitman)(图 1-1)、尖细金线蛭(*Whitmania acranulata* Whitman)、宽体金线蛭(*Whitmaniapigra* Whitman)、光润金线蛭(*Whitmania laevis* Baird)等。

图 1-1 日本医蛭

水蛭首载于《神农本草经》，列为下品。《本草纲目》列于虫部卵生类。夏秋捕捉，洗净，晒干，以干燥全体入药。用时，多经过炒热炮制。水蛭主要含蛋白质，新鲜水蛭唾液中含有一种抗凝血物质，名叫水蛭素(hirudin)，另外还含有一种组织胺样物质，还有肝素(heparin)，抗血栓素(antithrombin)等。水蛭在临床应用上，具有破血通经、消积散瘀、解毒、堕胎之功能。主治闭经腹痛，产后恶露不尽，跌打损伤，无名肿毒，肝硬化等症。

除蚯蚓和水蛭外，药用环节动物中还需提出的有多毛纲(Polychaeta)的沙蚕和沙蠋(海蚯蚓)。沙蚕(*Nereis succinea*)体内含有沙蚕毒素，具有麻痹毒杀各种农业害虫等作用。沙蠋(海蚯蚓)具有解毒作用,可治疗人体的疮疖,可消肿止痛、敛口收肌。

据资料报道,还有些种类的环节动物可提取出抗霉菌成分,其抗霉菌能力可与灰黄霉素相比。

(五)软体动物门(Mollusca)

软体动物约有8万种,为动物界中第二大门类。像蜗牛、牡蛎、田螺、河蚌、乌贼等药用动物都属于这一门。软体动物通常身体是柔软的,没有分节。身体分为头部、足部和内脏团三个部分,由于生活方式的不同,这三部分的形态结构变化很大。内脏团背面两侧的皮肤向外起褶,并延伸成两个裙状的覆盖物,叫作外套膜。软体动物的外骨骼——以石灰质为主的硬壳即是外套膜分泌物形成的。软体动物门中药用动物有很多种,大致为:

(1)双神经纲(Amphineura) 石鳖。

(2)腹足纲(Gastropoda) 鲍鱼、马蹄螺、田螺、锥实螺、红螺、骨螺、辣螺、蜗牛、蛞蝓、蝾螺、货贝、东风螺、瓜螺、泥螺、海兔等。其中著名的动物药有石决明(鲍鱼的外壳),甲香(蝾螺厣),白螺蛳壳(环棱螺壳),贝齿(货贝壳),吐铁(泥螺肉),海粉(海兔卵巢)等。

(3)瓣鳃纲(Lamellibranchiata) 河蚌、贻贝、牡蛎、海扇、蛤仔、缢蛏等。河蚌、海扇可生长珍珠,淡菜即贻贝肉,长竹蛏肉(导刀)和缢蛏肉也入药,其他多为外壳入药。

(4)头足纲(Cephalopoda) 乌贼,章鱼等。海螵蛸即乌贼骨(图1-2),长蛸及短蛸皆为章鱼类动物,其肉和软体部提取物入药。

总之,软体动物药用种类随着药物学的发展不断增多。近年来,利用石鳖治疗颈淋巴结结核病效果很好,还有人利用石鳖粉末治疗麻风病。鲍鱼的肉和壳均可治病,肉可治月经不调和大便干结,壳的中药名叫石决明(图1-3)、千里光,具有清热和明目的功效,还可与其他药物配伍治疗多种疾病。已发现鲍鱼的提取物有抑菌、抗炎作用。从海兔腺体中提取出几种海兔毒素,其皮肤含挥发油成分,能麻痹神经。海兔的卵巢形似粉条,故称为海粉或海挂面。海兔有毒,不能食用,但海粉却无毒可食,含有大量的蛋白质,脂肪和维生素,是一种很好的营养品。海粉也是著名的药材,《本经逢原》记载,海粉可"散瘿瘤,解热毒",《本草纲目拾遗》中则记述其能"治赤痢,风痰"。沿海居民将海粉煎服治鼻衄,加冰糖炖服时,可治发烧、咳嗽等。华侨习惯

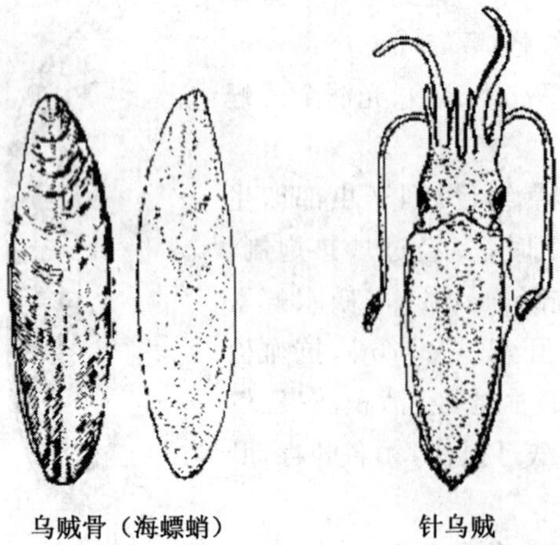

乌贼骨(海螵蛸)　　针乌贼

图1-2　海螵蛸

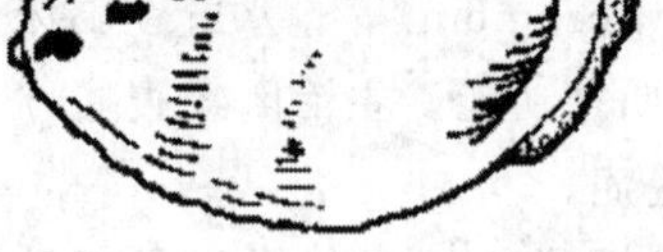

图1-3　石决明

用海粉做清凉饮料以去暑。红螺肉既是名贵食品，又有清热明目的功效，可治眼痛。红螺壳研末可治胃及十二指肠溃疡。红螺厣焙干研末可治疗中耳炎及疮疖，国内已利用它生产精氨酸。我国医药文献中以蚶类治病的记述很多，认为蚶肉有补血、温中、健胃的作用，蚶壳有和胃制酸、化痰、软坚、散瘀消积的功效。用瓦楞子煅末，治疗胃及十二指肠溃疡，胃炎及佝偻病等。蚶提取物对葡萄球菌和大肠杆菌有较强的抑制作用，而对芽孢杆菌抑制作用较差。扇贝的闭壳肌是著名的食品干贝，在扇贝的闭壳肌中提取出破坏癌细胞的成分，从扇贝的卵巢中提取出的糖蛋白，对治疗白血病很有效。乌贼用处很大，除食用外，身体各部分都可入药，如乌贼肉可治妇女闭经，乌贼蛋（缠卵腺）可开胃利水，乌贼墨可以止血，乌贼骨药名海螵蛸，可收敛、止血、制酸、止痛。

（六）节肢动物门（Arthropoda）

节肢动物不但有明显的体节，而且在体节上具有分节的附肢。由于体节的愈合和变化，又使节肢动物分化为头、胸、腹三部分。与软体动物不同，节肢动物的外骨骼是由皮肤分泌的几丁质（chitin）形成，并在内面附着收缩能力很强的肌肉，使节肢动物的运动能力大为增强。它的呼吸器官为气管或肺囊。节肢动物是动物界中种类最多，数量最大的一门。仅昆虫的种类就占整个动物界的70%～80%。药用动物的种类和数量也是最多的。

节肢动物门中药用动物主要归属于以下几纲：

（1）肢口纲（Merostomata），如鲎。

（2）甲壳纲（Crustacea），如虾、蟹等。

（3）蛛形纲（Arachnoidea），如蜘蛛、蝎等。

（4）多足纲（Myrhpoda），如蜈蚣、马陆等。

（5）昆虫纲（Insecta），本纲包括大量的药用动物及其所产的各种动物药。如土鳖虫（土元）、螳螂（桑螵蛸）、红娘子、白蜡虫（虫白蜡）、角倍蚜（五倍子）、九香虫、冬虫夏草、虻虫、斑蝥、蚂蚁、芫青、洋虫、蝉（蝉蜕）、蜂（蜂毒、蜂王浆、蜂胶、蜂蜜、露蜂房、蜜蜂房、蜂蜡）、蚕（白僵蚕、僵蛹、蚕沙、蚕蛹）、地胆、葛上亭长等。由于节肢动物药效显著，在中医临床上广泛应用，有的因用量多而非常紧缺。除了已开展人工养殖的蜜蜂、蚕、土鳖虫、冬虫夏草、东亚钳蝎（全蝎）、少棘蜈蚣将在后面专题介绍之外，现将节肢动物中重点的药用动物及其所产的动物药叙述如下：

1. 鲎（*Tachypleus tridentatus*）

鲎身体分头胸部和腹部，各部分节不明显，腹部末端有一坚强有力的剑状尾，因此而称剑尾目动物。能在海底缓慢爬行，产于我国东南沿海。鲎具有多种药用价值。宋《嘉祐补注本草》记载："鲎肉主治痔，杀虫，胆主治大风癞疾；积年呷嗽，尾烧焦主治肠风泻血，崩中带下及产后痢。"现在民间仍流传着许多验方。如壳或尾焙干研末冲服，治疗胃炎等症。60年代末期，又发现鲎血可制成一种特殊检验试剂。这种试剂对革兰氏阴性细菌所产生的内毒素特别敏感，遇到有内毒素存在，可在很短时间内变成凝胶。这一特殊反应，可用于对病人的内毒素血症进行检查，使病状得到早期诊断，及时治疗。

2. 螳螂

大刀螂（*Paratenodera sinensis* Saussure）和薄翅螳螂（*Mantis religiosa* L.）常栖息于荒地、菜园等处，其卵鞘附着于杂草或灌丛上，全国各地均有分布。干燥卵鞘入药，名曰桑螵蛸。桑螵蛸首载《神农本草经》："主治伤中，疝瘕，阳痿，益精生子；女子血闭腰痛，通五淋，利小便水道。”《本草经疏》载：“凡失精遗溺，火气太盛者宜少用之。”从秋到翌春皆可采收，蒸 30～40 min，晒或烘干。含蛋白质、脂肪、铁、钙、胡萝卜素样物质等。可补肾壮阳，固精缩尿。治遗尿，遗精，小便频数，带下，肾虚及神经衰弱等症。

3. 蝉蜕（图 1-4）

为昆虫类黑蚱蝉（*Cryptotympana atrata* Fabr.）蜕落的干燥皮壳（外骨骼），药名蝉蜕。黑蚱蝉体大，色黑，有光泽，栖于杨、柳、榆、槐、枫等树上，一个世代要 12～13 年。华北及辽宁各地广泛分布。《经史证类急备本草》首名蝉蜕。《本草纲目》载：“治头风眩运，皮肤风热，痘疹作痒，破伤风及疔肿毒疮，大人失音，小儿噤风天吊，夜啼，阴肿。”蝉蜕含大量的甲壳质。含氮 7.8%，灰分 14.57%。现代医学认为蝉蜕具有散风热，利咽喉；定惊痫，宣肺透疹，明目祛翳的功能，主治风热头痛、咽喉肿痛、音哑、小儿抽搐、破伤风、麻疹、目翳、过敏性皮炎等。

4. 虫白蜡（图 1-5）

为昆虫纲蚧科动物白蜡虫（*Ericeru spela* Chavannes）的产物。卵分雌雄两性。春季孵化，雄虫幼虫在树枝上固定不动，并分泌白色蜡质，包围体外。蜡质分泌盛期相互粘连一起，使枝条成雪白色棒状。生活于白蜡树，女贞等木犀科植物上。分布于陕西、江苏、浙江、江西、湖北、湖南、四川、广西、云南、贵州各省（区）。8—9 月间采收。清晨用刀将包有蜡质的树枝割下，放入沸水锅中煮沸，虫体及杂质下沉，蜡质熔化浮在上面。待蜡质冷凝后取出，再加热熔化，趁热过滤，冷却即成。有生肌敛疮，止血定痛的功能。治金疮出血、尿血、溃疡久溃不敛等症。

图 1-4　蝉及蝉蜕

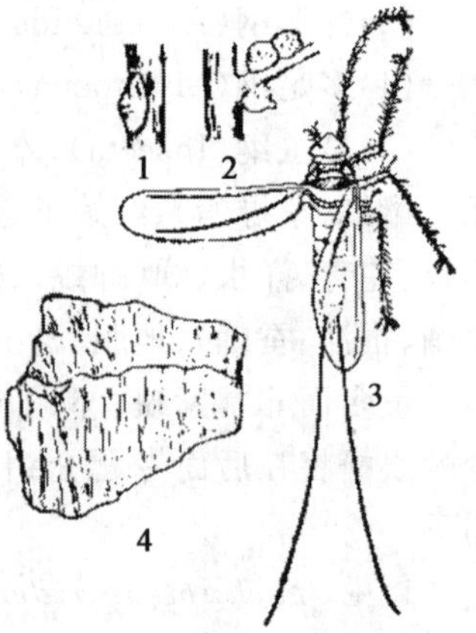

图 1-5　白蜡虫及虫白蜡

1. 雌成虫初成熟时的外貌
2. 吊糖期的雌成虫外貌
3. 雌成虫　4. 虫白蜡

5. 斑蝥

斑蝥的原动物主要有两种：

眼斑芫青（*Mylabris cichorii* L.），又名黄黑小斑蝥。成虫体长约 11～15 mm，被以黑色长毛。鞘翅有黄色横带。体腹部及足具有黑色长绒毛。成虫食植物叶、芽及花等。全国各地皆有。

大斑芫青（*Mylabris phalerata* Palla.）又名南方大斑蝥。成虫体长约 1.5～3 cm，全体被

黑毛，上有黄褐色横带，横带前缘波纹明显。全国各地均有分布。

斑蝥以干燥成虫全体入药。夏季清晨采捕。捕捉时，应戴手套，以免刺激皮肤，引起皮炎。将捕到的斑蝥用沸水烫死，晒干或烘干。在加工方法上还有米炒斑蝥，即将米放在锅内，加热使米粘贴锅上，每千克斑蝥用米 200 g，待米冒烟后即倒入斑蝥，轻轻翻炒，取出，除去足、翅即成。

芫青属昆虫含斑蝥素(cantharidin)，有剧毒。斑蝥制剂涂于皮肤上，对皮肤有刺激作用，并引起皮肤浅层发红起泡等炎症反应。内服可引起全身各器官系统反应，使口腔黏膜糜烂及灼痛，恶心呕吐，腹痛，腹泻及肛门下坠，心率减慢，血压暂时性上升，四肢及面部均会表现出神经症状，泌尿系统反应也很明显。

斑蝥首载于《神农本草经》："主寒热、鼠瘘、恶疮疽、蚀死肌、破石癃。"《本草纲目》载，"治疝瘕、解疔毒、猘犬毒、沙虱毒、轻粉毒。"现代用做抗肿瘤及发泡药。试验表明，斑蝥制剂对石膏样小芽孢菌，羊毛状菌，同心圆藓菌，毛藓菌等皮肤真菌有抑制作用。

6. 露蜂房(图 1-6)

露蜂房为长脚黄蜂(*Polistes yokohamae* Rad)、黄星长脚黄蜂(*P. mandarinus* Sauss)和斑胡蜂(*Vespa mandarinia* Smith)的巢，干燥后入药。秋冬季采，放于日光下晒干，倒出死蜂即成。主含蜂蜡，树脂，挥发油，蛋白质，钙，铁等。

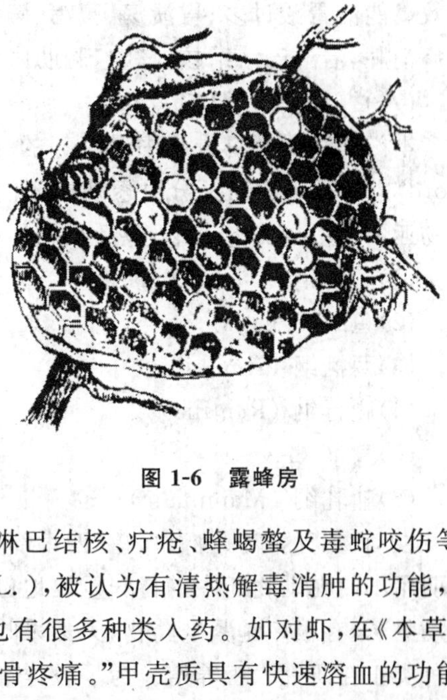

图 1-6　露蜂房

首载《神农本草经》，又名蜂肠。"主治瘈疭，寒热邪气，癫疾，肠痔。"《本草纲目》："露蜂房，阳明药也。外科齿科及他病用之者，亦皆取其以毒攻毒，兼杀虫之功耳。"临床用以治疗化脓性感染效果很好。能祛风，杀虫，解毒。

除上述种类外，蜘蛛也有些种类入药，如大腹圆蛛(*Aranea ventricosa*)可以干燥之全体入药。能治淋巴结核、疔疮、蜂蝎螯及毒蛇咬伤等。蚂蚁也引起国内外的重视。如大黑蚁(*Formica fusca* L.)，被认为有清热解毒消肿的功能，治疗毒肿痛，蛇咬伤等。外用适量。海洋中的节肢动物也有很多种类入药。如对虾，在《本草纲目拾遗》中载："对虾，补肾兴阳，治痰火后半身不遂，筋骨疼痛。"甲壳质具有快速溶血的功能。蟹也可以药用，《本草逢原》中载："蟹性专破血，故能续断食。"将蟹焙末，黄酒冲服，可治跌打损伤或腰扭伤。民间利用虾、蟹治病的验方很多。

7. 美洲大蠊

蜚镰(blatta)，俗称蟑螂(eoekioaehes 或 roaehes)，隶属于节肢动物门(Arthropoda)昆虫纲(Insecta)有翅亚纲(Pterygota)蜚镰目(Blattaria)。美洲大蠊是蜚蠊科中体积最大的昆虫。成虫体长 29～40 mm，红褐色，翅长于腹部末端。触角很长，前胸背板中间有较大的蝶形褐色斑纹，斑纹的后缘有完整的黄色带纹。美洲大蠊原产于非洲北部，并于 18 世纪被人在美洲发现。食性广泛，喜食糖和淀粉，污染食物，传播病菌和寄生虫，是世界性卫生害虫。在南方地区为室内优势品种，主要生存于下水道、暖气沟、厕所、浴室及酿造厂、酱品厂等阴暗潮湿的环境，善爬行，飞行能力差。

美洲大蠊乙醇提取物体外对慢性髓源性白血病(K562)、原髓细胞白血病(HL60)、小鼠白血病(P388D1)细胞株,鼻咽癌(CNE)、肺癌(A549)、口腔上皮癌(KB)细胞株,卵巢癌(HO8910)、宫颈癌(Hela)和前列腺癌(PC3)细胞株,食管癌(Eca109)、胃腺癌(BGC823)、结肠癌(LS174T)细胞株具有生长抑制作用;体外对胃癌BGC-823细胞的抑制作用与顺铂(DDP)相似,且呈时间和浓度依赖关系。另外,还有提高免疫力、保肝作用,促进组织修复及抗炎阵痛等作用。

(七)棘皮动物门(Echinodermata)

棘皮动物全部是海产动物,它们的形状呈星形、球形、圆柱形或树状分枝,基本上都属于辐射对称型。外皮有许多棘状突起,具有中胚层产生的石灰质的骨骼,故称棘皮动物。这一门内的药用动物有海参,海燕,海星和海胆等。海参入药在《五杂俎》中云:"其性温补,足敌人参,故曰海参。"《本草从新》记载:"有刺者曰刺参,无刺者名光参。"以去内脏干燥全体入药。能补肾益精,壮阳。治精血亏损,阳痿,小便频数等症。海燕也以干燥全体入药。有补肾壮阳,祛风湿,止痛等功效。治风湿腰痛,胃痛及阳痿等。海星也具有和胃止痛,制酸,清热解毒,镇惊之功效。能治胃酸过多、胃溃疡、腹泻、癫痫等症。海胆以其干燥之石灰质壳入药,能软坚散结,化痰消肿,治淋巴结结核、哮喘、胸肋胀痛等。

(八)脊索动物门(Chordata)

本门动物是动物进化中最高等的一门,它的共同特点是终生或在幼年时具有脊索(notochord)。脊索动物门又分原索动物亚门(Protochordata)和脊椎动物亚门(Vertebrata)。脊椎动物亚门又可分为6个纲,包括动物界中的高等动物,有很多种类都是药用动物。它们是:

(1)圆口纲 (Cyclostomata)

(2)鱼纲 (Pisces)

(3)两栖纲 (Amphibia)

(4)爬行纲 (Reptilia)

(5)鸟纲 (Aves)

(6)哺乳纲 (Mammalia)

在动物药的"鸟、兽、虫、鱼"四大部中,脊索动物门中的脊椎动物就占了"鸟、兽、鱼"三部,说明了本门在动物药中的特殊重要地位。本门的每一纲都有重要的药用动物,生产珍贵显效的动物药,有很多是紧缺药物,天然采收远远不能满足要求。所以,有些种类已经人工养殖,有些种类正在研究人工养殖。为了较详细介绍药用脊椎动物,下面将分纲叙述。

第一纲　圆　口　纲

圆口类动物无上、下颚,口呈圆形,角质齿,单鼻孔位于中间。鳃呈囊状,无鳃盖。软骨骼。主要代表动物为七鳃鳗。

1. 七鳃鳗(*Lampetra japonica* (Martens))(图1-7)

又名八目鳗,在东北地区俗名七星鱼。体长呈蛇形,尾侧扁。口呈吸盘状,口漏斗凹陷,具角质齿。眼发达,盖以透明薄膜,鳃孔位于眼后,每侧7个。无胸、腹鳍,仅有背、臀、尾鳍。七鳃鳗为洄游性鱼类,部分时期栖息于海中,成长后游至浅水河流中产卵,孵化后不久即成为仔鳗。肉食性,常用吸盘吸附在其他鱼的身体上,吸食其血肉。七鳃鳗的肉为药材,含君迭碱(befaine)、肌酸(creafine)、脂肪、蛋白质、维生素A、维生素D。有通经活络,明目之功效。主治口眼歪斜、角膜干燥、夜盲症。我国产有东北七鳃鳗(*Lampetra mori* Berg)和日本七鳃鳗

(*Lampetra japonica* Martens)。

图 1-7　七鳃鳗

第二纲　鱼　纲

鱼纲的分类学者意见很不一致,除古化石鱼外,现存的鱼类大致分为两大系,即软骨鱼系(chondrichthyes)和硬骨鱼系(osteichthyes)。根据郑作新的《脊椎动物分类学》,此二系的特征比较见表 1-3。

表 1-3　软骨鱼系与硬骨鱼系特征比较

项目	软骨鱼系	硬骨鱼系
鳞	大都具盾鳞	大都具圆鳞,栉鳞或硬鳞
口孔	位于头的腹面	大都位于头的前端
泄殖腔	有(全头类除外)	无
幽门盲肠	无	大都存在
螺旋瓣	有	大都不存在
鳃盖	无(全头类除外)	有
鳔	无	大都存在
鳍脚(交合突)	有	无
尾鳍	有歪尾	原尾,歪尾和正尾
骨骼	软骨	低等者软骨,高等者硬骨
生育	卵生或卵胎生	卵生

鱼类为人类食物中的上品,自渔猎时代开始就以鱼类作为食物。人类从事渔猎—畜牧—农耕劳动的变迁,也标志着食物结构的变化。但是,不论在任何时期,鱼类在主副食中始终占有重要地位。同时,鱼类作为药用动物,很早就被发现其医疗价值,历代《本草》中多有记述,首见于西汉时的《医林篡药》,到东汉的《神农本草经》则记述更详,如"鲤鱼胆苦寒,能明目,久服强悍,益志气"等。唐代的《海药本草》也记载有药用鱼类,《山海经》中曾记载有 29 种鱼类入药。到明朝李时珍所著的《本草纲目》中,第四十四卷"鳞之三"内,记载药用鱼类 31 种,"鳞之四"中记载无鳞鱼 28 种,共为 59 种。其中鳟鱼、竹鱼、鲫鱼、鲨鱼、石斑鱼等 16 种为《本草纲目》中的新增种类。但是,同时李时珍也误将两栖类的鲵鱼(大鲵、小趾鲵等),软体动物中的乌贼、章鱼等列入了鱼类。这些药用鱼类,有很多至今仍被入药医用。

鱼类的入药,有的为全鱼入药,有的为鳞、骨、肉、内脏及组织提取物入药,大致可分:

(1)全鱼入药类,如鲤鱼、金鱼、鲷鱼、鳟鱼、鲐鱼、银鱼、鲫鱼、大麻哈鱼等。

(2)肉类入药类,如青鳞鱼、鲥鱼、中华鲟、鲚鱼、鲢鱼、鳙鱼、三角鲂、密鲴、华鲸等。

(3)骨、鳞及鳍入药类,如鲸鲨、真鲨、鲥鱼、鲻鱼、狗母鱼等。

(4)脑与脏器入药类,如鲨鱼、鳐鱼、鲟鱼、青鱼等。

(5)组织提取物入药类,如鲨鱼、鲱鱼肝提取鱼肝油,各种淡水鱼的脑下垂体提取物等。河鲀毒素有抗癌痛,治疗破伤风的功效。

列举一些药用鱼类及功效如下:

1. 海马

我国所产海马种类很多,有三斑海马(*Hippocampus trimaculatus* Leach),产于东海及南海;大海马(*H. kuda* Bleeker),产于黄海,日本海马(*H. japonicus* Kaup),广泛产于我国沿海;琉球海马(*H. kelloggi* Jordan Snyder),产于东海与南海;刺海马(*H. histrix* Kaup),产于南海;冠海马(*H. coronatus* Temminck et Schlegel),产于渤海。

入药部位:全鱼(除去内脏的干制品)。

性味功效:性温,味甘,无毒。温通任脉,暖水脏,补肾壮阳,镇静安神,散结消肿,舒筋活络,止咳平喘。主治老年体弱,神经衰弱,妇女难产,跌打损伤,腹痛,腰腿痛,乳腺癌,伤咳,气管炎,阳痿,妇女宫冷、不育。

2. 黄鳝(*Monopterus albus* (Zuiew))

产于除西北地区以外的我国各江湖、池塘、水库甚至稻田之中。

入药部位:肉、血、头、皮。

性味功效:肉,甘、温,补中益血,治虚损。血,主治口眼歪斜。头,止痢,治积食不消。皮,主治妇女乳核硬痛。

3. 黄鱼

大黄鱼(*Pseudosciaena crocea* Richardson)和小黄鱼 (*P. polyactis* Bleeker),均产于我国黄海、东海及南海。小黄鱼分布范围更广泛。

入药部位:耳石(鱼脑石)、肉、鳔、胆。

性味功效:耳石,甘、寒、咸,清热去瘀,通淋利尿。鳔,甘、咸、平,润肺健脾,补气活血。胆,苦、寒,清热解毒,平肝降脂。主治肾结石、膀胱结石、胆结石、输尿管结石、化脓性中耳炎、慢性鼻炎。

4. 鲤鱼(*Cyprinus carpio* Linnaeus)

分布很广,全国各地江河湖泊、池沼水库皆有,为杂食性。

药用部位:肉、血、胆(胆汁有毒,不宜过量)。

性味功效:肉,甘、平,下水气,利尿消肿。胆,苦、寒,清热,消炎,明目。主治门静脉肝硬化、慢性肾炎。

5. 泥鳅(*Misgurnus anguillicaudatus*(Cantor))

分布于我国除西部高原地区外,各地河川、塘堰、稻田、渠沟和湖泊、水库之中。

药用部位:全鱼、黏液。

性味功效:性平,味甘。能调中益气,解渴醒酒,利小便,壮阳,收痔。主治肝炎、白癣、漆疮。

6. 乌鱼(*Ophicephalus argus* Cantor)

又叫黑鱼,除西北高原之外,其他地区皆有分布。

药用部位:全鱼。

性味功效:性寒,味甘、平。去湿利尿,通气,消胀,祛风。治浮肿,湿痹,小便不利等。

7. 金鱼

金鱼是鲫鱼经人工饲养培育成的观赏鱼，品种多，形态变异。由于人类对金鱼研究很详细，所以也很早就发现了它的药用价值。如《本草纲目拾遗》中载有："治疯癫，水臌，石臌，黄疸。"《中药大辞典》中也收为药用鱼类。

药用部位：全身入药（去内脏，鲜用或焙干）。

性味功效：清热、利尿，解毒。主治肺炎，咳嗽，百日咳，肋膜炎，黄疸，水肿，心脏病等。

第三纲 两 栖 纲

两栖纲动物的特点是皮肤裸露，无鳞片，有很多腺体，能分泌黏液，四肢多具五趾，成体营两栖生活，既能在水中又能到陆地，无交尾器，一般在水中完成受精作用。现存的动物没有海水生活者。药用两栖类多为有尾目（Caudata）和无尾目（Anura）动物。有尾类如大鲵、山溪鲵、蝾螈等；无尾类如蟾蜍、雨蛙、青蛙、林蛙等。本纲已进行人工养殖的种类有大鲵和中国林蛙等，将在后面详细介绍，其他种类简要介绍如下：

1. 山溪鲵（*Batrachuperus pinchonli* (David)）（图 1-8）

身体呈圆柱状或略扁，全长 120～160 mm。头部略扁平，尾侧扁，尾梢钝圆。四肢适中，指趾扁平，末端钝圆，基部无蹼。体侧有肋沟 12 条左右。生活时体色变异较大，一般为橄榄绿色，背部有深色细点纹交织成麻斑，腹面色较浅，麻斑少。生活在高山地区海拔 1 500～3 900 m 的水溪内。卵黄色，5～7 枚，裹于长圆筒形的卵袋内，一端贴附于石块上，一端悬浮于水中。分布于甘肃，西藏，四川等省（区）。

山溪鲵药名羌活鱼，以干燥之全体入药。夏秋季捕捉，用酒闷死，晒干或微火烘干，也可鲜用。有续断接骨，行气止痛之功能。治跌打损伤，骨折疼痛，肝胃气痛等症。

图 1-8 山溪鲵

2. 东方蝾螈（*Cynops orientalis* (David)）

此种药用动物仅见《本草纲目拾遗》中收载入，"鳞部"，又称四足鱼。体型小，仅 70 mm 左右。体背及两侧有蜡光，黑色，腹面朱红色缀以不规则的黑斑点，变异颇大。生活在清冷的池水中。4—5 月间产卵。安徽、湖北、江苏、浙江、江西、云南等省皆有分布。以除去内脏全体入药。具有消积、清热解毒之功能。治小儿疳积、烧伤、烫伤等。

3. 药用雨蛙类

雨蛙在分类上属于无尾目雨蛙科（Hylidae），已收入药用的主要有两种，无斑雨蛙（*Hyla arborea immaculata* Boettger）和中国雨蛙（*Hyla chinensis* Guenther）。无斑雨蛙全身入药，鲜用。夏秋季捕捉。有解毒杀虫之功效。主治湿癣，外用适量。中国雨蛙也为全身入药，但须将全动物焙黄，研粉。有活血止痛、生肌、止血之功效。主治跌打损伤、骨折、外伤出血等。

4. 药用蛙类

与雨蛙不同，药用蛙类是指无尾目蛙科（Ranidae）的动物。入药的种类有中国林蛙（*Rana chensinensis*），青蛙（黑斑蛙、田鸡）（*Rana nigromaculata* Hallowell），金线蛙（*Rana plancyi* Lataste），棘胸蛙（*Rana spinosa* David），虎纹蛙（*Rana tigrina rugulosa* Weigmann）等。除全身入药之外，其幼虫蝌蚪，蛙胆也均入药。

青蛙与金线蛙全体入药。夏秋季捕捉，鲜用或阴干备用。全体经药化分析，含蛋白质、脂肪、碳水化合物、灰分、钙、磷、铁、硫胺素、核黄素、尼克酸等。具有利尿消肿、清热解毒、补虚、止咳之功能。治水肿、臌胀、咳嗽、喘息、麻疹、毒痢、黄疸、月经过多等症。蝌蚪也为全体入药。用开水烫死，晒干或烘干。有清热解毒之功能。主治热结肿毒、腮腺炎、小儿疳积腹胀等。青蛙胆主要是胆汁入药，鲜用。清热解毒。治肺炎、麻疹、咽喉糜烂等症。

棘胸蛙与虎纹蛙为我国江南一带民间常用的药用动物，北方没有分布。以除去内脏后的全身入药。夏秋季捕捉，鲜用。具有滋补强壮之功能。治小儿疳积、消瘦。

第四纲　爬　行　纲

爬行动物是真正的陆栖脊椎动物。虽然仍有许多种类营水栖生活，但是属于次生性的。陆地生活的影响使爬行动物产生了许多相适应的特征：如身体表面具有由表皮形成的角质鳞或角质板，以防止体内水分的散失。肺呼吸，后肾代替了中肾的泌尿作用，脊柱分化为颈、胸、腰、荐、尾五种类型的脊椎连接在一起，使身体的运动和视觉更加灵活。四肢骨与中轴骨骼连接更紧密，更能适应陆地运动。体内受精，卵有防止干燥的硬壳膜。胚胎发育过程中有羊膜与尿囊发生，这是爬行类、鸟类和哺乳类陆地生活动物的共有特征，故统称为“有羊膜动物”。现代爬行动物的生活方式非常复杂，有地面的、树栖的、穴居的，还有水栖和半水栖的，所以，它们的形态结构变化也很大。从外形上可分：

（1）蜥蜴型　身体为长形，头、颈、躯干、尾可明显区分。四肢发达，尾较长。如鳄、蜥蜴、壁虎、蛤蚧等。

（2）蛇型　身体为长圆形。无四肢或仅有残余部分，无颈部，头、躯干和尾的分界也不明显。如各种有毒或无毒蛇类。

（3）龟鳖垫型　身体背腹扁平，呈椭圆形，躯干上有背甲和腹甲，颈长而灵活，四肢较短。如龟、鳖、玳瑁等。

现存的爬行纲共分为 4 个亚纲：

（1）无孔亚纲（或称缺弓亚纲）　包括杯龙目（Catylosauria）、龟鳖目（Cheloia）和中龙目（Mesosaurda）。

（2）双孔亚纲（或称双弓亚纲）　包括始鳄目（Eosuchia）、喙头目（Rhynchocephalia）、有鳞目（Squamata）蜥蜴类和蛇类、槽齿目（Thecodontia）、鳄目（Crocodilila）、翼龙目（Pterosauria）、蜥臀目（Saurischia）和鸟臀目（Ornithischia）。

（3）调孔亚纲　包括鳍龙目（Sauropterygia）和鱼龙目（Ichthyosauria）。

（4）下孔亚纲　包括盘龙目（Pelycosauria）和兽孔目（Therapsida）。

双孔亚纲的有鳞目，有 4 000 多种，分布广泛。全身被有角质鳞，有时在角质鳞下也有由真皮形成的骨质鳞。有的有四肢，有的没有四肢。脊椎多为前凹型。肺呈简单的囊状，左右心室间有不完全的隔膜。泄殖腔口呈横裂状，雄性有一对交配器。卵生或卵胎生。本亚纲主要有蜥蜴目（Lacertilia），蛇目（Ophidia），避役目（Chaemaeleontes）。药用动物主要在蜥蜴目和蛇目之中，种类很多。

蜥蜴目中的药用动物以蛤蚧为最名贵的中药材，现已进行人工养殖，后文中将详细介绍。其他还有守宫、丽斑麻蜥。

1. 守宫（无蹼壁虎）（*Gekko swinhonis*）

有祛风活络，散结止痛，镇静解痉等作用。主治风湿性关节痛，神经痛，淋巴结结核，中风，半身不遂等。具有同功能的还有相近种多痣壁虎（*Gekko joponicus*）。

2. 丽斑麻蜥（*Eremias argus*）

有活血祛瘀，消瘿散结，解毒，镇静之功能。主治骨折，淋巴结核，气管炎，羊角风等。近来，临床上试用治疗胃癌。同功效的近似种有密点麻蜥（*Eremias multiocellata*）和山地麻蜥（*E. brenchleyi*）。

蛇目中的入药种类非常多。其共同特征是无四肢，有鳞，身体呈长圆筒形，头部呈椭圆形或三角形，以腹部爬行于地面，能吞食较大的动物。蛇类在上颌骨、腭骨、翼骨及下颌的齿骨上均生有牙齿。牙齿细长形，前端尖而向后，其机能不是咀嚼而是帮助吞咽。蛇类又有毒蛇与无毒蛇之分。毒蛇除有细齿外，在颌上生有不可动性的毒牙或可动性毒牙。不可动性毒牙多为沟牙，沟牙前方有一条细的纵沟，毒牙基部有毒腺，分泌的毒汁可沿沟流出。可动性毒牙多为管牙，管牙中央呈一条形成管腔的纵沟，牙的基部毒腺所分泌的毒液可由此流出。蛇类口腔底部有舌，一般很发达，细长而前端分叉，能伸出口外，有感觉作用。鼓膜退化，无活动的眼睑。成对的内脏器官因体形的改变而由原来的左右排列变化为前后排列，也有的一侧不发达或消失，如只有右肺而左肺消失。无膀胱。蛇共有 2 100 多种，从热带到寒带广泛分布。热带蛇类在干旱季节可进入夏眠，温带及寒带蛇类在气温降低到一定程度时可进入冬眠。一般在温度降到 10℃时，蛇的活动即不太灵活，6～8℃时则停止运动，到 2～3℃时，则出现冷僵状态，在一6～4℃时即会死亡。蛇为肉食性，代谢缓慢，耐饥性强。有很多种类可以入药。如游蛇科的火赤链蛇、乌风蛇、锦蛇和黑眉锦蛇；眼镜蛇科的银环蛇、金环蛇、眼镜蛇等；蝮科的蕲蛇（五步蛇）和蝮蛇（草上飞）等。

现将常用的动物种类介绍如下：

3. 乌龟（*Chinemys reevesii*）

背、腹甲入药。腹甲名龟板，背甲名龟壳。具有滋阴潜阳，补肾健骨的功能。治肾阴不足，骨蒸劳热，吐血衄血，阴虚咳嗽，崩漏带下，遗精，肝风内动，久痢，痔疮，小儿囟门不合等症。

4. 平胸龟（*Platysternon megacephalurm*）

肉入药，有滋阴补肾的功能。治病后虚弱，肺结核等。

5. 黄缘闭壳龟（*Cuora flavomarginata*）

可全体入药，也可取背、腹甲入药。具有活血化瘀，解毒的功能。治跌打损伤，瘰疬，恶疮，骨结核，肺结核等症。

6. 蠵龟(*Caretta caretta* Olivacea)

为海龟类,分布于黄海、东海及南海。角质板和掌入药。鲜用。具有滋阴潜阳,补肾柔肝,解毒清热之功能。治气管炎,肝硬化,火眼肿痛,风湿性关节炎等症。

7. 玳瑁(*Eretmochelys imbricata*)

分布于南海。背甲盾片入药。有清热解毒,镇惊熄风的功能。治热病谵语,惊厥,小儿惊风,痈肿疮毒等症。

8. 鳖(*Trionyx sinensis*)

又名甲鱼,团鱼。背甲入药,名贵药材鳖甲。具有滋阴潜阳,镇静,软坚,散结之功能。治阴虚发热,肝风内动,症瘕痞块,经闭,小儿惊痫,劳虚等症。另外,鳖首有补气助阳的功能。治脱肛,子宫下垂,阴疮等症。其相近种山瑞鳖(*T. steindachneri*)可与鳖等同入药。

第五纲 鸟 纲

鸟类在脊椎动物分类上统属于鸟纲。它是由爬行动物分化出来,获得了恒温和飞行能力的一个动物分支。现存种类约有 8 600 种。鸟类比爬行类更能适应陆地生活,特别是飞行运动更给鸟类在形态构造和生理机能上带来很大的变化。其主要特点有以下几方面:

(1)身体呈纺锤形,全身披有光滑而向后伸展的羽毛,皮肤薄而干燥,缺少腺体。

(2)前肢变为翼,是飞翔运动的主要器官。仅用后肢支持身体,而在地面站立或行走。

(3)骨骼坚硬但很轻,并有很多块骨骼呈愈合状。长骨内中空,有气囊穿入。

(4)肺为实心海绵状,并连接有许多薄壁的气囊,这些气囊伸展在内脏各器官之间和许多骨骼内。

(5)心脏已进化成四室,并完全分隔。有右动脉弓。血管内没有爬行类的混合血。

(6)大肠粗短,不能贮存粪便。无膀胱,不能贮存尿液。

(7)雌鸟的卵巢和输卵管仅一侧发达。卵生,卵外有石灰质硬壳。

(8)体温恒定。鸟类体温比较高,平均在 42℃左右。

纵观鸟类的特点,具有翼和全身被羽毛作为飞行器官,体内的骨骼,消化,呼吸,排泄及生殖等系统的变化,外部体形的变化,均以减轻体重和适应飞行为准则。

鸟纲以下共分三个总目:平胸总目(Ratitae),企鹅总目(Impennes)和突胸总目(Carinatae)。药用鸟类约有 70 种,统属于突胸总目。突胸总目包括了现存鸟类中的绝大多数种类,共分 22 个目,多为飞翔鸟类及经人工驯化的禽类。其中有很多是药用鸟类,如:

(1)雁形目(Anseriformes) 多是能在水面漂游,以捕食水生动物为主的鸟类。喙宽而扁平,后肢短而前三趾有蹼。雌雄颜色有显著区别,尾部有发达的皮脂腺,雄性有能突出的交尾器。雏鸟属早成鸟。分布范围很广。本目中的药用鸟类有鸭、鸳鸯、鸿雁、豆雁、鹅、大天鹅、白额雁等。

(2)鸡形目(Galliformes) 本目共有 240 多种,多为栖于陆地森林中的鸟类。喙为圆锥状,坚硬有力。翼短宽而飞翔能力弱。雄性头顶多有肉冠,足强健有力,足通常为四趾。雏鸟属早成鸟。本目的药用鸟类有乌鸡、原鸡、竹鸡、鹌鹑、鹧鸪、白鹇、野鸡(环颈雉)等。

(3)鸮形目(Strigiformes) 属猛禽类,以小形鸟兽等为食。喙钩状,有尖锐有力的爪。夜出性,营洞穴生活。雏鸟属晚成鸟。本目中的猫头鹰为民方中常用的鸟类。

(4)鸽形目(Columbiformes)　本目的鸟类可生活在山地、森林、平原甚至居民点等范围内。体格健壮轻盈,飞翔有力。喙短小。药用鸟类有原鸽、家鸽、斑鸠等。

(5)雨燕目(Apodiformes)　体型小,喙短圆锥状,尾呈叉形,善飞翔。雏鸟属晚成鸟。如金丝燕等可供药用。

(6)雀形目(Passeriformes)　本目种类最多,体型大小不一。善鸣叫,多筑巢生活。雏鸟属晚成鸟。药用鸟类有乌鸦、喜鹊、麻雀、蜡嘴雀、黄鹂等。

鸟类的入药,除不同的种类有不同的用途之外,其身体的不同部位,也有不同的医疗作用。大致可分:

(1)全鸟(或鸟肉)入药　如乌鸡具有补肝肾,益气血,退虚热的功能。能治疗妇科各种疾病以及其他十几种疾病。

(2)鸡内金(肌胃内壁)入药　又叫"鸡肫皮",具有消食开胃,健脾止泻的功效。主治积食及小儿疳积等症。

(3)鸟卵入药　如鹌鹑蛋,不但营养价值很高,而且能治疗过敏症。

(4)凤凰衣入药　为鸡蛋孵化小鸡后的蛋壳内膜。能理肺气,消翳障。治久咳气急,目中生翳,失音,反胃。并可涂疮毒。

(5)鸟涎入药　如金丝燕的唾液筑巢,俗称"土煎窝"主治肺痨吐血,体弱遗精,便频,咳嗽多痰等症。

(6)鸟粪入药　如麻雀之粪便,中药名叫"白丁香"。有消食除胀,明目的作用。内服可治积聚,疝气;外用可治痈疽疮疖等症。

(7)鸟胆入药　中医认为"鸟胆苦寒",具有清热解毒,明目,消炎,镇咳的功能。从鸡、鸭、鹅的胆汁中提取出的有效成分——鹅去氧胆酸是一种胆石溶解药,临床上已应用治疗胆石症和老年人慢性支气管炎。有的用鸡胆治痔疮,小儿菌痢等。

另外,在民方中利用鸟肝、鸟脑、鸟眼、鸟血、鸟脂治病者也很多。

第六纲　哺　乳　纲

哺乳动物是脊椎动物中最高等的一纲。其主要特征为全身或局部皮肤有毛和许多皮肤腺,皮下有皮下脂肪组织,对体温调节有很大作用。下颌只由1对齿骨构成,与头骨直接接合,枕部有2个枕髁。不论颈的长短,都具有7个颈椎。齿分化出门齿、犬齿和臼齿,其功能除捕食作用外,又可起撕裂、咀嚼和研磨的作用。体腔内产生了肌肉质的横隔膜,将体腔分为胸腔和腹腔。具有完全的双循环和向左弯曲的体动脉弓。具有发达和高度分化的脑,由于新脑皮(大脑皮质)的产生与发展,加强了高级神经活动。由于嗅觉和听觉器官的发达而加强了对环境的适应性,并提高了捕食、避敌和求偶等活动能力。除单孔类外,均为胎生,多数种类具有胎盘。雌体有发达的乳腺以哺育幼儿,后代的成活率显著提高。

现存的哺乳动物主要分成三个亚纲,即原兽亚纲(Prototheria),后兽亚纲或有袋亚纲(Metatheria or Marspialia)和真兽亚纲或有胎盘亚纲(Eutheria or Placentalia)。药用哺乳动物都属于真兽亚纲,现分别叙述如下:

1. 食虫目(Insectivora)

主要药用动物为刺猬(*Erinaceus europaeus*),以刺猬胆及刺猬皮入药。刺猬胆具有清热明目，解毒的功能，治眼睑赤烂，痔疮等症。刺猬皮具有凉血止血，降气止痛，解毒，固精的功能。治便血、血痢、反胃吐食、腹痛疝气、痔疮、遗精等症。

2. 翼手目(Chiroptera)

主要药用动物为蝙蝠。如菊头蝠(*Rhinolophus ferrumequinum*)、大耳蝠(*Plecotus auritus*)等。以粪便入药，中药名为夜明砂，有消积、活血、明目的功能，治小儿疳积、夜盲症、角膜云翳等症。另外，蝙蝠科的普通蝙蝠(*Vespertilio superans*)去内脏的全体也可入药，焙干研粉，称作蝙蝠粉，有止咳平喘，利水通淋，截疟，解毒的功能，治慢性气管炎，淋病瘰疬，金疮等病症。

3. 啮齿目(Rodentia)

药用动物为鼯鼠科(Petaurisidae)的复齿鼯鼠(*Trogopterus xanthipes*)，沟牙鼯鼠(*Aeretes melanopterus*)，小飞鼠(*Pteromys volans*)(图 1-9)等。其干燥的粪尿为中药材，名曰五灵脂。共分灵脂块和灵脂米两类：灵脂块为许多粪粒与尿凝结而成的不规则团块，大小不一，棕色，味苦并有腥臭。灵脂米为长椭圆形颗粒，表面黑棕色，质松易断，味微苦咸。五灵脂有活血，散瘀，止痛之功能，主治血瘀，痛经，跌打，疮疡等症。

图 1-9 小飞鼠及五灵脂

除鼯鼠外，啮齿目动物中还有许多种动物有药用价值。如松鼠科(Sciuridae)的松鼠(*Sciurus vulgaris*)可全体入药，焙干研末用，有理气调经的功能，主治肺结核，月经不调等症。岩松鼠(*Sciurotamias davidianus*)以骨骼入药，具有活血化瘀，镇痛的功能，治跌打损伤，骨折瘀痛等症。花鼠(*Eutamias sibiricus*)主要是鼠脑入药，鲜用，有降血压作用。另如竹鼠科(Rhizomyidae)的中华竹鼠(*Rhizomys sinensis*)的脂肪炼成油入药；曰竹鼬油。有解毒排脓，生肌止痛的功能。治火伤烫伤及各种疮毒等。据《本草纲目》记载：竹鼬肉有补中益气，解毒的功能。又如仓鼠科(Cricetidae)的东北鼢鼠(*Myospalax psilurus*)，草原鼢鼠(*Myospalax aspalax*)，全体入药。剖腹去除内脏后，烤干研粉备用。有镇痛镇静，消肿解毒的功能。治红斑狼疮、慢性肝炎、胃溃疡、再生障碍性贫血等。

4. 兔形目(Lagomorpha)

药用动物有兔科(Leporidae)的东北兔(*Lepus mandschuricus*)、草兔(*L. capensis*)、雪兔(*L. timidus*)、高原兔(*L. oiostolus*)等。其干燥的粪便入药，名曰望月砂，有解毒、杀虫、明目之

功能，主治目翳、痔漏、疳积等症。另如鼠兔科（Ochotonidae）的藏鼠兔（*Ochotona thibetana*）、达呼尔鼠兔（*O. daurica*）等的干燥粪便为草灵脂。有通经祛瘀的功能。主治月经不调，产后腹痛，跌打损伤等症。

5. 奇蹄目（Perissodactyla）

为大型草食有蹄类。其中主要有犀科（Rhinocerotidae）的各种犀类。前后肢各有 3 蹄。额部有由皮肤衍生而成的角，位于鼻骨与额骨上，有的一个，有的两个而呈前后排列，即名贵中药材犀角。如亚洲犀（或称印度犀 *Rhinoceros unicornis*），在鼻骨上有一个表皮角质化形成的角。在我国西双版纳森林中曾有发现。有相近种爪哇犀（*R. sondaicus*）都属于单角犀类。其所产之犀角被认为是中药材的正品。还有双角犀类，如产于非洲的白犀（*Diceros simus*）和黑犀（*D. bicornis*）以及产于苏门答腊的苏门犀（*Didermocerus sumatrensis*），也可以等同入药。白犀与黑犀所产之犀角中药材称作广角，是因其多从广东进口而得名。犀角有清热、凉血、解毒、定惊的功能。主治温病高烧、神昏谵语、发斑、发黄、吐衄下血、小儿惊风等症。

另外，马科（Equidae）动物中的马（*Equus caballus orientalis*）、驴（*E. asinus*）、骡（*E. ferus asinus*）都有局部产品可以入药。如马宝是马的胃结石（图 1-10），有镇惊、祛痰、解毒之功能。主治癫狂、惊痫、肿毒等症。驴皮是阿胶（图 1-11）的主要原料，有滋补养血，补肺润燥，止血安胎之功能。主治阴虚咳嗽、腰膝酸痛、心烦失眠、咯血、便血、崩漏带下及胎动下血等症。骡蹄甲具有祛风，通络之功能。主治关节痛，类风湿关节炎等症。

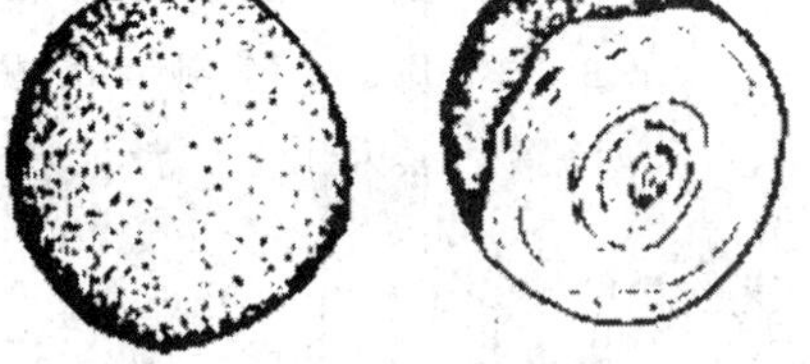

图 1-10 马宝

图 1-11 阿胶

6. 偶蹄目（Artiodactyla）

多属大型草食动物，四肢中仅第三、四趾发达而且长度相近，主要依此二趾支持体重；第一趾退化，第二趾与第五趾很小或根本不发育，趾端具蹄。前臼齿小，犬齿不发达或缺少；无锁骨；胃的结构复杂，反刍或不反刍；盲肠短；胎盘散漫性或多叶性；分布很广。本目分两个亚目：不反刍亚目（Nonruminantia），在我国仅有猪科，药用动物很少。反刍亚目（Ruminantia），包括骆驼科、鹿科、牛科等。

（1）鹿科（Cervidae） 多数种类有角，为真皮衍生物，称为实角。角有分杈，角内具骨质构造，多数每年可以脱落和再生，但长颈鹿不脱落。多数种类仅雄性长角，而驯鹿则雌、雄均长角，麝类则雌、雄均不长角。已经人工驯养的种类有梅花鹿、马鹿、驯鹿、坡鹿、黑鹿（水鹿）、林麝、黄猄等。所产药物有鹿茸、鹿角、麝香（图 1-12）、黄猄肉等。

（2）牛科（Bovidae） 有由表皮角质化衍生成的虚角 1 对，或称洞角。无分杈，不脱落。包括各种牛、羊、羚羊等许多种。羚羊角,牛黄(牛胆结石)(图 1-13)为名贵药材。人工培植牛黄的研究已有很大的进展。青羊(*Naemorhedus goral*)的血和角均入药。青羊血有活血散瘀、接骨续筋的作用,主治咯血,吐血,跌打损伤等症。青羊角有镇静,退热,明目,止血的功能。主治小儿惊风,头痛,产后腹痛,痛经等症。各种羊的肝均有滋补强壮,明目之功能。主治夜盲症,贫血及虚弱消瘦等症。

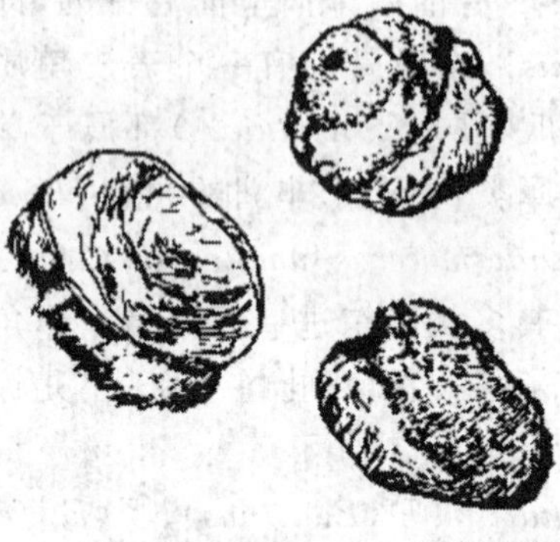

图 1-12 麝香

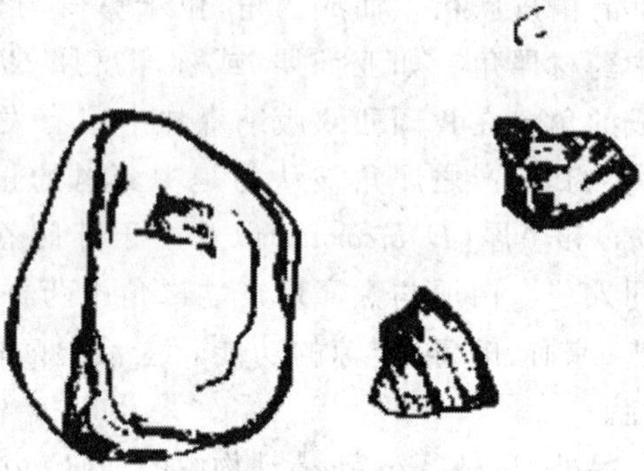

图 1-13 牛黄

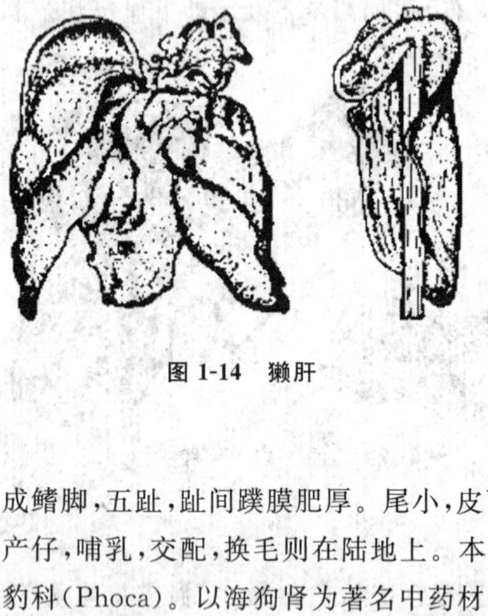

图 1-14 獭肝

7. 食肉目(Carnivora)

多数为陆生肉食性动物。犬齿发达,门齿小而不发达。爪发达,能伸缩。锁骨退化,单胃,盲肠小。很多名贵动物药是本目中动物所产生。如熊科的熊胆,鼬科的水獭所产生的獭肝(图 1-14)都在中药材中居重要地位。人工驯养水獭在日本已有较深入的研究,活熊人工取胆汁已有 40 多年的研究历史。

8. 鳍脚目(Pinnipedia)

为水栖肉食性动物。身体长而浑圆。四肢变成鳍脚,五趾,趾间蹼膜肥厚。尾小,皮下脂肪肥厚,保温性强。可长期在水中生活和运动,但产仔,哺乳,交配,换毛则在陆地上。本目包括海狗科(Callorhinus),海象科(Odoblnidae)及海豹科(Phoca)。以海狗肾为著名中药材,原名"腽肭脐",为海狗及海豹的阴茎及睾丸。有温肾助阳,益精补髓的功能。主治阳痿遗精,腰膝酸软无力等症。

9. 鳞甲目(Pholidota)

本目动物在头和躯干的背面以及尾、四肢等处均被以三角形覆瓦状排列的角质鳞片,鳞间生有少许毛。四肢短小,五趾,后肢为跖行性。口内无齿,舌长而发达,有黏液,多以舌粘取蚁类为食。胃内具有类似角质的膜,并可吞下一些小石块以帮助磨碎食物,遇敌害时身体即收缩成球状。我国仅有鲮鲤一种,俗名穿山甲。其鳞甲为著名中药材山甲片(图 1-15),经炮制后称作甲珠、炮甲珠或山甲珠,在药理上有升高白细胞的作用。具有活血祛瘀,消肿排脓,下乳的功能。治痈肿未溃,产后乳汁不下,瘀滞作痛以及风湿关节痛等。

图 1-15　穿山甲及山甲片

10. 鲸目(Cetacea)

为海洋生活的哺乳动物。身体的体形及附肢形状均因适应水中生活而变化很大。皮下脂肪肥厚。鼻腔除输送气体外,还合并成一喷水孔,可喷水呈柱。其主要药用产品为消化道中分泌出的黏液,中药名曰龙涎香,既是著名的中药材,又是与麝香、灵猫香、海狸香齐名的四大工业用动物香料之一。龙涎香有行气活血,散结止痛,利水通淋的功效。治气逆喘咳,心腹疼痛,神昏气闷及淋病等。

11. 灵长目 (Primates)

为哺乳动物中进化最高等的动物。脑大并有发达的脑回。颜面裸露,视觉发达。前后肢皆为五趾,指(趾)尖有甲,前掌拇指向背,可握物,后掌五趾向前并列,行动时为蹠行性。胸部乳头 1 对,单子宫,通常仅产 1 仔。药用动物主要是猴科的各种动物。以猴的胆结石为著名,中药名曰猴枣。具有清热解毒,消肿,镇惊的功能。其他如猕猴骨能祛风湿,通经络,镇惊。可治风湿痹症,四肢麻木,小儿惊痫,跌打损伤等症。黑叶猴的骨骼、肌肉均可入药,可制成“乌猿酒”。有滋补安神,活血祛风之功效。主治神经衰弱,阳痿,体弱及风湿痛等症。

第三节　药用动物养殖的生物学基础

我国对野生动物的驯养,历史悠久,经验丰富,并获得了很大的成功。根据不同的目的要求,通过逐代的人工选育,不断地改造动物的形态构造、生理机能和生活习性,使动物产品逐步满足人类的需求,是可能的。药用动物养殖是一个很重要的行业。动物药活性强,疗效高,副作用小,在中药材中占有重要地位。但是,由于天然资源破坏严重,产量连年下降,动物药中的紧缺品种日益增多。为了解决这一问题,人们根据本地区资源条件,纷纷开展药用动物人工养殖工作,并做出了很大成绩。但是,当前的药用动物养殖业需要研究的问题很多,在野生变家养的基础理论和基本技术方面尤为欠缺。本文就药用动物人工养殖上的几个基本环节,进行简要阐述。

一、引种

引种是野生动物变为家养的第一个重要环节。它包括生活习性调查、捕捉、检疫和运输等一系列工作。由于人工改变了动物的生活环境，对动物是一场生命力和适应性的严峻考验，也是对引种技术水平的实际检查。因为忽视这一环节的重要性而导致工作失败的事例是很多的，应给予足够的重视，并切实做好下列几项工作：

（一）习性调查

习性调查是一项基础性工作。因为只有摸清动物在野生状态下的生活规律，才能知道在家养时应提供动物哪些生活条件，保证动物正常生活、繁殖、生长发育并获取优良的产品。习性调查的内容很多，特别是对动物生境、食性和行为的调查是非常必要的。

1. 生境调查

通过调查可以了解动物在野生状态下对生活条件的要求，栖息区的范围和特点，一年四季气候和景观变化对动物的影响等。这对确定动物的养殖方式、场舍建筑、设备供应和经营管理等都可以提供基本依据。譬如，动物在越冬期内的环境温度就是一个应深入研究、认真对待的问题，否则会造成动物大量地死亡。北方的养兽场，越冬棚舍或巢箱，其温度条件往往不如背风向阳的林间栖息地或天然的树洞、土穴。片面地认为兽类耐寒性强而忽视对越冬环境的保温会使生产受到很大损失。因为寒冷可导致动物营养代谢的改变，内分泌机能失调，生殖机能障碍，严重地影响动物的生活、繁殖和生长发育。变温动物冬眠期的环境温度也应密切注意。

2. 食性调查

食物是动物的首要生活条件，每种动物都有它的食性特点。如麝，喜食松萝（山挂面），麝鼠喜食侧柏，乌鸡喜食颗粒食物，蝎子喜食流质食物，蚯蚓可食腐烂物质，林蛙、蛤蚧却要吃活食。很多种野生动物在不同季节和不同发育阶段存在着食性的变化。如梅花鹿春季喜采食嫩叶、幼芽和花蕾，夏季则以青绿枝叶为主，秋季很喜食橡籽（柞实），冬季除采食地面的枯枝落叶之外，还喜啃食一些树木的树皮。还有一些动物在某些时期对一些植物有特殊的需要。如黑熊在冬眠过后，要采食一些有泻泄作用的植物，以排出它在漫长的冬季在直肠中积存的干硬粪便。与其他蛙类一样，哈士蟆（中国林蛙）在蝌蚪期以浮游生物和水草为食，到了成蛙阶段，食性发生很大转变，要以活的虫类为食。如果不把这些食性特点调查清楚，人工养殖就很难获得成功。

3. 行为调查

首先要了解动物是群居性还是独居性，以确定群养还是分养。独居性的动物在家养条件下未经驯化而强行群养会使动物之间殴斗，咬伤，甚至死亡。另外，了解动物的昼夜活动规律和季节活动规律也很重要。动物昼夜活动包括捕食、饮水、运动、休息等。有的为昼出性，有的为夜出性，也有的晨昏性活动。动物的季节活动包括繁殖、生长、发育、休眠、蜕皮、换羽或换毛等。有的为春季繁殖，有的为秋季繁殖；有的冬眠，有的夏眠，形成季节性活动周期。对动物进行人工养殖必须根据这些行为特征，来制定年周期或日周期的饲养管理制度。

（二）捕捉

对野生动物的捕捉，除了力求避免对机体的损伤之外，还应注意尽量减少精神损伤。由于精神损伤在外表上没有痕迹，不易观察和发现，往往被忽略。野生动物多胆小易惊，对初捕后的护理是十分重要的。在护理原则上，一是要保持安静，二是要精心饲喂。要使动物尽快地解除惊恐状态，并适应新环境。在鸟、兽中，长期地惊恐会造成植物性神经系统机能失调，有的出现循环系统和呼吸系统的生理障碍，造成窒息或心力衰竭而死亡，有的出现消化系统机能紊乱，食欲减退或绝食，也会造成死亡。很多没有外伤的初捕动物，其死亡原因多属于此。所以，对初捕动物要尽量在原地暂养一个时期，保持安静，给予动物最喜食的食物，养到动物不拒食和精神稳定之后再起运。

在捕捉野生动物时，要根据引种需要考虑雌、雄比例和年龄比例。如蝎子在自然界的雌、雄比例为3♀：1♂在人工养殖时各地都调整为2♀：1♂，保证较高的繁殖率。幼龄动物比成年动物具有易捕获，易运输，易驯化和易养殖等特点，所以在引种时多以幼龄动物为主，从年龄比例上适当搭配。

(三)检疫

很多野生动物饲养场，由于引种时不检疫而造成严重后果。野生马鹿的布氏杆菌病，驯鹿的结核病，野猪的囊虫病，雉鸡的结核病都较普遍。在家养之前必须严格检疫。初捕之后要在原地暂养和观察一段时期，在运回到饲养场后，一般也应与原饲养的动物群隔离，饲养一段时间之后再合群。

(四)运输

野生动物未经驯化，运输时比畜、禽类困难大。所以，在运输时要尽量缩短时间，避免时走时停和中途变换运输工具。一般来说，成年动物比幼年动物难运输，雄性比雌性难运输，独居性的比群居性的难运输，肉食性的比草食性的难运输。所以，在运输时应根据动物的体型大小，生理及行为特征，采取适当的方法和措施。集中各地经验大体上有以下几种方法：

1. 遮光运输

对动物运输笼或运输棚严密遮光，不使留有孔隙。这样能使动物保持安静，减少活动，降低能量消耗。透光孔隙易引起动物探头，冲撞和拥挤不安。一般只有在饲喂和给水时，才给予较大面积的光量，使动物顺利地摄食和饮水。

2. 药物辅助运输

个别运输困难和路程较近的动物可用此法。用口服、肌肉注射或喷雾等法给动物特定药物，使动物处于安静状态而运输到目的地。要求有较快的运输速度，且药物的副作用小，安全可靠。

3. 淋水湿运

这种方法多应用于鱼类、两栖类及某些种爬行类动物的运输上。这些动物虽然与水的关系非常密切，但是由于运输的水容器量小，经过动物呼吸和排泄，容易造成水质污染，溶氧量降低而二氧化碳等有害物质增多，易使动物窒息或中毒，淋水湿运不但成活率高而且大大降低了成本。

4. 增水缩食

在陆生动物的运输过程中，保证充足的饮水，是非常重要的。食物的质量要高，饲喂量不宜过多，既要保持良好食欲，又要防止过饱。代谢率较高的鸟类及小型兽类饲喂次数应多，有些代谢率较低的耐饥动物饲喂次数要少，甚至短日程运输可以停喂。

二、驯化

对野生动物的驯化是人类利用自然资源的一种特殊手段，通过驯化达到对野生动物的全面控制并进行再生产。根据不同的目的和要求，驯化的方式、方法也有所不同。

(一)驯化的基本概念

驯化是通过对各种野生动物创造新的环境，保证给予食物及其他必要的生活条件而达到的有利行为改变。最重要的时期是在个体发育早期阶段，通过人工饲养管理而创造出特殊的水与热量代谢的条件，并使被驯化动物不受敌害的侵袭，不受寄生虫及传染病菌的感染。另外，驯化是对动物行为的控制与运用。由于动物行为与生产性能之间有密切的联系，掌握动物的行为规律和特点，通过人工定向驯化，可以促进生产性能的提高和产生明显的经济效果。长期以来，由于人类掌握了对动物驯化的手段，有了使动物按人类要求的方向产生变异的可能性。到目前为止，全驯化的动物种类(品种化)有哺乳类、鸟类、鱼类及昆虫等几千个品种，半驯化的有毛皮兽类、鹿类，实验动物及噬食昆虫等。实践证明，对动物的驯化是完全可能的。根据人类经济生活的不断发展，对动物驯化与养殖的种类不断增多。

(二)驯化的理论与方法

驯化是在动物先天的本能行为基础上(非条件反射)而建立起来的人工条件反射，是动物个体后天获得的行为。这种人工条件反射可以不断强化，也可以消退，它标志着驯化程度的加强或减弱。

1. 早期发育阶段的驯化

这种驯化方法是利用幼龄动物可塑性大的特点，进行人工驯化，其效果普遍较好。如产后30日龄以内未开眼的黄鼬，通过与母兽隔离而人工饲养，在开眼之后即接触人为环境，于是能更好地接受人工饲养管理。如仔兽在产后受母鼬哺乳的，则往往经过几年人工驯化，也改变不了其野性行为。又如从产后吃初乳起即进行人工哺乳的仔鹿，其驯化基础都很好，长大之后在鹿群放牧活动中都是核心群中的骨干鹿。而产后接受母鹿哺乳的仔鹿，数日之后再想进行人工哺乳已很困难。这样的仔鹿在接受其他方式的驯化，或在长大后的放牧活动中都表现出驯化基础较差，一般不能成为骨干鹿。

2. 单体驯化与集群驯化

单体驯化是对每一个动物个体的单独驯化。如马戏团中的每一个动物都要训练出一套独特的表演技能，动物园中的营单独生活的大型兽类克服惊恐和易激怒的训练；役用幼畜的使役训练都属于这种驯化。在野生动物饲养业上，对个别集群活动性能较差(即驯化程度不够)的个体，也需要进行补充性单体驯化。但是，在野生动物饲养现场，集群驯化具有更大的实用意义。集群驯化是在统一的信号指引下，使每一个动物体都建立起共有的条件反射，产生一致性群体活动，如摄食、饮水和放牧等都在统一信号指引下定时地共同活动，给饲养管理工作带来方便。

3. 直接驯化与间接驯化

前面所述的单体驯化和集群驯化皆属于直接驯化。间接驯化与之不同，它是利用同种的或异种的个体之间在驯化程度上的差异，或已驯化动物对未驯化动物之间的差异而进行的。这种驯化也就是在不同驯化程度的动物中，建立起行为上的联系，而产生统一性活动的效果。例如，利用驯化程度很高的母鹿带领着未经驯化的仔鹿群去放牧，这是利用幼龄动物具有“仿随学习”的行为特点而形成的“母带仔鹿放牧法”。在放牧过程中又不断地提高了仔鹿的驯化程度。再如利用驯化程度很高的牧犬协助人去放牧鹿群，是一种很得力的工具，在人一犬一鹿之间形成一条“行为链”，会取得很好的放牧效果。另外，训练家鸡孵育野鸡，乌鸡孵育鹌鹑，水獭捕鱼，母犬哺虎，这样的成功事例在我国都已出现。

4. 性活动期的驯化

性活动期是动物行为活动的特殊时期，由于体内性激素水平的增高，出现了易惊恐、激怒、求偶、殴斗、食欲降低、离群独走等行为特点，给饲养管理工作带来很多困难。必须根据这个时期的生理上和行为上的特点，进行特别的针对性驯化工作，才能避免生产损失。如保持环境安静，控制光照，对初次参加配种的动物进行配种训练，防止拒配和咬伤。特别是利用灯光，音响或其他信号，在配种期建立新的条件反射，指引动物定时交配、饮食、休息等，形成规律性活动。不仅可以保证成年动物避免伤亡，而且可以提高繁殖率。

(三)药用动物人工驯化的几个关键问题

人工驯化的总目标是促使产品的增加。动物在驯化过程中生活习性、生理机能和形态构造的改变都是在人工控制下朝着这个方向发展。由于药用动物种类繁多，进化水平不一，在变野生为家养的过程中所遇到的问题也不同，综合各种药用动物人工养殖情况，在动物驯化上有以下几个关键问题：

1.人工环境的创造

动物在野生状态下，根据其生活要求，可以主动地选择适合其生存的环境，也可以在一定程度上创造环境。人工环境是人类给动物提供的各种生活条件的总和，与野生环境不可能完全一致，要求动物必需被动地适应人工环境。良好人工环境的产生是在模拟野生环境的基础上，又根据生产要求而加以创造。由于气候稳定，食物充足和敌害减少，动物的繁殖成活率会明显提高。但是，当前有些动物饲养场仅是单纯形式上的模仿，由于对动物生物学特性了解不够，在人工环境的提供上不能满足其主要生活条件的要求，于是出现了当代不能存活，不能繁殖或后代发育不良等现象，导致工作失败。

2.食性的训练

动物的食性是在长期的系统发育过程中形成的，在不同的季节、不同的生长发育阶段动物的食性也有所改变。人工提供的食物既要满足动物的营养需要，又要符合其适口性。但是，食性又是可以在一定范围内改变的。一个优秀的动物饲养者就是善于从饲料组合，食性训练工作中降低生产成本，提高产量。

3.群性的形成

药用动物在野生条件下，有的种类营群体生活，也有很多种类营独居生活。人工饲养实践证明，独居生活的动物也可以人工驯化而产生群性。如麝、獐在野生时是独居的，在人工饲养过程中通过群性驯化，可以做到集群饲喂，定点排泄，并可以像鹿一样集群放牧。群性的形成给人工饲养管理带来很多方便，有些动物种类成体集群较困难，但可以在幼体时期集群饲养。

4.打破休眠期

很多变温动物具有休眠习性，这是对逆境条件的一种保护性适应。在人工饲养条件下，通过对气温的控制食物的供应等措施，不使动物进入休眠状态而继续生长、发育和繁殖，可以达到缩短生产周期，增加产量的目的。如土鳖虫的快速繁育法就是打破一个世代中的两次休眠而使生产周期缩短一半，成倍地增加了产量；人工养蝎在打破休眠上也出现了可喜的成绩；其他变温动物的养殖都有可能从这方面获得成功。

5.克服就巢性

就巢性是鸟类的一种生物学特性。野生鸟类就巢性强，在家养条件下随着产卵率的提高，就巢性逐渐降低。如野生鹌鹑就巢性较强，每年仅能产卵 20 枚左右。经过人工驯养的鹌鹑已克服了就巢性，产卵量提高到每年 300 枚以上。具有很大药用价值的乌骨鸡是属于肉用型，虽经数百年驯养(长期以来形成以克服就巢性为主要选择目标)，就巢性依然很强，每产约 10 枚卵就出现“抱窝”行为，长达 20 d 以上，所以每年仅产卵 50 枚左右，近年来，各地乌骨鸡饲养场在研究克服就巢性方面，探讨出许多有效方法，可以使就巢期缩短到 1～2 d，使年产卵量提高到 100～120 枚。

6. 改变刺激发情、排卵和缩短胚胎潜伏期

在野生哺乳动物中，很多种动物具有刺激发情，刺激排卵和具有胚胎潜伏期的生物学特性，限制了人工授精技术的应用和使妊娠期拖得很长。如紫貂的妊娠期为 9 个月左右，而真正的胚胎发育时期仅为 28～30 d。小灵猫的妊娠期变动在 80～116 d 之间，都说明具有长时间的胚胎潜伏期。由于上述原因会造成不孕，胚胎吸收或早期流产，对繁殖效果影响很大。随着逐代的人工驯化，上述情况会不断改变，但对这方面的研究还远远不够，还没有使动物在家养条件下的繁殖力比野生状态有明显的提高。

三、饲养

当前人工饲养的药用动物，多为野生的和半驯化的动物，不能生搬硬套家畜、家禽等已有很高驯化程度的动物那种饲养方式和方法，必须走出一条适应药用动物生物学规律的新路。所以，应用生态学的研究成果在药用动物饲养上非常重要，其中种群生态学和系统生态学的理论更有指导意义。因为人类要想得到比野生状态下更多的产品，必须实行密集生产，这样能使动物的密度比野外大许多倍，动物群的组成与结构，年龄比例和性别比例都要发生很大的变化，这种新的比例关系是为获取优质高产的动物药产品而在人类有计划的安排下形成的。另外，动物所生存的环境，如气候调节，食物供应，场舍布局，污物清除等，都是在人工控制下进行的。这样，就使人工养殖的药用动物产生了新的种内关系并在繁殖、生长发育和动物药生产上，显示出新的生产潜力。

（一）食物链基本理论及其对药用动物饲养业的指导意义

地球上的能源都是直接或间接来源于太阳能，绿色植物通过光合作用，可以将日光能转变为化学能而贮存于体内，植物可以被草食动物所食用，草食动物又可被肉食动物所食用，于是，基于营养的关系，而将环境中的各种生物联系起来，形成链索状关系，称为"食物链"。例如：

(1)藻类→甲壳类→海马* →凶猛鱼类

(2)马尾松→松毛虫→蜈蚣*

(注：* 为药用动物)

研究药用动物食物链的组成及其量的调节，具有较大的经济价值。如对珍贵药用动物的种群保护和复壮，必须了解该动物的生存环境中动物和植物的关系、动物在食物链上的前一环节(食物)和后一个环节(天敌)的数量及其发展趋势，才能知道所要保护的动物的种群是将要得到发展或是走向灭绝。

在生态系统中，所有的机体，为了维持生命和繁衍后代，都需要摄取营养物质和能量。物质和能量的移动，是在食物链上逐级传递。食物链上的每一个环节即为一个"营养级"，也叫作"营养层次"。在各营养级(营养层次)中，第一营养级的数和量最大，生产率最高，而后依次递减，形成了各营养级之间的塔形关系，称为"食物塔"。相邻两级之间的数量比例关系大体为 10∶1，即生态学上著名的"数量金字塔定律"。从我国药用动物饲养业现有水平的实际情况出发，上述几个概念，在实际饲养工作中，都具有非常重要的指导意义。这些概念可以引导我们去研究药用动物所存在的食物链中各个环节上物质和能量流动的数量变化，并进一步研究在对药用动物种群保护和发展上如何有效地施加影响，在人工饲养上指导我们有计划地准备饲

料种类和数量，清除敌害，科学地安排动物群的性别和年龄比例，并分群饲养。使动物药产品生产量稳定地增长，以最小的饲养成本换取最大的生产价值。

(二)根据食性研究药用动物的饲料组成和供应

各种药用动物都有它的特殊食性。在食物范围上有广食性、狭食性之分，在食物性质上有肉食性、草食性和杂食性之分。人工饲养工作必须在充分了解动物食性的基础上，根据其营养要求，对食物供应、加工调制、饲养工具配备和饲养制度的建立等，进行全面的研究，才能保证药用动物在家养条件下的生存。我国广大劳动人民在这方面已经积累了丰富的经验，如三大虫类（蜜蜂、家蚕、紫胶虫）的饲养，淡水鱼类（青、草、鲢、鳙、鲤、鲫、鳊、鲂等）的饲养，禽类（鸽、鸡、鸭、鹅类）的饲养和草食兽（兔、马、牛、羊等），杂食兽（猫、犬）的饲养等。近年来，野生动物的养殖范围不断扩大，其中也包括药用动物饲养业的发展。

药用动物的食性不是一成不变的。很多药用动物在野生状态下，其食性在不同季节，不同生长发育阶段，有明显的变化。认识动物食性的相对性，掌握食性的可变范围，对药用动物的饲养工作很有必要。如植食性的土鳖虫，适当地搭配一些动物性食物，可以提高其生长发育速度。给林蛙蝌蚪增加一些动物性饵料，可以促使其提前变态，缩短饲养期。家禽在补充动物性饲料后，可以明显提高产蛋率。种公畜在配种期补充动物性饲料多可以提高配种能力，改善精液质量。另一方面，肉食性动物在饲料中适当增加植物性饲料，可补充维生素及其微量元素的不足，保持旺盛食欲。大量的事实证明，动物的食性在人工训练下，可以在一定范围内改变。通过修饰其食性，可以扩大其食物范围，开辟饲料来源，促进动物的生长发育。

根据野生动物在食性上的特异性和相对性，在人工养殖时主要应以动物营养的基本要求来考虑其饲料组成、配比，并根据其摄食方式研究饲料的加工形式和饲喂方法，在饲养实践中不断地研究改进，最后，就会获得最佳的饲料组合。

(三)根据药用动物的行为研究饲养管理方式

通过食物链的研究，不但可以了解到各种动物之间的食物联系，而且也可以进一步了解各种动物间的行为关系。行为学的内容很广泛，如动物的季节活动和昼夜活动规律，争夺占领区、居住地，食物和配偶上的种内、外斗争，动物的社会性活动方式（个体、群体……）以及各种动物对环境的适应能力等。这些，对药用动物饲养方式的选择和饲养方法的运用都有很重要的指导作用。

药用动物的饲养方式大体上可分为散放饲养和控制饲养两大类。

1. 散放饲养

散放饲养是我国多年来沿用的饲养方式，特别是个体饲养业多采用。这种饲养方式，又可分两种类型：

(1)全散放型　这种类型要求有较大的区域范围，分布密度较小，但由于总分布面积大，总生产量也较大。投入的人工、物力少，成本低，动物基本上仍处于野生状态，故又称为“自然散养”。这种类型要求：

①以本地区固有的或从外地引入的重要药用动物为发展对象。在本散养区内培育成优势种，并具有很大的种群生产力。

②散养区内的地势、气候、植被以及动物群落组成条件有利于本种动物的发展。气候适宜，食物丰富，没有限制种群数量发展的敌害。

③具有限制本种动物水平扩散的天然屏障，把动物的活动范围局限在一定的面积和区域

之内。

(2)半散放型　这种饲养类型比全散放型活动范围小,养殖密度大,在人力、物力上要有适当的投资,单产比全散放型高。这种饲养类型要求:

①在药用动物水平扩散的天然屏障基础上,配合以人工隔离措施。如电牧栏、铁丝网、土木结构围墙、水沟等,将动物限制在一定的半散放区范围内活动。

②在动物采食天然食料的基础上,适当补充人工食料。在一般情况下,仅是补充精料、食盐和饮水。

③有计划地采取措施,改善动物生活环境,清除敌害,保证药用动物正常的繁殖和生长发育。

2. 控制饲养

控制饲养也可简称为"精养"。这种方式是将动物基本上置于人工环境下,占地面积小,饲养密度较大,劳动投资较多,但是单产较高。如圈养(茸鹿),笼养(灵猫、鹌鹑),池养(龟、鳖),箱养(蜜蜂),室养(桑蚕)等。本法因人工环境及饲料补充而具有更大的独立性,不受自然的气候变化和饲料丰歉的约束。随着现代科学技术的进步,生产能力在不断地发展。从饲养密度和技术水平上又可分为两种类型:

(1)半密集饲养型　这种类型基本上包括了我国目前大多数的药用动物场,是以人工操作为基础的对动物进行驯养和半驯养。

这种饲养类型,在我国人民群众中有着雄厚的基础和传统的习惯,同时也适合我国当前的经济水平。

(2)高密度饲养型　这种类型的特点是:①单位面积内个体数量很大。②与生产有关系的环境条件稳定在最佳状态。③饲料、饮水供应及污物清扫等生产过程达到自动化或半自动化。④动物个体生长速度加快,生长期明显缩短,产品产量大幅度地提高。⑤饲料消耗减少,生产成本降低。这种类型中最突出的是养禽业,包括鹌鹑、乌鸡等药用禽。

在制定饲养制度方面,要根据各种动物的季节活动和昼夜活动规律来确定。动物在野生状态下繁殖,生长发育,脱皮,换毛和休眠等周期性季节活动规律,是划分每年生产期的基本依据。动物在野生状态下的摄食、饮水、排泄等周期性昼夜活动规律,是建立每天饲喂制度的依据。另外,制定饲养管理制度时,还应考虑人的活动规律。譬如:药用动物在野生状态下,多为夜出性活动或晨昏性活动,而人的社会性活动则是白天进行的。所以,在制定每天的饲喂制度时,适当改变饲喂时间是完全可以做到并有利于生产工作的。

(四)当前药用动物养殖中存在的问题

选择好饲养方式和制定了恰当的饲养制度之后,在具体的饲养管理技术上,也必须针对动物种类进行全面研究。根据各种药用动物养殖当前存在的问题,集中讨论以下三点:

1. 防逃

无论是散放饲养或控制饲养,都要防逃。散放饲养主要由于生活条件优于相邻环境,而主动吸引动物居于本区域内。控制饲养由于密度大,动物更易逃失,主要依靠人工屏障控制。水生动物可用陆为屏障,陆生动物可以水为屏障。大型兽类围墙、铁栅控制。飞行鸟类用笼网控制。目前最难解决的是既能在水中活动,又能在陆地活动的一些小型药用动物,如蛤蚧(爬行动物)、林蛙(两栖动物)等。目前,养殖蛤蚧用的垒沙法、养殖林蛙用的塑料布围栏、预制板围栏等都有一定效果。但是,在生产上推广应用成本高,效果不理想。例如,从垂直攀附能力来看，幼年的林蛙和蛤蚧都高于成年，可否按不同发育阶段，用不同性质和不同造价的围墙，进行分群隔离。由于隔离范围小，造价相对降低。又如目前国外已有利用蛇类看守粮库和贵重物品库，以防鼠害，利用鱼类惧怕白色的特性，在捕捞上形成"白板赶鱼法"等解决动物逃失的经验，都可参考应用。

2. 疾病防治

本文是从管理技术角度谈疾病防治。"以防为主"的方针，在药用动物饲养上尤为重要，因为这些动物多为小型动物，一个个单独地治疗很困难，用药物治疗在成本上也很不经济，就是比较大型的药用动物，如鹿、林麝等野性很强，人工强行捕捉保定时，往往会造成病情恶化，加速死亡。野生动物自愈能力较强，应当加强护理工作，并根据药用动物的不同种类、年龄、生长发育阶段，将适量的药物投放到饮水、食料中达到治疗的目的。

根据上述情况，为了防止疫病的发生，首先要保持环境卫生，加强管理工作，做好消毒、隔离和预防接种三项措施。

(1)消毒　消毒的目的是防止疫病发生，消灭病原微生物，因此要对各种动物生活现场、设备、使用工具等选用适当的药物，采用不同的消毒方法进行定期消毒。对工作人员或参观人员进入养殖室也要严格消毒。

(2)隔离　要严格划分饲养区，合理布局。饲养员要细心检查，发现有个别动物发病，应立即拿出群外。普通病者可隔离饲养，以待其痊愈。诊断确定为传染病者，均应立即火化或远距离深埋。污染的饲草、粪便等要在适当的地方堆积发酵，做到消灭病源。

(3)接种疫苗　预防接种是防止传染病发生的有效措施，不同种类的动物，应用不同种类的疫苗预防不同的疾病。预防接种方法很多，如注射法、刺种法、口服法、喷雾法等，要根据实际情况，正确选择运用，定期接种。

3. 防止自残

药用动物的自残现象，表现为甲动物嚼食乙动物，成年动物吃幼年动物，或通过争斗使一方或双方致残。这些现象不仅表现在肉食动物中，草食动物也同样出现。产生上述现象的原因是非常复杂的，如居住空间不足，食物和饮水的缺乏或质量不佳，环境不够安静，外激素的干扰以及性活动期体内的生理变化等。

通过加强饲养管理措施，动物的自残现象是可以防止和减轻的。群饲动物要掌握密度适当，防止饥饿(如药用虫类)，肉食兽类要防止产后食仔(如灵猫)，药用蛇类主要是成年期出现自残，宜做分类；林蛙的自相蚕食现象多出现于蝌蚪期，要适当投给动物性饲料；乌鸡、野鸡(环颈雉)等争斗多因占领区引起；草食兽类的争斗多因争偶引起，这些可以通过科学的饲养管理加以控制。

(五)动物饲养新技术的发展和应用

目前动物饲养科学发展很快，很多新的饲养技术不断被采用，在提高动物的繁殖数量、加快生长速度、提高产品质量与数量等方面，都起到显著作用。下面从气候、营养、饮水等方面做简单叙述：

1. 气候

动物的生产期与植物一样受到自然气候的密切影响，为了获取更多更好的动物产品，延长生产期是一种有效的措施。如人工补充光照、温度和湿度都能达到预期目的。在生产和研究上有的采用"单因子强化法"(即单独增加光照、温度或湿度等一种因素，其他都与自然环境一样);有的采用人工气候综合强化法(如人工气候室、气候棚舍等),根据动物不同阶段的生理要求,给予稳定的最佳气候条件。

2.营养

在现代动物饲养学的研究中,对许多动物的饲料组成、营养配比都已形成完整的设计,并在生产实践中经过验证行之有效。过去,在保证动物的维生素供应上,需要每日投给大量的青饲料,而现在用多种维生素添加剂;在营养供应方面,以某些种氨基酸(如赖氨酸、蛋氨酸、色氨酸等)作为营养添加剂,对改进动物毛绒、肉蛋质量,以及各种动物药产品质量具有明显效果。

3.给水

在动物饲养中,给水的时间、次数、质量等对动物各种生理过程有直接影响,而且通过给水也能摄取维生素、矿物质及各种微量元素。生产实践证明,天然水的成分,对很多动物药的质量有明显影响,是地道药材形成的重要因素。所以给水和饲料供应一样,也是人类影响动物的一种手段。从动物对水分的摄取来看,以通过采食青绿多汁的新鲜饲料而吸收水分(结合水)和通过对营养成分的分解而同时获取水分(结晶水)最为理想。目前磁化水对促进动物的消化机能、生长发育,甚至对某些疾病的治疗等方面的研究,已经出现可喜的苗头。

四、繁殖

研究动物的繁殖规律和繁殖技术,可提高动物的繁殖率。动物的繁殖与生活条件的关系密切。以哺乳动物为例,当生活条件不能满足其基本要求时,往往会出现性腺发育不良,发情和配种能力下降,不能受精或受精率降低;胚胎不能着床,胚胎吸收或流产;产后哺乳不足和后代生活力衰弱等。这些现象在野生状态和人工养殖时均有可能出现。所以,通过生殖生态学的研究来指导人工养殖工作是很有必要的。

(一)动物繁殖的季节性及影响因素

动物繁殖有明显的季节性。动物繁殖除了与内分泌机制、营养状况(肥满度)和新陈代谢水平等内部因素有关外,还受到外界环境条件季节性变化的直接影响。如每当春季来临,昆虫便从越冬的卵中孵化或从蛹中羽化而出,有冬眠习性的动物开始苏醒,迁徙鸟和洄游鱼开始回归,大多数种类在此时进入了繁殖期。在影响动物繁殖的环境条件中,光照、温度和食物是三个重要因素。

1.光照对动物生殖的影响

光照能促进动物的各种生理活动,季节性的生殖周期活动便是其中的主要内容。春夏配种的动物是由于日照的增长刺激其生殖机能:鸟类、食虫兽类和食肉兽类以及一部分草食兽类属于这种类型,通常称为“长日照动物”;秋冬配种的动物,是在日照缩短时促进了生殖机能活动,如鹿、麝等野生反刍兽类属于这种类型,通常称为“短日照动物”。一般完全变态的昆虫,它们的生活史经过卵→幼虫→蛹→成虫四个发育阶段,其中蛹羽化为成虫的阶段便是受光周期的控制或影响的。有些昆虫是以卵或蛹过冬的,而且只有到春天才进行孵化。另外,光照的变化情况随纬度改变而不同,所以,处于不同纬度地带的同一种动物的生殖周期也会有不同。

日照长短影响生殖周期的机理可用一个简单的图式来表示:日照长短→眼睛→下视丘→脑下垂体→性腺,因而分泌出生殖激素,以调节生殖腺发育成长。即光照引起神经冲动传到大脑皮层的视觉中枢,由此刺激丘脑下部,使分泌释放因子,释放因子经丘脑下部—垂体门脉循环，直接送到垂体前叶，引起促性腺激素释放，进而促进甲状腺活动，甲状腺活动与精液质量、受精卵的发育以及其他代谢功能有关。另外，光照也可以通过头盖直接作用于丘脑下部而起到刺激作用；对皮肤裸露的动物，也可以因皮肤对光的感受作用而增加雄性激素的产生。

2. 温度对动物生殖的影响

温度的季节性变化也影响到动物的生殖活动。如昆虫的交配、产卵、卵的发育，都需要一定的温度。不同的种类所需要的温度也不一样。温度甚至也决定繁殖日期。昆虫大量繁殖的年份几乎都是在温度条件适宜的年份。在鸟类和哺乳类中，其繁殖时间也是在最适的温度条件下，离开了最适温度范围繁殖强度就会下降，甚至停止繁殖。春季繁殖的动物是随着气温的逐步升高，达到一定程度时才使生殖腺成熟的；秋季繁殖的动物则是由于环境温度的降低而促进性腺成熟。

公鸡的精液质量和睾丸组织有明显的季节性变化，春季精液质量和每毫升精液的精子数都最高，夏季最低。哺乳动物的阴囊有特殊的热调节能力，一般较体温低 4～7℃，这有利于精子的生成和活力的保持。而隐睾的动物往往配种力下降。生产实践也证明了温度过高使雌性动物的繁殖力下降。另外，环境温度过低，时间过长，超过动物代谢产热的最高限度，也可引起体温持续下降，代谢率降低，而导致繁殖力下降。

3. 食物对动物生殖的影响

不论是肉食性、草食性还是杂食性动物，其繁殖时期都是在每年食物条件最优越的时期。在这个时期内，不但气候条件适宜，其食物条件也最丰富。在温带地区，动物多在春秋两季进行繁殖。这是因为春季各种植物萌发生长，小动物出蛰活动，食料丰富而营养价值高；秋季果实丰富，动物体肥，也是食物条件极好的季节，有利于动物觅食，增强体质和进行繁殖。在热带地区，有“旱季”和“雨季”之分，旱季由于干旱和缺少食物，动物繁殖活动多处于低潮；而雨季是生命活动的高潮期，大多数种类的动物都是在雨季进行繁殖。在寒带地区如北极区，只有到了夏季才有阳光长时间照射，土壤表层化冻，动物的活动立即活跃起来，觅食、交配、产仔、育幼等在短时间内完成，只有这样才能维持种族的生存。

(二)动物在繁殖期的异常表现和饲养管理工作

在繁殖期到来时，由于动物体内性激素水平上升，使动物在许多方面出现异常的表现。主要是：①行为变化。动物到了性活动期会出现易激怒，好殴斗的行为变化，即所谓“性激动”。特别是雄性动物在求偶过程中与同性相遇，多因争偶而激烈争斗，如不严密看管往往出现伤亡。有的雌性动物由于性腺发育不成熟而拒配，对追逐的雄性也进行殴斗，有时也会造成伤残。很多动物平时表现得很驯顺，如鹿在长茸期、麝在泌香期都是这样。进入繁殖期则一反常态，连饲养员也很难接近。另外，动物在育幼期内也有类似的行为。②食性变化。性活动期内的动物食欲普遍下降，主要依靠消耗体内贮存的物质。有很多动物在此期间出现食性上的变化，如草食性的有蹄类此时期有的捕食地上的啮齿类，食植物的鸟类在性活动期有时也食虫类。很多肉食性的动物在性活动期内也采食部分植物性食物，以补充体内的维生素不足。这些在食性上的变化是与繁殖机能密切相关的，当不能满足要求时，就会出现繁殖力降低。由于动物在繁殖期内生理上和行为上的特殊性，饲养管理工作也必须相应地研究进行。动物繁殖期一般划分为配种前期、配种期和配种后期三个阶段，现分别叙述其饲养管理工作要点如下：

1. 配种前期

也叫作配种准备期。此时期动物食欲旺盛，体质健壮。在饲养管理上要按配种要求使动物保持良好的配种体况，即中上等肥满度的健康体质。在饲料中应增加蛋白质成分的比重，并补充各种维生素。为使性腺细胞充分发育，各种动物的饲养实践证明：植食性动物在这个时期给予一定量的动物性食物，肉食性动物在这一时期补给一些植物性食物都对保持良好食欲，促进性腺发育有很大好处。这在兽类、鸟类、两栖类以及其他动物的养殖上都积累了不少经验。配种准备期的另一重要工作就是对参加配种的动物进行有计划的训练。特别是初配动物往往工作难度较大。要通过训练使动物熟悉配种活动的环境、通路、指挥信号（灯光、音响、颜色或其他指挥工具），克服惊恐，碰撞和奔跑情况。对于不参加配种的动物，为了防止其性激动，要减少应激，并力求减少外界刺激引起动物的骚动和体质的消耗。

2. 配种期

此时期的动物性腺发育已成熟，体内性激素水平已达高潮，极易受外界刺激而产生性冲动，食欲普遍降低，多喜饮水和洗浴。动物发情和交配活动对体质的消耗很大，易产生疾病、创伤和死亡。所以，在饲料质量上要少而精，对配种能力较差的动物给予一定量的催情饲料。要密切观察动物的发情症状，进行适时放对配种。特别是初次参配的动物更要注意。在配种时要力求保持环境安静，避免外来干扰，防止拒配、假配而造成空怀。

3. 配种后期

交配之后，动物即处于怀卵（怀孕）期。各种动物在这个阶段的繁殖活动，区别很大，不易统一划分。在这一时期内，雄性处于恢复体质期，雌性处于怀孕（或妊娠）期，无论是生理上或行为上都与配种期明显不同。通过雌、雄分群管理，要特别加强对雌性动物的饲养工作，争取较高的产仔率和后代有强壮的体质。如果饲养管理不当，则可能出现停育，胚胎吸收，流产或产仔数减少等情况，造成生产损失。

（三）提高药用动物繁殖成活率的措施

提高繁殖成活率是药用动物饲养的主要生产指标。如果饲养管理不当，不但不能提高，往往比野生环境下还低。这是由于动物不适应人工环境而导致内分泌机能失调所致。要想解决这个问题，达到增产增收的目的，除了要加强一般性饲养管理和繁殖技术工作之外，还可以采取以下几种措施：

1. 驯化

通过驯化使动物逐步适应人工环境，改善动物的行为表现，从而使得神经—内分泌系统对生殖器官的机能进行正常调节，使动物恢复正常的繁殖机能，这样的成功事例，在许多种野生动物驯养中已得到证实。如紫貂人工繁殖成功即是如此。野生鹌鹑有抱窝习性，每年约产 20 枚卵，但在长期人工驯化过程中克服抱窝习性，产卵力可提高十几倍。另外，通过群体驯养，还可以使动物群发情集中，缩短配种和产仔的时间，从而降低生产现场的劳动管理强度，这在北方养鹿业上已产生了普遍的效果。许多野生动物具有诱导发情和刺激排卵的特性，当环境不安定时，雌雄虽然交配，但刺激程度未能诱发排卵，受精率低也会导致动物空怀，或产仔数减少。现在有许多野生动物饲养场研究繁殖期动物的驯化，已初见成效。繁殖期的驯化，是一种意义深远的工作，它将为开展多种新繁殖技术的应用创造条件。

2. 控制生活条件（单项因子、复合因子）

野生动物在饲养条件下不能正常繁殖，说明该生活条件未达其基本要求。通过人工补充的方法则可以恢复或提高其繁殖能力。如汉森(1975)证明水貂在交配前后增加光照、配种期内提高环境温度,都可以使妊娠期缩短。过去饲养水貂繁殖力很差,通过控光(不同时期的光照,有增和有减)而使1年1胎的水貂达到了两年产3胎。又如,通过人工控制温湿度和改善营养条件,打破了土鳖虫的冬眠习性,使之不停地生长发育,使生长周期由23~33个月缩短为11个月左右。做到了人工快速繁殖,大幅度提高产量。这对各种有休眠习性的药用动物,在人工养殖上都可以研究借鉴。根据各种药用动物在不同情况下的需要,有针对性地通过人工补充生活条件如食物、光照、温湿度、氧供应等,不但可以打破休眠,还可以加快生长发育速度和提高繁殖率。

3.补充外源激素

补充外源激素以调整动物的内分泌机能,从而提高繁殖力,已有许多成功经验,在养鸡业、野生动物饲养业上应用较多。如通过注射垂体激素,促进种鱼的性腺发育而提前产卵,可以培育出大规格的鱼苗。通过注射雄性激素而使母鸡醒巢和提高产卵量。如乌骨鸡具有很强的就巢(抱窝)习性,每年仅产蛋50枚左右,就巢行为的产生是因为其体内催乳激素含量的升高而改变了生理过程,使之血液流动加快,体温上升,性情安定,并产生孵卵行为,试验证明,通过人工注射丙酸睾丸素,可以很快解除乌骨鸡就巢性,使之恢复产卵,从而使年产卵率提高到100枚以上。又如,通过注射促黄体释放激素(LRH)而提高了紫貂和水貂的繁殖力等试验都获得明显成功,并已应用于生产上。这些技术都可以选择引入到药用动物饲养业上,特别是药用脊椎动物中。应用外源激素,促使动物同期发情排卵,超数排卵,促进胚胎着床,防止胚胎吸收和流产,都是很重要的研究内容。但是,利用外源激素应十分谨慎,要遵循动物生理、生化、繁殖规律,以及生殖激素自身的作用特点和规律。

五、育种

动物育种是研究如何运用生物学的基本原理与方法,特别是运用遗传学、繁殖学等理论与方法来改良动物的遗传性状,培育出更能适应人类各方面要求的高产类群、新品系或新品种,以满足人类生活的需要。野生动物(包括药用动物在内)的育种实践是随着人类把野生变为驯养的过程同时开始的。这一实践活动已有几千年的历史,在长期对动物驯养过程中,培育出了许多驯化和半驯化的动物品种,除了供给衣、食、住、行等方面生活需要之外,也从中获得大量药物来治疗疾病。

我国药用动物养殖和育种工作现状大体有以下四种情况:

(1)已经培育出优良品种的药用动物,如梅花鹿(双阳梅花鹿、西丰梅花鹿、四平梅花鹿、敖东梅花鹿和长白山梅花鹿等),乌鸡(白羽乌骨鸡、黑羽乌骨鸡、黄羽乌骨鸡、红羽乌骨鸡、杂花乌骨鸡等),鹌鹑(日本鹌鹑,朝鲜鹌鹑,中国鹌鹑),蜜蜂(中国蜜蜂,意大利蜜蜂和高加索蜜蜂等),家蚕(多品种)等。

(2)已经培育出优良类群但尚未达到品种标准的药用动物,如梅花鹿中的吉林双阳鹿,龙潭山鹿和东丰兰杆鹿等类群。

(3)发现了优良野生种群并进行了引种驯养的药用动物,如吉林省长白山地区的哈士蟆(中国林蛙)种群,体大油多。内蒙古阿尔山地区的马鹿种群,茸特大。

(4)与野生型无明显差异仅做初步驯养的则占大多数。

根据上述情况,说明目前在药用动物养殖业上,多数尚未有明确的育种目标、实施计划、组织机构和育种谱系等安排，仅是为了增加产品，提高生活力而进行个体或群体的选育工作。科学的育种工作应是有目标、有计划、有组织、有步骤地进行，从工作内容上大体包括：性状分析，选择（选种和选配）；繁殖（交配、产仔等）；培育（驯化与饲养等）等步骤。现分述如下：

（一）遗传性状

动物品种的形成，除遗传因素的决定性影响之外，生态条件和人工选育都具有重要作用。我国幅员辽阔，地形、植被及气候类型复杂多样，环境条件和营养条件差异很大，再由于人类对动物选育目标各式各样，于是使驯养动物出现了具有不同遗传特点和生产性能的各种品种、品系或类群。所以，动物品种的形成是在有目标、有计划的人工选择和精心培育下实现的。选择的目的是保存和发展优良的性状，淘汰不良的性状。这里包括对动物遗传基因的分析、组合和对环境条件的控制、运用，才能使动物产生符合人类要求的性状，即：

基因型＋环境＝表型

构成动物表型的各种性状共分为两大类，即质量性状和数量性状。

1.质量性状

质量性状多由1对或少数几对基因所决定，每对基因都在表型上有明显的可见效应。也就是各质量性状之间有明显的质的区别，不易混淆。所表现的变异多是不连续性变异，即使出现有不完全显性杂合体的中间类型也可以区别归类，这一类性状称为质量性状，孟德尔三个遗传基本规律就是根据质量性状的遗传动态总结出来的。质量性状包括的种类很多，如野生动物的毛色、耳型、血型、畸形及各种遗传疾病等。

2.数量性状

数量性状往往由多个基因所控制，每个基因只有较小的效应，在表型上并不明显可见，因而在实际研究中很难确定每对基因的作用。对这样的性状只能用数量遗传的理论，数理统计的方法进行分析和研究，并用来指导育种工作。数量性状包括动物的体型大小、体重、毛的长短和密度，毛色的深浅、产仔力、抗病力、生活力和生长速度等。这些都是生产上很重要的经济性状，也是动物育种的主要选择性状。

数量性状的遗传虽然与质量性状的遗传有共同之处，但也有根本性差异，所用的育种方法也不同。数量性状的特点有以下几个方面：

（1）在一个群体中，数量性状往往表现为一些没有明确界线的类型。

（2）在数量性状有明显差异的两个群体交配时，所产生的仔代，其数量性状的差异常常表现出介于两个群体之间的中间型。

（3）数量性状的遗传基础是由多基因控制。

（4）数量性状对环境条件的反应敏感，它的表型往往受到环境条件的影响，同样的遗传性和基因型会因环境条件的差别而表现不同。

（二）选择（自然选择与人工选择）

选择是人类改良物种的手段。通过选择，可以保存和发展动物的某些优良基因，也可以淘汰某些不良基因，从而改变了群体的基因频率和基因组合，并导致动物体产生变异。

作为育种手段的人工选择，包括选种和选配两个方面：

1.选种

选种是对参加配种的动物，不论雄性或雌性，进行种质优劣、生产力高低、性状好坏的有计划选择,从而不断地提高后代的质量,并使其朝着人类需要的方向发展。选种的方法首先是对动物的体质、外形和生产力的综合鉴定。但仅是这样去选种会出现不分主次的弊病。选种应以全面鉴定为基础,在各方面都达到标准的前提下,集中力量选择几个主要生产性状,这样才能加速遗传进展和提高选种效果。选种的方法大致有个体选择,系谱选择,后裔测验和同胞选择等。

(1)个体选择(大群选择) 是一种较古老,较普遍,常用的选择方法。

(2)系谱选择 从遗传规律的角度来分析动物祖先和后代的关系,认为优秀的祖先会产生优秀的后代。系谱选择在育种学上占有重要地位。

(3)后裔测验 根据后代的表现来确定亲本的优劣,并作为依据来确定对亲本的保留和淘汰。如雄性亲本经后裔测验确定为优秀者,可以通过人工授精方法扩大其配种范围,把它的优良性状遗传给更多的后代。

(4)同胞选择或家系选择 根据动物的旁系亲属的表现来估计这个动物的育种价值,评价其优劣。有的必须在杀死动物后才能取得性状(如皮张面积),可以用同胞选择和家系选择。同胞选择不受世代间距的影响,在一定时间内取得的遗传进展快,对于遗传力低的性状的选择是很有效的。

动物的选择,往往并不仅着眼于一个性状,而是同时改进几个性状,如体长、体重同时改进,才能影响体形大小。但在进行选择时,为了提高选择效率,必须在注意各种性状改进的同时,集中突出某个主要性状的选择。对多种性状的选择可以用以下两种方法:

①单项选择法 虽然在选种目标上是要改良几个性状,但在一段时间内,仅以1种性状为选择目标,直到这个性状达到标准后,再进行第二个性状的选择。依此类推。

②独立水平法 同时进行几个性状的选择,给每个性状都独立规定一个最低的表现水平,将没有达到其中任一性状规定水平的动物都淘汰,只选择全部能达到规定水平的动物留作繁殖用。

2. 选配

选配就是对动物的配对加以人工控制,使优秀个体获得更多的交配机会,并使优良基因更好地重新组合,促进动物的改良和提高。选配时,要对参加配种的动物个体或群体在年龄上、体质上、雌雄比例上、配种方式和方法上进行优选,充分发掘动物的生产潜力,发挥最大的繁殖效能。选配大体可分为个体选配和群体选配。个体选配主要考虑配偶双方的品质对比和亲缘关系;群体选配则主要考虑配偶双方所属种群的特性,以及它们的异同在后代中可能产生的作用。选配是改良动物种群和创造新种群的有力手段。

药用动物在人工饲养条件下,为了进行良种繁殖,不断提高种群生产力,必须进行选种和选配,大型动物可以进行个体选种和选配,而小型动物则只能进行群体选种和选配。

(1)育种核心群 这种群的主要任务是使动物不断地朝着人类所希望的培育目标发展,逐步走上品种化。主要担负起繁衍后代的任务,受到精心培育和驯养。

(2)生产群 这种群的主要任务是生产商品,在饲养标准上,要比育种核心群低,往往在一个饲养场内占有最大的数量比例,是产品的主要来源。饲养场的产品生产和产值收入,单产与总产的多少都受到生产群的制约。这种群往往仅是在产品生产期进行奖励饲养,有的也进行繁殖,有的则不进行繁殖。

(3)淘汰群 这种群是由老龄动物、病弱动物等个体所形成,从生产价值上看,暂时尚保留有产品和利润收入,但已需要逐步淘汰。该种群个体仅能受到粗放饲养。从三种群的关系上看,育种核心群在质量上不断提高,在数量上不断扩大,并且每年有一定数量的未达到选择标准的个体转入生产群。而生产群也每年进行产品生产力的选择,生产力下降的个体也每年拨入淘汰群。这种每年朝着一定方向的个体流动过程,也即是群体选育过程。每个饲养场都可以采用这种制度。

(三)交配

交配是动物的有性繁殖过程的一个环节,又叫配种;方式有三种:

随机交配:在一个种群中,一个性别的任何个体都有相等的概率同另一个性别的个体交配。

表型组合交配:这类交配是以表型选择为基础的,可分为两种:凡表型相似的个体间进行的交配,称为同质交配;凡表型不相似的个体间进行的交配,称为异质交配。

基因型组合交配:这是根据雄体与雌体之间的亲缘关系进行的一种交配方式。其中,凡是亲缘关系更接近的个体之间的交配,称为近亲交配;亲缘关系超过了平均群体关系的交配,通称为远缘交配。

基因交配是最科学的有性繁殖方式,它对后代性状的遗传可以做出科学的分析和判断,是系统育种的快速有效的方式。在育种工作中,根据不同的目的近亲交配和远缘交配皆被应用。

1.近亲交配与近亲育种

近亲交配是一种亲缘较近于随机交配的一种交配方式。近亲交配增加了基因的纯合性,并产生了纯种或培育成近交系。在以质量性状为目标的育种工作中主要应用这种方式。这种方式对保持药用动物的地道性似乎应有益处,特别是当前医药生产和研究工作所需要的实验动物,便是以应用这种方式获得的近交系。

近亲交配和育种工作存在的主要问题是近亲衰退。它主要表现在:①生长速度下降。②繁殖率下降。③生活力下降。在实验动物中出现很多内脏器官发育不良或不完全的个体。近亲衰退往往造成生产损失,所以,近亲育种工作中必须控制近亲衰退现象。

2.远缘交配和杂交

远缘交配要求交配的两性个体要在一定的世代内(如10代以上)无亲缘关系,无共同祖先。根据个体间亲缘的远近,远缘交配可以分为以下各种:

(1)品种内杂交　即品系间杂交如泉州乌鸡系与泰和乌鸡系的杂交。

(2)品种间杂交　如朝鲜鹌鹑的杂交。

(3)亚种间杂交　如东北原麝亚种与江南原麝亚种间的杂交。因为亚种是种下的自然分类单位,它比品种杂交的亲缘关系更远一些。

(4)种间杂交　一般是属内的不同种的杂交。如梅花鹿与马鹿之间,梅花鹿与水鹿(黑鹿)之间的杂交。种间杂交是动物中所能进行的最远杂交,称为远缘杂交。

远缘杂交由于基因的杂合性增加,纯合性减少,给动物带来了一系列与近亲交配不同的表型效应,这种效应中最主要的和最根本的是出现杂种优势。杂种优势表现最明显的性状是繁殖力和生活力的提高。杂种一代表现出最高的繁殖力,如交配能力、产仔率和后代成活率等。因此利用杂种优势提高繁殖力是育种的一个主要方面。杂种优势也使杂种一代的个体增强了生活力,使它们的生长更为健壮,对不良环境,对疾病,都有更强的抵抗力。杂种优势是目前动物生产中广泛应用来提高产量的一种手段。

(四)培育

在育种工作中,除了选择(选种和选配)的作用之外,对后代的培育也是非常重要的。如果培育工作跟不上,则优良性状在后代中也可能显示不出来。前述重要的数量性状,如产仔力、抗病力、生活力和生长速度等都对环境条件的优劣反应敏感。营养状况可以直接影响后代发育的体形和体重。同样,基因型的表型可因营养条件而变化。所以,在工作中要切实掌握基因型、环境和表型三者之间的关系,使选择和培育工作有效地结合起来。

第四节 我国药用动物养殖的现状和存在的问题

一、药用动物养殖现状

(一) 养殖的种类

我国目前已经有规模化人工养殖的药用动物约 25 种,代表动物由低等到高等为:蚯蚓、水蛭、鲍鱼、珍珠蚌、蝎子、蜈蚣、土鳖虫、蚂蚁、僵蚕、蜂、虫草、乌鳢、蟾蜍、林蛙、乌龟、鳖、蛤蚧、银环蛇、鹌鹑、乌骨鸡、野鸡、梅花鹿、马鹿、林麝、黑熊等。

(二) 药用动物养殖的技术水平

我国的药用动物养殖方式大概包括两种:集约化人工养殖和半人工仿生养殖。

1.集约化人工养殖

是指药用动物已经脱离了动物原有野生栖息环境条件,转而适应了人工提供的集约化生产车间式的生活环境,实现了规范化生产。集约化人工生产的主要优点是养殖效益高,过程可控,产出稳定且可预测。目前,已经实现集约化人工生产的药用动物主要有:梅花鹿、马鹿、黑熊、乌骨鸡、鹌鹑、野鸡、东亚钳蝎、蜂、僵蚕、土鳖虫、珍珠蚌、乌鳢、水蛭、蚂蚁、蚯蚓等。

2.半人工仿生养殖

是指将药用动物生活史的一部分阶段或生物学时期置于人工条件下进行的生产方式。除了已经实现集约化人工生产的药用动物种类之外的其他药用动物几乎均属于半人工仿生生产。已经实现半人工仿生养殖的药用动物主要有:林麝、乌龟、鳖、蛤蚧、银环蛇、九香虫、蜈蚣、海马、林蛙、蟾蜍、鲍鱼等。

二、存在的问题

药用动物是动物药的来源。新中国成立以来,人工养殖药用动物被定为动物药生产的主要发展方向。半个多世纪以来,药用动物的人工养殖已经取得了长足的进步,动物药来源由原来的主要为野生资源,变为由野生资源与人工资源共同支撑的局面,并且逐步向人工资源过渡,野生资源比例逐渐减小是未来的发展方向,也是可持续发展的必然要求。随着动物药研究和应用的发展,养殖药用动物的种类、群体数量、生产技术及研发应用等均取得了长足进步。但是,整个药用动物养殖业,仍然面临着经营规模小、生产方式落后,价格波动频繁,产业发展不稳定,技术水平低,产业链不完善,产品附加值低,政府支持不够,管理体制混乱,市场竞争激烈,国际压力大等问题。

1.养殖规模小,生产方式落后

与畜牧业和现代农业相比,我国的药用动物养殖,如梅花鹿、林麝、全蝎、蜈蚣等,生产规模均偏小，生产方式也比较落后，生产效率低下，没有从根本上脱离小农经济模式。以鹿为例，我国的养鹿业，以获取鹿茸为目的，一直处于自发或自主经营、各自为政的无序状态，仍处于初级自然发展阶段。据不完全统计，全国有鹿场约 8 000 个，养殖规模从几头到几千头，差别很大。养殖方式也有家庭院落式、圈养式、散养式等多种。

2. 价格波动频繁，产业发展不稳定

一方面，受到国际、国内两个市场的影响，动物药材价格波动频繁，药用动物产业发展不稳定。另一方面，由于动物药材的不断研发和应用，使得需求不断增加；而药用动物生产难度大、效率低、周期长等不利因素，导致不可能在短时间内大幅度提高产量。需求与供给的不适应，导致了多数动物药材的价格持续上涨趋势明显。

3. 技术水平低

药用动物养殖业的技术水平低，体现在四个方面：一是集约化养殖种类少；二是产业技术体系不健全；三是受到体制和生产规模的制约，一些行之有效的技术长期得不到推广应用；四是技术力量和技术推广乏力。

4. 产业链不完善，产品附加值低

养殖药用动物生产动物药材只是药物生产的第一步。养殖场的产品多以原材料性初级产品的形式出售。因此，产品附加值低。随着中药现代化的发展，以 GMP 龙头企业牵头，组织和带动中药材种植、养殖户的 GAP 生产，成了一种主导模式。另外，中药材种植、养殖专业合作社也正在迅速发展之中。这两种运营形式将对完善产业链和提高产品附加值发挥良好作用。

5. 管理体制不顺

药用动物养殖业，处于养殖业的边缘地带，得不到政府的重视，管理体制混乱，流通不畅，处于恶性竞争的无序状态，缺少总体规划和制约机制，存在多头管理现象。一些药用动物本身是受保护的动物，在驯养、运输、开发利用上受到医药卫生、林业和农业等多部门的约束和管理，但是，没有真正的主管部门，更谈不上提供扶持和服务。

6. 市场竞争激烈，国际压力大

虽然，我国拥有丰富的药用动物资源，但是，由于人口的膨胀、环境的退化及人为大肆捕杀，使得野生药用动物资源日渐萎缩。养殖药用动物成为获取动物药材的必由之路。由于地域、技术水平、品种等的差异，导致产品质和量的不同，市场竞争激烈。同时，一些种类还受到国际产业及市场的影响，例如鹿茸。受新西兰鹿茸的影响很大。

另外，动物药材往往是药用动物的全体、某一器官、生理或病理产物等，对动物产品的利用要符合动物福利和伦理的要求，否则，将受到国际舆论的严厉指责。例如，熊胆的利用就是实例。

第五节　药用动物安全生产

药用动物安全生产包括：人员安全、动物安全、环境安全等。

一、人员安全

人员，指的是近距离接触、处理药用动物的操作人员及观赏者等。药用动物种类繁多，多数具有很强的野性，自身防卫手段多样，对人类易造成危害的类型各不相同，主要包括：

(一)机械性顶撞

此类伤害最为常见。易造成此类伤害的药用动物有:梅花鹿、马鹿、黑熊等。预防的方法主要为:人员做好防护、规范处理操作、提前预判、制定风险预案等。

(二) 螫、刺、咬伤

药用动物大多有自身防卫本领,例如蜂、刺猬就是通过螫刺来自卫的。俗话说,"兔子急了也咬人"。很多药用动物在受到侵犯或刺激的情况下也会攻击人类。为了避免此类安全事故的发生,首先要了解药用动物的行为特点;其次,要做好人员防护;再者,减少人为操作对动物的刺激等。

(三) 中毒

有些药用动物具有对人类产生毒害的物质,例如,蜂毒、蝎毒、蛇毒、斑蝥毒素等。对有毒药用动物进行操作处理时,要格外谨慎。为避免受到毒素的伤害,应该从以下几方面着手:

(1)熟悉有毒药用动物的生理特性和行为特点;

(2)了解动物毒素的性质、作用特点及临床症状;

(3)配备和使用针对性的防护设施和器材;

(4)准备急救预案。

(四) 传染病

要注意防止动物和人类共患疾病的传播、感染。其根本方法在于:首先,制定防疫卫生制度,要针对可能的危害性传染病进行免疫接种;其次,定期检测动物群健康状况,检验和淘汰患病动物;再者,人员要采取必要的机械防护和免疫接种防护措施。

二、动物安全

动物安全,指的是在药用动物养殖及产品采收过程中,要提供舒适、必要的健康生活条件,采取科学合理的饲养管理措施及产品采收技术手段,以满足动物伦理及动物福利的要求,从而生产出安全、优质的动物药材。动物的安全保障主要体现在以下几个方面内容:

(1) 充足且营养丰富的食物;

(2) 充足且洁净的饮水;

(3) 充足的生活空间和必要的生活设施;

(4) 适宜的气候条件与群体环境;

(5) 科学且人性化的动物处理措施;

(6) 动物重大传染病的预防接种与管理。

三、环境安全

环境安全是指药用动物生产场对周围环境的影响而言的。作为药用动物生产企业,无疑会产生废弃物和有害物,主要为动物的排泄物和病死动物等。药用动物种类不同,产生的废弃物和有害物的特性和量也不同,因此,处理的方法也不一样。处理的目的首先是无害化,其次,变废为宝,再利用。目前,国际上常用的处理方法有三类:理化处理、生物处理和焚烧处理。

复习思考题

1. 什么是药用动物和动物药？
2. 脊椎动物亚门包括哪六纲？其代表性药用动物分别是什么？
3. 药用动物人工养殖的基本环节及内容是什么？
4. 我国药用动物养殖业存在的问题有哪些？
5. 药用动物安全保障的内容有哪些？

第二章

药用哺乳类动物养殖

第一节 养麝取香

一、概述

麝为哺乳纲(Mammalia)偶蹄目(Artiodactyla)反刍亚目(Ruminantia)麝科(Moschidae)麝属(*Moschus*)动物的总称。它以雄性腹部有一个能分泌麝香的腺体而成为重要的药用动物。

(一)种类及分布

麝分布区北至西伯利亚、南达印度、西抵阿富汗、东到韩国,是亚洲地区特有的哺乳动物类群。中国地处麝类分布的中心,是麝分布最广、种类和数量最多的国家。中国麝类有原麝(*Moschus moschiferus*)、林麝(*Moschus berezovskii*)、马麝(*Moschus chrysogaster*)、黑麝(*Moschus fuscus*)、喜马拉雅麝(*Moschus leucogaster*)、安徽麝(*Moschus anhuiensis*)和克什米尔麝(*Moschus cupreus*)等7种,分布在我国19个省区市。我国人工养殖麝为林麝、原麝和马麝3种,以林麝为主,种群数量占全国存栏总量的83.26%。

1.林麝

林麝分布于西南区西南山地亚区和喜马拉雅亚区、华中区东部丘陵平原亚区和西部山地高原亚区、华南区滇南山地亚区,边缘分布于青藏区青海藏南亚区和华南区闽广沿海亚区。行政区域主要位于四川、重庆、陕西、山西、贵州、云南、西藏、新疆、甘肃、青海、湖北和湖南等省区。据调查,当前林麝集中分布于喜马拉雅山、邛崃山、秦岭、岷山等山脉,栖息地面积约35万km^2。

2.马麝

马麝分布区比较小,主要分布于青藏区青海藏南亚区、西南区西南山地亚区和喜马拉雅亚区,边缘分布于蒙新区天山山地亚区及华中区西部山地高原亚区。行政区域位于四川、云南、西藏、陕西、甘肃、青海和新疆等省区。当前集中分布于青藏高原东部。马麝的栖息地受到的干扰和破坏严重,在四川,由于森林采伐、开垦等原因,马麝的栖息环境遭到压缩和破坏,栖息面积现仅存16.5万km^2。

3. 原麝

原麝分布最广，主要分布于东北区大兴安岭亚区和长白山地亚区、蒙新区天山山地亚区、华北区黄土高原亚区，边缘分布于黄淮平原亚区。行政区域主要位于黑龙江、吉林、内蒙古、山西、安徽、湖北、新疆等省区。人类活动对原麝的分布影响较大，栖息地面积逐年减少。当前主要集中分布于大兴安岭、小兴安岭、长白山、大别山及吕梁山等山脉，栖息地面积约 20 万 km^2。

由于栖息地碎裂化和丧失，麝种群数量锐减，分布区面积逐年缩小，资源遭到严重破坏。据调查，目前我国共有麝 6 万～7 万头，其中原麝 4 100～4 900 头，林麝 28 600～35 000 头，马麝 19 300～23 200 头，黑麝 5 400～6 500 头，喜马拉雅麝 2 300～2 700 头，仅相当于 20 世纪 60 年代的 4%左右。2003 年我国将麝类所属物种调整为国家Ⅰ级重点保护动物。《中国濒危动物红皮书》将麝列为濒危或易危动物。

(二)养殖历史与现状

麝香的利用和记载可追溯到我国历史上 2 000 多年前，首载于《神农本草经》，被列为上品。在《本草纲目》中列于兽部第五十一卷，上书："麝之香气远射，故谓之麝。或云麝父之香来谢，故名，亦通。其形似獐，故俗呼香獐。梵书谓麝香曰莫诃婆伽。麝居山，獐居泽，以此为别。麝出西北者香结实，出东南者谓之土麝，亦可用，而力次之。"现代我国传统中药以麝香作为原料的方剂已达 2 000 余种。但历史上对麝资源无计划的利用，致使麝资源已进入濒危状态。1956 年有动物学者提出人工养麝及活体取香的设想。为满足国内市场及出口对麝香需求，保护和利用麝类动物资源，积极响应国务院《关于发展中药材生产问题的指示》中"变野生动植物为家养、家种"的方针，1958 年有关部门先后在四川（马尔康、米亚罗）、陕西（镇坪）、安徽（佛子岭）等地建立了 4 个养麝场，揭开了我国人工养麝的序幕。

我国麝养殖历史大致可分为三个阶段：

第一阶段是 20 世纪 50 年代至 70 年代末，是麝类养殖种群建立及增长阶段，以国有和研究单位养殖为主，其中野生种源不断补充是这一时期的显著特点。受养殖技术和条件的制约以及野生麝香来源的冲击，人工养殖种群增长缓慢，最早建立的麝场甚至出现停业及关闭；

第二阶段是 20 世纪 80 年代初至 21 世纪初，麝驯化、饲养管理、疾病防治、麝香泌香机理和活体取香等各方面技术研究取得了多项科研成果，同时家庭散户参与麝养殖，养殖种群得到一定的增长，其中家庭散户成为支撑这一阶段全国养麝业的重要基础；

第三阶段，即是近十几年来，医药企业参与，家庭养殖户增多，标准化与规模化程度提升，投资力度加大，麝养殖种群获得快速增长，正处于一个新的历史发展时期，其中四川成都和陕西宝鸡养麝业发展最为突出，成为现今人工养麝业的主力。

从全国看，麝养殖场所呈现分布较为零散的特征，但在养殖麝数量相对较多的陕西、四川和甘肃省，养殖场则相对集中于某一区域。截至 2011 年年底，在国家林业部门认证许可的 17 家林麝养殖单位中，养殖专业科研机构 1 家，由个体户和养殖单位优化组合成立的新养殖企业 9 家，由制药企业注资集体所有或控股养麝场 6 家，由其他动物养殖企业转为林麝养殖场 1 家。全国麝养殖种群约 8 400 余只，主要集中在陕西、四川和甘肃等少数省份，存在明显的地域差异，呈现出在传统养殖地的扩散和相隔较远区域新增养殖点并行发展的特点。

种群大小和品质是麝养殖产业发展的基础，而发展理念、技术水平也直接影响种群数量的增长，是麝资源保护与利用这个核心问题的两个方面。当前，麝养殖产业存在的主要问题有：种群数量偏少，种源管理薄弱，种群谱系档案不健全，普遍存在不同程度的近亲繁殖现象；养殖方式传统落后，饲养技术水平低、管理粗放，基础设施和资金投入不足，专业技术人员缺乏；麝香产品收购价过低，多数企业以提供种源为产业目标，直接影响了从业者的积极性。如何保护种质资源质量，提高养殖管理技术水平和从业者的整体素质，完善麝养殖和麝香生产产业结构和布局，加强市场监管和引导等是当前亟待解决的问题。

麝是国家Ⅰ级重点保护动物，使用麝香的中药是国家保护品种，两者都凸显了麝养殖业及其产品在物种资源保护与利用方面的重要性。科学化、规模化和标准化已成为养麝业发展的主要方向。林麝规范化 GAP 养殖综合技术、林麝体况等级评定标准等研究成果相继问世，这些具有科学性、实用性和可操作性的技术方法，对提高麝人工养殖水平和产业可持续发展意义重大，有力地推动了麝养殖业的发展。

二、生物学特性

（一）形态特征

麝为雌雄异形，公麝大于母麝。耳长直立，上较圆。雌雄均无角，眼较大，嘴端裸露，无眶下腺。头部较长，颈短。前肢较短，后肢较长，肌肉发达有力。背呈拱状，体形紧凑，四肢细长，主蹄狭尖，侧蹄显著，尾短。被毛粗硬易折，毛色多为深棕色或灰褐色等。毛根为白色，毛尖为青色，中间为黄色，毛长 5 cm 左右。体背、体侧毛色较深，腹部较浅，多为黄色或棕黄色，尾浅棕色，耳壳内部及下颌部为白色，颈部两侧各有白色毛带纹延至腋下。幼麝毛较柔软，深棕色，斑点明显，密集于体背与体侧。发育到成年时，林麝和马麝斑点消失，原麝则终生保留。

麝每年换毛 1 次，4 月开始，到 8 月末基本换齐。2 岁以上的公麝上犬齿发达，长而尖，露出唇外并向下弯曲，一般长 3～4 cm，最长者可达 10 cm。母麝犬齿细小，不露唇外，故雌雄可区别出来。

麝的齿式：$2\left(\frac{0 \cdot 1 \cdot 3 \cdot 3}{4 \cdot 0 \cdot 3 \cdot 3}\right)=34$

麝蹄形相似而对称，第三趾和第四趾发达，细长而尖，韧带结合良好，活动自如。乳房 4 个，母麝发达，能哺乳。公麝有麝香囊，由于其能分泌麝香而成为重要的药用动物。

1. 林麝

林麝体形最小，数量最多，是养麝场内的主要养殖种类，于 50 年代就在四川首先饲养。麝香质量好。体长 70～80 cm，体高 50 cm 左右，成年体重约 9 kg。前肢短，后肢长，弓腰似兔，后肢蹠行性。成年公麝有 1 对上犬齿外露，称为獠牙，形扁而细长，为重要分类指标。腹下有 1 个能分泌麝香的腺体囊，开口于生殖孔相近的前面。母麝无香腺和獠牙。林麝毛色较深，并可随不同季节的环境变化而改变毛色。自眼下部开始，有两条白色或黄白色毛带，通过颈部而达胸部。四肢下部前面灰棕色，后部浅褐色。尾短小而掩藏于臀毛之中。成年麝背部无斑点，初生仔麝有斑。副蹄较发达，能攀上斜树。

2. 马麝

体形最大，体长 85～90 cm，肩高 60 cm 左右。毛色较林麝浅，体后部颜色较深，成麝无斑点，颈部背面有黑色斑，断续排列成一线。眼眶周围有黄色圈，颌与颈下黄白色。耳大直立，边缘褐色，嘴长。公麝上犬齿发达，有“板牙獐”之称。善奔跑，不能上树。多生活在海拔 2 000～4 000 m 以上的高山草原或密林中。

3. 原麝

由于体形与分布区的不同，在分类学上又划分为东北原麝和安徽原麝两个亚种。原麝终生在毛被上有斑点，体形大于林麝而小于马麝。体长 85 cm 左右，体高 55 cm 左右，体重 8～12 kg。

(二)生活习性与行为

麝属于山地森林动物，可栖息在海拔 1 000～4 000 m 的针叶林、针阔叶混交林、阔叶林和森林草原等环境中。善跳跃，有攀陡岩、爬斜树干的本领，具有明显的领域性行为。当其他麝侵入其活动区时，则发生殴斗。在生活区范围内采食、饮水、哺幼等活动有固定的路线。当受到敌害及其他因素干扰时仅作短时性变更，不久即又回到原处，故猎民称之“舍命不舍山”。根据此特性埋伏捕捉工具而捕麝。麝有明显的季节性活动规律，夏季炎热迁移到高山地带，冬季寒冷则迁移到低山河谷。这种垂直迁移与捕食、繁殖有密切关系。在昼夜活动规律上，麝为晨昏性活动，仅阴雨天气才白昼出来觅食。麝喜栖息在树基、灌木丛或岩洞的光线阴暗、地面干燥的地方。休息时，可出现闭眼、垂头、四肢盘屈、颈向后弯曲的匍匐姿势或头颈平放地面的侧卧式等睡眠姿态。公麝有在树干、木桩等物体上擦臀、擦尾和抹香的习性。

麝为独居性动物，生性孤僻，胆小易惊，嗅觉、视觉与听觉均很灵敏，对异物突然出现和音响均反应灵敏，往往立刻全身竖毛，凝视，鼻孔喷气，跺足，淋尿，进而全身抖动，发出尖锐的叫声，呼吸和心跳频率明显增加，精神极度紧张。麝抵御敌害的武器主要靠獠牙，但多数情况下是依靠其灵活跳跃和攀岩、上树等本领而逃避。

麝为草食性反刍动物。食性范围极广，可采食多种植物的根、茎、叶、花、果实及种子，尤其喜食新生出来的嫩芽、嫩叶、蕨类和苔藓等。食量较少，家养时每天平均 1 kg 粗饲料和 100～200 g 精料即可满足。在不同的季节，麝食植物的种类和部位以及采食量均有较大的变化，这与气候和它的不同时期的生理活动有关。

麝的敌害较多，各种食肉性的鸟兽类，如金雕、草原雕、豹、猞猁、斑狗、黄喉貂、黑貂等均可对它侵害，特别是危害幼麝。

(三)繁殖生理

1. 麝的性成熟

麝的性成熟期与种类、性别、气候、饲养管理以及其他一些因素有关。性成熟开始时期约在出生后 18 个月左右，但不宜立即用以交配。为了保证麝的健壮并获得体质好的仔麝，一般公麝达到 3 周岁，母麝 2 周岁才参加繁殖。

2. 麝的发情

麝为季节性多次发情动物。发情交配期从 10 月到翌年 2 月，11—12 月为发情旺期。在 1 个发情季节中母麝可出现 3～5 个发情周期。每个周期为 19～25 d，平均 21 d；发情持续期为 36～60 h，旺期 24 h 左右。母麝发情表现多为烦躁不安，频繁活动，食欲减退，阴门潮红并有黏液流出，允许公麝接近和爬跨。排尿频繁，臀毛竖立，尾翘起而露出外生殖器。到处嗅粪、尿，发出鸣叫声，并接受交配。公麝发情时期较长，睾丸变大，经常追逐母麝，沿獠牙流出唾液，表现出强烈的性冲动。

3. 麝的交配

麝交配时间短，速度快。一次射精量 0.5～0.6 mL，每毫升含精子数为 20 亿～30 亿。每天交配 2～3 次的公麝，可每日配 2 只母麝。刚刚交配完毕的公麝，因血液循环较快，不宜立即饮水，特别不宜饮过冷的水。配后应立即将公、母麝分开，精心饲喂、休息，使其迅速恢复体力。

4. 麝的妊娠与产仔

麝的妊娠期因种类、个体特征、驯养方式以及外界其他条件而有差异。一般为 175～190 d，平均 181 d。推算出大致的分娩日期，可以预先作好接产准备。产双羔或三羔的母麝，妊娠期最长，平均在 184～189 d。母麝妊娠后，食欲增强，采食量逐渐增多，妊娠中期采食更为旺盛。妊娠 3～4 个月后的母麝，活动小心谨慎、迟缓，性情安定，易疲倦，好躺卧。到产前 1～2 个月，胎儿快速生长，母麝腹围显著变粗。临产前，乳腺体积也明显增大。

麝的产仔期因发情配种时期和妊娠期长短而不一致。配种早而集中，则产仔也较早和集中，这样就降低了养麝工作的劳动强度。一般多在 5—6 月产仔，每年一次，每胎 1～3 仔，以产双仔比例较大，圈养条件下占 80%左右，双仔者多为一公一母。初产母麝多产一仔。仔麝断奶采食时，日照时间长，气候温和，青绿饲料丰盛，有利于仔麝早期快速生长发育，成活率高。到了炎热多雨的夏季，仔麝已达到 2 月龄，体重可达 3～4 kg，基本上能适应外界气候的变化。

三、饲养设施及设备

养麝场应建在气候湿润、凉爽、温差较小的山区、半山区。宜选择地势相对较高而平坦宽敞，干燥，排水良好；附近有丰富的植物资源以供麝食用，或有良好的人工饲料基地保证供应充足饲料；有良好水源，且无环境污染、交通较方便的地方。为了减少疫情发生和保证场所安静，养麝场须距离居民区、牧场、矿山、工厂等 2 km 以上。养麝场分为养殖区、管理区、职工生活区等。养殖区的建筑物包括：麝圈、饲料加工室、兽医室、精粗料仓库等。管理区内有办公室、物料仓库等。职工生活区包括职工宿舍、卫生所、食堂等。管理区与养殖区的距离宜在 200～300 m 以上。

麝养殖有圈养和笼养两种方式。

(1)圈舍　圈舍的建造要适合麝的生活习性，并以经济适用为原则。麝圈要坐北朝南，背风向阳。圈舍可分为舍式和棚式两种类型。棚舍一般是三面有墙，并将其隔成 1.5 m 左右的小间，隔墙高 1.2 m 左右。冬、春气候不太寒冷的地方以及公麝和幼麝的饲养多用于棚式。舍式圈舍适用于冬、春气候比较冷的地区，能较好地避寒、保暖。每个圈可设 4～6 个圈舍，每个圈舍宽 1.5 m、长 2.0～2.5 m、高 2.0～2.5 m。舍门高 1.6 m、宽 0.6 m。窗高 50 cm，宽 70 cm。圈舍墙厚 24～40 cm。圈舍的屋檐距地面 2.5～3.0 m。圈舍通向运动场的小门高 52 cm、宽 36 cm。在圈舍墙上正中、距地面 80 cm 左右处开一窗口(80 cm×80 cm)，并安装木窗，窗台宽 35 cm 左右，可供麝躺卧之用。圈舍地面铺砖，地面应高于运动场地面 30 cm 左右，并斜向运动场。

运动场面积随麝的种类、性别和养麝方式的不同而异。母麝占面积要适当宽大一些，幼麝要比成年麝小。一般每个麝 20 m^2 左右即可。在运动场内能得到充分的阳光照射，可促进机体的新陈代谢，增进麝的健康。运动场围墙高 3.5～4.0 m，内壁光滑，墙头上设向运动场伸出 20～25 cm 的横檐，以防麝翻墙逃走。

因麝窜跳能力较强，在修筑麝场围墙或围网时，一定要力求垂直，可用砖砌或铁丝围网，砖墙顶部须用砖瓦覆盖，并向内突出约 30 cm 左右，以防麝窜越逃跑。圈舍内最好能设瞭望楼，上层供饲养人员居住和观察麝的生活情况，下层供存放饲料及管理用具等。

(2)笼舍　笼舍要求光线充足，空气新鲜、通风透气，冬暖夏凉。适用于饲养生产公麝。一般采用铁条或竹木结构，笼长 2 m、宽 1 m、高 1 m，中间设隔门。笼底可用预制板或竹木条制成。笼的正面和侧面设高 70 cm、宽 30 cm 的活动门便于给饲。笼养适于初捕麝、育成麝及病麝的饲养，每个笼舍可养 1 头公麝。

根据麝场的经营性质、发展规划和定型头数，结合场地的风向、坡度和兽医卫生要求，对麝场进行合理配置。各建筑物布局可将麝圈配置在生产区的中心。根据地势条件和饲养头数，采取多列式建筑，以东西并列 2～3 栋、南北两栋的配置方式为好。运动场应设在麝舍的南面或东南面。精料库、饲料加工室等的配置要互相联系方便，靠近水源，与各栋麝舍的距离大体相等。

四、麝的繁育技术

为了提高麝群的质量，养麝场应建立育种核心群，实行选种选配。首先应选择优良的种公麝，并组织好适当公、母比例的配种群。种公麝必须体型大、体质好，性欲旺盛，年龄适宜(4～6岁)，睾丸匀称，泌香量高，肥满度适宜，并能将这些优良特性遗传给后代。母麝一般宜选体质健壮，抗病力强，性情温和，母性强，泌乳量高，往年怀孕、分娩正常，每胎产仔 2 只以上，子代发育良好，性成熟(3～6 龄)且遗传力强的母麝。麝的配种方式有两种：

(1)单公群母配种法　首先根据生产性能、年龄、体质状况将母麝分成若干小群，一般为 4～6 只，放入 1 只种公麝，直到配种期结束不替换公麝。如配种麝不够分配，也可采用每群 12～15 只母麝，放入 1 只种公麝，但要每隔 5～6 d 替换 1 次，在配种旺期甚至要每隔 2～3 d 替换 1 次。

(2)群公群母配种法　在组织配种群时，按公母 1∶4 的比例一次放入。在整个配种期内，只要公麝体质好，性欲旺盛，可以混群到配种期结束。个别种公麝如果体质变弱，性欲降低或患病时，可以随时替换。也有的养麝场采取中期全部替换公麝的方法，可根据实际情况灵活掌握。

五、麝的饲养管理

(一)初捕麝的运输与饲养

麝易惊觉、善跳跃，在捕捉和运输上困难大。初捕的麝放入运输笼内要遮光运输，距养殖场较远者要设临时饲养点，距养殖场较近者可直接运回场，但为了防止疾病和恢复体质，一定要隔离饲养 1～2 个月。运输和隔离饲养时首先要经常给水，并给以营养较高的精料和新鲜的青绿饲料。尽量保持安静，对病麝要及时治疗，力争减少死亡，经检疫后再进入饲养场内，以防传染病。

(二)饲料与饲养管理

麝为草食性兽类，应根据食性和当地实际条件选择饲料。野生资源和农副产品均可利用，也可人工栽培一些饲料植物。冬贮饲料多制成青干饲料。对块茎、瓜类、豆类要煮熟饲喂。麝对霉变饲料非常敏感，易引起消化道疾病。松萝(山挂面)是麝最喜食的野生植物，也可用青干饲喂。动物性饲料作适当补充，包括鱼粉、血粉、蛋黄粉和乳粉等。

麝在白天喜静卧休息和反刍，傍晚和夜间采食，60%的日粮是在夜间食入，故傍晚的饲料要给足。投料顺序一般是先精后粗。冬、夏喂早、晚两次，春、秋可中午补加一次。麝的哺乳期为 100 d 左右。断乳后的仔麝要适当增加蛋白质含量高的饲料，补加维生素 A、维生素 D 和动物性饲料。更换饲料种类时要逐步进行，一般要经过 10～15 d。突然更换饲料，易拒食，甚至发生疾病。给水要新鲜清洁,每天更换,冬季要防止水槽结冰。

圈舍周围植树,既可遮阴又可提供饲料。圈内应保持干燥,通风良好。夏防酷暑,冬防严寒。地面、水槽、饲养用具要定期消毒。母麝和育成麝可大圈饲养,泌香公麝多笼养或单圈饲养。

六、麝香采收与初加工

(一) 麝香囊的形态

在雄性麝腹下的阴囊与脐部之间(距阴囊 4.5 cm,距脐部约 5 cm),有一个椭圆形的囊状组织,称麝香囊(简称香囊)。囊内有麝香分泌腺体。香囊介于腹部皮肤和腹肌外膜之间。在香囊腹侧(香囊口一端)有两个开口,前为香囊口(直径 1.2 cm 左右),后约 0.5 cm 处为阴茎包皮口。两口之间及麝香囊口周围裸露无被毛,其外周围有浅黄色的针毛,呈放射环状排列,掩盖麝香囊口及阴茎包皮口。阴茎包皮口后侧环生有一撮长毛,而香囊口则无,是辨认阴茎包皮口及香囊口的明显标志。香囊口内侧周围环生浅黄色的短毛,指向囊腔。在分泌麝香反应期后,香囊口内侧短毛脱落混入。

麝香囊背面被包藏在腹壁内,略呈扁平状态。香囊长 4～6 cm,宽 3～5 cm,高 2～3 cm,鲜重(39.14±2.55) g,干重(17.61±0.81) g,含水量 53%～55%。香囊的大小根据麝的种类和个体而有差异,大者如鸡蛋,小者如核桃。仅公麝有香囊,能分泌麝香。

麝香囊可分五部分:

(1)外壳　即粗皮,麝香囊的最外一层,淡褐色,为被毛所覆盖,为麝皮部分。鲜重为(16.85±1.29) g,占麝香囊重量的 43%～45%,干重 5～7 g,占麝香囊重量的 30%～40%,含水量 64%～70%。

(2)细皮　肌肉皮,粗皮内的肌肉部分,厚 5～8 cm。

(3)内皮(银皮)　即云皮(星皮),是在细皮内包住囊的一层极薄的棕褐色膜,膜上有许多皱纹,分泌物即从膜上产生(即麝香囊最内一层),其干结后变成粉粒,脱落在内皮囊中贮藏,即为麝香。内皮鲜重(3.01±0.18) g,占麝香囊重的 8%,干重(1.57±0.14) g,占麝香囊重量的 8%～10%,含水量 49%～53%。

(4)香仁　包于银皮之内,系药用部分,鲜时呈棕褐色或深咖啡色,干后为黑褐色或棕黑色。在大多数麝的麝香中,伴有大小不等的棕黑色颗粒,最大的直径 1.3 mm,最小的直径 0.5 mm 以下。麝香中常夹杂着脱落的银皮内膜。麝香鲜重(19.14±1.62) g,占麝香囊重量的 49%～51%,干重(10.18±0.68) g,占麝香囊重量的 58%～60%,含水量 44%～48%。

(5)囊口　位于囊表面中央的小孔,其皮肤肌有伸缩性,直径 2～3 mm。人工取香,便是由此口掏出。

麝香囊根据其采制方法不同,可分为:

(1)毛壳香　从雄麝腹部采割下来麝香囊进行加工(任何方法加工),带有外壳,其上有短毛。

(2)银皮香　剥掉麝香囊的外壳和肌肉层,而留有银皮香。

(3)散香　把香囊的外壳、肌肉层和银皮剥掉后剩下的部分,即麝香。

麝香具有浓烈的特殊香味,富油性,味稍苦,微辣,自古以来就是一种贵重的中药材和名贵香料。

(二)麝香的成分

1. 麝香酮

麝香酮是天然麝香的有效成分之一,也是麝香香味的成分。麝香酮的化学结构为3-甲基-环十五烷酮。

2. 麝香吡啶

麝香吡啶是一种生物碱,含量占0.375%。

3. 甾体化合物

用色谱和光谱法证实麝香的乙醚提取物中含有胆甾醇、胆甾-4-烯-3-酮和11种雄甾烷衍生物。将麝香的乙醚提取物用硅胶薄层(TLC)以苯为展开剂分得7个部分。麝香的雄性激素作用和麝香含有的雄甾烷衍生物成分有密切关系。

4. 蛋白质和多肽

麝香氮的含量很高。据报道,总氨量为9.15%,其中碳酸铵为1.15%,铵盐中的铵态氮为1.87%,尿素为0.40%,氨基酸氮为1.07%。因此蛋白质和多肽的氮含量是很高的。日本学者本村正康等发现,麝香的一种水溶液成分——一种分子量为1 000左右的肽类(MP),有强的抗炎活性。我国科学工作者于德泉等报道,从麝香中分离得到一种分子量约5 000~6 000的多肽,抗炎活性为氢化可的松的20倍。这种多肽经测定含有15种氨基酸,其中主要是甘氨酸、丝氨酸、缬氨酸和天门冬氨酸。这种肽的结构还不清楚,目前正在进行研究。

5. 脂肪酸、胆甾醇、酯和蜡

麝香中脂肪酸的含量为5.15%,这些脂肪酸的分子大小初步确定为C_{24}~C_{40},除了C_6外,含有支链结构的占优势。脂肪酸在麝香中同胆甾醇、甘油及其他脂肪醇结合成脂和蜡。目前已经确认的有甘油二软脂酸油酸酯、棕榈三油酸酯、棕榈酸甲酯、油酸甲酯。形成蜡的醇几乎都是支链结构的C_{20}~C_{24}的醇。

6. 无机物

麝香灰分含量为3.62%,用一般化学分析方法检出灰分中含有Ca 0.28%,Fe 0.30%,总磷1.69%。

麝香除了上述的化学成分外,还含有纤维素0.59%以及胆酸。

(三)麝的泌香规律

我国养麝业发展迅速,但麝的自然产香量低,要提高麝的产香量,首先要了解麝的泌香规律。麝的泌香周期可分为初期、盛期、末期三个阶段。麝的泌香期是5~7月。泌香最早是在5月下旬,最迟在7月下旬,因个体不同而异,但泌香期的全部历程均为4个星期。麝泌香期中有特定的泌香反应,表现为一系列特殊的生理和行为变化。

1. 泌香初期

雄麝泌香期来临的最初信息是阴囊、睾丸的生理性肿大。肿大是从附睾尾部开始,逐渐扩及整个睾丸,出现一侧睾丸先显肿大或两侧睾丸并行肿大。同时,阴囊皮色逐渐变浅、红润、阴囊内出现积液。这一变化进程初期甚缓慢,在睾丸初现肿大后4~5 d变化加快,阴囊随之下垂,经10 d左右,即达泌香初期末,此时阴囊、睾丸的肿大速度急增,整个阴囊肿大下垂,红润发亮,比泌香期前增大1倍左右。随之,麝香囊内出现香液分泌。在睾丸开始出现肿大时,香囊尚未增大,压迫香囊也无香液流出。当阴囊、睾丸已显著肿大时,香囊体积始见增大,香囊外口变红润,香囊中分泌的香液逐渐增加。泌香初期阶段,从阴囊、睾丸初肿到肿至最大时共

12 d 左右。

2. 泌香盛期

麝的采食行为出现急剧变化，采食量减少，继之停止采食或采食极少。饮水量也大减。少活动，多安静站立。此期，阴囊、睾丸保持十分显著的肿大状态，香囊体积也明显增大，分泌大量香液，香囊还出现节律性的收缩，可起混合香囊内容物作用。麝在此时受惊挣跳，极易引起香囊强烈收缩，使香囊内香液大量流失。在泌香盛期香囊变化的显著特点是：囊壁增厚，香囊体积增大，分布于香囊、香腺的血管扩张变粗，血液供给丰富。这显示泌香器官处于积极活动状态，与其旺盛的泌香机能是相适应的。泌香盛期一般持续 3～5 d，个别麝可达 7 d。

3. 泌香末期

麝恢复采食活动。恢复采食的第一天食量少，以后即恢复正常采食量与饮水量。阴囊、睾丸的生理肿大也逐渐消退。消退过程初期甚速，一两天已大部分消退。经 10 d 左右，睾丸及阴囊皮肤颜色逐步恢复正常。同时，香囊内的香液逐渐变稠，在泌香末期开始后的两三天，香液转变为白色豆腐渣状的未成熟香，10 d 后转化为麝香，具有正常的颜色与香气，唯含水量大。此后，在香囊内的贮留过程中，含水量逐渐减少。泌香末期一般约需 10 d。

(四)取香方法

1. 活体取香

(1)取香前的准备工作

①拟定取香计划，合理安排人力。取香时间，夏季应趁凉取香，即上午 10 时以前，下午 5 时以后较好，避免麝因受热和疲劳而引起疾病。

②将野性较大的公麝，提前 1～2 h 关入圈内小舍，以便捕捉。

③检查取香的用具及所需药品。取香用具及药品有：挖勺是掏取麝香用的，大多用不锈钢、银或牛角加工制成。挖勺全长 16 cm，勺柄长 7 cm，厚 0.5 cm，呈四棱形；勺颈长 7.5 cm，直径 0.3 cm，呈圆柱形；勺口长 1.5 cm，深 0.3 cm，前端稍曲，周围圆钝。公麝香囊口的大小，多随个体的差异而有不同，从保护香囊口以及取香效果出发，需要配制两三种不同型号的挖勺。盛香盘是接香用的，没有规定的制品，常用小型手术盘代替。保定床是固定麝用的，由固定板和支架两部分组成。优点是节省人力，为取香提供了较为方便的条件，并保证人的安全。缺点是延长取香的程序，有损于麝的健康。

目前，普遍采用快速取香法，即将麝直接固定在抓麝者的双腿上，立即取香。

医疗器械：镊子、解剖剪、药棉等。

药品：消炎膏类、酒精。

(2)抓麝　一人抓住麝的后肢向上提起，使其前肢着地。抓麝者迅速跨骑在麝背(不要坐住麝)，用两腿将麝夹住固定，或不跨骑在麝背上，而用手臂把麝扶靠在人腿侧固定。此时，一手捉住麝的两后肢(跖骨部分)，另一手捉住两前肢(掌骨部分)，用臂和体侧将其夹住。抓麝者选一合适的坐处(最好备一小凳)，将麝背里腹外地侧放在两腿上，或固定于取香保定床上。驯化性能好的麝，可以同时抓住四肢抱起。

(3)取香

①麝被固定以后(待公麝稍平静后)，取香前使麝的腹部与操作者相对，略剪去覆盖囊口的毛，用酒精在香囊上消毒。

②操作者以左手食指和中指将香囊基部夹住，拇指压住香囊口，无名指和小指按住香囊

体，使香囊口扩张。

③右手持挖勺，使挖勺的前端背面轻压囊口，挖勺即可伸入囊内，最深不得超过 2.5 cm。随后徐徐转动挖勺，并使勺向外抽动，麝香便顺口落入盛香盘里。

④取香不能用力过猛，以免挖伤香囊。遇到大块麝香不易挖出时，先用小挖勺在囊内将麝香压碎，或在囊外用手将麝香捏碎，然后再挖取。挖勺进入香囊的深度要适中，过深过浅均不利于取香。

取香时，如果麝动，应立即取出挖勺，谨防挖勺刺伤香囊。挖勺的进出应倾斜而行，以免撑破囊口。一般 3～5 min 即可操作完毕。

⑤取香后，把囊口用酒精消毒。如香囊口有充血或破损时，可涂上油剂消炎膏类的药物，或消炎粉，防止感染。

⑥刚取出的麝香，大多混有皮毛之类的杂质，应拣出。称出麝香的湿重。用吸湿纸自然干燥或用干燥器干燥。干燥后的重量即为麝香的干重。做好取香干湿重的记录后装入瓶中密封保存，防止受潮发霉。

实践证明，人工取香对公麝的体质和配种能力均无不良影响。取香以后，公麝能再分泌麝香，连续取香可达 10～13 年之久，其产量和质量基本稳定正常。

2. 杀麝采香

麝在 1.5～2 岁时，才开始分泌麝香。幼麝被称作“血吊子”，香囊小，仅有少许乳白色糊状的分泌物，略有麝香气味。成年麝的分泌物较多。成年而健壮的麝，分泌物最多。麝在 10～12 月间求偶，开始交配。在交配期分泌麝香量较多，香气浓郁，质量较优。捕获季节多为秋分后至翌年的立夏，因为在这一时期所分泌的麝香浓郁，粉粒也较充实。捕捉方法有枪杀、陷沟、绳索套、网捕、放猎犬、箭射等，其中以绳索套法最简便。猎得的活麝，杀死后立即割取香囊(死后过久割取会降低质量与产量)。割取香囊时，切勿伤及囊皮，也勿留肉过多，以利于干燥。将肉修净，去除水分即可。

(五)麝香的加工

麝香囊干时柔软，香仁如稠厚的软膏，有以下几种不同的加工方法。

(1)割取的香囊去掉多余的皮肉及油脂，将毛剪短，由囊孔放入纸捻，吸收其中的水分。纸捻需勤换。将麝香放入竹笼内，外罩纱布，以防蚊蝇，悬于温凉通风处，至干透为止。切忌日晒，以防变质。在风干过程中，如遇阴雨天，可于低温下烘干，烘时不得间断，否则回性，色、味均不易保持。在晾干前，也可将香囊用竹签撑好，或钉在木板上进行干燥。以后剪去大边皮，仅留 2～3 分边皮即可，如边皮过小，则易破裂。通过这种加工方法所制成的成品，叫作“整货”。

(2)剥去外皮，拣净皮毛杂质后阴干。这种方法加工所得的麝香叫作“毛货”。

第二节 养鹿取茸

世界上共有鹿类动物 41 种，分布于中国的有 16 种。现在我国人工驯养鹿的存栏数 70 万头左右，年产茸在 100～200 t。我国茸鹿资源丰富，在全国 30 多个省(自治区、直辖市)都有分布和养殖。其中，梅花鹿和马鹿为主要养殖种类，梅花鹿主要分布和养殖在吉林，其次为辽宁、黑龙江等；马鹿主要分布在新疆、内蒙古、甘肃和辽宁等。驯养较多的鹿类动物还有水鹿、白唇鹿、坡鹿等。世界养鹿业在20世纪70～90年代发展迅速，已有几十个国家先后开始养鹿，饲养鹿较多的国家有新西兰、俄罗斯、中国和韩国等。

珍贵的经济动物，具有药用、观赏、食用和工业价值。除鹿茸、鹿角、鹿骨和鹿胎只能做药用外，其他鹿产品可做保健品和食品，现代医学研究证明，鹿产品在调节血压、抑制交感神经机能亢进、抑制MAO活性、刺激核酸和蛋白质合成、脂质过氧化、促进创伤愈合、具有激素样作用及提高机体免疫功能等方面均有明显作用。鹿生性温顺，梅花鹿身披艳丽的服装，深受人们的喜爱，可供观赏和狩猎之用。鹿肉细嫩，味道鲜美，具有低脂肪、高蛋白和易消化的特点，是营养丰富的高级食品。鹿皮质地柔软，轻便，经久耐用，不仅可用于制作皮夹克、皮包和皮鞋等，还用于做高级汽油的过滤器和作为擦布用来擦拭光学仪器及高档汽车，是轻工业的重要原料。我国养鹿的目的主要是取茸。

一、鹿的生物学特性

(一)鹿的形态

1.梅花鹿

为中型鹿，成年公鹿体重120～150 kg，体长100 cm左右，肩高95～105 cm；成年母鹿体重70～80 kg，体长75～90 cm，肩高80～95 cm。头清秀，耳稍长、直立，眼下有一对泪窝，眶下腺比较发达，呈裂缝状，鼻骨细长。躯干紧凑，四肢匀称、细长，主蹄狭尖，副蹄细小。被毛呈明显的季节性变化，夏毛稀短鲜艳，呈棕黄色或棕红色；冬毛厚密，呈褐色或栗棕色。颈毛发达，背中央有一条2～4 cm宽的棕色或暗褐色背线。夏毛背线两侧有4～6条排列整齐的白色斑点，体侧斑点呈星状散布，冬毛斑点模糊，甚至消失。腹部及四肢内侧被毛颜色较浅，呈灰白色或近于白色。尾短，背面黑褐色，腹面白色。臀斑白色，呈扇形。公鹿长角，一般呈4个杈型，无冰枝。

2.马鹿

(1)东北马鹿　属大型茸用鹿。成年公鹿体重230～320 kg，体长125～135 cm，肩高130～140 cm；成年母鹿体重160～200 kg，体长118～123 cm，肩高115～130 cm。肩高背直，体大笨重，眶下腺发达，泪窝明显。四肢较长，后肢和蹄较发达。夏毛红棕色或栗色，冬毛厚密，灰褐色，臀斑夏深冬浅，由棕色变为黄色，界限分明，边缘整齐。尾扁平且短，尾端钝圆，尾毛较短，颜色同臀斑。颈部鬣毛较长，有些马鹿有背线。初生仔鹿躯干两侧有与梅花鹿相似的白色斑点，白斑随仔鹿的生长发育而逐渐消失。公鹿长角，茸角多双门桩，呈5～6个杈型。

(2)天山马鹿　马鹿中体型较大的一种，成年公鹿体重240～330 kg，体高130～140 cm；成年母鹿体重160～200 kg，体高120～125 cm。体粗壮，胸深、胸围和腹围较大，头大额宽，四肢强健，泪窝明显。夏毛深灰色，冬毛浅灰色，颈部有长而密的髯毛，头、颈、四肢和腹部的被毛呈明显的深灰色或灰褐色，在颈上和背上有较明显或不太明显的灰黑色带。臀斑近似棱形呈白色或浅黄色。公鹿长角，茸角双门桩，呈7～8个杈型。

(3)塔里木马鹿　马鹿中体型较小的一种。成年公鹿体重200～280 kg，体高120～135 cm；成年母鹿体重120～160 kg，体高110～120 cm。体型紧凑，肩峰明显；头清秀，眼大耳尖；母鹿外阴部裸露1/2左右，公鹿阴茎前有一撮长毛。蹄尖细，副蹄发达。全身毛色较为一致，夏毛深灰色，冬毛棕灰色，臀斑白色，周围有明显的黑带。新生仔鹿被毛似梅花鹿，不过颜色浅白。公鹿长角，茸角双门桩，多为5～6个杈型。

3. 水鹿

体型较大，且粗壮，成年公鹿体重200～250 kg，体长130～140 cm，体高130 cm左右；成年母鹿重150 kg左右。耳大直立，眶下腺发达，泪窝很大。体毛粗硬，呈黑棕色或栗棕色，颈部有长而蓬松的鬣毛，有黑棕色的背线。尾长，密生长而蓬松的黑色长毛，无浅色臀斑。公鹿长角，茸角单门桩，呈3个杈型。

4. 白唇鹿

属大型鹿，成年公鹿体重220～280 kg，体长110～115 cm，肩高120～130 cm；成年母鹿体重140～200 kg，肩高110～130 cm。泪窝大而深，头略呈等腰三角形，额宽平，耳尖长、内弯。胸宽而深，尾短。蹄宽阔，行走时低着头，前后肢的四个蹄关节发出"咯吱咯吱"的响声，公鹿较母鹿的声音大。通体呈黄褐色或暗褐色，夏毛较冬毛色浅；背线较宽，呈米黄色；但鼻、唇、眼的周围和下颌为白色；臀斑较大呈淡棕色。初生仔鹿可见到隐约的白斑。公鹿长角，茸角单门桩，呈4个杈型。

5. 海南坡鹿

体形与梅花鹿相似，成年公鹿体重100 kg左右，成年母鹿约60 kg。毛被黄棕、红棕或棕褐色；背中线黑褐色，背线两侧各有一列整齐的白斑点。秋末冬初，成鹿全身长出较密的冬毛，斑点褪去或消失；次年春天，斑点复出。公鹿长角，茸角单门桩。

6. 驼鹿

鹿类动物中最大的一种，形如驼，颈多肉，背上颈下仿佛骆驼，故名为驼鹿。驼鹿体重达400～500 kg，体长200～260 cm，肩高154～177 cm。体躯较短，腿长、尾短、蹄大呈圆形，跑步时呈侧对步；头长大，眼较小，鼻部隆起，喉下部有细长肉垂，嘴宽阔，双唇肥厚，上唇肥大，比下唇长5～6 cm，能遮住下唇，无上犬齿。成体毛被暗灰棕色，幼鹿通体浅黄棕色，无白斑。公鹿长角，茸角多呈掌状分枝。

7. 驯鹿

属中型鹿，成年公鹿体重105～130 kg，体长115～120 cm，体高100～115 cm；成年母鹿体重90～105 kg，体长105～110 cm，体高90～105 cm。头长，嘴粗，唇发达；耳短，形似马耳；眼较大，泪骨狭长，无泪窝。颈短粗，下垂明显，"鼻镜"甚至连鼻孔在内，都生长着绒毛。尾短，主蹄圆大，中央裂缝很深，副蹄较大，行走时能接触地面。毛色变异较大，从灰褐色（约占86.6%），白花色（占4.2%）到纯白色（占9.2%）。从体色整体上看，还有"三白二黑"的特点：小腿、腹部及尾内侧都是白色，而鼻和眼圈为黑色。驯鹿公母均长角，但母鹿茸角比公鹿茸角小，角形的特点是分枝复杂。

8. 麋鹿

属大型鹿类，3岁以上公鹿体重150～200 kg，肩高120 cm左右；母鹿体重130～145 kg。头较长，尾细长，末端有丛毛，全长60～75 cm；蹄宽大、扁平，强度大，指（趾）间有皮腱膜，指（趾）与地面的夹角约60°，侧蹄发达，也着地，行走时哒哒有声；冬毛呈灰棕色，夏毛红棕色；背线黑褐色，肩部背线最为明显，至臀部的旋涡处消失；臀斑不明显。初生仔鹿毛色橘红，并有白斑，6～8周后白斑渐渐消失。公鹿长角，茸角向后分枝是麋鹿角独特的形态特征。

(二)鹿的习性

(1)栖息地　鹿栖息于橡、椴、胡枝子、五加等树种的针阔混交林、山地草原、森林边缘；冬季多生活在山的阳坡和积雪较少的地方；春秋则在旷野或森林疏地觅食；夏季日间在密林内隐蔽休息，早晚到水草丰盛的地方采食与饮水；冬季觅食无固定时间。

(2)野性和防卫性　野性是习性的一种，其本质是防卫反应。茸鹿经几百年的驯养，驯化程度已经很深，但还存在着野生时的行为表现。鹿本身缺乏御敌的武器，逃避敌害的唯一办法是逃跑，鹿奔跑速度快，跳跃能力强，听觉、视觉、嗅觉器官发达，反应灵敏，警觉性高，行动小心谨慎，遇敌害纷纷逃遁，这是一种保护性反应。

(3)食性和反刍性　鹿是草食性和反刍性的动物，以各种植物为食。尤其喜食树的嫩枝、嫩叶、嫩皮、果实、种子，还吃蕈类、地衣、苔藓及各种植物的花、果和蔬类菜。鹿是不吃动物性饲料的，除了鱼肝粉和血粉作为特别添加剂饲料投拌到精饲料中之外，驯鹿偶尔捕吃一些小型的啮齿类动物，多数母鹿产仔时吃掉胎衣。

(4)生态可塑性　鹿的生态可塑性系指鹿在各种自然或人工条件下对生存条件所具有的一定的适应能力。鹿的可塑性很大，利用可塑性可改造野性。鹿的驯化放牧就是利用这一特性，通过食物引诱、各种声响、异物反复刺激和呼唤等，建立条件反射，达到驯化的目的。鹿可以引种和风土驯化。在养鹿生产实践中，应当充分利用这一特性，加强驯化调教，可使生产更方便更安全。

(5)集群性　鹿在自然条件下，集群性很强，一年当中大部分时间是成群活动的。鹿的群体大小因种类、地区、季节、性别、食物量多少的不同而差异很大。在圈养或放牧条件下，鹿仍保持着群居和长期合群的本性，一旦单独饲养和离群时则表现胆怯和不安，进群则安稳；每一群中有头鹿和骨干鹿，发情配种期有王子鹿。王子鹿控制群体的行动，头鹿和骨干鹿带动群体的活动。

(6)繁殖和体重变化的明显季节性　鹿的繁殖具有一定的季节性，除了水鹿繁殖季节不确定外，各种鹿的繁殖，都有明显的季节性，即在9—11月发情交配，第二年5—7月产仔。鹿的体重具有明显的季节性变化。以梅花鹿为例，体成熟(4岁)之后，公鹿在冬末春初体重最低，在夏末秋初最高。母鹿推迟1～2个月。公鹿体重最高比最低时高16%～20%，母鹿为12%～15%。

(7)社会行为　主要包括群体行为、优势序列和嬉戏行为。优势序列是社会行为中的等级制，它使某些个体通过争斗在群体中获得高位，在采食、休息、蔽阳、交配等方面优先。“王子鹿”就是优势序列中的胜利者，一旦下台，会群起而攻之。

二、鹿的动物学分类地位与饲养品种

(一)动物学分类地位

鹿类动物在动物分类上隶属脊索动物门(Chokdate)脊椎动物亚门(Vertebrata)哺乳纲(Mammalia)真兽亚纲(Eutheria)偶蹄目(Artiodactyla)，分属于鹿科(Cervidae)、鼷鹿科(Tragulidae)和麝科(Moschidae)的动物。下面列出的是鹿科的主要种类。

(1)真鹿亚科 Cervinae

鹿属 *Cervus*

梅花鹿 *Cervus nippon*

马鹿 *Cervus elaphus*

白唇鹿 *Cervus albirostris*

水鹿 *Cerus unicolor*

坡鹿 *Cervus eldi*

麋鹿属 *Elaphurus*

麋鹿 *Elaphurus davidianus*

斑鹿属 *Axis*

豚鹿 *Axis porcinu*

(2)空齿鹿亚科 Odocoileinae

驯鹿属 *Rangifer*

驯鹿 *Rangifer tarandus*

驼鹿属 *Alces*

驼鹿 *Alces alces*

狍属 *Capreolus*

狍 *Capreoluscapreolus*

(3)獐亚科 Hydropotinae

獐属 *Hydropotin*

獐 *Hydropotes inermis*

(4)麂亚科 Muntiaciuae

毛冠属 *Elaphodus*

毛冠鹿 *Elaphodus cephalophus*

(二)饲养品种

近十几年来,我国鹿类育种取得了巨大成绩,已培育出具有高产优质等特点的梅花鹿和马鹿品种和品系。

1.双阳梅花鹿

双阳梅花鹿品种是以双阳型梅花鹿为基础采用大群闭锁繁殖方法,历经23年(1963—1986年)培育出的我国和世界上第一个茸用梅花鹿品种,成年公鹿平均产鲜茸3.0 kg,最大的达15.0 kg,比其他类型梅花鹿平均产量高25%～30%,1986年通过品种鉴定,定为双阳梅花鹿,具有产茸量高、遗传性能稳定、耐粗饲和适应性强等特点,经多年繁育和杂交改良,双阳梅花鹿后裔全国约达3万只。

2.四平梅花鹿

2002年通过国家品种审定,属中等体型,体质紧凑结实;面狭稍长,额较宽,眼大明亮有神。公鹿颈粗短,结合良好。成年公鹿体高103～108 cm,体重130～152 kg,胸围117～131 cm,无肩峰,胸宽深,腹围大,背腰平直,臀圆、丰满、无斜尻,尾长中等;角柄端正,角基距5～6 cm。茸主干粗短,多向侧上方伸展,嘴头粗壮上冲,呈元宝形,茸皮色泽光艳,呈红黄色。母鹿体型清秀。成年母鹿体高87～91 cm,体重72～88 kg,胸围91～97 cm,颈背侧有明显黑线,后躯发达,乳房发育良好。公母鹿夏毛多为赤红色,少数橘黄色或大白花,花斑明显整洁,背线清晰;喉斑明显,多呈洁白色,臀斑明显,在周围有黑色毛圈,尾毛背侧呈黑色,产茸性能优良,繁殖性能优良,生产利用年限公鹿为12年,母鹿10年。四平梅花鹿主要分布于松辽平原,国内其他地区也有分布，存栏约 4.8 万只。

3. 西丰梅花鹿

西丰梅花鹿品种的培育始于 1974 年，历经 21 年，于 1995 年通过品种审定，成品茸平均单产 1.25 kg。现主要分布于辽宁省西丰县境内，部分鹿只已被引种到全国各地。

4. 敖东梅花鹿

敖东梅花鹿品种的培育始于 1970 年，历经 30 年，于 2001 年通过品种审定，鲜茸平均单产 3.34 kg，成品茸平均单产 1.21 kg。现主要分布于吉林省敦化市境内，部分鹿只已被引种到全国各地。

5. 兴凯湖梅花鹿

兴凯湖梅花鹿源于 20 世纪 50 年代苏联赠送给我国的乌苏里梅花鹿，其品种选育始于 1976 年，经 28 年 4 个世代的连续系统选育，于 2003 年 12 月通过品种审定，现存栏 2 千余只。鲜茸平均单产 2.644 kg，成品茸平均单产 0.942 kg，优质率达 71%。

6. 长白山梅花鹿品系

长白山梅花鹿品系是在抚松型梅花鹿基础上采用个体表型选择，单公群母配种和闭锁育种等方法，经 18 年(1974—1992 年)培育而成的茸用梅花鹿品系，成品茸平均单产达 1.232 kg。1993 年通过品系鉴定。已被引种到吉林、辽宁和黑龙江等地 1 000 余只，现存栏 3 千余只。

7. 清原马鹿

清原马鹿是新疆伊犁的天山马鹿 1972 年引种到辽宁省清原县，经过风土驯化，采用个体表型选择、单公群母配种方法及应用人工授精技术，开展闭锁群继代系统选育，到 1994 年经 22 年连续 4 个世代选育，选育出 1 100 只，并于 1994 年 12 月通过品种审定。到 1998 年在我国 10 省、自治区 40 多个市(县)的 60 多个单位存栏达 2 500 只。清原马鹿鲜茸和成品茸的平均单产为 8.023 kg 和 2.805 kg，个体头茬茸鲜重最高为 26.0 kg，商品茸优质率为 93%。

8. 塔里木马鹿

塔里木马鹿是新疆生产建设兵团从 1959 年捕捉野生塔里木马鹿仔鹿驯养开始，采用本品种选育方式，实行个体表型选择，等级选配，小群单公群母一配到底，闭锁繁育的方法培育出的高产马鹿新品种，到 1996 年达 1 万只，并于 1996 年 10 月通过品种审定。塔里木马鹿鲜茸和成品茸的平均单产分别为 7.068 kg 和 2.57 kg，个体的头茬茸鲜重最高为 22.0 kg，头茬茸和再生茸合计鲜重为 27.72 kg。

9. 乌兰坝马鹿

乌兰坝马鹿的选育始于 1966 年，是内蒙古赤峰市巴林左旗乌兰坝林场在草原牧场放牧型东北马鹿的基础上，历经 30 余年的品种选育而培育出的优良马鹿品种，至今历经 4 个连续选育世代，群鹿只数达 1 200 余只。头茬鲜茸和成品茸单产分别为 4.562 kg 和 1.814 kg。

三、鹿的繁殖

(一)鹿的繁殖生理特点

1. 繁殖的季节性

鹿是季节性繁殖动物，繁殖季节发情同一定的物候现象相适应，这是鹿类动物在长期进化过程中对生存条件的一种适应。目前已知人工驯养的鹿多在秋季发情，春末夏初产仔见表 2-1。

表 2-1 主要人工驯养鹿种繁殖时间

鹿品种	发情时间	产仔时间
水鹿	秋季	次年 4—5 月
坡鹿	2—5 月	当年 10—12 月
梅花鹿	9—10 月	次年 5—7 月
马鹿	9—10 月	次年 5—6 月
白唇鹿	10 月	次年 5—6 月
麋鹿	6—8 月	次年 4—5 月
驼鹿	9—10 月	春末夏初
狍	8—9 月	多为 6 月
驯鹿	多在 10 月	5 月末 6 月初

(引自:马泽芳,特种动物生产学,2009)

2. 性成熟与体成熟

(1)性成熟 母鹿的性成熟期一般在生后 16～18 月龄。鹿性成熟期的早晚受种类、性别、饲养管理条件和个体的遗传差别等很多因素影响。一般情况下,梅花鹿早于马鹿;母鹿早于公鹿;高营养水平饲养的鹿早于低营养水平饲养的鹿。

(2)体成熟 鹿的体成熟一般为 26～28 月龄,但因种类、性别、气候条件、饲养管理和个体发育、出生早晚的不同而异。一般而言,梅花鹿早于马鹿;母鹿早于公鹿;气候条件适宜、饲养管理得当、个体发育良好以及出生较早的鹿,其体成熟要早。

3. 发情规律及发情表现

(1)母鹿的发情周期和发情表现 鹿为季节性多次发情,一般在每个发情季节有 3～5 个发情周期。在每个发情周期内通常把母鹿接受公鹿配种的时间(以母鹿开始出现静立反射作为发情开始,至拒绝配种时结束)称为发情持续时间。茸鹿的发情周期和发情持续时间见表 2-2。

表 2-2 茸鹿的发情周期和发情持续时间

鹿种	发情周期/d	发情持续时间/h
马鹿(东北亚种)	7～23(平均 12.7)	6～22
马鹿(塔里木亚种)	16～29	18～36
梅花鹿(东北亚种)	7～23(平均 14.4)	18～36
白唇鹿	18～22	
驯鹿	18～25(平均 21.5)	约 50
水鹿(海南亚种)	18～21(平均 20.0)	多为 36～48
驼鹿	25～30	

(引自:马泽芳,特种动物生产学,2009)

根据母鹿在发情过程中生殖器官、生殖腺的变化和外部行为表现,每个发情周期可以划分为以下 4 个阶段,但各阶段间没有十分明显的界限。

①发情前期 为发情的准备阶段。卵巢中的黄体萎缩,新的卵泡开始生长;生殖道充血,

肿胀轻微，子宫颈口稍有开张，分泌液稍增加；一般无性欲和性行为表现。

②发情期　为发情周期的主要阶段，可分为下列 3 个阶段。

发情初期：刚开始发情，但没有显著的发情特征。行为上表现为兴奋不安，摇臀翘尾，游走少食；有时发出“嗯嗯”轻叫声，逗引同群母鹿并相互尾随；喜欢跟随公鹿一起活动，但公鹿爬跨时，又不愿接受交配。阴唇红肿、充血，但黏液量分泌尚不多，稀薄，牵缕性差。卵巢中的卵泡发育迅速。此时期母梅花鹿可持续 4～10 h，母马鹿 4～9 h。

发情盛期：各种发情特征表现最为明显。母鹿急骤走动，摆尾，尿频；有时发出吼叫，求偶表现十分明显，主动接近公鹿，有的围着公鹿转圈，甚至拱擦公鹿腹部或外阴部；当公鹿爬跨时，母鹿站立不动，臀部向后抵，举尾等待交配；此时期性欲强的成年母鹿甚至追逐爬跨公鹿或同群母鹿，两泪窝开张，分泌出一种强烈难闻的特殊气味。外生殖器明显红肿，黏液分泌量增加，呈黄色透明稀薄液，牵缕性增加。卵巢的卵泡发育成熟并排卵。此时期母梅花鹿可持续 8～16 h，母马鹿 5～9 h，是母鹿交配的最佳时期。

发情末期：各种发情表现逐渐消退。母鹿逐渐变安静，轻度地逗溜、翘尾；遇见公鹿则伸颈、低头、张嘴，有的母鹿甚至咬公鹿；当公鹿追逐爬跨时，母鹿拒绝交配。阴道黏液分泌量明显减少，并变得黏稠。此时期母梅花鹿可持续 6～10 h，母马鹿 3～6 h。

③发情后期　母鹿已变得安静，无发情行为表现。卵巢排卵结束，出现了黄体。

④休情期　为母鹿发情期结束后的相对生殖生理静止期。母鹿的性欲已完全消失，精神状态、行为表现以及生殖器官已完全恢复正常，卵巢的黄体已发育充分。

(2)公鹿的发情和发情表现　公鹿在整个发情季节里的性行为表现都是一致的，没有明显的周期性，并且早于母鹿。发情公鹿喜争斗，顶木质物、顶母鹿甚至顶人，磨角盘，扒地、扒坑、扒水，泥浴，长声吼叫、卷唇，边抽动阴茎边淋尿，摆头斜眼、泪窝开张；食欲减退或不食，颈围增粗皮增厚，缩腹呈倒锥形；经常追逐发情母鹿，嗅闻母鹿尿液和外阴之后卷唇，当发情母鹿未进入发情盛期而逃避时，昂头注目、长声吼叫；公鹿爬跨时两前肢附在母鹿肩侧或肩上，在阴茎插入阴道后，在 1 s 内完成射精动作。公鹿的交配次数，在 45～60 d 的交配期里，达 40～50 次，高峰日达 3～5 次。

(二)鹿的繁殖方法

1. 鹿的配种

(1)初配适龄与使用年限　初配适龄是指达到性成熟的鹿必须要达到一定的年龄才能参加配种。一般情况下，公鹿 3.5～4 岁开始配种为宜，体质发育好的 3 岁公鹿也可配种；母鹿初配年龄以 2.5～3 岁为宜，对于生长发育较好，体重接近成年母鹿的 70%时，性成熟后就可配种。

在人工饲养条件下，种公鹿使用年限相对短一些，一般只利用到 8 岁；对种用价值高、配种能力强的种公鹿可适当延长使用年限。母鹿一般利用年限为 6～10 岁。

(2)配种方式　目前在养鹿实践中主要采用单公群母配种、试情配种和人工授精技术等三种配种方法。

单公群母配种法：将母鹿组成 15～25 头的小群，放入 1 头种公鹿，直至配种结束。期间可根据种公鹿的体况和配种能力等确定是否替换。该方法要求严格选择种公鹿，并对种公鹿进行精液品质检查，是大多数鹿场采用的一种配种方式，能充分发挥优良种公鹿的作用，避免了公鹿间的争偶角斗，谱系清楚，母鹿受胎率一般达到 90%以上。

试情配种法：在 25～30 只母鹿圈内，每天定时放入 1 头试情公鹿，当揭发出发情的母鹿后，将母鹿拨入选定的种公鹿圈内配种，配后及时把母鹿拨回原圈舍内。试情配种法是近些年来发展的一种配种方法，最大的优点是能充分提高优良种公鹿的利用率，系谱清楚，受胎率高。因而是一种比较适用的配种方法。

人工授精法：见后面的茸鹿现代繁殖技术。

2. 妊娠与分娩

(1)妊娠和妊娠表现　母鹿受配后精子和卵子结合，在子宫体内着床的过程称为妊娠(或受胎)。妊娠后的母鹿随胎儿的发育，营养需求逐渐增多，食欲和采食量增加，腹围增大，乳房也随着发育变大。到妊娠的后期，妊娠母鹿会有明显的行为变化，如运动量减少，活动变得谨慎和迟缓，易疲劳多躺卧等。

(2)妊娠期　妊娠期是从受精卵开始发育到胎儿自母体产出的这段时间；但妊娠期的实际计算是从母鹿最后一次有效受配或输精之日起到产仔之日止的这一段时间。鹿类动物的妊娠时间长短与种类、气候条件、饲养方式、年龄、营养、驯化程度、胎儿的性别与数量有关。主要鹿种妊娠时间见表 2-3。

表 2-3　主要鹿种妊娠期　d

鹿种	妊娠期	鹿种	妊娠期
梅花鹿	229±6	驯鹿	215～238
东北马鹿	243±6	水鹿	250～270
天山马鹿	224±7	白唇鹿	220～230
塔里木马鹿	240	海南坡鹿	210～240
阿勒泰马鹿	235～262	麋鹿	250～315

(3)分娩　鹿的产仔期早晚主要取决于鹿的配种期。正常的产仔日期一般为 5—7 月，旺期为 5 月 15 日到 6 月 15 日。

母鹿分娩前，在生理机能和行为上发生变化，表现出一系列的分娩征候。在行为上，食欲锐减或废食，排尿频繁、举尾，时起时卧，常在圈内徘徊或沿着墙壁行走，表现不安，不时回视腹部，伸懒腰，似有腹痛感。在临产前，母鹿离开鹿群到安静的场所，站立或躺卧产仔。母鹿在分娩前 10 d 左右，乳房开始迅速发育和膨胀，乳头增粗，腺体充实；在产前几天乳房可以挤出黏稠的黄色液体；在分娩前 1～2 d 有白色乳汁可以挤出。此外，产前母鹿腹部严重下沉，肋部塌陷，尤其在产前 1～2 d；母鹿骨盆韧带松弛，外阴部肿大，阴门在妊娠末期明显肿大外露、柔软潮红，皱襞展开，有时流出黏液；分娩前 1～2 d，有透明物从阴部流出，垂于阴门外。分娩时大部分为头位分娩，部分尾位分娩的也为正常分娩。正常产程，初产母鹿 3～4 h，经产母鹿 0.5～2 h，正常尾位 6～8 h。

(三)茸鹿现代繁殖技术

近几十年来，在养鹿业生产中现代繁殖技术得到了广泛的应用。成熟的技术主要有：同期发情、人工授精和雌雄精子分离技术等。

1. 同期发情技术

同期发情本质上主要是人为地延长黄体期(用孕激素)或中断黄体期(用 PG)，然后突然停止用药或同时用药,就可使药物处理的母鹿群的黄体期同期中断,从而达到同期发情的目的。近些年国内外在这方面的研究已取得显著成效,但还存在激素组合、使用途径、使用剂量和使用时间等不够完善的缺点,有待解决。

2.排卵控制

排卵控制就是利用某些激素制剂,人为地调控排卵的数量和时间。对鹿而言,有意义的排卵控制应为超数排卵和提前排卵,超数排卵适用于提高鹿的产仔数,提前排卵有利于开展鹿的人工授精。在这方面,我国目前尚处于起始阶段。

3.性别控制

公仔鹿的出生率直接影响着鹿场的经济效益。为了提高公仔鹿的出生率,目前主要采用:①小群配种、单公群母中间不替换种公鹿(梅花鹿)与大圈定时放对的试情配种方法,同时控制交配时机等;②适时降低母鹿的营养水平;③增加母鹿的生理碱性饲料和盐量,而不补钙质饲料;④采用XY精子分离技术输精,能明显提高公仔产仔率。

4.母鹿发情鉴定

试情方法和直肠触摸(对马鹿)法可判断母鹿是处于何种发情阶段,确定最适交配时间,特别是最适宜的人工输精时机,对提高受胎率具有重要意义。

公鹿试情法:在配种期内选3～5岁、睾丸大、性欲高的年轻公鹿(为防止试情公鹿的交配,还必须对试情公鹿采取带试情布,或结扎输精管,或阴茎移位手术等措施),每天定时(早5:30—6:00,晚6:00—7:00,有时午间11:00—12:00)将1头试情公鹿放入母鹿舍内。当试情公鹿追逐并爬跨母鹿,母鹿也靠近公鹿,并且母鹿站立不动接受公鹿爬跨时,即为发情盛期,此时为最适交配时间或最佳的人工输精时机。

直肠检查法:卵泡虽然从出现到成熟排卵的时间较短,但各阶段发育形态比较明显,触摸时比较容易判断卵泡的发育状态。直肠检查法就是用手经过直肠直接触摸卵巢,通过卵巢上有无卵泡、卵泡形状、质地、大小程度,来准确地判定卵泡的发育期。此法判断母鹿是否发情准确可靠,但只适用于马鹿,且因技术熟练程度要求高和鹿只保定困难等,生产中较少应用。

5.人工授精技术

鹿的人工授精技术是近二十年来才发展起来的鹿类繁殖技术。目前主要采用直肠把握法、阴道开膣器法或腹腔镜法。选择适宜的梅花母鹿,应用同期发情技术,在发情10～12 h输精(输到子宫体中,有效活精子数≥5 000万,精子活力≥0.3)。马鹿主要采用直肠把握法输精,受胎率一般均可达到85%以上;梅花鹿采用开膣器法,受胎率为40%～60%。其他驯养鹿类的人工授精研究国内报道较少。

鹿的人工授精技术主要包括采精、精液品质检查、精液的稀释、冷冻精液制备和保存及输精。鹿的采精方法利用电刺激采精器对麻醉保定下的种公鹿进行采精。电刺激采精器分为电刺激器和直肠探子两部分。将碳棒用水沾湿徐徐插入直肠,深度25 cm左右,并尽力使碳棒紧贴直肠腹面,将电压调至零位,然后打开电源开关,使电压由低向高逐档升高(电压1～6 V,频率50 Hz),并在每档通、断交替刺激5～10次,每次通电5 s,间断2～3 s,当电压升至射精档位时,在该档继续交替刺激直至射精完毕,也可再升一档进行刺激,使其充分射精,精液用集精杯分段接取。该方法采得的精子量相对较少,但其他分泌物较多。

经检验合格的精液在制备冻精前,要用稀释液进行稀释,精液的稀释倍数主要依据精子的密度和活力来确定，稀释后的精液每个剂量必须保证有效精子数5 000万个以上，活力达0.7或以上。稀释后的精液在2～5℃条件下进行平衡，然后制备成冻精。鹿的精液主要采用细管冻精保存，即将稀释后的精液分装在无毒的塑料细管中，经过液氮(－196℃)冷冻进行保存。

鹿的输精应用最多的是子宫颈输精法。当母鹿被鉴定出发情后，将解冻的冻精放入输精枪，伸入子宫颈口，通过子宫颈的4个皱褶后，在继续伸进2～3 cm后输精。通常在发情时输精一次，发情后6～12 h再输一次；也有在发情后6～8 h仅输精一次的。

四、茸鹿的饲养管理

(一)鹿的一般饲养方法

(1)合理搭配饲料。根据鹿对营养物质的需要，进行科学的、合理的饲料搭配，其目的是提高鹿的生产性能。合理的饲养能保证鹿只正常的生长发育、繁殖及产茸，又能够提高饲料的利用率、降低成本。

(2)青、粗饲料为主，精饲料为辅。鹿属草食性反刍动物，应以青、粗饲料为主，然后再根据不同季节和生长阶段用精饲料补充营养不足的部分。

(3)定时定量喂饲。喂饲的次数要稳定，每天定时定量地喂给。

(4)加料、减料和变换饲料。在变换饲料时必须逐渐进行。

(5)充分供应清洁饮水。

(二)管理的一般原则

(1)分群分圈喂养。按鹿的性别、年龄和健康状况分群(各类鹿群的大小：成年公鹿群为25～30头，成年母鹿群为20～25头，育成鹿群为30～35头，幼鹿群为35～40头)，同时，对老龄、体弱、患病的鹿实行单独饲养，恢复正常后再归群饲养。

(2)注意动物福利。创造舒适的生活条件，保持安静，注意卫生，要有充足的运动，要有充足的日光浴。

(3)加强鹿的驯化。工作时间要固定，对待鹿的态度要温和。

(4)随时注意观察鹿群。

(三)鹿的推荐饲养标准

1.梅花鹿的推荐饲养标准

国内外尚无统一的鹿的营养需要与饲养标准。离乳仔鹿、育成鹿、不同生产时期成年公鹿和母鹿的参考饲养标准分别见表2-4至表2-7。

表2-4 梅花鹿离乳仔鹿的推荐饲养标准

月龄	体重/kg		精饲料/kg	粗饲料/kg	CP/g	GE/MJ	ME/MJ	可代谢蛋白/g	降解蛋白/g	Ca/g	P/g	NaCl/g
	♂	♀										
3～6.5	50	40	0.75～0.80	0.70～0.75	245～262	24.24～25.96	12.95～13.68	112～120	135～146	9.1～9.7	5.1～5.5	11～12

(引自：马泽芳，特种动物生产学，2009)

表 2-5　梅花鹿育成鹿的推荐饲养标准

月龄	体重/kg ♂	体重/kg ♀	精饲料/kg	粗饲料/kg	CP/g	GE/MJ	ME/MJ	可代谢蛋白/g	降解蛋白/g	Ca/g	P/g	NaCl/g
9～10	55	46	0.8～1.0	0.9～1.0	269～330	28.38～33.40	14.63～15.71	127～153	146～195	10.6～12.5	5.6～6.9	12～15

（引自：马泽芳，特种动物生产学，2009）

表 2-6　不同生产时期成年梅花鹿公鹿的推荐饲养标准

活重/kg	干物质/kg	蛋白质/g		蛋白能量系数	矿物质/g					维生素/mg		1 kg 干物质中含有 ME/MJ
		CP	DCP		Ca	P	S	Mg	NaCl	A	D	
配种期												
100	2.20	320	250	70	15.3	7.1	4.7	1.5	15	5.0	0.7	2.65
120	2.50	340	270	70	16.2	7.6	5.1	1.6	17	5.8	0.8	2.65
130	2.90	360	290	70	17.0	8.0	5.5	1.7	18	7.0	0.9	2.65
恢复期												
100	3.10	380	300	80	18.4	4.8	6.9	1.8	16	8.0	0.95	3.10
120	3.45	390	310	80	19.5	8.5	7.6	1.9	18	8.8	1.0	3.10
130	3.75	410	320	80	20.3	9.1	8.3	2.0	20	10.0	1.1	3.10
生茸前期												
100	3.90	390	310	85	17.5	10.4	6.8	2.3	17	5.8	0.95	3.00
120	4.10	420	330	85	18.5	10.8	7.2	2.5	19	7.4	1.0	3.00
130	4.30	440	350	85	19.5	11.2	7.8	2.6	21	8.25	1.2	3.00
生茸期												
100	4.35	410	330	97	20.0	8.8	7.0	2.7	19	7.8	0.8	3.30
120	4.55	430	340	97	20.5	9.2	9.1	2.8	20	8.2	0.9	3.30
130	4.70	450	360	97	21.0	9.8	9.7	2.9	23	10.0	1.0	3.30

（引自：马泽芳，特种动物生产学，2009）

表 2-7　不同生产时期成年梅花母鹿的推荐饲养标准

饲养时期	精饲料/kg	粗饲料/kg	CP/g	GE/MJ	ME/MJ	可代谢蛋白/g	降解蛋白/g	Ca/g	P/g	NaCl/g
配种期和妊娠前期	0.75～0.80	0.87	176～183	26.29～27.17	15.67～16.30	91.3～94.9	125～131	9.4～9.7	3.9～4.1	11～12
妊娠中期	0.80～0.90	0.87	186～212	27.67～29.13	15.17～16.26	99.7～107.4	137～148	11.7～12.6	5.9～6.3	12～14

续表 2-7

饲养时期	精饲料/kg	粗饲料/kg	CP/g	GE/MJ	ME/MJ	可代谢蛋白/g	降解蛋白/g	Ca/g	P/g	NaCl/g
妊娠后期	0.90～1.00	0.6	222～242	25.00～26.67	16.22～17.34	99.7～107.8	157～171	12.6～13.1	6.3～6.9	14～15
产仔哺乳期	0.90～1.10	0.9～1.0	273～327	30.10～35.15	17.43～20.44	117～139	119～233	14.1～16.6	7.3～8.8	14～17

(引自:马泽芳,特种动物生产学,2009)

2.马鹿的推荐饲养标准

马鹿种类较多,生物学特性也有差异,至今还没有统一的饲养标准,表 2-8 至表 2-10 是新疆马鹿的推荐饲养标准。

表 2-8 新疆马鹿育成鹿(♂/♀)的推荐饲养标准

体重/kg	CP/%	干物质/kg	ME/MJ	DCP/g	Ca/g	P/g	胡萝卜素/mg	维生素 A/mg
80/75	22/20	1.84/1.76	29.76/22.28	409/352	22/23	16/17	15/14.0	9.1/8.8
110/95	22/20	2.53/2.15	40.92/27.25	497/430	27/27	19/19	17/16.5	9.8/9.8
140/125	22/20	3.22/2.58	53.89/32.68	596/518	32/32	21/22	20/18.0	10.5/10.5
170/150	22/20	2.91/3.01	63.95/38.12	693/602	38/38	23/25	23/21.0	12.0/12.0

(引自:马泽芳,特种动物生产学,2009)

表 2-9 新疆马鹿公鹿不同生产时期的参考饲养标准

体重/kg	CP/%	干物质/kg	ME/MJ	可消化 CP/g	Ca/g	P/g	胡萝卜素/mg	维生素 A/mg
种公鹿配种期								
200	19	3.25	41.47	617	38	19	23	16.5
220	19	3.55	45.27	674	42	22	28	17.4
240	19	3.85	49.12	731	45	25	33	18.2
260	19	4.15	52.92	788	48	30	39	19.0
生产公鹿配种恢复期								
200	20	3.30	49.70	660	39	20	25	17.0
220	20	3.72	54.72	744	43	22	31	18.0
240	20	4.07	59.86	814	47	25	37	19.0
260	20	4.35	65.17	885	51	27	42	20.0

续表 2-9

体重/kg	CP/%	干物质/kg	ME/MJ	可消化 CP/g	Ca/g	P/g	胡萝卜素/mg	维生素 A/mg
公鹿生茸期								
200	21	3.40	49.91	703.5	40	21	30	17.5
220	21	3.80	55.76	798.0	45	22	35	18.5
240	21	4.20	61.61	871.5	47	25	40	19.1
260	21	4.55	66.76	955.0	57	28	45	21.0

(引自:马泽芳,特种动物生产学,2009)

表 2-10 新疆马鹿母鹿繁殖期参考饲养标准

体重/kg	CP/%	干物质/kg	ME/MJ	可消化 CP/g	Ca/g	P/g	胡萝卜素/mg	维生素 A/mg
配种期								
180	17	3.04	38.46	516	32	20	20	16.0
200	17	3.20	40.50	544	36	22	25	16.8
220	17	3.68	46.61	625.6	42	26	30	17.5
240	17	4.00	50.66	680	47	28	35	18.2
妊娠期								
180	18	3.12	39.50	562	36	22	22	16.2
200	18	3.32	42.05	598	42	24	26	17.1
220	18	4.91	49.53	704	47	26	31	18.0
240	18	4.25	53.84	765	52	30	37	18.6
哺乳期								
180	19	3.24	41.05	615	38	24	23	16.4
200	19	3.66	45.60	684	45	28	28	17.5
220	19	4.14	52.50	786	50	32	34	18.4
240	19	4.50	57.12	855	56	36	40	19.0

(引自:马泽芳,特种动物生产学,2009)

(四)饲养管理

1. 公鹿的饲养管理

饲养公鹿的目的就是通过科学、合理的饲养管理,获得高产、优质的鹿茸和种用价值高的种鹿。因此,必须依据公鹿的生物学特点、各生产时期营养需要特点、体质状况特点等进行科学的饲养管理。

(1)生茸期的饲养管理 生茸期日粮组成要多样、全价,精料应由多种饲料混合组成。在生茸期,公鹿每昼夜应饲喂 3 次,并尽量延长每次间隔时间。每次要先喂精料,后喂粗料。增加精料时需十分谨慎并要缓慢进行，以保持其旺盛的食欲，防止因加料过急而发生“顶料”。在增加精料的同时，应供给足够的优质青粗饲料，3—6月可日喂2次青贮饲料，1次干粗饲料；6—8月可日喂2次青饲料和1次干粗饲料。

管理上首先要对圈舍、保定器及附属设备进行检修，确保牢固，防止伤鹿伤茸，同时要随时观察鹿的脱盘生茸情况，及时去掉压茸的角盘，对有咬茸、扒架恶癖的鹿应隔离单独饲喂；生茸期间，严禁外人参观，以防炸群伤茸，饲养人员入圈前应给信号；夏季在运动场内要设置遮阴棚，高温炎热天气可进行人工淋水。

(2)配种期的饲养管理　配种期内由于不是所有的公鹿都参加配种，对配种公鹿和非配种公鹿应区别对待。对配种公鹿，应加强饲养，日粮配合时应选择适口性强，含糖、维生素、微量元素多的青贮玉米、瓜类、胡萝卜、大葱和甜菜等青绿多汁饲料和优质的干粗饲料；精饲料要求能量充足，蛋白质丰富，营养全价。对非配种公鹿，要控制膘情，降低性欲，减少争斗，避免伤亡，并为安全越冬做好准备；在配种期到来之前，根据鹿的膘情和粗饲料质量等情况，适当减少精饲料喂量，必要时一段时间内停喂精饲料，但要保证供给优质干粗饲料和青饲料。

在管理上种用公鹿和非种用公鹿应分别管理，单独饲养。配种开始以前，应对圈舍进行维修，以防止公鹿因顶撞磨角损坏围栏及圈门而出现跑鹿和串圈的现象。配种期应设专门人员昼夜监护，经常哄赶鹿群，使发情母鹿及时得到交配的机会。同时值班人员要细致观察配种情况和进程，做好配种记录，防止受配多次的母鹿穿肛等现象的发生。为防止激烈交配或顶架后的公鹿立即饮水，出现异物性肺炎，水槽应设有水槽盖。配种期应加强圈舍的清扫和消毒，防止因地面石尖或异物损伤鹿只蹄部和四肢，感染疾病。

(3)越冬期的饲养管理　越冬期的日粮，应以粗饲料为主，精饲料为辅，逐渐加大日粮容积，提高热能饲料比例，锻炼鹿的消化器官，提高其采食量和胃容量。同时必须供给一定数量的蛋白质，以满足瘤胃微生物生长繁殖的营养需要。在精饲料的配合上，配种恢复期应逐渐增加禾本科籽实饲料，而在生茸前期则应逐渐增加豆饼或豆科籽实饲料。白天喂精料2次，喂粗料2～3次，夜间加喂1次粗饲料。

在管理上为了减少体能消耗，增强抗寒能力，保证安全越冬，每天早晨应驱赶鹿群运动和夜间喂鹿。棚舍内要有足够的干草，或铺以豆秸、稻草等。及时清除积雪，做到舍内、走廊无冰雪，防止滑倒摔伤。要保证饮温水。舍内要防风、保温，保持干燥，确保采光良好。进入2—3月份，应根据鹿的体况继续调整鹿群，将体弱与患病的鹿拨出组群，设专人管理。

2.母鹿的饲养管理

饲养母鹿的目的是保证母鹿健康，提高母鹿的繁殖力，巩固有益的遗传性、不断提高鹿群的数量和质量。因此要求必须采取有效的饲养管理措施，保证母鹿能正常发情、排卵和受孕等，且能生产出发育良好的仔鹿。

(1)配种与妊娠初期的饲养管理　日粮配合应以容积较大的粗饲料和多汁饲料为主，精饲料为辅。日粮中要给予一定量的富含胡萝卜素、维生素E的根茎和块根类饲料；精饲料中应以豆饼、玉米、高粱、大豆、麦麸等为主合理配合，并且要补充各种维生素和微量元素。圈养母鹿每天喂3次精料和3次粗饲料。

管理上，为使母鹿尽早发情，仔鹿应适时断乳分群，使母鹿尽快进入体质恢复期，准备参加配种。仔鹿断乳后，母鹿应分群管理；对于年龄较大、繁殖力低或者完全丧失繁殖能力的病弱母鹿，也应单独组群；注意观察发情配种情况和公鹿的配种能力；制止恶癖公鹿顶撞母鹿，随时调换配种能力下降的公鹿；刚交配完的公、母鹿不能马上饮水；配种母鹿群要设专门人员昼夜值班看管，随时记录交配个体的号码，掌握配种进度；配种结束后，对所有参加配种的母鹿应根据配种日期的先后适当调整鹿群，加强饲养管理。

(2)妊娠期的饲养管理　妊娠期应始终保持较高的日粮水平，特别是要保证蛋白质和无机盐的供给。在制定日粮时，须考虑到饲料的容积和妊娠期的关系，初期容积可大一些，后期应选择体积小、质量好、适口性强的饲料。临产前半个月时应适当限制饲养，以防止母鹿过肥造成难产。粗饲料主要采用品质良好的落叶、牧草和青干枝叶等，亦可加饲发酵饲料和青贮饲料；每天饲喂 2～3 次，白天饲喂 2 次，夜间补饲 1 次粗料，时间间隔应当均匀和固定。饲喂时，精料要投放均匀，避免采食时母鹿间的拥挤。

在管理上，严禁饲喂霉败结冻或酸度过大的饲料；每圈鹿只不宜过多，避免妊娠后期因拥挤、碰撞发生流产；保持环境安静，避免各种骚扰，人员进入圈舍也须事先给予信号，防止受惊炸群；鹿圈内不能积雪存冰；每天最好定时驱赶母鹿运动 1 h 左右；于 3—4 月应对所有母鹿都进行一次检查，调整鹿群，将空怀、体质瘦弱和营养不良的母鹿拨出，单独组群饲养。

(3)产仔泌乳期的饲养管理　在拟定日粮时，应尽量使饲料品种多样化，做到日粮营养全价，比例适宜，适口性强。粗饲料以优质的青绿多汁饲料为主，干粗饲料为辅，每天喂 3 次，其中 2 次青饲料，1 次干粗饲料；精饲料喂量，前期：梅花鹿 1.0 kg/(d・只)，马鹿 1.4～1.6 kg/(d・只)，中期：梅花鹿 1.1 kg/(d・只)，马鹿 1.6～1.8 kg/(d・只)，后期：梅花鹿 1.2 kg/(d・只)，马鹿 1.8～2.0 kg/(d・只)；精饲料每天分 3 次喂给。

此期对母鹿管理的好坏，直接关系到仔鹿的成活和生长发育。产仔前要做好充分准备，如圈舍要全面检修，搭好仔鹿护栏，垫好仔鹿小圈，准备好产仔记录、助产工具、仔鹿饲槽等必须用品。产仔哺乳期间要加强对母鹿的看护，建立昼夜值班制度，发现母鹿难产，要及时助产；发现母鹿拒绝哺乳或者乳汁不足，应将仔鹿用其他母鹿代养或者采取人工哺乳；制止恶癖母鹿扒、咬仔鹿；拨鹿时不要强制驱赶，应以温顺的产完仔或空怀的母鹿带领进行。为避免受惊、炸群，应严禁参观鹿舍。产仔哺乳后期，应结合清扫圈舍和饲喂定时调教和驯化母仔鹿。

3. 幼鹿的饲养管理

培育幼鹿的目的就是更新和补充鹿群，提高鹿群的生产力。在培育幼鹿的过程中，要求采用合理的饲养管理方法，保持较高的成活率，使仔鹿生长速度快、体质好，并且幼鹿驯化程度高和生产性能优良。

(1)哺乳期仔鹿的饲养管理

①初生仔鹿的护理　初生仔鹿的生理机能和对外界的抵抗能力还不健全，易发生疾病，导致死亡，因此，急需人工护理。

清除黏液及断脐：仔鹿出生时，机体浸遍胎水。正常情况下，母鹿会很快将胎水舔干，使仔鹿在生后 12～20 min 即可站立吸吮初乳。但一些母性不强、分娩后受惊或其他原因不顾仔鹿，使仔鹿机体浸遍的胎液不能及时得到清除，易引起衰弱和疾病。因此必须人为用草把或布块将其擦干。初生仔鹿喂过 3～4 次初乳以后，需要检查脐带，如未能自然断开，可实行人工断脐带，并进行严格消毒，随之可进行打耳号和产仔登记等工作。

哺喂初乳：仔鹿能否吃到初乳是生命力强弱的一个重要标志。仔鹿生后一般在 1～2 h 内吃到为最好，最晚不超过 8～10 h。仔鹿如果吃不到母鹿的初乳，哺喂奶牛的初乳也有一定效果。初乳的日喂量应高于常乳，可喂到体重的 1/6，日喂次数一般不少于 4 次。

代养仔鹿:哺乳仔鹿因各种原因得不到亲本母鹿的直接哺育时,可采取代养。选分娩后1～2 d以内、性情温顺、母性强、泌乳量高的产仔母鹿作为保姆鹿;将欲代养的仔鹿送入保姆鹿的小圈内,如母鹿不扒不咬,而且前去嗅舔,即可认为能接受代养,同时,要注意观察代养仔鹿能否吃到乳汁。在哺过2～3次乳以后,就可以认定代养成功。

仔鹿的人工哺乳:仔鹿生后因为各种原因吃不到母乳才进行人工哺乳。主要是利用奶瓶将牛乳、山羊乳等(温度调到36～38℃)直接喂给仔鹿。哺喂数次后仔鹿即能自己吸吮。在人工哺乳的同时,要用温湿布擦拭仔鹿的肛门周围或拨动鹿尾,促进排出胎粪,否则仔鹿不排粪便就会死亡。用牛乳人工哺乳仔鹿的喂量见表2-11。

表2-11 仔鹿人工哺乳日喂量 mL

体重/kg	日龄(每日均喂6次)						
	1～5	6～10	11～20	21～30	31～40	41～60	61～75
5.5以上	480～960	960～1 080	1 200	1 200	960	720～600	600～450
5.5以下	420～900	840～960	1 080	1 080	890	600～450	520～300

②哺乳仔鹿的补饲与管理　仔鹿生后15～20 d,就可以在保护栏内设补饲槽,定时投放营养丰富的混合精料:豆饼60%,高粱面30%,细小麦麸10%,同时加入少量的食盐和碳酸钙。混合精料必须用温水调和搅拌均匀呈粥状。哺乳仔鹿日补料量见表2-12。

表2-12 哺乳仔鹿日补料量 g

鹿别	20～30日龄	30～50日龄	50～70日龄	70～90日龄
	1次	1次	2次	2次
梅花鹿	50～100	150～200	250～300	300～400
马鹿	100～200	300～400	500～600	600～800

(2)离乳幼鹿的饲养管理　鹿场采用一次性离乳分群法,即离乳前逐渐增加补料量和减少母乳的哺喂次数,至8月中下旬,一次将仔鹿全部拨出,断乳分群。但对晚生、体弱的仔鹿,可推迟到9月10日断乳分群。分群时,应按照仔鹿的性别、年龄、体质强弱等情况,每30～40只组成一个离乳仔鹿群,饲养在远离母鹿的圈舍里。

离乳初期仔鹿消化机能尚未完善,特别是出生晚、哺乳期短的仔鹿不能很快适应新的饲料。因此,日粮应由营养丰富、容易消化的饲料组成,特别要选择哺乳期内仔鹿习惯采食的多种精粗饲料;饲料量应逐渐增加,防止一次采食饲料过量引起消化不良或消化道疾病;饲料加工调制的要精细,将大豆或豆饼制成豆浆、豆沫粥或豆饼粥。根据仔鹿食量小、消化快、采食次数多的特点,初期日喂4～5次精粗料,夜间补饲1次粗料,以后逐渐过渡到成年鹿的饲喂次数和营养水平。4～5月龄的幼鹿便进入越冬季节,还应供给一部分青贮饲料和其他含维生素丰富的多汁饲料,同时应注意矿物质的供给,必要时可补喂维生素和矿物质添加剂。

(3)育成鹿的饲养管理　育成鹿仍处于生长发育阶段,也是从幼鹿向成年鹿的过渡阶段,此时鹿只虽已具备独立采食和适应各种环境条件的能力,饲养管理也无特殊要求,但营养水平不能降低,要根据幼鹿可塑性大、生长速度快的特点,进行定向培育。

育成鹿的日粮配合，应尽可能多喂些青饲料，但在1岁以内的仍需喂给适量的精饲料。精饲料喂量和营养水平，视青粗饲料的质量和采食量而定。精饲料喂量梅花鹿0.8～1.4 kg，马鹿1.8～2.3 kg。育成鹿的基础粗饲料是树叶、青草，以优质树叶最好；但可用适量的青贮替换干树叶，替换比例视青贮水分含量而定，水分含量在80%以上，青贮替换干树叶的比例应为2∶3；在早期不宜过多使用青贮，否则鹿胃容量不足，有可能影响生长。

育成鹿应按性别和体况分成小群，每群饲养密度不宜过大。育成公鹿在发情季节也有互相爬跨现象，体力消耗大，有时还会穿肛甚至死亡。育成期应继续加强驯化，对育成公鹿要适时采取破桃墩基础技术。

五、鹿舍的建筑

1. 公母鹿舍的建筑面积

梅花鹿棚舍长10.5 m，宽6 m，运动场长27 m，宽10.5 m，可养公鹿20～30只，或母鹿20～25只，或育成鹿40～45只。

2. 鹿舍风向和光照

鹿舍应坐北朝南或向东南，西南倾斜15°～30°。鹿舍间距3～5 m，房檐距地面2.1～2.2 m，以确保良好通风和光照。

3. 鹿舍建筑结构

墙壁是鹿舍的主要结构，以砖石结构为主。墙壁的基础要根据土质而定，一般深为1.5～1.6 m，宽0.6 m，冬季寒冷地区墙基深度以达到不冻层，明石高30～80 cm，砖墙厚度37～40 cm，后墙留窗，便于通风。棚舍无前墙，仅有明柱，明柱的基础要深，最好修成圆转垛性柱。寝床和运动场：棚舍的寝床和运动场要坚实，干燥，平坦，有弹性，不硬，不滑，并稍具坡度。运动场可采用转铺地面或采用水泥地面。产圈：产圈可建在圈舍的一侧或一角，每间面积10 m^2左右，墙高2.0～2.1 m，要有简易的防雨棚盖。产圈可两端设门，能方便通往两侧运动场或棚舍。圈门：前门设在前墙一侧，宽1.5～1.7 m，高1.8～2.0 m，运动场之间的门离前墙5 m左右，圈棚之间的门设在前1/3处，宽1.3～1.5 m，高1.8 m。前栋鹿舍每2～3个圈留一个后门，通往后栋走廊，便于拨鹿和饲养管理。门最好用铁管，铁皮制作，1 m以下为死板，1 m以上留有缝隙。隔栅和仔鹿保护栅：在母鹿和部分公鹿的寝床前2.5～3.0 m的运动场上，应设一道活动的木制栅板。仔鹿保护栏设在母鹿棚舍后墙或间隙处，高120～150 cm，宽120 cm，前面为圆木柱，木柱间距13～16 cm，上面有挡板，地面铺干软的垫草。通道：在每栋鹿舍运动场前外要设5～6 m宽的通道（走廊），通道两端均有窗门，门宽3 m左右。围墙：鹿舍四周要有坚固的围墙，高度1.9～2.1 m，明石墙高度30～60 cm，在明石墙上砌厚砖到1.2 m。以上为花砖墙。墙头上闪边起脊或抹成水泥平台。墙厚度24 cm，拐角和较长的墙段中间，砌成48 cm×48 cm的墙垛。围墙的墙基要牢固坚实，防变形倾斜。在场内应栽植树木。

4. 鹿群喂、饮设备

鹿群的喂、饮设备主要包括三个部分：料槽、水槽和盐槽。料槽长5～8 m，上口宽70～75 cm，底宽50～55 cm，深24 cm，槽底距地面高30～35 cm，这种料槽可喂15～20只鹿，料槽用水泥制作，放入运动场中间。水槽应采用铁板焊制成长方形水槽或100#大锅固定在炉灶上，炉灶设有能关闭的灶门和1.2～1.5 m高的烟囱。水槽的规格长180～200 cm，宽50～60 cm，深20～30 cm。在圈舍内还要设置一定数量的盐槽。

5.梅花鹿场和场地规划与建筑布局

鹿场一般分为生产区，辅助生产区，经营管理区，职工生活区等。生产区的建筑物包括鹿舍，饲料加工室，鹿产品加工室，精料库，粗料库，青贮窖和兽医室等。经营管理区有办公室，物资仓库，食堂，集体宿舍等。职工生活区有：职工家属宿舍等。养鹿场建筑物合理布局：生产区要位于全场的中心地段，其地形比管理区略低，并在管理区的下风口和病鹿管理区的上风口。鹿舍是生产区的立体建筑，要根据地势，地形，气候，风向，阳光照射和作业间联系等因素综合考虑，确定位置。生产区各种建筑力求紧凑，以服务养鹿，方便作业为主，确定位置，合理布局，同时还需考虑机械化程度，安装动力和能源利用等设置要求，各种建筑物力求整齐统一。鹿舍坐北朝南，可采取多列式建筑，以东西并列2～3栋，南北2栋配置为好，运动场设在南面或东南面。要求阳光充足，避免冬季寒风侵袭。

六、鹿茸采收与加工

鹿茸是公鹿额部生长的已经形成软骨但尚未骨化的嫩角，也称鹿茸角。茸皮脱去后骨化而形成实心的骨质角，俗称鹿角。鹿茸的形状和化学成分因鹿的种类、收茸时期、加工方法和鹿茸部位的不同而有所差异。

(一)鹿茸的采收

1.鹿茸的种类

鹿茸的种类因鹿的品种、收茸方式、加工方法或茸型的差异，分成多种类型及规格。按鹿的品种可分成梅花鹿茸、马鹿茸、水鹿茸、白唇鹿茸、驯鹿茸等。按茸型，梅花鹿茸可分成二杠茸、三杈茸，马鹿茸可分成莲花茸、三杈茸和四杈茸。按收茸方式可分成锯茸和砍头茸。按加工方法又可分为排血茸和带血茸。另外，还有头茬茸、再生茸、初角茸之分。

2.收茸适期

(1)初角茸　育成公鹿在6月中旬前后，初角茸长至5～10 cm时，应锯尖平楂。平楂后有的个体当年又可长出分枝的初角再生茸，当长至8月中、下旬时再分期分批锯取。

(2)梅花鹿锯茸　成年公鹿生长的二杠茸，如果主干与眉枝肥壮、长势良好，应适当延长生长期，使茸向粗、长增长；如果为瘦条茸应酌情早收。成年公鹿生长的三杈茸，如果茸大型佳，茸根不老，上嘴头肥嫩，可适当延长收取时间，收大嘴三杈，嘴头不超过14 cm；对顶沟长的笊篱茸、马蹄茸可适当晚收1～2 d，嘴头长度不超过12 cm为宜；对顶沟长的短嘴头茸、嘴头细小和上稍穿尖的三杈茸及兔嘴茸、燕尾茸、茸根呈现黄瓜钉、癞瓜皮的茸，应在嘴头长8～10 cm之间提前收取。

(3)梅花鹿砍头茸　砍头茸的收取应较同规格的锯茸适当提前2～3 d进行。砍二杠茸应在主干肥壮、顶端肥满、主干与眉枝比例相称时收取；砍三杈茸在主干上部粗壮、主干与第二侧枝顶端丰满肥嫩、比例相称、嘴头适度时收取。

(4)马鹿锯茸　成年马鹿生长的三杈茸，若嘴头肥壮、茸大型佳，应尽量放大嘴三杈，嘴头不超过20 cm；若茸挺呈细瘦条者，嘴头不宜过长，应合理早收。成年马鹿生长的四杈茸，若嘴头粗壮，生长潜力大，应在第五侧枝分生前，嘴头粗壮期适时收取为宜。

(5)再生茸　一般在7月上旬前锯过茸的3岁(二锯)以上的公鹿，到8月中旬绝大多数都能长出不同高度的再生茸，应于8月中旬前依据茸的老嫩程度分期分批收取。

3.锯茸方法

(1)锯茸鹿的保定　鹿的保定方法主要有机械法和药物法两种。

机械保定设备俗称“吊圈”，由小圈、保定器与连接两者之间的通道所组成，由于该法耗费人力物力较大，且易伤人伤鹿，故这一传统锯茸保定方法在我国仅个别鹿场沿用。

药物保定法是通过麻醉枪或金属注射器等将麻醉药物注入鹿体内使鹿肌肉松弛或麻醉，达到保定的目的。

(2) 锯茸　锯茸方法是否正确不仅关系到鹿茸的产量和质量，还关系到以后鹿茸的再生。锯茸工具可使用骨锯、铁锯和条锯等，要求条薄、锯齿锋利。锯茸时锯口应在角盘上方约 2 cm 处将茸锯下。为防止出血过多，锯前应在茸角基部扎上止血带，锯茸结束后，立即在创面上撒布止血粉，经过一定时间后，将止血带绞除。

(二)鹿茸的初加工

鹿茸加工是养鹿生产的最后环节，其目的是脱水，达到干燥，保持鹿茸的外形完整，便于贮存、运输和利用。国内外现阶段鹿茸加工方法有传统水煮炸法、远红外微波炉加工法和冷冻干燥法等。目前，我国的鹿茸加工主要是采用水煮炸法，其原理是利用热胀冷缩的物理现象来排出鹿茸组织与血管中的血液或水分，加速干燥过程，防止腐败变质。

1.排血茸加工

(1)鹿茸加工前的处理　鹿茸在送入加工室水煮之前，进行常规的编号、登记、称重、测尺、拴标之外，并且进行刷洗，排血，对破伤茸缝合和固定等处理。

刷洗：鹿茸用软毛刷在 30～40℃碱水中刷洗，再用清水冲刷，而后将锯口朝下，自上而下挤压茸皮，排出皮血。

排血：用真空泵或注气加压排血法排出鹿茸内的血液。但排血切勿过度，一般见沫即可停止。

瘀血处理：在拨鹿锯茸过程中，碰撞茸体而引起局部瘀血或茸皮出血，茸皮颜色发暗。处理时将茸放在 40～50℃温水中浸泡 10～20 min，或用 50℃的湿毛巾热敷。

存折茸的处理：对愈合的陈旧存折茸，不需要处理，新的存折茸用长针斜向固定，在伤口涂上干面粉，绑扎寸带后煮炸。

上夹固定：鹿茸水煮时，为了操作方便，将鹿茸固定在茸夹上。亦可用寸带系大虎口处拎带煮炸，而不必上夹。

(2)煮炸加工　加工中把收茸后第一天的煮炸加工称第一水，把每水间歇冷凉的先后两次入水煮炸称第一排水、第二排水，每排水按入水次数又分为若干次。鹿茸煮炸的时间长短，根据鹿的种类、收茸种类、茸重和耐热程度而异，当锯口排出粉白色血沫，茸毛耸立，沥水性强，茸头有弹性，并有熟蛋黄香味时，表明茸体已达熟化。

(3)回水与烘烤　在鹿茸加工中，把经过第一水煮炸加工后 2～4 d 的煮炸统称为回水，依次称为第二水回水、第三水回水、第四水回水……1～3 水回水应连日进行，第四水回水连日或隔日进行均可。每次回水后均应放入 68～73℃恒温箱内烘烤，防腐消毒，加速干燥。

(4)风干与煮头　经过四水加工后的鹿茸，含水量比鲜茸减少 50%以上，送到风干室，锯口朝上吊挂风干，吊挂高度 1.5～2.0 m。在此期间，应适当进行煮头和烘烤，最初 5～6 d 每隔 1 d 煮茸头一次，烘烤 30 min 左右，以后可根据茸的干燥程度和气候变化情况不定期煮头烘烤。

2. 带血茸加工

带血茸加工与排血茸加工过程基本相似，但带血茸加工时为了防止茸血流失，应将锯口封住，并且在水煮时不能将锯口没入水内。封锯口的方法是收茸后将茸的锯口朝上立放，在锯口上撒一层面粉，之后烧烙锯口 5～8 s，封住血眼。带血茸的煮炸加工时间与排血茸不同。

3. 砍头茸加工

砍头茸的加工方法与排血茸基本相同，但是由于砍头茸带部分头骨、头皮，重量大，无锯口，排血较难。所以，煮炸的时间长、干燥缓慢，加之两次修整头骨、头皮的工序，因而较锯茸加工操作更为复杂细致，需要更高的技术。

(三)包装、贮藏和运输

1. 包装

鹿茸加工结束后，按等级、规格装入坚固耐用、轻便光滑，规格为长 80 cm，宽 60 cm，高 50 cm 的木箱中，箱底、箱壁及茸与茸之间用无毒包装纸装好，防止磨破茸皮，箱底撒入少量驱虫药，盖严后用包装带捆紧。

2. 贮藏

将包装好的鹿茸存放于清洁、阴凉、通风、干燥的库房内，避免日光直射，库房应备有空调和除湿设备，地面应铺有地板砖，便于冲洗和消毒，同时注意防潮、防霉、防鼠、防蛀、防腐烂等现象，并定期检查。不得与有毒、有害、有异味的物品同库贮存。

3. 运输

在运输时鹿茸不能与其他有毒、有害、有异味物质混装，运载容器应有较好的通气性，保持干燥，隔离易污染物，以减少霉变和污染。

第三节　养熊取胆汁

一、概述

(一)分类地位

熊在动物分类上属于哺乳纲(Mammalia)食肉目(Carnivora)熊科(Ursidae)熊亚科(Ursinae)。分为 6 个属，分别为棕熊属(*Ursus*)、黑熊属(*Selenarctos*)、马来熊属(*Helarctos*)、北极熊属(*Thalarctos*)、懒熊属(*Melursus*)和眼镜熊属(*Tremarctos*)。种类主要有 7 种，分别是棕熊(*Ursus arctos*)、美洲黑熊(美洲熊)(*Ursus americanus*)、黑熊(*Selenarctos thibetanus*)、马来熊(*Helarctos malayanus*)、北极熊(*Thalarctos maritimus*)、懒熊(*Melursus ursinus*)和眼镜熊(*Tremarctos ornatus*)。现在我国人工饲养的主要为棕熊和黑熊，其中黑熊是最适宜人工饲养取胆汁的熊，占 70%～80%。

(二)养殖历史与现状

熊胆是我国传统的名贵中药材，人工养熊是保护和合理利用熊胆资源的最佳途径。20 世纪 80 年代初期，我国科学工作者在朝鲜引流胆汁技术的启发下，开展了活熊胆囊造瘘术获取胆汁的研究，并于 1984 年取得成功，这项新技术为熊胆药物的生产开辟了广阔来源，也降低了药物的成本。1985—1990 年间是中国养熊业发展最快的时期，与此同时，熊类圈养繁殖研究、胆汁引流技术、圈养设施、管理技术、疾病防治等也发展了起来。1989—1996 年间，我国研究人员进行了无管引流胆汁技术的研究，并取得了成功。目前已普及了“无管取胆”技术，该技术是利用熊自身组织通过小手术制造引流管道，不会对熊的健康造成影响，同时熊胆粉的质量也得到了提高，熊的利用年限也相对延长了。无管引流技术的成功推广，使我国养熊取胆进入了一个崭新的阶段。

中国对熊类的保护措施是积极的，管理政策是严格的。在1989年实施的《野生动物保护法》中，将熊类列为国家Ⅱ级重点保护野生动物，严禁从野外猎捕。1993年原林业部专门下发了《关于清理整顿养熊场的紧急通知》，禁止从野外捕捉熊类，停止为新建养熊场核发驯养许可证等相关条款。1996年下发了《关于加强养熊业管理工作的通知》，进一步强化养熊业的管理。1997年原林业部发布了《黑熊养殖利用技术管理暂行规定》。2008年，又颁布了林业行业标准《黑熊养殖技术规程》。这些规定和行动引导和规范了养熊业，养熊场虐待熊的问题已基本上得到解决。由“杀熊取胆”到“活熊引流取胆”是明显的科学技术进步，使熊胆这一珍贵中药资源得到前所未有的技术开发，从而结束了几千年来“杀熊取胆”的历史，使熊胆工厂化生产成为现实。

近年来，我国一些大型养熊场的设施和设备已经非常先进，养殖管理、人工繁育、胆汁引流、疾病防治等技术也经历了多次革新，种群数量和熊胆粉产量相对稳定。黑龙江、吉林、福建、四川和云南是我国养熊业发展的主要地区，集中了中国绝大多数的养熊场和养殖熊。规模化养殖的熊场每年种群净增长率约10%～20%，目前全国黑熊存栏数量估计约15 000只，大型熊场取胆熊的数量约占其种群数量的70%，单只年产熊胆粉在1～4 kg，平均2 kg，以此推算，全国每年熊胆粉产量约21 000 kg，已能充分满足国内市场的需要。解决了熊的物种保护与熊胆粉合理利用的难题。

中医药对于人类的医疗和保健有着重要价值和不可替代的作用，熊胆成分入药已有上千年的历史，且难以用家畜胆或合成品替代。中国存在着对熊胆粉的需求市场，同时在韩国、日本、东南亚各国也普遍使用。随着科学技术的发展，熊胆的应用前景将会更加广阔。加之熊的食性杂，饲料来源广泛，且经过多年人工驯养，性情较温顺，抗病力强，饲养设施简单，比较容易饲养，因此，养熊取胆汁的市场空间和潜力是很大的。

二、生物学特性

(一)种类及形态特征

中国熊类的种属基本上认为是3属3种，即棕熊、黑熊和马来熊。棕熊主要分布于青藏高原、西北和东北地区，因而形成三个地理亚种，即青藏亚种、天山亚种和东北亚种。黑熊主要分布在我国的东北、华北、华南、西南、台湾等地，有5个亚种，分别是普通黑熊(*Selenarctos thibetanus*)，长毛黑熊(喜马拉雅黑熊)(*S. t. lariger*)，西南黑熊(四川黑熊，*S. t. mupinesis*)，东北黑熊(*S. t. ussuricus*)，台湾黑熊(*S. t. formosanus*)。

1. 棕熊

棕熊又名“马熊”，体长1.8～2 m，肩高约1 m，体重200 kg(最大的400 kg)以上。头圆而宽，吻长，向前突出。肩部隆起，尾短，四肢粗壮，各具5趾。前爪长而有力，前腕垫很小，椭圆形，不与掌垫相连；后足跟垫宽而肥厚。全身棕色(由棕红色到棕黑色不等)。

2. 黑熊

黑熊比棕熊小，体重130～250 kg，体长130～190 cm，肩高约80 cm。头部宽阔，嘴较棕熊短而尖，鼻端裸露。耳较长而明显，并被有长毛。全身黑色，略带光泽，下颌白色，胸部具一明显的新月形白斑，是鉴别黑熊的一个重要特征，故有“月牙熊”之称。尾极短而不外露。四肢粗壮，前后肢都具5趾，前足的腕垫宽大并与掌垫相连。

3. 马来熊

马来熊，别名太阳熊，是体型最小的熊。体重27～65 kg，体长110～150 cm，肩高60～70 cm，比其他熊瘦弱，全身黑色，前胸通常点缀着一块显眼的“U”形斑纹，斑纹呈浅棕黄或黄白色。体态伶俐，坐立时如一只黑色胖狗，也叫“狗熊”。头颈短圆，眼小、耳小、尾短。脚掌向内撇，尖利的爪钩呈镰刀型，前后足各具有5趾。

(二)生活习性

1. 栖息环境

除北极熊外，大多数熊都属林栖动物，主要栖息于阔叶林、针叶林或针阔混交林中营地面生活。棕熊是一种适应力比较强的动物，从荒漠边缘至高山森林，甚至冰原地带都能顽强生活，欧亚大陆上的棕熊则更喜欢居于茂密的森林之中。黑熊喜欢栖息在植被茂盛的山地。在夏季，它们常在海拔3 000 m，甚至更高的山中活动，到了冬季则会迁居到海拔较低的密林中去，为了生存，它们偶尔也会游荡到平原地带，没有固定栖息场所。马来熊则酷爱居住在低洼地带或茂密的热带林中。

2. 食性

除北极熊外，熊类是以植物性食物为主的杂食性动物，它们的食谱会随着季节的不同发生变化。食物包括嫩叶、草根、果实、昆虫、各种小型脊椎动物，有时还袭击大型兽类的幼仔。它们更爱吃蜂蜜和蚂蚁，偶尔也会闯入农庄捕食家畜。与黑熊相比，棕熊更偏重于动物性食物。北极熊则主要捕食海豹、海象、白鲸、海鸟、鱼类、小型哺乳动物，有时也会食腐肉，在夏季偶尔也会吃点浆果或者植物的根茎。

3. 行为特点

(1)昼伏夜出。熊类一般在晨昏时分外出活动，寻找食物，而白天则躲在一处休息。不过它们的活动时间也随居住地和季节的不同而有所变化。

(2)独居。熊类属于独居动物，只有繁殖期雌雄才结群活动或幼熊与母熊一起游荡觅食。因此，人工饲养条件下，几只或多只放在一起饲养，常由于争食、争偶、欺生等原因出现相残行为，轻者咬伤、抓伤，重者致对方于死地。新群需要一个相互磨合和争斗的过程后才会稳定。

(3)嗅觉和听觉灵敏、视觉较差。熊类视觉不发达，但有敏锐的嗅觉和听觉。

(4)善于爬树、游泳和直立行走。熊类虽然体形笨重，行动缓慢，但善于爬树、游泳等，只是下树的动作笨拙，臀部朝下，慢慢移动，稍有惊动，就滑下坠地。如果发现危险或异常声响，能迅速逃入林中，或直立环视四周，然后迅速逃跑。

(5)冬睡。熊类有条件性冬睡的习性，冬睡时间取决于秋季食物的丰盛程度及降雪的早晚。生活在北方寒冷地区的熊有冬睡现象，而位于亚热带和热带地区的熊往往不冬睡。冬睡时间可持续4～5个月(11月至翌年3月)。熊类冬季睡眠并非是人们过去所认为的冬眠。因为它们新陈代谢的速率并非像真正冬眠的动物那样下降到很低，而且这些熟睡中的熊可能随时都会醒来。

4. 繁殖及其他特性

野生条件下，熊类一般4～5岁性成熟，5～6岁进入生殖期。每年的6—8月为发情期，发情持续 7～10 d,妊娠期 6～8 个月,每胎产仔 1～3 只,哺乳期 6 个月。黑熊的繁殖年龄是 4～15 岁,寿命一般为 30～40 岁。

活动的成年熊的直肠温度为 37.5～38.3℃,呼吸频率为 15～30 次/min,心率 60～90 次/min。

三、饲养设施及设备

(一)场址选择及养殖场布局

饲养场应建在地势平坦(坡度在 5%以下)、避风、向阳、排水良好的地方。距居民区、工厂等污染源 1 000 m 以上,交通、电力等应供应便利,周围宜筑有围墙或防疫沟,并建有绿化带。应严格执行生产区和生活区相隔离的原则,饲养员和物资运转应采取单一流向。

(二)养殖场建设

养殖场建设的原则为安全、牢固、防逃逸,还要便于操作。我国目前养熊,多用圈舍饲养和笼养。

1.圈舍或笼舍式饲养

繁殖用熊、幼熊及动物园养熊一般采用圈舍饲养。圈舍包括室内和室外两部分,室外主要是活动场。圈舍式饲养面积不需很大,一般每间 10～12 m^2,主要用于饲喂、产仔和哺乳,饲养舍铁栏直径 1.2～1.5 cm,间距 8 cm,需要设投食口,一般为 12 cm×30 cm。舍间串门为 90 cm×120 cm,以便于调换和控制熊的活动。饲养员出入的门为 80 cm×150 cm。舍地面用水泥,并有一定坡度,利于冲刷和避免尿液积存。舍高 2～2.5 m;室外运动场一般是室内面积的 4～6 倍,并且是几个室内舍连在一起合用一个大运动场,围墙高 3.5 m 以上,运动场内设水池,面积 4 m×5 m,深度 1～1.5 m,地面用石块或水泥铺设,运动场内可种植乔木以利于遮阴。

若为单体饲养,可建成笼舍式。活动场面积可减少为 4×6＝24(m^2),周围及顶部以铁栅栏为架,可用直径 3 cm 的钢筋(或钢管)焊接而成,每根铁栏杆之间的间距 10 cm,围栏高 2 m,围栏外有 2 m 宽隔离带,围栏下段用钢筋混凝土铸造,埋入地下 0.5 m 深。围栏外全部装设铁丝网。

2.笼养

要求饲养舍较大,室内可设多排笼,取胆汁熊一般采用此方式。熊笼用角钢和钢筋制成,角钢规格 4 cm×4 cm,钢筋直径不小于 16 mm,四周和上面按 8～10 cm 间距,底面按 5 cm 间距,可根据熊的体型设计笼子的大小。取胆汁笼一般长 1.3 m,宽 0.45 m(150 kg 以上的 0.6 m)、高 0.8 m,笼脚架高 0.8～1.0 m;饲养笼规格长 1.8～2.0 m,宽 1.3～1.5 m,高 0.9～1.2 m,笼脚架高 0.5 m。每笼饲养 1 只熊。若采用笼内配种则规格为 4 m×2 m×1.8 m。

食槽用 5 mm 厚的铝板或铁板制成。规格:长 20 cm×宽 15 cm×高 12 cm,可固定在笼底,也可卸下,在笼的上盖设一可活动栅栏,平时固定在上盖上,取胆时打开开关,放下栅栏(活动门),将熊固定于笼的一侧,便于取胆。

饲养舍为水泥地面,要求有一定坡度,设置凹进地面的排粪、排尿槽形结构,便于用水冲洗地面。饲养舍通风、采光要好,保证冬暖夏凉。房舍的大小以安放 20 个笼为宜,笼的安装以饲养员操作方便为宜,笼子平行安放两列,中间过道宽度不少于 2 m,笼之间的距离不小于 1.5 m。

四、熊的繁育

(一)繁殖生理特点

1.性成熟与体成熟

熊的性成熟与其种类、性别、环境、饲养管理等因素有关。在人工饲养条件下,一般母黑熊和棕熊2.5～3岁达性成熟,公熊3.5～4岁达性成熟。为了保证熊的种用价值,一般在性成熟后的翌年配种期参加配种较为适宜。

2.发情规律及发情表现

(1)发情规律　熊是季节性多次发情的动物。棕熊一般在5～7月份,黑熊在6～8月份,马来熊在1～12月份。公熊的发情期比母熊要长。在一个发情季节里母熊可出现2～3个发情周期,发情持续期5～7 d。公熊在发情季节始终处于动情状态,只有季节性无周期性。

(2)发情表现　公熊在发情期,睾丸下垂,阴茎时常露出包皮外,呈粉红色,并伴有抽动动作,在单饲笼中来回走动,烦躁不安,甚至猛撞笼舍。到了性活动旺期,食欲减退,甚至废食,时而发出吼叫,时而发出"咯咯……咯咯……"的声音。在混群饲养条件下,公熊追逐发情高潮期的母熊,相互嬉戏,拥抱摔跤,用嘴舔对方的生殖器。常常在追逐4～5 d后才能交配,交配大多发生在早7时之前。交配时公熊咬住母熊的颈背侧,两前肢抱住母熊腹部,呈现坐姿,每次交配持续20～30 min,一般持续7～10 d,交配期过后,母熊拒绝公熊交配,并出现强烈的攻击行为。

发情母熊表现兴奋不安,食欲减退,活动量大,来回走动。在群饲条件下,主动接近公熊,允许爬跨交配,外阴部松弛、充血、肿胀,分泌黏液量大,黏性强;发情母熊乳头也有明显变化,乳头旁腹毛张开,乳头红润肿大。母熊发情期根据外阴部变化和性行为表现可人为分成3个时期,即发情前期、发情旺期和发情后期。

发情前期:阴毛略分开,阴唇微张,外阴部轻度红肿,呈浅红色,持续4～6 d,此时有交配行为,但次数很少。

发情旺期:阴毛全部张开,外阴外翻,高度肿胀,外翻宽达4～6 cm,颜色为深红、发亮,持续时间3～4 d。此期母熊性欲旺盛,交配频度高,一天多达4～5次。

发情后期:外阴部外翻表现皱缩,不发亮,颜色变为紫红,持续时间6～8 d,此期交配时间明显减少。

(二)种熊的选择与配种

1.种熊的选择

种公熊和种母熊均应谱系清楚,37月龄以上,健康,无遗传疾病、无恶癖,性器官发育正常,双亲性状和生产性能良好。同时黑熊公熊要求体重不低于150 kg,体长不小于1.7 m,性欲旺盛;母熊要求体重不低于130 kg,体长不小于1.5 m,母性强,乳房发育良好。

2.配种方式

(1)自然交配　在繁殖季节前,即4—5月,将公、母熊按1∶2或1∶3的比例放入繁殖笼或配种圈舍中,使其增加亲和性,在繁殖季节任其自由交配。繁殖季节过后,公母熊单独饲养。或采用临时配对的方法,即交配时将发情母熊移入到公熊笼内,任其自然交配,配种后再将其分开,次日复配。

(2)人工授精　分采精和输精两部分。一般采用电刺激采精法。首先将熊麻醉,麻醉保定时间一般在 3～4.5 h。熊麻醉后,用绳将其四肢固定,形成侧卧位便于接取精液。剪掉包皮周围的长毛,用肥皂水冲洗包皮腔,洗净后用生理盐水再冲洗 2～3 次,最后用灭菌脱脂纱布擦干包皮腔及龟头。将采精器的碳棒用肥皂水沾湿润滑徐徐插入肛门,深度 15～20 cm。启动电刺激采精器,从 2V 开始逐渐升高电压进行电刺激,直至射精,不再升高电压,但继续以通、断电刺激,直至射精完毕为止。棕熊和黑熊的射精量平均分别为(14.3±7.6)mL 和(2.8±1.7)mL,精液乳白色,味腥。

输精方法:首先麻醉母熊,给外阴部剪毛并用生理盐水冲洗外阴,让母熊侧卧或俯卧,用无菌生理盐水冲洗高压消毒灭菌好的输精器,将输精器轻轻插入阴道达一定深度(约子宫颈口处或子宫内),用消毒灭菌好的注射器吸入精液慢慢注入输精器,可输稀释的鲜精液[1∶(1～3)]3～8 mL 或低温保存的精液。输精次数为 1～2 次。

(三)妊娠与分娩

1. 妊娠期

不同种类的熊妊娠期有一定差异,同种熊因饲养管理水平、年龄、产仔数等不同,妊娠期也会出现差异。短则 180 d,长则 240 d,个别 260 d 左右。据笔者调查,北方地区棕熊和黑熊的平均妊娠期分别为 242 d 和 199 d,妊娠期总积温分别为(3 443.1±727)℃和(2 346.2±1 471.5)℃,总积光分别为(1 087.2±70.5)h 和(883.7±199.7)h。

熊的妊娠期之所以有较大的变动范围,主要是由于受精卵有延迟附植现象,即卵子受精后,并没有马上着床,而是处于游离状态,此期胚胎发育相对静止。游离的时期称为胚胎游离期或胚泡滞育期。胚胎游离期的长短与母熊达成交配的时间早晚有关,一般来说,达成交配的时间越早,胚胎游离期越长,因为熊的产仔时间非常集中。胚胎真正发育的时间只有 6～8 周,也就是说,受精卵在临产前的 2 个月左右才附植在子宫壁上。

2. 妊娠表现

在妊娠初期,母熊无明显变化,只是疏远公熊,拒绝交配,喜欢独处。妊娠中期食量明显增加,贪睡,对靠近的公熊发出攻击行为,性情变得敏感易怒。妊娠末期,食欲不稳定,胆小怕人,行动缓慢小心,下腹部稍微下垂,乳房膨大,用嘴不断舔乳头,乳房周围被毛常被舔掉,露出明显的乳头。

产前 1 周母熊拒食,一直持续到产仔,但饮水正常。待产母熊宜安置在光线暗淡、柔和、环境安静、清洁的产房或笼子里。

3. 分娩

熊的产仔时间大多集中在每年的 12 月末至翌年 2 月末。每胎产仔 1～3 只,大多数为 2 只。母熊产前 15 d 左右开始食欲明显减退,甚至停食,有做窝行为。窝一般为圆形,底部较平坦,四周隆起,母熊呈团卧姿势,一动不动。人一接近即发出威胁叫声,此时应保持熊舍的绝对安静。在临产前 1～2 h,表现不安,活动量下降,不采食,不饮水,外阴部红肿。分娩一般发生在凌晨至清晨(1:00～6:00),分娩前母熊不安,以犬坐姿势坐卧,背向明处,用口不断舐阴部,并发出"咂咂"声。胎儿产出后,母熊舔破胎膜,舔净羊水与胎粪,咬断脐带,并用前肢将胎儿端于胸前,不断舔舐,直至仔熊全身干爽,然后母熊怀抱仔熊呈坐卧姿开始哺乳。母熊约隔 2 h 哺乳 1 次，每次 7～8 min。仔熊吮乳时发出“咕咕”声，3 对乳头每个都可授乳。母性好的熊在整个授乳期都能周到地看护和哺育仔熊，不需人特别照顾。1 周内母熊几乎一动不动，不吃不喝，间隔一定时间母熊舔舐仔熊的阴部，刺激其排出粪尿，并将其舐净。

初生仔熊全身光滑，被毛贴于体表，无牙，闭眼，全身灰褐色，体重 300～500 g，体长 20～25 cm。

仔熊生后 2～3 d，全身被毛蓬松和舒展，并能够缓慢爬动。在最初的 2 周龄内，仔熊终日在母熊的怀里吃奶、睡眠，以后随着其生长逐渐爬出母熊的怀抱，在附近爬行。20～22 日龄时，仔熊就能睁开眼睛，40 d 左右可以在母体周围睡眠。50 d 时前后肢能够撑起，开始试图站立行走，但后肢显得乏力，动作不协调，行走一、两步即跌倒，但有方向性。60 d 时仔熊行走基本稳定，活动、玩耍次数明显增多，时间延长。白天哺乳 3～5 次，每次 10～15 min，并开始与母熊分离睡眠。70 d 时，有的仔熊能够攀援笼壁。3 个月时，仔熊体重可达 10～15 kg，此时可断奶进行人工饲养，以使母熊能够当年发情配种。

五、饲养与管理

(一)饲料及饲料配方

1. 饲料种类及利用

熊的饲料分动物性饲料和植物性饲料两大类。

新鲜的动物性饲料如兔肉、猪肉、牛肉、禽蛋及动物内脏等，只要无病无毒，都可以喂熊，一般应生喂。因成本较高，一般用于配种期公熊、妊娠期和哺乳期母熊和幼熊。干制的动物性饲料如奶粉、鱼粉、血粉、蚕蛹粉等饲料，先彻底水浸，洗净盐粉后拌入其他料中进行饲喂。

青绿多汁饲料主要有蔬菜和水果。蔬菜主要有白菜、油菜、萝卜、胡萝卜、西红柿、水蒿子、蒲公英、豆科牧草等。水果有苹果、梨、西瓜等，应先洗净再喂。

精饲料有玉米、黄豆、麦麸、豆饼、高粱等，一般以玉米和麦麸为主，也可以喂青玉米。黄豆一般制成豆浆喂，其豆渣可以与其他精料混合饲喂。矿物质饲料主要是食盐、骨粉、贝壳粉等；其他添加剂饲料主要是多种维生素、微量元素添加剂等。精饲料一般煮成粥、蒸成窝窝头或制成颗粒饲料饲喂。

2. 饲养标准和日粮组成

参见表 2-13 至表 2-16(摘自：林业行业标准，LY/T 1783—2008 黑熊养殖技术规程)。

表 2-13　成年公黑熊的日粮组成

时期	饲料						精料比例/%			
	精料/kg	动物性饲料/kg	多汁饲料/kg	矿物质/g	多维/g	食盐/g	玉米面	豆饼	高粱面	麦麸
配种期	3.0～3.5	0.20～0.25	0.5～1.0	15～20	15	5～10	60	25	5	10
维持期	2.0～3.0	0.15～0.20	0.5～1.0	10～15	10	5～10	65	15	10	10

表 2-14　成年母黑熊的日粮组成

时期	饲料						精料比例/%			
	精料/kg	动物性饲料/kg	多汁饲料/kg	矿物质/g	多维/g	食盐/g	玉米面	豆饼	高粱面	麦麸
配种期	2.5～3.5	0.20～0.25	0.5～1.0	15～20	10	5～10	60	25	5	10
妊娠期	3.5～4.0	0.25	0.5～1.0	15	10	5～10	55	30	5	10
哺乳期	3.0～3.5	0.20～0.30	0.5～1.0	15	10	5～10	55	30	5	10

表 2-15　育成熊的日粮组成

时期	饲料						精料比例/%			
	精料/kg	动物性饲料/kg	多汁饲料/kg	矿物质/g	多维/g	食盐/g	玉米面	豆饼	高粱面	麦麸
11—3 月	1.5～2.5	0.1～0.2	0.5～1.0	15	10	5～10	70	10	5	15
4—7 月	2.0～3.0	0.15～0.2	0.5～1.0	15	10	5～10	65	15	5	15
8—10 月	2.5～3	0.2～0.25	0.5～1.0	15	10	5～10	65	15	5	15

表 2-16　幼熊日粮混合比例　%

月龄	玉米面	麦麸	黄豆粉	高粱面	奶粉	骨粉	食糖	果菜	食盐	酵母	添加剂
4～5	60	—	15	—	15	3.5	3	2	0.5	0.5	0.5
6～12	50	20	5	15	—	5	—	3.5	0.5	0.5	0.5

(二)幼熊的饲养管理

幼熊是指初生至12月龄的黑熊或棕熊。在母熊哺乳的情况下，幼仔熊在前两个月完全依靠母乳，到第三个月时除哺母乳外，应尽早补给易消化利用的高能量、高蛋白质饲料，并适量供给水果、青饲料，可用碎肉末、米粉、奶粉等做成粥饲喂，并逐渐增加，为100日龄的人工断乳做准备。投食时1熊1槽，避免抢食争斗，采食不均。

若母熊无乳或弃仔时要进行人工哺乳。人工哺乳情况下，从3日龄开始，每次喂20～25 mL鲜牛奶加适量酵母粉、鱼肝油、蜂蜜、有时添加少量橘子汁，每4 h喂1次，随着日龄增加每次哺乳量也增加，到两个月时，奶量增加到每次120 mL。仔熊阶段可根据体重发育情况，喂不同饲料，饲料配方如下：

体重5 kg以下仔熊：奶粉80%(用60℃温开水按1∶9对成奶液)，玉米粉10%，豆饼粉或黄豆粉(炒熟)10%，另外加适量蜂蜜、骨粉、鱼粉等煮成粥状，用奶瓶，每3 h饲喂1次。

体重5～10 kg仔熊：玉米粉60%，小麦麸10%，黄豆粉(炒熟)24%，骨粉4%，食盐1%、糖1%及适量复合维生素，煮成粥用食盆，每4 h饲喂1次。

体重10 kg以上仔熊：玉米粉50%，麦麸20%，鱼粉或蚕蛹15%，豆饼或花生饼10%，骨粉3%，食盐1%，生长素和复合维生素适量。当幼熊体重达到15 kg以上已超过3月龄时即可断奶。

幼熊断奶后一段时间的饲料很关键，直接影响其生长发育和成活。此阶段饲喂配合饲料(表2-17)效果最好。

表2-17　幼熊配合饲料组成及营养水平　　%

饲料	比例	营养成分	含量
脱脂奶粉	20	粗蛋白质	26.63
小麦麸	20	粗脂肪	3.22
高粱粉	9	粗纤维	2.06
玉米粉	14	钙	1.23
豆饼	15	磷	0.71
鱼粉	12	代谢能/(kJ/kg)	8 933
酵母粉	4		
白糖	3.5		
食盐	0.5		
维生素添加剂	1		
微量元素添加剂	1		

(摘自:卢玉明等,2003)

(三)育成熊的饲养管理

育成熊是指13～36月龄的黑熊或棕熊。熊生长发育极快，特别是1.5岁前后，生理功能趋于完善，对疾病抵抗力和环境变化的适应力较强，是养熊取胆汁、调教、驯化的最适时期。此期要逐渐缩小群体，对好斗者，应单独饲养。饲料可以玉米、豆饼为主，适当添加鱼和肉(表2-18)，每天饲喂3次，育成熊日粮粗蛋白质应控制在15%左右，粗脂肪控制在10%左右。

表2-18　育成熊饲料配方　　%

饲料	配方1	配方2	饲料	配方1	配方2
玉米面	65	40	蜂蜜	4	—
豆饼	23	10	盐	1	1
麦麸	—	40	骨粉	—	3
鱼	2	—	添加剂	—	1
肉	2	—	水果、蔬菜	3	—
鸡蛋	—	5	合计	100	100

(四)成年熊的饲养管理

1.配种期的饲养管理

熊进入发情期，食欲下降，食量显著减少，野性增强，同时天气炎热，发情配种消耗大。所以，日粮要适口性好、易消化、富含蛋白质。尤其是要适当添加一些动物性蛋白饲料，如牛肉、兔肉、鱼、蛋等，以提高公熊的精子活力，一般每日补加 0.1～0.5 kg。母熊还要供给充足的蜂蜜、蚂蚁、苔藓及其副产品(每日 3～5 g)。饲养员不要随意靠近，严防伤人。

配种时，选择体格健壮、健康无疾病、性别特征明显、繁殖力强、血统好、血缘较远、体型大小相似、人工驯化程度高、温顺易于管理的公、母熊。一般采用自然交配法，即将公熊与母熊按 1：(2～4)的比例放入圈内自行交配，配种结束后隔离公熊。

2. 妊娠、产仔哺乳期的饲养管理

母熊妊娠后，食量逐渐增加，活动如常。妊娠 3～4 个月时，食欲旺盛，正值 11 月份进入冬季，此期需要大量的营养物质。要供给优质饲料，并逐渐增加喂量和青饲料。妊娠期工作人员应注意保胎工作，发现有流产征兆的熊应肌肉注射黄体酮和维生素 E。妊娠期应定时引诱母熊运动。

棕熊和黑熊一般在每年的 12 月底至翌年 2 月初产仔。临产前 15 d 左右将孕熊送进产房。产房应封闭，提前清扫消毒，铺垫 6～7 cm 厚的垫草，温度保持在 5～8℃。产仔期母熊对外界刺激反应非常敏感，如受到惊吓、环境改变、产后缺水及某些营养缺乏等还会导致产后食仔现象的发生。因此，产仔期要减少人为干扰，保持安静。如条件允许，宜在产房内安装监控设备。临产前要供给豆浆、鲜牛奶或奶粉等。

通过静听仔熊的叫声来判断产仔只数等情况。产后 1 周内少喂或不喂，以便母熊更好护理幼仔。7 d 后，母熊逐渐出窝采食，进入哺乳期。饲喂时把食盆放在产房门口，如果母熊不吃，第二次饲喂时应更换新食物。每日给母熊增喂一次由小米、红糖、奶粉、胡萝卜、碎肉等做的稀饭，以便母熊多产奶，保证熊奶的质量，以保证仔熊健康生长。产仔后至断乳，产房不必打扫。饲料、饮水等不可有香水、香皂等异味，以免引起弃仔或食仔。饲养员应固定，不穿颜色鲜艳的衣服，禁止外人参观及进入产房，并做好观察记录。

3. 取胆汁期的饲养管理

引流取胆的熊因体重、体型、饲料、饲养水平、季节、性别、取胆方式的差别，每日每头可引流胆汁 70～250 mL。此阶段须供给丰富的动植物蛋白饲料，添加有利于肝脏代谢和去氧胆酸生成的物质。研究表明，日粮粗蛋白水平与取胆量成直线相关，而粗蛋白水平与结合性牛磺熊脱氧胆酸含量成曲线相关。因此在保证熊胆粉质量的前提下最大限度地提高取胆量，并不是蛋白质水平越高越好。张化等研究表明，同粗蛋白水平为 14.3%和 23.6%的饲粮配方相比，用粗蛋白水平为 19.1%的饲粮(表 2-19)饲喂黑熊，生产的熊胆粉既符合药典上的标准，又能最大限度地提高取胆量。

表 2-19 取胆黑熊日粮组成

饲料名称	玉米	豆饼	鱼粉	麦麸	磷酸氢钙	食盐	添加剂
百分比/%	65	15	10	7	2	0.55	0.45

一般每日饲喂取胆熊 2 次，早 8:30～9:00，晚 4:00～4:30。精料蒸熟后饲喂，青菜、水果及鲜肉、鱼等则生喂。

人工取胆熊的熊舍和熊笼要保持干燥，通风良好，空气新鲜，采光要好，每日两次清扫和冲洗粪便。食槽每天清洗干净，熊舍每周消毒 1 次。

冬季为了使熊保持清醒，不进入冬睡状态，以增加胆汁的产量，要采取保暖措施，使舍温在10℃左右。夏季要设防暑设备，可安装风扇等，加强舍内通风，可采取洒水降温的方法，用自来水多次冲洗地面，向熊身上喷洒水雾等，以使舍温低于30℃。

六、熊胆汁的采收与加工

(一)熊胆

熊胆为熊科动物黑熊或棕熊的胆囊，干燥的熊胆称胆仁，呈不规则的块状或硬膏状，色泽深浅不一，金黄色半透明质松脆胆，习惯上称铜胆。黑褐色或墨绿色质脆硬或呈膏状者，称铁胆或墨胆。黄绿色质脆者，称菜花胆。熊胆为我国临床常用的名贵药材之一，主要功效为清热明目、解毒止痉。除此之外，现代药理学表明，熊胆汁还具有很好的利胆作用和溶石排石效果。

熊去氧胆酸（化学式 $3\alpha,7\beta$-二羟基-5β-胆烷酸），英文名为 ursodeoxycholic acid，简称UDCA，是熊胆所含的有效成分之一，其含量较低，约占熊胆汁总量的2%～3%，最早从中国黑熊胆汁中分离，后经人工合成取得成功。对于人工合成的UDCA是否能完全代替熊胆仍众说纷纭，尚无定论。熊胆粉的化学成分比较复杂，归纳起来可分为以下几个方面：①胆汁酸类：含量为70%～80%，有胆酸(CA)、熊去氧胆酸(UDCA)、鹅去氧胆酸(CDCA)、去氧胆酸(DCA)、牛磺熊去氧胆酸(TUDCA)、牛磺鹅去氧胆酸(TCDCA)等；②胆固醇类；③胆色素类；④氨基酸类；⑤微量元素类；⑥蛋白、肽类、脂肪、磷脂、无机盐和水等其他物质。

近几年，随着养熊业的发展，熊胆的药理试验研究也有了很大进展。证明熊去氧胆酸钠对由士的宁引起的小鼠中毒有解毒作用，使小鼠对硝酸士的宁的耐受量增加3倍；牛磺熊去氧胆酸具有罂粟样作用，它对小鼠离体肠管抗乙酰胆碱兴奋作用的半抑制量(LD_{50})为 3.9×10^{-5} g/mL，而熊去氧胆酸盐为 2.8×10^{-6} g/mL，鹅去氧胆酸盐为 6.3×10^{-5} g/mL；胆酸、牛磺胆酸、甘氨胆酸、去氧胆酸对革兰氏阳性菌有很强的抑制作用，熊胆汁对中枢神经系统有镇静、抗过敏、镇咳、祛痰、降压、预防动脉硬化、解热、利胆等多种作用。

(二)人工活熊引流胆汁技术

人工活熊引流采胆技术历经了“有管引流”和“无管引流”两个阶段。有管引流是在胆囊造瘘手术时，胆囊上安装硅胶引流管，采胆时打开单向阀门，胆汁自动流出。这种引流方式，不管引流管采用硅胶管，还是不锈钢材质，对机体来说均属异物。长期异物刺激，机体产生排异反应，局部炎症影响胆汁质量和产量，熊胆粉质量达不到标准，缩短了熊的使用年限。

无管引流取消了硅胶引流管，利用熊自身组织制造胆汁通道，实际上是引流通道的材质(利用熊体内的肠管做导管)与引流手术技术的飞跃。采胆时只要用消毒不锈钢探管插进采胆孔，胆汁便自动流出。术后熊可自由活动，亦可自然交配，受孕产仔。此项引流技术的优越性在于熊体内不含任何异物，没有因此而引发的炎症和炎性分泌物，手术后感染化脓较少，并且可大大延长采胆熊的使用年限。如果不仔细观察，基本无法辨认有关熊体是否实施过引流手术，其缺点是产量较低。

(三)胆汁的采集、加工与保存

1.采集

(1)采胆器具　包括小型仪器车、大方盘(用来浸泡和消毒采胆器具)、浸泡桶、酒精棉、引流导管(使用前后都要进行浸泡消毒)、胆汁收集装置(灭菌后的小瓶子)、镊子、无菌注射器(20 mL,50 mL)、蒸馏水(或生理盐水)等。

(2)采集人员具备的条件　①无菌观念。采胆前用酒精消毒双手和熊的皮外口。严禁触碰没有消毒的物品,如有需要,可由采胆助手协助传递。采胆完成后用过的引流导管、镊子、止血钳、手术剪等洗净后放在方盘里浸泡消毒。②爱护动物。对熊要有耐心,有爱心,采集胆汁时动作迅速、轻柔,反应敏捷。③了解每只熊的脾气秉性和饮食习惯,准确掌握每只熊的引流道位置和插管深度等。④插入引流导管的动作要轻,严禁粗暴野蛮的硬性操作。

(3)胆汁的采集时间、次数及与胆汁产量的关系　饲喂前容易引起熊的条件反射,胆汁便随着胆囊收缩力的增强流入十二指肠。因此,在饲喂前进行胆汁的采集,可提高胆汁的产量。

采集胆汁时,将引流导管对准黑熊身体上的活体取胆道的引流口,经引流道插入于胆囊内,因重力作用,胆汁会自然流入接胆瓶内,待胆汁流净后拔出引流导管,将采集的胆汁倒入储胆瓶内,每天早上和下午(通常在早 8 时和晚 16 时)饲喂前各采集 1 次胆汁。

胆汁的产量与胆汁的采集速度有直接关系,因此要加强采胆技术人员的培训,遵循先易后难的原则,不要因为个别难采的熊而耽误整群。另外,季节因素对熊胆汁的产量影响也较大,一般 3—5 月份胆汁产量最低,9—10 月份最高。

2.加工

要及时将采集的胆汁加工成干品。可采用热风干燥、冷冻干燥、微波干燥工艺进行加工。热风干燥温度一般控制在 45～48℃。其中利用微波真空干燥技术来进行熊胆汁的灭菌和干燥是最有效的方法,此法能保持熊胆粉原有的色、香、味及有效成分,比冷冻干燥周期短,干燥的同时即可灭菌,减少了灭菌的工序,操作简单(表 2-20)。

表 2-20　不同干燥方法熊胆粉有效成分含量及干燥周期对比

项目	热风干燥	冷冻干燥	微波干燥
TUDCA/%	26.7	27.2	27.1
水分/%	2.0	2.5	2.8
干燥时间/h	68	36	2

(摘自:朴凤花等,2008)

据李松雄等报道,熊胆汁的干粉率(干燥后熊胆粉量和干燥前胆汁量之比)黑熊日平均值为 7.56%,极显著高于棕熊的 3.72%。

3.保存

烘干的熊胆粉应放于双层、质地好的塑料袋内,排出空气,封口,每袋装 500～1 000 g,将其放入固定的干燥器中。干燥器中事先应放适量的变色硅胶以吸潮,并用凡士林封盖,再将干燥器放于避光干燥处。或密封贮存在棕色瓶中。

(四)熊胆的真伪鉴别

由于熊胆价格昂贵,用猪胆、牛胆、羊胆代替的假冒产品也随之产生,故鉴别熊胆至关重要。参见表 2-21。

表 2-21　熊胆真伪鉴别比较

项目	黑、棕熊胆	猪、牛、羊胆
外观特征	长扁平状卵形，下部膨大呈囊状，大小不一，囊皮较薄，胆仁呈金黄色或墨绿色，略有光泽	囊皮较厚，胆仁棕褐色
气味	其鲜品都有狗腥气味	猪、牛、羊胆无狗腥气味
火烧	取熊胆粉末少许，置铁皮上，以火烧之不炽灼，只起白泡而无明显腥气	猪、牛、羊胆仁烧后起白泡，有明显腥气，并散发出烧骨胶的焦臭气
水检	取清水一杯，投放米粒大的熊胆一小粒于水面，可见其迅速旋转溶解，其色素下沉杯底而不扩散	牛、羊胆溶解较慢，色素较少，尚有类白色絮状不溶物；猪胆溶解比牛、羊胆快，但比熊胆慢；溶出色素比牛羊胆多，但比熊胆少，其不溶物比牛羊胆少，比熊胆多
口尝	味苦回甜，并有清凉而持久的钻舌感，放小颗粒于口内，很快就完全溶化，清凉窜喉，嚼之不粘牙	苦腥而无清香味，也没有回甜、清凉、窜喉、粘舌感，仅有腥臭味
荧光	取熊胆细粉，在紫外灯下观察，显黄白色荧光	粉末在紫外灯下观察，显棕黄色或淡蓝色荧光

（摘自：孙森等，1995）

第四节　人工培植牛黄

牛黄是一种名贵稀缺药材，为牛科动物（主要是黄牛）的胆囊、胆管、肝管中的结石。其性凉，味甘，归心、肝经，具有清热、解毒、清心、祛痰、熄风、开窍、凉肝、定惊之功效。适用于高热、昏迷、惊痫、抽搐、中风、癫厥等症，是安宫牛黄丸、紫雪丹、牛黄清心丸、再造丸、六神丸等名贵中药的重要原料。对化脓性脑炎、中毒性脑病具有特殊的疗效，近年来还有报道它具有抗癌的功能，因此更为人们所重视。天然牛黄来源于个别病牛体，产量甚微，只有 0.2%左右，在历史上就难以满足需求，所以一直被列为紧缺药材。因而市场供应紧张，价格高于黄金。因此采用牛胆囊人工引入异物培植牛黄技术应运而生，并逐渐成熟，经药物鉴定和临床应用显示质量、效果与天然牛黄相同，扩大了牛黄的药源。

一、牛黄的种类

目前我国市场有 3 种牛黄，分别为天然牛黄、人造牛黄、人工培植牛黄。

（一）天然牛黄

天然牛黄其实也并非天然，是一种病理产物，往往是在被屠宰过程中偶然被发现所获得，习惯上称为天然牛黄，天然牛黄由进口和国产供给。根据产生的部位不同，由胆囊产生的牛黄为胆黄，由胆管产生的牛黄为管黄，由肝管产生的牛黄为肝黄。

（二）人造牛黄

由于中医药对天然牛黄的需求量极大，供需矛盾非常突出，为解决这一矛盾，20 世纪 50 年代由天津等地厂家研制成功并生产人造牛黄，70 年代初制定了统一配方和主要原料的质量标准，多为粉末状，也有颗粒状者；呈棕黄或褐黄色，味苦而甘，微腥，无清凉感，亦可“挂甲”。

主要成分是胆红素、胆固醇、胆酸、猪去氧胆酸、无机盐等。生产方式主要是将胆红素溶于有机溶剂（如氯仿）中，再加入胆酸、胆固醇、无机盐等真空干燥，而后加入猪去氧胆酸，研磨过筛即得。人工合成牛黄同天然牛黄相比，化学结构大体相似，化学成分略有差异，具有天然牛黄相似功能，虽可药用，但效果与天然牛黄有差异，且多有副作用。

(三)人工培植牛黄

人工培植牛黄是以外科手术在健康牛的胆囊内植入致黄因子，通过机体复杂作用而形成。此项技术在广东海康县于1975年初步取得成功，并逐步完善，于1985年以后进行全国推广，河北、河南、山西、山东、内蒙古、新疆等十几个省(区)开展这项工作，取得了良好的效果。人工培植牛黄是在与天然牛黄具有相同的生理生化条件下形成的，所以其理化特性、性味、色泽、药效成分含量等均与天然牛黄无明显差异，产品质量与天然牛黄基本相同。它的形态取决于牛黄床的构型，并根据培育期的长短而形成不同厚度的牛黄层。其色泽为金黄色、橙黄或棕黄色，也有黄中带白的杂色。质轻易碎，较细腻，味先苦后甘，不粘牙，有明显的清香凉感，可“挂甲”，并呈现胆红素、胆固醇、胆酸等特有的颜色反应。由于人培牛黄所接种的牛黄菌种为非致病性大肠杆菌或条件致病菌，且植入的核心弹性好、体积小，无毒无刺激性，因而对被植牛体无不良影响，可以继续使役和繁殖。牛体植黄手术所需设备简单，手术简便，费用低廉，易于推广，一般有2～3名兽医即可施行手术，每次手术仅需30 min左右。所以人工培植牛黄在缓解牛黄市场需求方面起着重要作用，同时也为广大养牛者提高经济效益开辟了门路。

二、人工培植牛黄手术方法

(一)牛黄生成的机理

据资料报道，天然牛黄的成分为：胆红素72%～76.5%，胆汁酸4.3%～6.1%，胆酸0.8%～1.8%，脱氧胆酸3.33%～4.3%，胆汁酸盐3.3%～3.96%，总胆固醇2.5%～4.3%，此外还有脂肪酸、卵磷脂、钙、钠、镁等离子。胆汁的成分为：在1 000 mL胆汁中胆固醇含3.7%，胆汁酸60 g(其中胆酸44 g，脱氧胆酸8.1 g，鹅脱氧胆酸1.2 g)，胆色素1.7 g，脂肪酸3.8 g等。牛黄的生成是一个极其复杂的动物病理过程，是多种因素相互作用、有机结合的结果。在正常的状况下，胆汁中的胆固醇、胆酸、卵磷脂三者的比例在小于1∶16的情况下，胆固醇呈溶解状态，当三者比例失调时，胆固醇从胆汁中析出，并与钙结合生成不溶性的胆固醇钙而沉积，即为胆结石。由此可见，胆固醇与牛体人工种植牛黄生成机理及种植技术、胆汁酸的代谢与牛黄生成有着密切的关系。

人工培植牛黄就是人为地将细菌注入胆囊内的过程，并发现引起胆囊炎的细菌主要是大肠杆菌(占70%)，其次是葡萄球菌、链球菌等。细菌能产生大量β-葡萄糖醛酸酶，能使原来结合状态的胆红素-葡萄糖醛酸酯分解成为葡萄糖醛酸和游离的胆红素，原来胆汁的理化状态被破坏，大量的游离胆红素与钙结合生成胆红素钙，即为胆结石。

(二)动物准备

用来培植牛黄的牛，主要是黄牛，公母均可，失去种用和役用的牛也可以。但因牛黄的生长周期较长，种植牛黄的牛饲养年限应能继续保持在2年以上，至少也应在12个月以上。在选择供体牛时，应优先利用老龄牛或利用价值不大的牛，降低成本。通常选择健康、年龄在3～12岁的牛，最适年龄为10～12岁的牛。年龄过小，处于生长发育阶段，抵抗力很强，不易长黄；年龄太大，其抗逆性差，易自然死亡。术前需全面检查准备培黄牛的消化、心脏及呼吸系统。不能选用已妊娠4个月以上、分娩不足1个月的母牛和患有传染病、严重的寄生虫病、内科病的牛。术前应禁食24 h,以降低腹内压,胆囊充盈,有利于手术的进行,但饮水不限。施术前应将牛体打扫干净,喷洒3%来苏儿或0.1%新洁尔灭消毒。术部被毛先用毛剪剪短,再用温水、肥皂水洗净,用剃毛刀剃光术部,剃毛面积以20 cm×10 cm为宜。

也可用脱毛剂将术部被毛脱光,脱毛剂的配方及使用方法如下:

方法一:硫化钠10 g,蒸馏水100 mL,混合制成溶液。用于密毛部位的脱毛。

方法二:硫化钠8 g,蒸馏水100 mL,甘油15 mL,混合制成水溶液,用于皮肤较薄的部位和稀毛部位的脱毛。用大棉球蘸上脱毛剂,在脱毛部位涂上一薄层脱毛剂,经3～5 min,被毛呈糊状,用纱布擦掉,清水洗净。使用脱毛剂脱毛,速度快,彻底干净,皮肤光亮,不破坏毛囊,不影响创口愈合;其缺点是有臭味,个别牛可引起过敏性皮炎。如果采用脱毛剂脱毛,应在术前半天为好,术前将脱了毛的皮肤再用0.1%新洁尔灭溶液充分刷洗、擦干,或用3%来苏儿溶液消毒,再用5%碘酒消毒,70%酒精脱碘,待干后进行手术。

(三)物品准备

1.手术场地

选择清洁、明亮、安静的室内。

2.手术器械

剃毛刀2把,毛剪2把,手术刀柄3～4把,刀片2包,指甲刀2个,创巾钳6～8把,外科剪尖头、圆头、弯剪各2把,剪线剪2把,拉勾2对,组织钳2把,普通手术镊2～4把,止血钳直头、半弯各4把,鼠齿镊子2把,舌钳2把,握式持针器2把,肠钳4把,中号圆全弯针和半弯针及大号半弯三棱针各3枚,直针4枚,缝线4号、7号、10号、18号各1轴,一次性注射器:20 mL、50 mL、100 mL各3只,针头18号、16号、12号各6个,白瓷盘5个。

3.常用敷料

创巾60 cm×60 cm 2块,40 cm×60 cm纱布4块,45 cm×45 cm纱布6块,10 cm×10 cm×6 cm的海绵2块,毛巾4块。

4.常用药品

保定宁注射液,2%～3%普鲁卡因、5%碘酊棉球、0.5%普鲁卡因、10%安钠咖注射液、生理盐水、70%酒精棉球、青霉素、链霉素、防粘油(或灭菌石蜡油)、防蝇油(或生菜籽油)、火棉胶(或用漆片饱和液)、5%来苏儿等。

5.常用物品

手术人员衣帽、口罩、乳胶手套、毛刷2个、长筒胶靴、脸盆4个、肥皂2块。保定用绳:横卧保定需要5 m长大绳2根、3 m长小绳2根、2.5 m长的椽子1根、60 cm长以上的铁棒2根,站立保定时还需要有四、六柱栏或二柱栏等。

6.专用药品

牛黄菌种、牛黄床(核心)。

7.其他用品

如需做电针麻醉的,还需准备兽用针麻仪、电麻针、电池。常规消毒用具、高压锅、煮沸灭菌器、洗手桶。以上物品在手术前进行消毒灭菌,一般手术器械可用0.1%新洁尔灭浸泡30～40 min,手术衣帽、口罩、各种敷料可采用高压蒸汽灭菌。

(四)手术方法

1.保定

采用保定宁麻醉剂对施术牛进行化学方法麻醉，并采取左侧倒卧或站立保定。保定宁用量肌注为每千克体重 0.4、0.8 mL，静注剂量减半。

2.手术部位

在右侧肩关节和髋关节分别引一平行线交于第十或第十一肋间隙(倒数第三或第二肋间隙)，这两交点连线的中点，为胆囊的体表投影点。但是，该点处于膈肌的附着线之内，为了避免损伤膈肌而造成气胸，因此可采用[1] 通过肩关节作背线的平行线，与第 10 肋间隙相交，交点为切口的中点，上、下切 5～8 cm。在右侧肩关节和髋关节之间引一连线与第 10 与 11(公牛)、9 与 10(母牛)肋间隙相交。如取站立保定施术时，此交点为切口的上 1/3 与中 1/3 之中点；如取横卧保定时，此交点为切口之低点。

3.施术方法

(1)切开腹壁　在所定术部切开皮肤 8～10 cm，钝性分离或锐性切开肋间外肌和肋间内肌，此时可见到间隔膜。剪开间隔膜，然后用止血钳提起腹膜，并剪一小口，在手指或有沟探针的引导下，用直剪剪开 6～7 cm 的口，注意不要伤及肠管，并用压肠板轻压切口处，防止肠管脱出。

(2)找出胆囊　如果切口位置准确，多数胆囊能自行脱出，否则可用手指或压肠板将肠管向后推，然后再寻找。找到后用手指或肠钳夹持轻轻拉至切口外。胆囊壁的色较淡，表面有树枝状血管分枝，手摸有波动感，以此与其他脏器(胃、肠)相区别。也可用注射器抽出淡黄色或淡绿色的胆汁为准。

(3)切开胆囊及植入核心　用肠钳(或止血钳)夹起胆囊，避开较大的血管，一刀切透胆囊壁全层，切口长 2～3 cm，以能将核心物植入为度。注意在切开胆囊之前，如胆囊内充满胆汁，可用注射器抽出一部分，并用灭菌生理盐水纱布将胆囊与腹壁切口隔开，以免胆汁污染切口和流入腹腔。胆囊切开后，将核心物植入胆囊内，核的开口端朝向胆囊管，并将大肠杆菌液注入网架内，剂量 1.5～2 mL。

(4)胆囊缝合　胆囊作两次缝合，第一次为全层连续缝合，第二次为浆膜肌层水平内翻或垂直内翻缝合，之后用 1%新洁尔灭溶液清洗创口，并涂以灭菌中性油或鱼石脂软膏、抗生素软膏，以防止胆囊与腹壁粘连。

(5)闭合腹腔　依次缝合腹膜、肌肉及皮肤。腹膜作连续缝合，肌肉作间断或连续缝合，皮肤作结节缝合。腹腔创口合拢以前，应撒入一些抗生素，如青霉素粉末等。缝合完毕后，整理皮肤创缘，涂以火棉胶或敷无菌纱布以保护创口。

(6)术后护理　不需特殊护理，对手术后当天的牛要禁食一次，并适当驱赶运动。手术后 8～10 d 拆线。

取黄手术与植核手术基本一致，只是原来手术部位由于结缔组织增生形成瘢痕组织，相应增加了手术的难度，胆囊不易拉出，故手术应更为细心认真。一般取黄和二次植核同时进行。取黄时间一般认为植核后 2、3 年为好。

(五)影响产黄率的因素

影响牛黄产量的因素很多，通常认为有以下几个方面：

1.牛的年龄和生理状态

牛的年龄越大，生成牛黄的速度亦相应加快。因此，要尽量选择老龄牛做培黄手术，患有某些消化系统疾病、体弱、较瘦甚至出现异嗜的牛，进行人工培植牛黄均可获得满意的效果。有些牛在植黄手术时就发现其有黄。自然草场放牧的肉牛，也可培植牛黄。对老弱的牛，要避免在寒冷季节做手术，以防死亡。

2.手术质量

在手术埋核过程中，发生胆囊颈的损伤，或埋入别的异物进入胆管，可造成胆囊颈的重度炎症。凡是可损伤胆囊颈的原因，均能引起胆管闭锁，胆汁不能进入胆囊，形不成胆黄，即便形成一点管黄或肝黄，其量也甚微，并有造成疾病的危险。因此在胆囊切开埋核手术中，动作要轻，对胆囊不可强拉硬扯，切口部位要准确，保定麻醉要确定，手术操作要熟练，确保手术质量，防止胆囊闭锁的后遗症，这是衡量手术是否成功的关键。

3.菌种的影响

在人工培植牛黄的手术中，向胆囊内埋入异物和接种大肠杆菌要同时进行。这是能否形成牛黄的关键。如果只埋核而不接种大肠杆菌(除二次埋核手术外)，生成牛黄的可能性极小，如果使用未经驯化或保存不当的大肠杆菌，注入胆囊的大肠杆菌不能适应胆汁的碱性环境，或注入的大肠杆菌本身就是死的，则不能成黄或生黄速度太慢。

4.核心的大小与质量

对植入的牛黄核心依牛体大小不同而异，一般以 2～4 cm 为宜，太小了可随胆汁排走，形不成牛黄核，太大了又阻塞胆道，造成不良后果。选择核心时，要求弹性好，使其埋入胆囊后不会因腹压而凹陷。一般应在核心网架外面固定一层白布或白的确良布，多打几个皱褶，使核心有一个粗糙面，以使胆汁附着，容易生成牛黄。

5.育黄时间

以天然草场放牧为主的淘汰菜牛做人工培黄时，一般在当年的 6～9 月实施胆囊切开埋核术，第二年秋季屠宰时可取黄；以舍饲为主的农区、半农半牧区，除冬季外，均可作埋核术，育黄时间以 1～3 年为宜。

6.手术牛抗菌药物和磺胺类药物的使用

对术牛全身使用抗生素或磺胺类药物均会降低生黄率，做胆囊切开埋核手术要尽量避免使用这类药物。一般可使用只作用于 G^+ 菌的抗生素如青霉素 G 钾，术后一周内禁止全身使用大剂量的广谱抗生素和作用于 G^- 菌的药物及磺胺类药物。否则会降低生黄率。

三、牛黄的加工与贮藏

一般处理方法是在牛黄取出后，用吸水纸或卫生纸吸去水分，除去表面的黏液、血液和胆汁，然后进行烘干。烘干的温度控制在 70～80℃，最好在低温真空干燥箱内晾干。农村无设备条件的地方，可将牛黄用单层卫生纸包好，挂在凉爽通风的地方，防止发霉，避免日晒，任其自然干燥。

经培育 2 年左右的牛黄产量 8～15 g，当手术取出牛黄床后，可见有金黄、橙黄、褐黄色的沉积物附着在牛黄床内外，此即为牛黄。这种人为培育的牛黄，其层次不厚，含水较多，牛黄取出后要及时处理，否则胆红素在空气中氧化变成黑褐色的胆绿素而影响质量。从胆囊、肝管及胆管等取出牛黄后，应立即滤去胆汁(迟则被胆汁浸润而变黑)。然后去净附着的薄膜，用灯心草或通草丝包上，外面再包以白布或毛边纸，置于阴凉干燥处阴干。干燥时，切忌风吹、日晒、火烤，以防变质（破裂或变色）。

1. 吸水去污

用卫生纸、通草、灯心草或其他吸水纸等揩去表面的胆汁、黏液和血污等，动作要轻捷，以防牛黄被擦掉，再把吸水纸塞进牛黄床内，吸净腔内胆汁和黏液，吸水后牛黄床外包卫生纸放于玻璃器皿上待干燥处理。

2. 干燥收藏

有条件的地方建议选用冷冻干燥器进行干燥。也可用烘干箱烘干，一般以 30～40℃为宜，不要超过 60℃，温度过低干得慢，温度过高容易皮干内湿，表面易脱落。如果超过 80℃，牛黄的有些有效成分就会被破坏。然后将干燥后的牛黄装入棕色广口瓶内或塑料袋内，或在干燥容器中密封，避光保存，最好放入防潮剂，以免发霉。

3. 牛黄的贮藏

牛黄应贮存在干燥容器内，密闭，置阴凉干燥处，遮光，防潮，防压。

第五节　穿山甲养殖

穿山甲隶属于脊索动物门哺乳纲鳞甲目穿山甲科穿山甲属，全球现存 8 种，生活在亚洲（有中国穿山甲、菲律宾穿山甲、印度穿山甲和马来穿山甲 4 种）和非洲（有大穿山甲、树穿山甲、开普穿山甲和长尾穿山甲 4 种）的热带和亚热带的森林、茂密灌丛和开阔的大草原地区。我国产 2 种，即中国穿山甲和印度穿山甲，前者广布长江以南诸省，后者仅分布于云南省局部地区，被列为国家二级保护动物，禁止私人捕杀和食用。

穿山甲血液、鳞片均可入药，鳞片具有清热解毒、通经、下乳功效，主要用于治疗乳糜尿、肺痈、毒蛇毒虫咬伤、输卵管阻塞性不孕症、结节性红斑、子宫肌瘤、皮肤疣、硬皮病、泌尿系结石、小儿疳症、卵巢肿瘤、乳腺增生、前列腺肥大、银屑病、中晚期肝癌、早期肝硬化等症。其血是治疗胃和十二指肠溃疡的特效药。穿山甲肉质鲜美、营养丰富。

穿山甲鳞片的主要化学成分为：氨基酸类包括天冬氨酸、苏氨酸、丝氨酸、谷氨酸、甘氨酸、丙氨酸、胱氨酸、缬氨酸、蛋氨酸、亮氨酸、异亮氨酸、酪氨酸、苯丙氨酸、组氨酸、赖氨酸、精氨酸、脯氨酸等 17 种，为穿山甲的主要成分，占 60％以上；无机物类：锌（Zn）、铜（Cu）、锰（Mn）、钴（Co）、铁（Fe）、钼（Mo）、铅（Pb）、钾（K）、镁（Mg）、钙（Ca）、镍（Ni）、锡（Sn）、硼（B）、钛（Ti）、铬（Cr）、硅（Si）、磷（P）、钒（V）等，其中以钾（K）的含量最高，而人体必需微量元素中以锌（Zn）含量为最高；其他类：挥发油、水溶性生物碱、硬脂酸、胆固醇、二十三酰丁烷、*L*-丝-*L*-酪环二肽和 *D*-丝-*L*-酪环二肽，此外还有两个碳原子数为 26 和 29 的脂肪族酰胺。

一、生物学特性

（一）形态特征

穿山甲体形狭长，全身有鳞甲，四肢粗短，尾扁平而长，背面略隆起。成体身长 50～100 cm，尾长 10～30 cm。体重 1.5～3 kg。不同个体体重和身长差异极大。头呈圆锥状，眼小，吻尖。舌长，无齿。耳不发达。足具 5 趾，并有强爪；前足爪长，尤以中间第 3 爪特长，后足爪较短小。全身鳞甲如瓦状。自额顶部至背、四肢外侧、尾背腹面都有。鳞甲从背脊中央向两侧排列，呈纵列状。鳞片呈黑褐色。鳞有三种形状：背鳞呈阔的菱形，鳞基有纵纹，边缘光滑。纵纹条数不一，随鳞片大小而定。腹侧、前肢近腹部内侧和后肢鳞片成盾状，中央有龙骨状突起，鳞基也有纵纹。尾侧鳞成折合状。鳞片之间杂有硬毛。两颊、眼、耳以及颈腹部、四肢外侧、尾基都生有长的白色和棕黄色稀疏的硬毛。绒毛极少。成体两相邻鳞片基部毛相合，似成束状。雌体有乳头 1 对。

穿山甲是特化物种、视觉基本退化、尤以嗅觉灵敏。穿山甲的肝脏不大，肝解毒功能弱，免疫系统弱，属于单室胃，胃中披着角质膜，胃腺部的黏膜处密布许多呈"S"形的皱襞，借吞食时吞进胃中的小砂石将食物磨碎。穿山甲肠管表面平滑，小肠长(2 253±381.66) mm。

(二)生活习性

穿山甲多在热带及亚热带地区的山麓地带的草丛中或丘陵杂灌丛较潮湿的地方挖穴而居。昼伏夜出，舌细长，能伸缩，带有黏性唾液，觅食时，以灵敏的嗅觉寻找蚁穴，用强健的前肢爪掘开蚁洞，将鼻吻深入洞里，用长舌舐食之。

穿山甲白天多蜷缩于洞内酣睡，无洞不能度日。夜晚外出觅食，一个夜晚常于数个山体中活动，达 5～6 km 之遥。发情期雄兽活动范围更大，常翻山越岭、涉涧渡河甚或窜过大草原、村庄等。冷天较少到远处活动。它常在一定地段内作周期性迁移。据说，每当洞内巢蚁被吃光，穿山甲便将拉在洞内的粪便用泥覆盖，以招引白蚁，然后再来挖食。穿山甲能泅渡大河，游速超过蛇类，即使驮着仔兽泅水，亦不为急流所阻。它也能攀爬斜树，寻蚁时往往循蚁迹上树，以尾绕附树枝，饱食之后有时就在树杈睡觉。但在树上不会下爬，只甩身掉地，随即蜷作一团。步态蹒跚，走平地时背脊隆起，前足掌背外侧着地，后足则为趾行或拖地走路，呈"O"形步伐。上坡时前爪前伸，一步步往上爬，下坡则前爪直向地插，遇草莽就穿钻前进。穿山甲经过的两边草则被压向前倾或粘有泥土，地面多留下后足趾印。雄兽个体较大，一般有 2 个趾痕(5 kg 以上的个体则有 3 个趾痕)，雌兽较小，仅有 1 个趾痕。遇敌时则蜷缩成球状，头被严实地裹在腹前方，并常伸出一前肢作御敌状，此时可以伸手活捉。坚硬的硬壳令猛兽难以咬碎或下咽，穿山甲的外壳是由被称作角蛋白的有机骨骼结构组成，它大约占穿山甲总体重的 20%。当狮子等大型食肉动物试图去咬缩成一团的穿山甲时，穿山甲也会利用肌肉让鳞片进行切割运动，割破敌人的嘴巴，试图吃掉穿山甲的动物会被割成重伤。若在密丛等有躲蔽处遇人，则往往迅速逃走。它善于打洞，前肢挖土，后肢推泥，挖捕时若过分吵扰惊醒它而又不得要领，它即迅速遁土而去，故称"穿山甲"。

穿山甲的食量很大，一只成年穿山甲的胃，最多可以容纳 500 g 白蚁。据科学家观察，在 250 亩林地中，只要有一只成年穿山甲，白蚁就不会对森林造成危害，可见穿山甲在保护森林、堤坝，维护生态平衡、人类健康等方面都有很大的作用。

穿山甲平时独居于洞穴之中，只有繁殖期才成对生活。与洞穴生活相适应，穿山甲有爱清洁的习性，每次大便前，先在洞口的外边 1～2 m 的地方用前爪挖一个 5～10 cm 深的坑，将粪便排入坑中以后，再用松土覆盖。洞穴的结构也很有讲究，常常随着季节和食物的变化而不同，一般有两种主要形式：一种是夏天住的，叫作夏洞，建在通风凉爽，地势较高的山坡上，以免灌进雨水，洞内隧道较短，为 30 cm 左右，里面结构比较简单；另一种是冬天住的，叫作冬洞，筑于背风向阳，地势较低的地方，距地面垂直高度有 4 m 多，洞内结构比较复杂，隧道弯弯曲曲，形似葫芦，每隔一段距离还有一道用土堆起的土墙，长度可达 10 余米，还经过 2、3 个白蚁的巢，成为其冬季的"粮仓"，洞的尽头有一个较为宽敞的凹穴，里面铺垫着细软的杂草，用以保暖，是其越冬期的“卧室”，也用作“育婴室”。

(三)繁殖习性

穿山甲是胎生动物，其发情交配时间以4～5月为主，发情期雌雄同居，交配后便分开，分娩期为12月至翌年1月。妊娠期5～6个月左右，雄性穿山甲发情持续时间较长，雄性发情期一直发情，不呈现周期性；雌性发情期有2～5个发情周期，发情周期12～25 d。雌性受孕后不再发情。雄性发情期到处寻找雌性，发情交配期雌雄同居，交配后分开。穿山甲每年1胎，在人工饲养条件下，2年时间可产3胎。初生仔穿山甲体重为90～130 g，闭眼，无鳞，色浅白色，半月龄开眼；1个月以后增重200～500 g，鳞片渐次角化，多为黑褐色；2个月后可随母穿山甲外出觅食；外出时，幼兽伏于母兽背尾部。以蚂蚁和白蚁为食，也食昆虫的幼虫等。6个月仔兽体重可达1 500～2 000 g，可离开母兽独立生活。

母性强，在幼仔尚不能远走期间，母兽外出后每天仍回原洞。在新的一窝出生后，雌兽仍不弃前窝的仔兽，总是将其驮往一个洞中继续哺育。

二、人工养殖

(一)饲养场的建造

饲养场地按每对穿山甲10 m^2左右设计。建造饲养场宜选择在阴凉、潮湿、无砂石的地方。修建时要先挖出表土，直至硬底层为止。再用沙灰浆砌石块或红砖铺地，用水泥浆抹面，并在四周筑起2 m高的封闭式“7”字形围墙。内墙用水泥浆抹面，使其光滑，以防穿山甲越墙逃走。最后将挖出的表土放回场地，筑成假山。在假山上种植树木、花果、杂草，以创造阴凉环境。新建的养殖场，在树木还未茂盛之时，也可搭简易遮阴棚来遮阴。树枝、树桩不能靠近围墙，以防穿山甲爬墙外逃。并在假山旁设置小水池，供穿山甲饮水、栖息及繁殖。

(二)投食饵料

穿山甲性情温顺、食量少，每天傍晚喂食1次即可。饲料以动物性的肉、鱼、虾类以及其他小昆虫为主，还可喂些米饭。也可在假山上人工繁殖蚁类或灯光诱集蛾类等昆虫给穿山甲吃。

野生穿山甲在自然界中以白蚁为食，人工养殖难以满足其对饲料的要求。若养殖数量较少，可采用野外诱蚁的办法来解决饲料问题；若引进的数量较多，可试喂配合饲料，经过7～10 d的饲喂，即会随着食性的慢慢改变而逐渐适应。若出现刚引进的穿山甲拒食，可灌服营养液(用葡萄糖3 g，水解蛋白1.5 g，复合维生素5 g，加冷开水8～10 mL溶解而成)，体重2 kg左右的穿山甲1 d用量8 mL，分早晚两次灌服。待其开始觅食后，可先喂鱼糜或黄粉虫匀浆，然后再过渡到喂配合料。

参考配合饲料：①淡鱼粉40%，熟鸡蛋5%，黄粉虫10%，牛肉末10%，面包30%，苹果末5%，另加复合多种维生素0.02%；②蚕蛹粉30%，牛肉末15%，熟鸡蛋5%，奶粉5%，黄粉虫10%，米饭15%，面包15%，酵母粉1%，青菜4%，另加多种维生素0.02%，生长素0.03%。将上述配方之一的原料备齐后，共研为末，加水调成糊状饲喂。投料量为体重的3%，每天下午按时喂1次，1个月后，穿山甲会形成条件反射。

饲养穿山甲要做到勤观察，饲料要现配现喂，喂料做到少量多次，每天更换池水后加满。为补充天然食料，可在假山上安装黑光灯或投放猪血、猪肝等引诱蚂蚁等昆虫，供穿山甲食用。在寒冬，还应在假山上放置一定数量的内垫干草的木箱，供不愿进假山洞穴的穿山甲居住。

(三)繁殖

穿山甲一年四季皆可繁殖,但以春、夏两季最盛,尤其是夏季。一只雌的穿山甲年产仔最少2胎,每胎1～2只。哺乳期间仍然可以受孕。穿山甲的配偶一般是一公配多母。人工饲养时,以1公配3～4母为宜。穿山甲的雌雄鉴别方法是雌性胸部有2对乳头,雄性则无乳头。穿山甲雌雄交配3～4个月后,多半在初春或仲秋产仔。初生的幼仔体呈白色、无鳞,靠母乳养育,自卫能力差,应禁止爬出洞外。幼仔一月龄时,身上的鳞片渐渐变为黑褐色。体重约200 g时,可随母穿山甲外出觅食。半年后,幼仔体重可达2 kg以上,开始独立生活。饲养1年后的穿山甲即可出售。

三、捕捉和产品加工

(一)捕捉方法

全年均可捕捉。将成年穿山甲捕杀后,去净肉、骨和内脏,剥下整张皮甲放入铝锅中,加清水和食碱(每千克皮甲加水5～7 L,食用碱量为皮甲的0.2%)煮沸至皮甲完全脱离时停止加热,用清水洗净,选出甲片晒干,即为山甲片。山甲片呈扇面形、三角形、菱形或盾形的扁平片状或半折合状,中间较厚,边缘较薄,大小不一;外表面黑褐色或黄褐色,有光泽,宽端有数十条排列整齐的纵纹及数条横线纹,窄端光滑;内表面色较浅,中部有1条明显突起的弓形横向棱线,其下方有数条与棱线相平行的细纹;角质半透明,坚韧而有弹性,不易折断;气微腥,味淡。

(二)加工方法

先将穿山甲的头击昏,倒吊起来。割舌头取血,剖腹,剥下皮,去净残肉,就是甲张。将带有鳞片的甲张放入开水中,鳞片会自行脱落,晒干即成甲片。或将甲张放入石灰水中,烂去皮肉,用清水洗净,晒干后就成中药材的甲片。甲片用竹篓装,贮放于干燥通风处。

(三)炮制方法

1. 醋山甲

首先按鳞片大小分开,将细沙置锅内加热至滑利、容易翻动时,再倒入鳞片与沙同炒,炒至鳞片发泡鼓起,边缘向内卷曲,表面呈金黄色时即可取出,筛掉沙土,趁热放入醋中搅拌均匀,然后取出晒干即成炮制的中药材"甲珠",也叫"醋山甲"。用时捣碎入药。

2. 沙烫或恒温电烘箱烤制

沙烫穿山甲的沙温以200～220℃为宜,低于200℃则穿山甲不发泡卷曲,高于220℃则易焦化。由于温度很难控制,有条件的可用恒温电烘箱烤制,方法是:取穿山甲除去杂质,按大小分开,分别放入搪瓷盘中,置于烘箱内保持恒温200～220℃,烘烤3～4 min,穿山甲即全部发泡卷曲,呈金黄色,此时需迅速取出,放凉,备用。烘法炮制的好处:一是可提高功效。沙烫穿山甲每锅只能炒制100 g左右,药量多时不易翻炒,药物受热不均匀,常有部分药物焦化,部分不发泡卷曲,出现"夹生片"。用烘法炮制,每个搪瓷盘可盛药物100 g左右,烘箱内1次可放入10～20个搪瓷盘,可提高功效10多倍;二是可提高饮片质量。沙烫时火力不易掌握,影响饮片质量,烘法炮制的温度和烘烤时间容易控制,使药料受热均匀。

(四)性状鉴别

穿山甲片因生长的部位不同,其形状大小也不一致,一般是三角形、扇面形、菱形或盾形。背面有纵纹,表面棕黑色或灰棕色、腹面色淡、角质,有些透明,坚硬有弹性。微腥、味咸,以片匀、色青黑、无腥气、不带皮肉者为佳。

复习题

1. 中国养殖麝主要有哪几种？各自有哪些生物学特性？
2. 叙述麝的生活习性及栖息地特点。
3. 阐述麝的繁殖生理特点，人工养殖一般采取的配种技术。
4. 麝常用饲料有哪些？各阶段饲养管理有何特点？
5. 叙述麝香囊的形态结构特点及麝的泌香规律。
6. 麝香的化学成分主要包括哪些物质？
7. 麝香采收以及粗加工一般采取什么方法？
8. 我国主要饲养的鹿类有哪些？
9. 鹿的经济价值是什么？
10. 梅花鹿的生茸规律怎样？
11. 圈养梅花鹿的配种方式是什么？
12. 如何采收鹿茸？
13. 鹿茸的加工方法有哪些？
14. 熊的生活习性有哪些？
15. 熊的繁殖生理特点有哪些？
16. 熊常用的饲料有哪些？
17. 怎样饲养管理取胆汁熊？
18. 熊胆的主要成分有哪些？
19. 牛黄形成的机理是什么？
20. 人工培植牛黄采用什么方法？
21. 牛黄的加工与贮存的方式有哪些？
22. 牛黄的分类是什么？
23. 试述穿山甲的生物学分类地位。
24. 简述穿山甲鳞片的主要化学成分。
25. 试述穿山甲片的炮制方法。

第三章

药用鸟类养殖

第一节　乌骨鸡养殖

乌骨鸡为我国特有的古老的鸡种之一，是我国畜禽基因库中具有特殊经济价值的珍禽，由于其形态美观轻盈，肉质纤细肥美，并具有广泛药用价值而驰名中外，是我国特有的集药用价值、肉用价值和观赏价值于一身的珍禽。

一、乌骨鸡的起源、类型与用途

(一)乌骨鸡的起源

对于乌骨鸡的起源，说法不一，长期以来存在着“一元论”与“多元论”两种观点。持“一元论”者认为乌骨鸡起源于江西省泰和县武山脚下，故称“泰和鸡”或“武山鸡”，各地乌骨鸡均从这里扩散而来。持“多元论”者则认为我国乌骨鸡起源于多处，除江西泰和外，浙江江山地区，云南昭通地区、陕西略阳地区、湖南雪峰山区都有乌骨鸡分布，形态上又各有不同，当地民间均作药用，且种群形成历史悠久。

(二)乌骨鸡的类型

我国的乌骨鸡从形态上划分可基本上分为三个类型：白丝羽型、白扁羽型和黑扁羽型。这三种类型各有其发生、发展的历史，地方志中均有记述；在当地均用作药用。新中国成立以来，各地均有专门的系统调查，做出总结。根据各地资料归纳成表 3-1。

(三)乌骨鸡的用途

乌骨鸡肉含有组成人体蛋白质所需的 20 种氨基酸，其中的 8 种人体必需氨基酸含量均高于其他鸡种，微量元素钙、钠、钾、铁、铜、锌、锰、维生素等含量也十分丰富，而且乌骨鸡肉中含有独特的黑色素，对人体有特殊的滋补作用，是营养价值极高的滋补品。食用乌鸡，可提高生理机能、延缓衰老、强筋健骨、对防治骨质疏松、佝偻病、妇女缺铁性贫血症等有明显功效。

也许正是由于乌鸡体内氨基酸、微量元素优良的种类和较高的含量以及较其他鸡种独有的黑色素，才使得乌鸡在中医上倍受推崇：“乌鸡性甘、辛、热、无毒，是一种补虚弱、治劳损、滋阴、壮阳之珍品；对妇科病疗效显著，具有补肝肾、益气养血、退虚热之功效；此外，还可治疗崩漏、带下、遗精、久痢、骨折等疾患”。

表 3-1　乌骨鸡三个基本类型的划分

顺序	类型	形态特征	基础群数量/万只	发生中心及扩散地区	考证依据	药用情况
Ⅰ	白丝羽型	“十全”：缨头、绿耳、紫复冠、毛髯、白丝羽、五趾、毛腿、乌皮、乌骨、乌肉	20	发生中心为江西省吉安地区泰和县，扩散到东北、华北、华东、华南、西北各地区	1.《泰和县志》 2.《本草纲目》 3.《寿世保元》	全国各地普遍应用
Ⅱ	白扁羽型	“三乌一白”：乌皮、乌骨、乌肉、白色扁羽（单冠、四趾、无毛腿）	10	发生中心为浙江省金华地区江山县，扩散到江苏、福建、湖北、河南、广西各省、区	1.《江山县志》 2.《太平御览》 3. 浙江省金华地区出土文物《天鸡壶》	浙江、福建、江苏、广西、河南各省民间及药厂应用。
Ⅲ	黑扁羽型	“四乌”：乌皮、乌骨、乌肉、黑色扁羽（乌舌、乌胫、乌喙）	5	发生中心为云南，散布在西南地区各省	1.《本草纲目》 2. 云南省禽类普查资料 3. 川南地区乌骨鸡生产性能考察报告	多为西南地区民间应用

从清乾隆时期即定为贡鸡，供宫廷食用。现在，港澳地区及东南亚华侨也都喜食乌骨鸡，每年出口量很大。

乌骨鸡更重要的价值是药用，它是中成药“乌鸡白凤丸”的重要原料。对人体“滋养补中”，是治疗妇科疾病的良药。乌鸡入药，在唐、宋时期即有记载，到明末即成为宫廷秘方《白凤丹》的主要成分，载于《寿世宝元》一书中。随着人民生活水平的提高，对乌鸡的需要量日渐增多，全国已有 10 多个省（市、区）建有乌鸡场。除制中成药外，乌鸡精，乌鸡补酒、补膏、乌鸡罐头、乌鸡粥等各种商品均已出现。乌鸡的医疗功能范围也不断扩大，并受到国际上重视。

二、乌骨鸡的生物学特性

（一）分类地位

乌骨鸡（*Gallus gallus domesticus Brisson*），属脊索动物门（Chordata）脊椎动物亚门（Vertebrata）鸟纲（Aves）鸡形目（Galliformes）雉科（Phasianidae）原鸡属（*Gallus*），原鸡种（*Gallus gallus*）。

各种家鸡，包括乌鸡在内，均列属于一个种，即原鸡种（Gallus gallus）。原鸡多认为起源于印度，也有人认为我国也是原鸡的发源地之一。世界上所有的家鸡品种都是由原鸡育成。在人工饲养条件下，由于生活条件的改变和人类有目的地进行选择和培育，经过长期驯养，逐渐形成了目前的许多家鸡品种。有蛋用型、肉用型和蛋肉兼用型。乌鸡属于肉用型品种并有药用价值。

（二）形态特征（图 3-1）

乌骨鸡体型小，雄性成鸡体重不超过 2 kg，雌性体重在 1～1.5 kg 以下。头小颈短，眼黑色。冠小而翅短，飞翔能力弱。全身被均匀一致的白色羽毛，除两翅羽毛外，均呈绢丝状，腿短而呈黑色，毛多而密，后趾呈分叉状，皮肤、骨膜皆呈黑色，鸡肉乌褐色，下颌及两颊生有细而短的许多羽毛，冠后长有缨状羽毛丛，头两侧各有一个绿色耳绛，因此它又是美丽的观赏禽类，以“十美”特征而闻名，即缨头，绿耳，紫冠，胡须，丝毛，五趾，毛腿，乌皮，乌骨和乌肉，使其外貌与其他鸡类可明显区分。

图 3-1　乌骨鸡

(1)缨头　头顶上有一撮细毛，形成一个毛冠，长可及眼，母鸡比公鸡更明显。

(2)绿耳　其耳呈孔雀绿色，尤以 50～150 日龄者最为明显，老年后逐渐变为紫褐色。

(3)紫冠　乌鸡绝大多数为玫瑰冠，约占总数的 90%；次为单冠，约占 8%；桑葚冠者不多。冠红而且乌，近紫红色。

(4)胡子　下颏两侧生有较长的细毛，像长了一撮胡子。

(5)五爪　每支脚上有五个爪，通常由爪基部发叉多生出一个后爪。

(6)毛腿　跖部长有小羽毛。

(7)丝毛　全身披以绒丝状细毛，只有主翼羽和尾羽的基部还留有少量扁毛的痕迹。

(8)乌皮　全身皮肤为黑色。

(9)乌骨　骨膜黑色，而骨质为浅黑色。

(10)乌肉　肉及内脏均为乌色。

眼睛棕色者居多，少数呈黑色。

(三)生活习性

由于乌骨鸡原产于我国江南地区，幼体发育期要求较高的环境温度，比较其他家鸡个体生长发育慢。乌鸡为杂食性，觅食能力强，成鸡为放牧型，能较多地利用青绿饲料。产蛋母鸡只有很突出的“就巢性”(抱窝)，每产蛋十几枚即出现就巢行为，停产 20～30 d，所以，每年产蛋较少。在家养过程中，克服其就巢性，可提高产蛋率到 80～120 枚左右。对于其适应放牧的习性，应予以充分利用。在产蛋前 1～2 个月的童鸡(育成鸡)，实行放牧饲养，有助于它的个体发育，提高其生活力，并能降低饲养成本，特别是在果林中、收刈的田地或菜园中放牧，能采食大量的野外饲料。

(四)乌骨鸡的成分与营养价值

有许多单位从不同角度进行分析研究乌鸡的成分，现列举几例于下(表 3-2、表 3-3)。

从近年来各地对乌鸡进行组分分析的资料可见，乌鸡含有丰富的氨基酸，量多质优，特别是赖氨酸、缬氨酸等均多于其他鸡种。表 3-2 说明，泰和乌鸡所含的必需氨基酸比著名的三黄鸡多。科学实验表明，人的体内缺乏一种或几种必需氨基酸时(单独供给条件下)，便出现严重的营养不良。因为在这种情况下，机体内的蛋白质合成，只能靠分解机体内的蛋白质，从而造成负氮平衡。当必需氨基酸需要稍有不足时，蛋白质或氨基酸的生物学价值便下降。因此，食用乌鸡对平衡日常营养、提高其生物学价值上，起重要的作用，即对人体具有强壮保健功效。

表 3-2　泰和乌鸡与江西三黄鸡的氨基酸含量比较　g / 100 g 样品

氨基酸	泰和公鸡	三黄公鸡	泰和母鸡	三黄母鸡
赖氨酸	8.23	7.89	7.93	7.94
缬氨酸	4.86	4.73	4.78	4.61
亮氨酸	7.73	7.55	7.49	7.49
异亮氨酸	4.46	4.48	4.45	4.44
苏氨酸	4.43	4.24	4.35	4.15
甲硫氨酸	1.26	1.76	1.09	2.03
苯丙氨酸	4.10	3.91	3.99	3.83
甘氨酸	4.57	4.26	4.11	3.85
丙氨酸	5.51	5.31	5.23	5.03
丝氨酸	3.67	3.54	3.68	3.56
半胱氨酸	1.49	1.50	1.50	1.46
天冬氨酸	9.08	8.47	8.86	8.72
谷氨酸	15.02	14.48	14.47	14.32
酪氨酸	5.42	5.45	5.31	5.46
组氨酸	3.15	3.33	3.00	3.33
脯氨酸	1.98	1.72	1.47	1.72
精氨酸	5.40	5.15	5.10	4.97

注:中国农业科学院畜牧研究所分析。

表 3-3　乌鸡的氨基酸组成及含量分析　g / 100 g 样品

必需氨基酸	苏氨酸	4.46	缬氨酸	4.75
	蛋氨酸	2.67	赖氨酸	8.07
	组氨酸	3.75	异亮氨酸	4.48
	亮氨酸	7.79	苯丙氨酸	4.30
半必需氨基酸	甘氨酸	4.03		
	半胱氨酸	1.54		
	酪氨酸	5.50		
	精氨酸	5.51		
非必需氨基酸	*L*-天冬氨酸	9.04		
	谷氨酸	15.78		
	脯氨酸	1.62		
	丝氨酸	3.88		
	丙氨酸	5.60		

三、繁殖

(一)种鸡和种蛋的选择

1. 种鸡的选择

选择种鸡的目的是要保证乌鸡具有优良遗传性能的纯种血统和优良的后裔,特别是在形态上要保持乌鸡“十 美”特征的标准,避免逐代退化。种鸡必须来源于无病的健康鸡群。

(1)对母鸡的选择　要求体态结构匀称,发育正常,肉冠大而具有弹性;活泼敏捷,觅食力强;皮肤有弹性,胸肌发达,背部要长、宽,腹部柔软;腿脚粗,有力,爪直,腿肌丰满;龙骨直而不弯曲;耻骨之间、耻骨与龙骨末端之间要宽,可容 3~4 指,预示腹容量大,产蛋多(图 3-2)。在晚秋开始换羽的是高产鸡,换羽期早,时间短,尤以换羽不停产的鸡最好。

1　　2　　3　　4

图 3-2　腹部容积、宽度鉴定

1. 高产鸡耻骨间距离　2. 低产鸡耻骨间距离　3. 高产鸡龙骨后端和耻骨端距离　4. 低产鸡龙骨后端和耻骨端距离

(2)对公鸡的选择　公鸡对后代影响较大,要选择体躯大,雄壮;桑葚冠呈紫红色;胸宽挺直,肌肉发达,骨骼坚实,羽毛光润;眼大有神,鸣叫洪亮,好斗,交配能力强;未患过任何疾病的公鸡。

(3)公、母鸡配种比例　公母鸡配种比例要适当,以保证种蛋的受精率。

雄、雌种鸡在大群平养时,搭配比例为♂1 ∶ ♀9 ;在配组笼养时为每笼 7 只,搭配比例为♂1 ∶ ♀6 。如配种公鸡年轻,活力强,则参配母鸡数还可酌情增加。

种鸡的利用年限,随利用性质不同而异。在育种场利用年限较长些,生产场利用年限较短。目前,大多数生产鸡场只利用 1 年,即母鸡产完 1 年蛋就淘汰。种鸡场,好的种鸡可利用 2~3 年,特别好的种鸡能利用到 4 年。

2. 种蛋的选择

种蛋品质的好坏,对孵化率和雏鸡的质量均有很大影响,所以在孵化前,应仔细地进行选择。

(1)种蛋的来源　种蛋应来自饲养管理正常、健康和高产的母鸡群。凡外形上符合本品种特性的母鸡所产的蛋，作为种用蛋。初产母鸡开产后，半个月内的蛋不能做种蛋，因为这时母鸡生殖机能的活动较差，蛋的受精率较低。

(2)种蛋的形状和大小　种蛋的形状和大小要适度，蛋形应正常，过长、过圆、过大、过小的蛋不宜孵化，圆形、腰鼓形、圆锥形等畸形蛋均不宜用来孵化鸡。畸形蛋孵出的鸡也多畸形，而且出雏率也低。蛋的重量一般应在 45 g 左右，蛋重过小，则孵出的雏鸡小，蛋重过大，孵化率低。

(3)蛋壳的厚度　蛋壳结构正常、致密均整。蛋壳厚薄要适度，过厚出雏时破壳困难，孵化率低；太薄则易碎。种蛋壳面无裂缝，无斑点、无皱纹。壳面粗糙的沙皮蛋，蛋壳过于坚硬的"钢皮蛋"，都不能用来孵化。钢皮蛋用手敲之，声音发脆。

(4)蛋黄的颜色及蛋清的浓稠度　在灯光下照验，蛋黄暗红色为好，蛋黄呈灰白色多为营养不良，蛋黄有斑点状黑影者，不能做种蛋，是蛋黄有病。蛋清愈浓，孵化率愈高。蛋清颜色发黄、蛋黄移动慢的，就是浓蛋清。包围在蛋黄四周颜色浅、蛋黄流动快的为稀薄蛋清。

(5)种蛋的保存　种蛋要保持新鲜，保存时间越短，对胚胎生活力的影响愈小，孵化率愈高。一般以产后 1 周内的较适合，以 3～5 d 为最好。超过 2 周以上时，则孵化率降低，孵出的雏鸡软弱。夏天，种蛋不能超过 10 d。

保存种蛋的适宜温度是：种蛋保存 1 周以内时，15～16℃为宜，超过 1 周以上时，12～15℃，最低不能低于 5℃，最高不能高于 18℃，为了减少蛋内水分蒸发，室内的相对湿度应保持 75%～80%。为避免由于蛋黄上浮，胎盘和蛋壳粘连，每隔 2 d 应将蛋转动 1 次。

种蛋表面要清洁，无污泥或粪便，污染蛋壳是鸡蛋腐败的一个重要因素。

(6)种蛋的运输　是引进良种，交换良种和育种工作中不可忽视的环节。

运输种蛋的装放用具：特制压模种蛋纸盒、塑料盒，每个纸盒(或塑料盒)装蛋 30 枚，是理想的装蛋用具。目前普遍用种蛋纸箱，内有方格，每格放 1 枚蛋，蛋的上下左右都有纸隔开，可避免互相碰撞。箱底垫纸、稻壳、锯末或碎麦草等柔软垫料。蛋大头朝上，或平放。包装箱应保持干燥和清洁。

种蛋在运输时包装要完善，车上应有帆布或塑料布。在装蛋及运输时要严防灰尘污染。在运输途中，要避免阳光曝晒，防止雨淋。装运时要轻装轻放，严防过分强烈震动。冬季运输时，注意保温，以防冻裂。

种蛋运到目的地后，应尽快开箱检查，除去破损蛋，将种蛋装入盘内，做好消毒后，即入孵，不宜再保存。

(7)种蛋的消毒　种蛋消毒的目的是消灭蛋壳上的病原微生物。种蛋易被细菌污染，传染各种疾病，因此选好种蛋后，必须经过消毒才能入孵。种蛋消毒方法很多，兹分别介绍如下。

新洁尔灭消毒法：5%的新洁尔灭溶液加水 50 倍，配成 0.1%浓度的溶液，用喷雾器喷洒在种蛋表面。

氯消毒法：将种蛋浸入含有活性氯 1.5%的漂白粉溶液中 3 min，取出晾干备用。

高锰酸钾消毒法：将种蛋浸在 0.5%的高锰酸钾溶液中 1 min，取出晾干备用。

熏蒸消毒法：这种方法比较简单有效。将种蛋放在一个封闭的容器内或一个小房间里。按 1 m^3 熏蒸空间容积放 15 g 高锰酸钾和 30 mL 福尔马林溶液的比例，熏蒸 20～30 min。做法是:先把高锰酸钾放在磁盘中,再倒入福尔马林溶液,即有浓烟发出。熏蒸时将门窗关严,熏后排出气体。

(二)孵化

1.孵化条件

种蛋离开母体后,胚胎的发育完全依靠蛋里的营养物质和合适的外界条件——温度、湿度、通风等来完成。由于胚胎发育在各个不同阶段有不同的生理变化,因此我们就得给予不同的条件。下面将孵化过程中,应掌握的基本条件介绍如下:

(1)温度　只有在适宜的温度下,才能保证胚胎正常的物质代谢和生长发育。

胚胎发育的不同阶段,对外界温度要求也有所不同,长期恒温,对胚胎的发育并不理想。孵化初期,胚胎物质代谢处于低级阶段,胚胎很小,没有调节温度的能力,因而需要较高的孵化温度。孵化中期,随着胚胎的发育,物质代谢日益增强,特别是孵化末期,胚胎本身产生大量的体热,因而需要较低的温度。一般入孵 1～3 d,温度可掌握在 38℃;4～16 d,温度掌握在 37.8℃;17～20 d,则为 37.6℃为宜。孵化温度受外界气温、风向、风力、雨雪等自然条件的影响很大。因此,室内温度低时,机器温度就应调高些,室内温度高时,机器温度就应降低些。孵化室要保持一定的室温,这对稳定孵化机的温度十分重要,尤其在打开机门进行各项操作时,更是这样。深秋、冬季、早春,室温应保持平衡,最好维持在 27～30℃,否则胚胎就容易受凉,影响发育。为了保持一定的温度,冬春两季在照蛋、凉蛋时,应特别注意保温工作,以保证较高的出雏率。

(2)湿度　蛋内的含水量大于蛋外,所以水分子总是由内向外扩散的。其扩散的速度受气孔长度的影响(即蛋壳厚度)。气孔长度大,孵化期内损失水分则较小;反之,蛋壳薄而孔多则损失水分多。水分损失率与孵化率呈负相关,在孵化期内,种蛋水分正常损失率一般在 15%左右。同时,扩散速度又受蛋内外水气压差的影响,这与孵化湿度直接有关。湿度应根据胚胎发育的不同时期而有所不同。在孵化初期,胚胎要生成羊水和尿囊液,加温又较高,故湿度应稍高些,相对湿度应为 65%～70%。在孵化中期,为便于尿囊液和羊水的排除,湿度应当减少些,相对湿度为 50%～55% 为宜。当雏鸡出壳时,为防止雏鸡绒毛与蛋壳粘连和有利于雏鸡破壳,湿度又应当增高,相对湿度应为 65%以上。

(3)通风　胚胎在发育过程中,不断吸收氧气和排出二氧化碳。为保持胚胎正常的气体代谢,必须供给新鲜空气。蛋周围空气中的二氧化碳含量不能超过 0.5%,如达到 1%时,则胚胎发生病理变化——畸形或胚胎不正常,或胚胎停止生长,死亡率增高。通风的程度应随着胚胎的发育时期不同而有所不同。孵化初期,胚胎需要空气很少,以后随着孵化期的增长,通风孔逐渐开大,以至全开。

风扇的转速不能过慢或过快,以保持孵化器内空气新鲜,风速正常为宜。

(4)翻蛋　孵化的种蛋要经常翻动,翻动种蛋具有重要作用:

①翻蛋可避免胚胎与蛋膜粘连。蛋黄因脂肪含量高,比重较轻,总是浮于蛋的上部,而胚胎位于蛋黄之上,容易与内壳膜接触,如长时间放置不动,则与壳膜粘连易致死亡。

②翻蛋可使胚胎各部受热均匀,供应新鲜空气,有利于新陈代谢。

③翻蛋也有助于胚胎一定的运动,保证胎位正常,提高孵化率。

因此孵化过程中必须经常翻蛋,特别是第一周更为重要。为保持翻蛋效果,应每 2 h 翻蛋 1 次,1 昼夜翻 12 次,孵化满 18 d 移盘后停止翻蛋。翻蛋角度为 45°～90°。

(5)凉蛋 胚胎发育到中、后期，新陈代谢旺盛，蛋内产生大量热量，为了及时散发那些多余的热量，凉蛋是一项非常重要的措施。

凉蛋的时间应依季节、室温和发育程度而定。当蛋凉到用眼皮试蛋壳微凉时(30～33℃)，即可停止。当机内温度上升而超温时，就要设法排出机内多余热量。方法有两种：一种是每天定时凉蛋2次，每次将机内温度下降到32℃，然后再徐徐给温，使其回升到适当的温度。另一种方法是将机门打开一条缝，散除机内多余热量。打开门缝的大小，以恒温控制系统的通、断电热盘的指示灯为依据。如果红灯通电的时间长，说明开缝开得太大，机内热量散失过多，电热盘一直在加热，浪费电力。反之，如果绿灯常亮(断电)而红灯不亮，说明门缝打开得太小，机内多余热量散失不净，温度仍处在高位，因此门缝要开得大小适当，使电热盘仍有断电，通电的时间，只不过是要使绿灯亮(断电)的时间远远超过红灯亮(通电)的时间。这样既节省电力，又能自控。

2.机械孵化技术

(1)孵化前的准备 孵化前，应根据设备条件、生产潜力、孵化任务大小、种蛋来源和雏鸡处理等订出计划，妥善安排。

对孵化室和孵化器，在使用前，要认真地检查和维修，做好消毒和试温工作。

孵化室应设在安静地点，一般应设有机器孵化操作室、种蛋保存室(蛋库)、存雏室、值班室等。为了便于工作，各室最好相通，并有充足的电源和蛋盘架设备。孵化室内必须有良好的通风设备和适宜的温度。一般孵化室的温度以22℃左右为宜，不得低于20℃和高于24℃。室内的湿度应保持在55%～60%。为了保持湿度，可往地面喷水。为防止太阳直射，窗户要小而高一些，最好采用毛玻璃或在玻璃上涂一层浅蓝色涂料。孵化室内要保持清洁，无灰尘，墙壁最好用石灰刷白，以水泥地面为宜。禁止外人进入。种蛋保存室选择坐北朝南的房间。同时要防止阳光直射种蛋。

孵化机应放置平、稳，远离热源，避免日光直射。存雏室的温度、通风均应良好，要做到干燥，清洁、阳光充足。每箱容雏不要过挤，箱的四周最好有通风小孔若干。

为了使雏鸡不受疾病感染，孵化室和孵化机器及附件用具等，在使用前要进行彻底消毒(消毒的方法可参考鸡舍消毒法)。

为了避免孵化过程中发生事故，在孵化前应认真、彻底地进行对孵化器的检修工作。电热、风扇、电动机的效力、孵化器的严密程度、调节器和温度计及湿度计的准确性，各自动控制系统是否灵敏等，均需检修或校正，方可使用。一切就绪，就可试车，试车时水盘应加上水，使机内达到应有的温、湿度。试车2～3 d，各部运转正常，温度、湿度变动很小，合乎孵化要求，即可上蛋，进行孵化。

将选好的种蛋在孵前12 h左右，将装好盘的种蛋移至孵化室中，放在蛋架上预升温并消毒。上蛋的时间最好是在下午4时以后，这样大批出雏可以赶上白天，工作比较方便。

上蛋的方法依孵化器的规格而异，一般是每3～5 d上1次蛋，每次上一套蛋盘。入孵时使每套蛋盘在蛋架上的位置互相交错，以便新蛋和老蛋能互相调节温度。

码蛋的时候要注意，使蛋的大头朝上，小头朝下。蛋盘全部码完后，过数记账，然后水盘加温水，开始孵化。

(2)孵化期的管理

①调节温度 注意温度的变化，观察调节器的灵敏程度。为了防止意外，最好每隔半小时

查看1次温度，每4 h记录温度1次。温度如有波动，如停电或出事故等，时间长短都应注明，以备将来检查总结时参考。

②掌握湿度　根据胚胎发育阶段不同，对湿度的要求也有所不同，如湿度小，就增加水盘，湿度大，就减少水盘。水盘内，每天要定时加温水。每4 h记录湿度1次。要注意湿度计的纱布在水中容易因钙盐作用而变硬，或沾染灰尘和绒毛，影响水分的蒸发，必须保持清洁，经常清洗或更换。湿度计的水管只盛蒸馏水。

③倒蛋盘　为使蛋受热均匀，蛋盘应每天上下对倒3次。出雏蛋盘多放在机器下部或在机器一端的另一门内。

④检查电动机　电动机应经常检查，是否过热运转，声音是否正常，要定期加油。如发现电动机过热时，应定时停止运转。

⑤孵化记录　每次孵化应将上蛋日期、入孵数量、种蛋来源、历次照蛋情况、孵化结果、孵化期内温度的变化、开车时间等记录下来，以便统计孵化成绩或作为总结工作的参考。

⑥验蛋　孵化期内应照蛋二、三次，观察了解胚胎发育的情况，及时验出无精蛋和中死蛋。

⑦移蛋(移盘、落盘)　种蛋孵到第十八天或第十九天，最后一次照蛋后，将种蛋由孵化盘移至出雏盘中叫落盘。此后停止翻蛋，增加水盘，提高湿度，准备出雏。

移蛋的时期可依胚胎发育情况灵活掌握，如最后一次照蛋时，气室已很弯曲，气室下部黑暗，气室内见有啄的阴影，则胚胎发育良好，可及时移蛋。如照蛋时，大部分蛋的气室边界平齐，气室下部发红，则为发育迟缓，应推迟一些时间移蛋，以促进胚胎的发育。

⑧出雏的处理　发育正常时，移蛋当时就有破壳的，满20 d就可开始出雏。此时，应关闭机器内的照明灯，以免雏鸡骚动影响出雏。

当雏鸡出到50%左右时，就应把空蛋壳和那些脐部干瘪、收缩良好、绒毛已干的雏鸡从出雏盘中取出。有时空壳能将出壳晚的蛋壳套叠起来(俗称戴帽)，应及时取下，以免闷死小鸡。对脐部凸出肿胀、鲜红有光泽，绒毛未干的弱雏，可暂留在雏盘内，待下次再拣。取雏应当定时，不可经常打开机门致使温度、湿度降低而影响出雏。

出雏结束前，对于最后出壳有困难的雏鸡，根据不同情况进行助产。下面将常见的几种情况及处理措施介绍如下：

a. 雏鸡破壳而不能脱壳，横断线外壳已变黑，内膜已变成橘黄色时，可从破壳处两方裂分，幼雏即可展身脱出。

b. 小头破壳。雏鸡啄壳一般在蛋的大头，有少数在小头啄壳，不能自动脱壳。可在破口处取下一小块蛋壳，轻敲壳皮，使其横裂一道缝。如此时内壳膜为白色，可暂不动，经数小时后，待内膜变为橘黄色时即可撕裂，将雏鸡头拉出，但下身留在壳内，仍放到出雏器内，过数小时后，即可自动脱壳。

c. 对掏洞蛋的处理。有的仅在初破口处啄成一个小圆洞，将头伸出，无力破壳。如果壳膜已变成橘黄色，可实施助产，使雏鸡脱壳。

d. 黑口蛋的处理。这种"打嘴破壳"的蛋，破口周围的壳皮变黑，壳卡处膜已干，失去柔软性，或内壳膜变黑色的时候进行助产，切忌撕破内膜。如无出血，可将雏鸡头拉出，使蛋壳竖立，头颈向上，把头放在其他未破壳的蛋上，待自行挣脱。

e. 怎样识别"毛蛋"。一般毛蛋的颜色呈暗黑色，手触发凉，敲时声音发实。活的胚胎蛋壳颜色正常，手触蛋温较高，敲时声音发空。用验蛋灯照一下，凡是活动的就是活胎；如果不动，或摇也不动的，就是毛蛋。

⑨停电措施 在孵化过程中，停电时，首先要做好室内的保温工作。冬季或较冷的天气要生火，保证室内的温度在27℃以上。停电后，把孵化机的各部分电闸拉开。除非机器内只有10 d以内的胚胎，否则进出气孔应一律打开。停电后，风扇停止转动，会出现机内温度上高、下低的现象，为使胚胎受热均匀，每隔15～30 min翻蛋1次。由于风扇停转，机内核心部的热量散发不出去，容易烧死胚胎，因此应每隔2～3 h，打开机门拨动风扇3～5 min，同时在地面上喷洒热水，以调节湿度。停电时，不可立即关闭通风孔，以免机器内上部的蛋因过热而遭损失。如机器内有孵到17 d的蛋，应提早落盘，因为这些胚胎温度高，闷在机器内过久容易引起自烧。

四、饲养

(一)雏鸡的饲养

育雏工作是养鸡业中重要的生产环节。它影响雏鸡的生长发育速度，体质好坏，成活率的高低，成鸡的生产力和种用价值，鸡群的更新，生产计划的完成等。因此，必须搞好雏鸡的培育。

1. 雏鸡的生理特点

(1)刚出壳的雏鸡，全身着生绒羽，毛稀短，御寒能力很差，体温调节机能还不完备，对外界环境的适应能力较差。随着日龄的增加，绒毛脱换和羽毛的生长，体温调节机能逐渐加强，从而能够较好地适应外界温度的变化。因此，在育雏开始时，必须供给较高的温度，以后随着雏鸡日龄的增长以及外界温度的变化情况，再逐步降低育雏温度。

(2)雏鸡的消化道短，容积小，消化能力差，因此对饲料的要求是容易消化、营养丰富、调制适宜。

(3)乌鸡的雏鸡比其他品种的雏鸡生长速度缓慢，体小娇嫩，生活力弱。一般在60日龄之内的生长期，体重仅在250 g左右，对疾病的抵抗能力差，容易受到各种病原微生物的侵害。病鸡即使治愈后，也将生长发育缓慢。所以，雏鸡阶段应加强疾病的预防工作和定期接种疫苗，控制各种疾病的危害。

2. 育雏前的准备工作

(1)育雏季节 育雏的季节，对雏鸡成活率和产蛋量有密切关系。从北方地区气候条件看，以春雏为佳，在3月下旬至5月上旬为宜。因为这时外界气温适中，气候干燥，阳光充足，育雏的温度比较容易控制；雏鸡生长发育好，成活率高，中雏期正处于夏秋季节，雏鸡已长成大雏，不致受梅雨或多湿气候之害；室外运动时间长，可得到充分的锻炼，可增强体质和抗病能力。更重要的是，当年10—11月份，在正常的饲养管理条件下，即可开始产蛋，成年后产蛋量也较高。

(2)育雏设备的准备

①做好育雏舍的检修。在育雏前半月，对育雏舍进行检修。室内要求保温好，地面干燥，光亮适度，有利于通风换气。并对育雏舍进行彻底清洗和消毒。在育雏前2 d，要做好育雏舍和育雏器的调温和试温工作。

②准备好育雏用具。如饲槽、饮水器、拌料盆、水桶、料箱等。这些用具在用前都要洗刷干净、消毒。

③整理好运动场。在育雏前半个月要垫好运动场，地表面用生石灰消毒，然后铺上一层新鲜河沙。运动场要平整，向前稍有坡度，以利排水。

④准备好育雏饲料和垫草。育雏用的饲料要保证质量。育雏用的垫草为稻草、麦秆和野干草。其中稻草较好，因为稻草较柔软，不易踏碎。用草量，每雏按 500 g 计算。

(3)雏鸡的选择　雏鸡孵出后，要进行个体选择。选择的标准主要是精神活泼，绒毛均整、干净，眼大有神，两脚站立稳定，对音响反应快，喙、眼、腿、爪等不畸形。将雏鸡握在手中有饱满感，挣扎有力，叫声响亮清脆。腹部收缩良好，脐部没有血痕，愈合得好而且干燥。泄殖腔附近干燥、清洁。凡是符合以上标准的是健康雏鸡。而弱雏表现为精神不好，反应迟钝，不爱活动，两脚站立不稳，怕冷，腹部膨大(卵黄吸收不完全)，脐部收缩不好，脐或脐孔很大，有黏液或带有血痕，触感松软无力，叫声嘶哑或叫鸣不休。

3. 雏鸡的运输

初生雏毛干后，经过雌、雄鉴别和选择，最好能在 24 h 内(不能超过 36 h)，安全到达饲养地，以便及时开食和饮水。在运输时，应根据天气情况加以必要的覆盖，以防风、防寒或防雨。在早春运输时，注意保温，夏季应选择早晨或傍晚的凉爽时刻运送。途中应勤检查雏鸡的动态，以便采取适当措施，避免闷热、拥挤或受冻。运雏的时间要尽量缩短，尽快运到育雏室。在运输时，要避免震动、剧烈颠簸或倾斜。

雏鸡的运输工具，最好是用专门运鸡的箱子(木板或硬纸板做成)，一般长 60 cm、宽 45 cm、高 18 cm，内分四格，每格放雏鸡 25 只，每箱共放 100 只。箱子四边应有若干直径 2 cm 的通气孔。无论使用何种用具装运，都要注意单位面积的数量，要求既能保温又能通风，在箱内铺上 2～3 cm 软垫料。运输的工具在使用前必须进行消毒。

为了保证运输安全，减少运输体积和降低成本，最好采用“嘌蛋”的方法。嘌蛋技术是我国人工孵化[illegible]。嘌蛋就是将正在孵化的胚蛋从孵化场运送到另一个地方去孵出雏鸡的一门技术，它比运输种蛋和雏鸡都安全、方便。

起程的时间，主要是根据路途所需时间的长短来决定。孵化胚龄越大，嘌蛋越容易管理，最好是到达目的地时，雏鸡即将出壳为好。

嘌蛋在运输途中应注意以下事项：

(1)冷天　早春气温低，应做好保温工作。装放胚蛋用具四周宜用报纸封闭上，用具底层铺上一层稻草，内放 3～4 层蛋，盖上棉被保温。在车上(或船上)，几个筐堆叠在一起，四周用棉被裹紧。路上经 3～4 h 检查 1 次蛋温，发现蛋温高时、应调换蛋筐的位置。一般，上面的温度高，在同一筐内的不同部位的蛋，如筐中心蛋、边蛋，上层和下层，由于时间长，蛋温相差大必须进行翻蛋和换改位置。翻蛋时，动作要快并在避风的地方操作。

(2)热天　气温超过 30℃时，筐四周不要粘纸，筐底也不铺稻草，可糊一层报纸。一般，放一层胚蛋(指蛋龄大的)或放二层(胚龄小的)。在车上，几筐重叠在一起。四周用被单或毯子覆盖上，注意检查蛋温。在路途上注意散温，如果预计在途中(如上火车后)不易散热，必须在上车前进行凉蛋，将蛋温降到适宜范围的最低限度后起程，并在路上增加调换筐位和翻蛋次数。

晚春和秋季，嘌蛋方法介于上述两种方法之间，可灵活掌握。路途中不要曝晒，严防雨淋、受凉。

4.雏鸡养育阶段的划分和对生活条件的要求

根据雏鸡生长发育的规律和饲养管理的特点，其养育期大致可划分为育雏期、育成期两个阶段。从出壳到离温前这期间的幼鸡需要人工给温，称为育雏期(即0～6周龄)。离温后到性成熟前，是中雏(6～14周龄)和大雏(14～20或22周龄)，此期间则称为育成期。

育雏的条件主要包括，温度、湿度、通风、光照、合理密度、营养完善的饲料和良好的环境卫生。

(1)温度　温度是育雏成败的关键之一。温度影响雏鸡活动、采食、饮水和营养的消化吸收，关系到雏鸡的健康和发育。

育雏的温度包括育雏室的温度和育雏器内温度。育雏室的温度可以比育雏器的温度低2～3℃。

育雏的温度随着雏鸡日龄的增加逐渐降低。育雏初期温度宜高，后期宜低；弱雏宜高，小群宜高，大群宜低；阴雨天宜高，晴天宜低；夜间宜高，白天宜低。雏鸡生长到1个月龄左右，体内温度调节机制基本形成，从而能够较好地适应外界温度变化。温度下降的速度视小鸡群的体质强弱和气温情况而定。此外，还要随时观察雏群的精神状态和活动规律。

在早春育雏过程中，大批死亡事故往往在晚间天气突然变化时发生。所以在夜间及大风降温时，应特别注意掌握好育雏室内的温度。测室温的温度计，应挂在多处。雏鸡要求的适宜温度如下：

出壳1周之内：31～30℃；1～2周龄：30～28℃；3～4周龄：28～23℃。

(2)湿度　合适的温、湿度相配合，雏鸡才会舒适，发育正常。雏鸡从相对湿度为70%的育雏器中孵出后，如果随即转入干燥的育雏室中，雏鸡体内水分随着呼吸而大量散发，则腹中剩余蛋黄吸收不良，饮水过多，容易发生下痢，雏鸡绒毛发脆，脚趾干瘪，食欲不振，消化不良，羽毛生长慢。因此在10日前，湿度不够时，可在室内地面或走廊轻洒些水，或在炉上放水盒蒸发水气。湿度过高，则应加强通风，散发水气。

10日龄后，由于雏鸡体重增加，呼吸量与排粪量也随之而增加，室温逐渐下降，病原菌易繁殖而引起传染病。湿度的大小，直接影响雏鸡的健康和生长发育，因此要注意通风，勤换垫料，调整室内湿度，要求保持相对湿度在60%～65%。湿度的大小，依季节等不同而适当调整。

(3)通风　通风的目的是排出室内的污浊空气，换进新鲜空气，并调整室内的温、湿度。鸡比其他家畜的体温高，呼吸频率快，代谢机能旺盛，单位体重排出的二氧化碳约比大家畜高2倍以上。此外，由于育雏室内温度高，粪便和垫料分解产生大量的二氧化碳和氨气，使室内有害气体浓度不断增加，污染的空气引起呼吸道及其他疾病的发生，造成死亡。因此必须在保温的前提下，做好通风换气工作，及时排出室内污浊的气体，换进新鲜空气。通气时，要避免冷空气直接吹入，可用布帘遮挡，或用通道办法，使室外冷空气经过改弯再入育雏室。

(4)光照　阳光对雏鸡的健康影响很大。光照时间的长短与鸡达到性成熟的日龄有密切关系，光照可提高机体的新陈代谢，增进食欲，帮助消化，提高雏鸡生活力，促进雏鸡生长发育。紫外线能使皮肤中7-脱氢胆固醇转变为维生素D_3，促进鸡体内钙、磷代谢，加速体内酶的活动，促进物质代谢。阳光还具有杀菌和消毒作用。光照可使鸡舍干燥，有助于预防疾病。

光照分为自然光照(指阳光)和人工光照(指各种灯光)两种。开放式鸡舍采用自然光照，密闭式鸡舍采用人工光照，也有采用自然光照和人工光照相结合的。

雏鸡出壳至 3 日龄时，24 h 连续光照，目的是为了让雏鸡熟悉料槽、水槽位置和室内环境，训练雏鸡的采食与饮水等。从第 4 日龄起到 20 周龄（种鸡 22 周龄）每昼夜光照时间，一般为 8 h，不能低于 7 h，不能超过 11 h（密闭式育雏舍），开放式育雏舍不能控制光照时间，采用自然光照时间即可。一般雏鸡在 10 日龄后，在温暖无风的天气，中午可以短时间打开窗户，使日光射进室内，让雏鸡晒太阳。如果舍外温度达到育雏要求温度，又天气晴朗而无风时，可将雏群放到室外栅栏内，使雏鸡充分运动和晒太阳，初期时间不宜过长，15～30 min 为宜。到 20 日龄后，可让雏鸡自由出入鸡舍。在天气炎热的季节，运动场上要设置凉棚，以免阳光曝晒时间过长而造成死亡。

光照强度，鸡舍内光照强度应适当控制在一定的范围内，不应过强或过弱。光照强度太高，不仅提高成本，而且鸡容易惊群，恶癖发生率增高，不易管理。光照强度太低，不利于鸡的采食，达不到光照刺激的目的。除了雏鸡出壳至 3 日龄时，采用 20 lx 照度外，其他时间以 5 lx 照度为宜。如以每 15 m^2 鸡舍计算，在第一周时用 1 个 40 W 灯泡悬挂于离地面 2 m 高的位置，第二周开始换用 25 W 灯泡即可。

光色，目前世界上大多采用红光育雏，可防止啄羽、啄肛等现象。

（5）密度　密度是指育雏舍内每平方米面积所饲养的鸡数。适当的密度是保证鸡群健康，生长发育良好的重要条件。育雏室内雏鸡的密度应随雏鸡的周龄（或日龄）的增长而逐渐减少。同时，也要根据季节而定，冬季可密，夏季则稀。

饲养的密度与饲养方式有很大关系。地面散养密度应该小些，网上饲养密度可以大些，一般网上比地面可多养 20%～30%。随着鸡龄增大，逐渐减少密度。但是在生产实践中往往以阶段来划分，前 4 周未能分辨公母以前为一个阶段，用同一种密度，平均 25 只/m^2，网养 30 只/m^2 左右。4 周后可将小公鸡逐渐淘汰，降低饲养密度。一间 15 m^2 地面育雏室，可育雏 700～800 只。

（6）饮水　雏鸡在进入育雏室后，首先要供给充足的饮水，尽早利用完卵黄囊内的营养物质。另一方面，雏鸡出壳后，在育雏室高温条件下，因呼吸蒸发量大，体内失去不少水分。需要饮水维持体内水分代谢的平衡，防止脱水死亡。应当做到饮水不断，随时自由饮用。饮用水必须保持清洁，否则易得消化道疾病。

1～2 周龄内的雏鸡禁止饮用凉水，要求水温与室温相近。

（7）雏鸡的饲料　开食用的饲料，各地区不一样，北方各地群众习惯用小米或磨碎的黄玉米粒，有的用碎大米。现代化养鸡场采用全价营养配合饲料喂雏鸡。无论选用何种饲料喂鸡，都要营养丰富、容易消化、适口，便于啄食。

饲喂的次数：在 2 周前每天喂 5～6 次。喂食要定时，不要轻易变动。1 周前饲喂用料盘，纸或塑料布，以后换用料槽。料槽和水槽的高度应随雏鸡的体高而逐周调整，始终保持比鸡背高 2.5 cm。

饲喂方法：第一次开喂时，多数雏鸡不会吃食，应当加以训练。

（8）及时分群管理，调整密度　同一批雏鸡，尽管饲养管理条件相同，但因个体之间的差异，生长发育不平衡。因此，在日常饲喂雏鸡时，在 1 月龄时按其体质强弱和大小进行分群饲养，每群数量不宜太大，一般以 300～500 只为宜。分群工作可以结合淘汰与疏散密度同时进行。

每天要观察鸡群动态，特别是清晨开灯以后，首先要观察鸡的精神状态，粪便是否正常，采食量，吃料的快慢。雏鸡休息时，要细听呼吸声是否正常，如有甩鼻(打喷嚏)，呼噜响的喉音等不正常的音响，说明雏鸡有病，应及时采取措施。

育雏舍内外，每天要清扫，保持环境清洁卫生。喂料用具要保持清洁。鸡舍必须安静，以防惊群。防止猫、狗、鼠等动物闯入舍内引起惊群，造成挤压伤亡。

(9)育雏期疾病防治 ①1～15日龄雏鸡饲料中应加入0.02%痢特灵，预防白痢病。②预防马立克氏病。雏鸡在1日龄时，每只皮下注射马立克氏病疫苗0.2 mL。③预防鸡新城疫。7～10日龄，可用Ⅱ系疫苗(稀释10倍)进行滴鼻免疫，也可饮水免疫。

5. 育雏方式

育雏方式种类很多，可根据不同情况灵活掌握。现将各种育雏方式简单介绍如下：

(1)平面育雏 火炕式育雏是农村应用最广泛的一种育雏方式。利用室内的普通火炕即可。这种方式简单易行，工作方便，效果好。火炕面上应铺垫细砂，铺上少许短麦秸、稻草或谷草。在离火源近的炕面上不要垫草，以防发生火灾。育雏前1周，应做一个伞棚，高30～40 cm，使火炕散出的热量全部集中在小棚内，以利保温。随着雏鸡日龄的增加，伞棚适当加高。

(2)烟道式育雏 有地面上砌火洞和地下面砌火洞两种，都是烧煤或利用当地其他燃料，使热气通过烟道而升高室内温度。两种方法比较，地下火洞便于操作，散热慢，保温时间长，热从地面上升，适于雏鸡伏卧地面上休息的习性。地面上砌火洞时，先在下面横铺一趟砖，作为洞底，火洞高60～75 cm，砖外不抹泥，砖缝要勾好。烟囱通于室外，烟道上方应设置保温棚，在棚下离地面12 cm高处悬挂温度计。棚不要太高，以防散热过快。根据育雏多少，育雏室面积大小等情况，设火洞的多少和长短。在棚内地面上铺垫草，下面可用高粱秆、玉米秆或毛柴等，地面上铺防湿材料，如薄膜或油毡纸等。垫草长度在15 cm左右。为防止火灾发生，火洞两侧要设上防火装置。

(3)土暖气式育雏 有条件的养鸡户，利用自造土暖气育雏，比较方便。在散热器上部和两侧应用塑料布做成伞棚，以利保温。散热片距垫料30 cm。平板式(或排管式)散热器架成躺式，圆柱状散热器可与地面平行。

(4)电热伞式育雏 伞式育雏，伞可制成方形、多角形和圆形。材料可选用铁皮或镀锌薄铁皮。伞的直径一般是1 m，也可根据房舍和雏鸡群大小，有所变化。热源可用电热丝、煤油、煤炉等。通常直径为1 m的保温伞，用1.6 kW电阻丝作热源，可供250～800只雏鸡取暖。其优点是卫生，雏鸡可以在伞下自由进出而选择适温带。

(5)红外线灯育雏 在比较温暖的季节育雏，需要补充的热量不很大，可采用红外线灯取暖。为了增强取暖效果，应制作一个与保温伞相似的罩，放在红外线灯的上部，使红外线灯散发的热量集中射到雏鸡身上。红外线灯泡悬吊的高度要适当，可根据室内的温度来调节高低。料槽和饮水器不能放在灯下，因为鸡饮水时甩头，如将水甩到灯泡上，容易使灯泡爆炸。

在室温不同的情况下，一个250 W的红外线灯泡可供取暖的雏鸡数量见表3-4。

表3-4 250 W的红外线灯泡可供取暖的雏鸡数量

室 温/℃	30	24	18	12	6
雏 鸡/只	110	100	90	80	70

用红外线灯育雏的优点是室内干净，垫料干燥，雏鸡可自由选择合适的温度，育雏效果好；

缺点是耗电量大,成本较高。

(6)网上育雏　较大型的鸡场常采用大群网上平面育雏,即将雏鸡养在离地面 50～60 cm 高的铁丝网上(网眼为 1.25 cm×1.25 cm)。此法的优点是粪便直接落入网下,雏鸡不与粪便接触,可减少疾病传播的机会。雏鸡在网上饲养到 2 周龄以后,可将饲料槽移到床外,同时将围网提到适当高度,让小鸡伸出头来吃食,可减少饲料浪费。加热方式,有热风、热水管等。

(7)立体育雏(笼育)　对于育雏数量较大而又缺鸡舍和热能的鸡场或专业户,可采用多层育雏方式。立体育雏既有网上育雏的优点,又可提高劳动生产率,雏鸡发育整齐,但投资高,对营养和管理技术要求高。一般的多层育雏笼为 3～5 层(以便于工作为准),采用叠层式排列,笼内的热源可采用电热丝或热水管,有条件的,可用热风供暖。

一般笼架长 100 cm,宽 60 cm,高 150 cm。从离地 30 cm 起,每 40 cm 为一层,每层为一笼。笼底与托粪盘相距 10 cm,每层都设托粪盘。这种笼子,小雏、中雏和大雏一直可养到 18 周龄进入产蛋鸡舍以前。密度应随日龄增长而调整,每平方米面积容纳雏鸡数见表 3-5。

笼育时,设备工具等要经常消毒。

表 3-5　笼内雏鸡密度　　只

雏鸡日龄	1～10	11～20	21～40	41～80	81～120
雏鸡数量	60	40	34	24	14

(二)育成鸡的饲养(中雏饲养)

雏鸡生长到 60 日龄后,便可转入育成期,这个阶段的鸡叫育成鸡(青年鸡、童鸡)。饲养目的不同,要求也不一样。作为产蛋用的,则养至母鸡接近产蛋(130～180 d),应限制饲养,适时开产。入药用的乌鸡(内销制药)或肉用乌鸡(出口),则要求缩短饲养期,增重快,减少耗料,提高成活率和商品合格率。入药乌鸡标准,活重为 900 g。母鸡活重 750 g 为出口标准,公鸡 1 000 g 为标准。

1. 育成鸡的生理特点

育成期是乌鸡生长发育新陈代谢最旺盛的时期,骨骼生长发育迅速,消化系统逐渐发达,食欲增强,羽毛已经丰满,后期生殖系统开始发育。

2. 育成期的营养需要

由幼雏期转入育成期,在饲养管理上用限制饲养方法,配合人工光照,以控制育成鸡不致过早性成熟,过早产蛋和大量积聚脂肪,影响成年后种鸡的产蛋性能。所以要掌握适时开产日龄,及时调整日粮。

青年鸡的饲料营养水平,是鸡一生中最低阶段,如果发现鸡体过肥,就需限制饲养。首先要限制日粮营养水平。饲料营养水平的限制主要是适当降低日粮中蛋白质水平和日粮中能量饲料,要增加粗饲料中的糠麸、叶粉和青饲料,这样能提高胃肠的消化功能。蛋白质水平每周下降 1%,至 14 周龄左右下降到 12%～13%为止。后期能量浓度降低,以免过肥,不利于生殖系统发育。磷、钙等矿物质饲料和各种微量元素及维生素,必须满足育成鸡的生理需要。

从 18 周龄开始,由于体重增加和即将产蛋,鸡体内必须贮存必要的营养。此时应将饲料营养水平适当调高,其营养水平介于大雏和产蛋鸡饲料之间,把日粮中的蛋白质饲料含量提高到 25%～30%,相应减少糠麸量。过渡饲料使用至产蛋率达 5%时改用产蛋鸡饲料。若到 21

周龄产蛋率仍未达5%，最好也更换产蛋鸡饲料，以促进产蛋率上升。

3. 育成鸡光照管理

光照对鸡的影响是一个十分复杂的生理过程，与神经系统和内分泌系统有着密切的关系。

光照可以改变家禽的产蛋规律，在自然条件下鸡产蛋有明显的季节性，随着白昼的延长，产蛋量逐渐增加；反之，产蛋量相应下降。而采用人工光照可以打破产蛋季节性，提高产蛋量。如在白昼变短的冬季，补充光照时间，就能打破冬休现象。

鸡的性成熟与光照长短有密切关系。光照时间短，可以延迟性成熟，光照时间延长，则可以促进性成熟。过早成熟的鸡，开产早，由于输卵管和泄殖腔周围的肌组织尚未充分发育，易引起生理障碍，排卵异常，畸变，初产蛋很小，产蛋率低，产蛋持续期短，影响全年产蛋量，降低了母鸡的经济价值。晚开产，则初产蛋较大，但会降低总产蛋量，也是不利的。因此，在生产实践中，应当适时控制母鸡的开产日龄，特别是对育成期的母鸡尤为重要。

在北方地区，春天孵化的鸡，在当年昼长缩短时，性成熟，不会过早产蛋；产的蛋也较大，当年冬天不停产，经济效益高。冬季孵出的鸡，则在次年昼长时引起过早成熟，结果不仅产蛋小，而且冬季停产，造成经济上的损失。

育成期的光照强度以5～10 lx为好，既省电，又能防止啄癖发生。要获得此照度的灯泡及高度参数，参见表3-6。

表3-6　10.76 lx(一呎烛光)的光源高度

灯泡功率/W	光源高度/m	
	用灯罩	不用灯罩
15	1.1	0.6～0.7
25	1.4	0.9
40	2.0	1.4
60	3.1	2.1

控制光照时间：从7周龄每天11 h光照逐渐减少至20周龄的8～9 h。20周龄后，再每天增加0.5 h，直到产蛋鸡的正常光照时间。

近年来，国外较多采取从18周龄起改用产蛋光照，以促进早产蛋，避免开产时因产大蛋而引起的脱肛现象。根据我国的饲养水平，在20周龄开始使用产蛋光照，是适当的。

人工光照的原则：

(1)在育成期(蛋鸡由0～20周龄，种鸡由0～22周龄)，每天光照时间应保持一定，或逐渐减少，切勿增加。光照时间一般为8 h，不宜超过11 h，不得低于6～7 h。

(2)从育成期光照改变成产蛋期光照的最适宜时间，商品蛋鸡应是第20周龄，种鸡应是第22周龄。

4. 做好日常管理工作

(1)温度　从育雏转到育成鸡阶段，给温、降温、停温要逐渐改变其过程，不要突然变化。一般情况下，昼夜温度如果达到18℃以上，就可停温，当遇到大风降温天气仍要适当给温，并要注意观察夜间鸡群的情况，以减少意外事故发生。

(2)饲养密度　61～90日龄的育成鸡，每平方米室内地面容鸡密度为8～10只；91～

140日龄鸡，为5～6只。鸡群密度不宜过大，否则会影响鸡的正常生长发育。有条件的鸡场，可以实行放牧饲养。放养开始前要进行训练，形成条件反射，听从呼唤。要防止大雨淋湿，受凉而感冒，并防止兽害。

(3)注意鸡舍通风换气　育成鸡的生长发育旺盛时期，正处于夏天炎热季节，因此鸡舍内空气要新鲜，要注意通风换气。特别是夜间，当舍内温度高于18℃时，可将鸡舍窗户适当打开一部分。鸡舍窗户应设铁纱网，以防兽害。

(4)及时选择分群管理　第一次分群可按鸡体质强弱，大小，公母等进行，每群300～400只。育成鸡生长到3月龄之后，"十美"特征逐渐显示出来，雌雄形态特征从外形上已明显区分。这时对种鸡的选择应开始进行。这次选种应以体型发育和健康状况为主(第二次选种则以"十美"特征为主)。

(5)沙浴　鸡有沙浴特性，沙浴对鸡来说，是运动的一种方式，沙浴后羽毛干净。因此要设置沙浴的条件。

(6)做好产蛋鸡的挑选　育成鸡饲养到130日龄时，生殖器官发育成熟，进入产蛋期，需要由育成鸡转入产蛋准备期(140～180 d)。这时，要开始提高日粮中蛋白质饲料，相应地降低日粮中的糠麸数量，为适时开产创造条件。

在这一时期，对鸡群要整顿和编群，调整密度。在整顿编群时，将生长发育不良的鸡和个别瘦弱鸡淘汰掉。选留体质健壮，发育整齐的鸡只进行编群。饲养的密度应按成鸡的密度编群，平养时每平方米室内地面4只，每群不宜超过120只。

转移鸡群，应在开产前2周进行，其目的是使鸡有充分的时间适应新环境。鸡转群时宜避开气温高的时辰，舍内光线要暗，以仅可见到鸡为度，便于抓鸡。抓鸡时要轻抓轻放，以减少惊扰。

平养时，要准备足够的产蛋箱。产蛋箱的安置高度应距离地面30～60 cm。

(7)做好防疫卫生和驱虫工作　育成鸡在转入产蛋鸡舍前，要做1次抓鸡接种和进行1次驱虫工作

在转群前，对鸡舍、设备、用具等进行消毒。要把产蛋鸡舍的设备安装好，一切饲养用具都放进鸡舍。

5.药用肉仔鸡的饲养管理

肉用仔鸡的生长期分生长期和育肥期。根据这一特点，生长期从初生至5周龄，日粮中应含有较高的蛋白质，同时要补充足够的维生素和微量元素，以促进雏鸡的生长发育。育肥期从5～8周龄是长肉和贮存脂肪的时期。在日粮配合时，要求含碳水化合物较高的饲料，而粗蛋白质可稍低于前期，蛋白质和能量饲料，二者比例要恰当。乌鸡药用肉仔鸡最佳日粮粗蛋白为20%。日粮中应尽量限制糠麸和青饲料等含能量低的饲料，这些饲料在日粮中最多只能占10%。

饲喂方法多采用喂干粉料和湿粉料相结合。干粉料要保持常日不断，任仔鸡昼夜自由采食，每日上午、下午各喂1次湿料，可大大提高鸡的食欲，增加采食量，加速肉仔鸡的生长和增重。整日给料因属于强制饲养管理方式，仅适用于药用肉仔鸡。一般在屠宰前1周不要喂鱼粉，以免肉鸡屠体带有腥味，影响肉质。

光照不能太强，一般每天8～14 h。如采用灯光，以微弱灯光为好，只需提供一个方便采食、饮水的照度和能够充分采食及饮水的时间，使鸡群安静休息，有利于促进快速增重育肥。鸡舍内要冬暖夏凉，室温在16～20℃为宜。一般前2周温度稍高些无甚影响，后期皮下积有

一定量的脂肪，温度偏高则会增加死亡率。随着周龄、体重的增长，舍内应保持空气新鲜。饮水要卫生，不断水。

为了有效地切断循环感染疾病的途径，消灭舍内的病原体，鸡进入前对各种设备、用具等进行彻底的清扫、冲洗、消毒，最好是每栋鸡舍同批进入同日龄的鸡，同批整栋出场。

公、母雏分养，因为他们对生活条件的要求和反应也不一样。母雏沉积脂肪能力强，因而增重慢，饲料效率差。公雏对蛋白质及其中的赖氨酸等能很好地利用，因而增重快，饲料效率高。公、母雏分养，各自在适当的日龄出场，有利于提高增重率、饲料效率和整齐度，以及降低残次品率。

(三)成鸡的饲养

1.产蛋乌鸡和种鸡的四季管理

应根据不同的季节，气候变化，鸡的生理状态，产蛋等各种具体情况，搞好成年鸡的饲养管理。

春季气温逐渐上升，各种微生物容易繁殖，最好是在早春天气暖和之前进行一次彻底清扫环境和消毒，以减少疾病发生的机会。为了预防传染病，各种防疫灭病措施必须在乌鸡群没进入产蛋高峰前进行，如接种疫苗和驱虫工作等。

在自然光照条件下的乌鸡群，春季是产蛋旺季，也是孵化，育雏，培育新鸡群的最好季节。鸡日粮中各种营养物质必须完善，动物性蛋白质，维生素和矿物质要符合产蛋标准，以满足鸡产蛋需要。保持鸡群的健康，延长产蛋的持续时间，提高种蛋质量。鸡群日粮结构不能改变。如果此时营养物质供应不足，鸡体内贮存的营养物质开始消耗，体重开始减轻，势必引起换羽，甚至停产。

乌鸡对环境变化很敏感，稍有变化即可影响产蛋。在产蛋盛期，必须给予安静良好的环境和各种稳定的饲养条件。早春3—4月，外界温度变化较大，要注意天气冷暖，防止鸡群感冒。

鸡群在产蛋高峰后，不能急于降低营养水平，一般还要维持2～4周，这样有利于鸡消除疲劳，以后也能保持较高的产蛋水平。随着产蛋量增加，平养鸡要增设产蛋箱，并要经常更换产蛋箱内铺草，要勤捡蛋，保持种蛋清洁，避免破蛋和污损。

夏季天气炎热，多雨，潮湿，鸡食欲减退，产蛋量容易下降。因此，创造一个良好的环境，继续保持高产，是夏季管理的关键。

鸡的新陈代谢快，而体温调节又有局限性。在夏季要做好防暑降温工作，保持环境干燥卫生，加强舍内通风，降低密度，运动场要设遮阴物；在立体笼养鸡舍内，要注意舍内降温工作，鸡舍内要通风良好。夜间需要开窗时，要加设铁丝网，以防兽害。据研究，鸡产蛋的最适宜温度为13～23℃。

夏天喂饲应集中在早、晚凉爽的时候，要早放，晚回舍。因天气热，鸡食量减少，消化能力也差，应做好饲料的调配，增强适口性。如采用湿料喂饲时，最好现喂现拌。用配合饲料喂鸡时，一次也不要调配过多，特别是拌添加剂时，要现喂现拌。要尽可能地多喂些青饲料，保持鸡的食欲。饮水要充足，使鸡随时能饮到清凉的水，有利于鸡体散热。要经常观察鸡的神态和采食情况，在这个季节休产换羽的鸡多为寡产鸡或病弱鸡，应淘汰。

夏季还要预防蚊子和外部寄生虫。因此，鸡舍门窗要加设窗纱，沙浴箱内可放些除虫菊粉。鸡舍附近水坑要填死，要消灭蚊蝇孳生的场所。

秋季天高气爽，日照时间逐渐缩短，生活在自然光照下的鸡群，有的开始停产，有的陆续换羽，高产鸡换羽晚，或边产蛋边换羽，当年春季育成的新母鸡也将产蛋。所以，这时期要加强饲养管理，对产蛋鸡要设法推迟开始换羽时间和缩短换羽期。避免惊扰鸡群，注意天气变化。在换羽初期，饲料质量要好。日粮配合不能突然改变。笼养鸡日粮中要配给足够的维生素 B 族饲料。当鸡群进入大量换羽时期，要增加日粮蛋白质饲料，特别是含有赖氨酸、蛋氨酸的蛋白质。在饲料中加喂些生石膏粉或微量元素添加剂，对促进羽毛生长，缩短换羽期有利。

按鸡群周转计划做好选留、淘汰、补充调整鸡群和越冬的准备工作。根据换羽时间早、晚和停产与否，及时地将低产鸡、病弱鸡和老鸡淘汰，用当年培育的新母鸡补充鸡群，以减少饲料的浪费，保持鸡群的生产能力水平。

对于即将淘汰的老鸡，在秋季开始换羽前，可采取补充光照的方法推迟换羽期，以增加产蛋量。方法是根据当地日出、日落的时间，补充光照到 16～17 h。同时加强饲养，直到休产时再行淘汰。

利用秋季鸡产蛋少，换羽后将有一段休产期，当年培育的新母鸡尚未开产的时机，做好防疫接种疫苗注射和驱虫等工作，要进行鸡舍内、外大清扫、消毒等。做好各项过冬准备工作。

冬季天气寒冷，日照时间短，因此应采取必要的防寒措施，补充光照，设法提高鸡群产蛋率。

冬季鸡的日粮应多给些碳水化合物和脂肪含量较多的谷物饲料。笼养喂干粉料时，一定要按标准加入足够的饲料添加剂。在注意鸡舍温度的同时，必须保持舍内通风良好，有新鲜的空气和地面干燥。

冬季自然光照时间短，可采取人工补充光照办法提高产蛋率。

一般是采用从秋末开始和冬季给蛋鸡补充光照的方法，每日光照时数在 14 h 以下，对提高产蛋量作用不大，在 14～16 h 产蛋量最高，超过 17 h，鸡的产蛋生理机能受到扰乱，反而产蛋量下降。因此，鸡每天光照时间以 14～16 h 为宜。如果光照时间不足 14～16 h，就要人工补充光照。

种鸡群秋冬季节不必供给人工光照，采用人工补充光照主要适用于生产鸡群。人工补充光照开始日期，依各地当时日照时间的长短而定。一般从日照少于 10 h 开始，把每天光照时间补足到 14～16 h。

光照制度，每天光照时间要稳定。对发育差，体质较弱，体重轻的鸡群，应推迟一段时间补充光照。否则，鸡群早产，早衰，得不到应有的效果，反而使全年产蛋量有所减少。

人工补光的方法：一是需要补充人工光照时间，全部在天亮以前补给，或全部在日落以后补给；另一方法是，在天亮前和日落后各补一半。

2. 种鸡的配种

种用蛋鸡管理的主要目的，在于取得尽可能多的受精率高的合格种蛋。在管理时要注意：在将公鸡放入母鸡群之前，应将第二性征不显著的，体重过大或过轻的，眼、腿有残疾的，精神不振的公鸡淘汰；用于小群配种或笼养的种公鸡，有条件时应先进行精液品质的检查；公鸡每天配种 20～30 次，以清晨配种最为频繁，在炎夏季节，宜尽早放鸡到运动场上。在大群饲养条件下，有时受精率达不到应有的水平，因此每群最多不得超过 2 000 只，分隔为小圈，使公鸡在鸡群内均匀地分布。

3. 乌鸡生产性能的计算方法

料蛋比：即每千克蛋所耗用的饲料千克数。

(1)产蛋期料蛋比　指产蛋阶段每千克蛋耗用的饲料千克数。

$$\text{产蛋期料蛋比}=\frac{\text{产蛋期(或某一时期)耗用的饲料(kg)}}{\text{产蛋期(或某一时期)产蛋重量(kg)}}$$

(2)全程料蛋比 指全程(生长期+产蛋期)耗用的饲料千克数与产蛋千克数的比。

$$全程料蛋比=\frac{全程耗用饲料(kg)}{产蛋期产蛋重量(kg)}$$

(3)蛋鸡存活率 指产蛋期结束时的存活蛋鸡数占产蛋开始时蛋鸡数的百分比。

$$蛋鸡存活率=\frac{产蛋期结束时蛋鸡数}{产蛋期开始时蛋鸡数}\times 100\%$$

(4)月死亡率 管理得当的鸡群,月死亡率、淘汰率只占0.6%~0.8%,如果超过1%或者更多,则说明管理上存在问题,应仔细检查,找出原因,加以解决。

(5)开产日龄 又叫性成熟期,全群产蛋率达到50%的那一天,鸡是多少日龄,就是鸡群的开产日龄。

4.母鸡的就巢行为和催醒技术

母鸡就巢(或叫赖抱、抱窝),是鸟类的一种生物学特性,是一种母性行为。鸡的就巢习性反映其驯化程度。品种驯化程度很高的来亨鸡,年产300余枚蛋,几乎不表现就巢性。而年产蛋只有80~120枚的乌鸡,却表现出很强烈的就巢性,每产约15枚蛋之后,就出现就巢行为,停止了产蛋。

(1)引起母鸡就巢的生理机制 母鸡的就巢性是受内分泌的控制,并且具有遗传性。乌鸡的就巢性是由于生殖内分泌系统的一系列改变而导致促乳素的大量增加,再通过血液循环作用于卵巢和丘脑下部的体温调节中枢,从而抑制卵巢的发育和体温变化,血液循环加快,体温升高。在外部表现为:停止产蛋,性情温顺,被毛蓬松,抱蛋而卧,并发出"咯咯"的叫声等一系列的就巢行为。乌鸡体内激乳激素升高,是引起母鸡就巢的一个重要原因。而血清中较高水平的促乳素的维持,也就是说就巢行为的维持是靠促性腺激素的减少而维持的。促乳素通过阻断垂体促性腺激素分泌,或阻断对性腺的作用从而引起抱窝。

(2)母鸡醒抱的生理机制 采取适当的措施,通过内、外环境的改变,而控制和影响机体的内分泌系统,使促乳素减少,促性腺激素增加,而使其醒抱。要达到醒抱的目的,首先是通过刺激作用于体温调节中枢,使体温下降,从而直接抑制促乳素的产生。其次是通过激素或类激素药物及某些化学药物作用于机体内分泌系统的某一环节,通过正反馈或负反馈作用于垂体,从而抑制促乳素的产生。

脑垂体前叶促乳激素分泌增加就发生就巢,促乳素继续分泌靠促性腺激素分泌的减少来维持。关于母鸡醒抱技术的基本原理是拮抗促乳素的生理作用,达到降低体温,恢复母鸡的正常活动和产卵机能。

(3)母鸡催醒方法 大致有物理-机械法和化学-药物法两种。

①物理-机械法

光亮通风:白天把抱窝母鸡放在光亮的地方,使它抱不成窝,晚上把鸡笼挂在通风的地方,使鸡体温降低,可以抑制促乳素的产生和就巢行为的出现。

毛翎穿鼻:用鸡翎穿透鸡的鼻隔(两鼻孔间是母鸡的醒抱穴位),并让鸡毛留在鼻孔上,母鸡受到刺激非常不安,经常用爪去抓羽毛,也就抱不成窝。

捆缚翅膀:把抱窝鸡两翅用绳子捆住,既可以降低体温,又可以约束鸡的行动,加速母鸡醒抱。

换位:把抱窝鸡换入新鸡群内,由于生活环境改变,鸡群改变,对抱窝鸡也是一种刺激,促使其醒抱。

②化学-药物法

涂抹清凉油：用清凉油在母鸡脸上擦抹，注意不要抹入眼内；热天还可以将鸡用冷水喷淋或直接浸浴3～4次(每日)，以降低体温，促使醒抱。

喂去痛片(或安乃近)：在母鸡开始抱窝的第一天晚上，就喂它1片去痛片，第二天再喂1片，到第三天时如只是“咯咯”叫而无抱窝行为，即可停止服药，如第三天仍在抱窝，可再加服1片。

喂盐酸奎宁丸：每天喂给1～2粒(每粒重0.2 g)盐酸奎宁丸，初就巢母鸡2～3 d后即可醒抱。

喂以去痛片或盐酸奎宁丸，主要是使就巢鸡降低体温，促使醒抱。可能在服药后鸡冠会出现微紫色，但1～2 d即会转红，并无危险。

中药催醒：北京龙山乌鸡场介绍用方，其成分有：大黄、冰片和乙烯雌酚。做成面糊喂鸡，效果很好。此药具有清凉退热，激素调节的作用。

总之，使鸡群处于通风、光亮，勤换群，多放牧，会抑制就巢习性的发展。

5. 人工强制换羽

强制换羽是突然改变鸡群的生活条件，促使全群鸡在一个较短的时期内，全部脱换羽毛的一种方法。

在自然条件下，母鸡产蛋一年左右，到第二年秋季开始换羽，换羽期3～4个月；换羽有早有迟。如实行强制换羽，可缩短换羽时间，一般用2个月左右的时间，鸡身上的全部羽毛就脱换一新，重新产蛋。换羽后，鸡群产的蛋比较整齐，提高了鸡蛋的质量和全年产蛋量，降低了养鸡成本。

强制换羽前，要做好准备工作。实行强制换羽的必须是健康的鸡群，要于开始前1周接种新城疫疫苗。强制换羽会造成鸡群生活条件很大的变化，一些体弱、瘦小的鸡可能受不了而死亡。因此，在强制换羽开始之前，将瘦弱鸡淘汰。强制换羽在秋季进行效果最好，在春季3—5月开始给料的鸡雏，在第二年的9—10月可实行此法。而6—7月开始给料的鸡雏，在第二年的11—12月可实行人工强制换羽。要在很短时间内使鸡全部停产休息。

在强制换羽2周后，要加强饲养，饲料中多补些鱼粉及含硫氨基酸多的料；换羽期间日粮中的粗蛋白水平保持在16.6%～17%。天冷时进行强制换羽，要注意鸡舍的防寒保温。

人工强制换羽的方法很多，现简要介绍如下：

(1)常规办法　主要是通过对水、料与光照时间的限制，使鸡群的生活条件突然改变，营养缺乏，因而引起换羽。

过去对水、料的限制较严，有的采用间断给水和喂料，有的是几天不喂料，不给水。近年来研究结果认为，只要断给水1～2 d，断料3～4 d，将光照时间由14 h突然减到8 h，就能很快引起换羽。或采用断水2 d，控制采食量最多6 d；或仅断水、断料一整天，都能引起鸡的换羽。一般到产蛋率低于1%时开始增料，7～8周后恢复14 h光照，光照恢复2周后，产蛋量即迅速上升。

(2)化学方法　在鸡日粮中添加锌的办法，使鸡群换羽也比较快。具体做法是：在换羽鸡群饲料中加入2%锌粉(氧化锌)，饲喂4 d后，产蛋量下降，约7 d全部停产，同时减少光照时间。然后，撤掉日粮中的锌。用锌强制换羽要用含钙高的日粮，不应低于3%～4%的钙。过低的钙易使鸡发生笼养疲乏病和高的死亡率。一般在14～20 d后恢复产蛋，6～7周后到达第二产蛋周期。

(四)乌鸡的营养需要与饲料配方

1.营养需要

乌骨鸡虽然品种特征奇异，但其营养需要却无特别之处，其营养需要一般均参照家鸡的营养需要标准。由于乌骨鸡体小娇嫩，生长慢，饲料消耗少，生长发育和生产性能与一般家鸡存在较大差异。因此，在引用一般家鸡的营养标准时，应根据乌骨鸡的不同品种和不同阶段，结合当地的实际情况进行修正，拟定比较适合的标准。表3-7的营养标准可供配合日粮时参考。

表3-7 乌骨鸡各阶段营养需要

营养成分	雏鸡（0～60日龄）	育成鸡（60～150日龄）	种鸡（151～500日龄）	
			产蛋率＞30%	产蛋率＜30%
代谢能/(MJ/kg)	11.91	10.66～10.87	12.28	10.87
粗蛋白/%	19	14～15	16	15
蛋能比/(g/MJ)	＜15.95	13.13～1.80	＜14.20	＜13.80
钙/%	0.80	0.60	3.2	3.0
总磷/%	0.60	0.50	0.60	0.60
有效磷/%	0.50	0.40	0.50	0.50
盐/%	0.53	0.35	0.35	0.35
蛋氨酸/%	0.32	0.25	0.33	0.25
赖氨酸/%	0.80	0.50	0.60	0.50

2.饲料配方举例

乌骨鸡消化力弱、喙短小，因此应选营养物质含量高，易于消化而又经济、来源容易的饲料原料，进行合理搭配，组成乌骨鸡的日粮。现将乌骨鸡日粮配方举例列于表3-8和表3-9。

表3-8 乌骨鸡的饲料配方(一) %

周龄	玉米	小麦	稻谷	麸皮	豆饼	鱼粉	骨粉	贝壳粉	草粉	食盐	添加剂	备注
1～4	55	4	3	2.2	27	6	1	1	0.3		0.5	1.鱼粉含粗蛋白60%。 2.添加剂包括维生素、微量元素、氨基酸、促生长素、抗病药物
5～8	50	8	6	6	22	5	1	1.2		0.3	0.5	
9～13	52	6	6	9	18	5	1.2	2		0.3	0.5	
14～17	46	6	13	10	12	5	1.7	1.5	4	0.3	0.5	
18～25	51	6	14	7	9	4	2	1.2	5	0.3	0.5	
初产期	38	10	12	10	13	5	2.2	3	6	0.3	0.5	
盛产期	42	6	9	10	15	6	2.2	3	6	0.3	0.5	
产蛋后期	43	7	9	10	14	5	2.2	3	6	0.3	0.5	

表 3-9 乌骨鸡的饲料配方(二) %

阶段	原料									
	玉米	小麦	麸皮	草粉	豆饼	鱼粉	骨粉	贝壳粉	食盐	添加剂
育雏期	56	7.2	4		25	5	1	1	0.3	0.5
中雏期	53	12.2	7	1	20	4	1	1.2	0.3	0.5
大雏期	53	13.7	9	3	16	2	1.5	1.5	0.3	0.5
产蛋前期	50	10.7	7	4	20	2	2.5	3	0.3	0.5
产蛋盛期	46	8.0	8	5	22	3	2.5	3.7	0.3	0.5
产蛋后期	50	8.7	10	5	18	1	2.5	4	0.3	0.5

五、乌鸡场场址的选择与建设

(一)场址的选择

(1)地势　乌鸡场应选择高燥,排水良好,稍有坡度的平地,以背风向阳为宜。在山区建场,不宜在山顶或潮湿的洼地,应选择坡度不大的半山腰处。

(2)土壤　要求土壤未被传染病原所传染,土壤的透气性和透水性良好,以沙壤土或壤土为宜。

(3)水源　乌鸡场的水源应当充足,水源位置要适中。用自来水或井水饮鸡。水质要好。

(4)交通和位置　乌鸡场应设在环境比较安静的地方,交通要方便,以便于产品运输。此外,应考虑电源设备,以保证生产需要。

(二)乌鸡场建筑物的布局

场内布局主要取决于乌鸡场的规模和机械化程度,要有利于工作和防疫。办公室、宿舍和鸡舍应距离 100 m 以上。饲料加工室、仓库、辅助建筑物之间可以靠近,但也要有一定距离。堆粪场应选择在离宿舍和乌鸡舍 500 m 以外的下风头;料道、粪道分开。

建筑的种类,根据不同用途划分:如孵化室、育雏室、中雏舍、种鸡舍、商品鸡舍、饲料加工室、储藏仓库、办公室等。

(三)乌鸡舍建筑

1. 乌鸡舍应具备的条件

要求舍内保温、防暑性能良好。乌鸡舍的适宜温度为 10～23℃,如冬季低于 5℃,夏季高于 29℃,对鸡不利。

舍内通风良好,空气中氧气含量不能低于 21%,二氧化碳允许在 0.1%～0.5%的范围内,氨气不能超过 20 mg/kg,相对湿度不能高于 60%。

舍内阳光充足,鸡舍应有采光设备和控制补充光照的设备。

2. 鸡舍式样

鸡舍的式样很多,主要有三种,一种是有窗开放式鸡舍,另一种是无窗密闭式鸡舍,还有开放与密闭结合式,现代化大型鸡场主用此类型。

(1)两面坡式鸡舍　在气候温和或较炎热的地区比较适合。缺点是占地较多,用工多。

(2)半地下式鸡舍　在寒冷地区,半地下鸡舍防寒效果好。修盖方法,挖深 1.7 m、宽

1.7 m、长 3.3 m 的长方形坑，前檐高出地面约 30 cm，安上玻璃采光，后檐与地面平行，在鸡舍侧面设门，供人出入。

(四)饲养工具

(1)料槽　有一般饲槽和笼养饲槽之分。一般饲槽适于平养鸡舍使用。饲槽可分成鸡、中雏和小雏三种。

(2)水槽　有水盆、饮水器、广口瓶和碟子等。

饮水器由水盘和贮水桶两部分组成。贮水桶近下缘有 0.01 m 直径的小孔，小孔的上缘不能高于水盘的上缘。否则，水就会从水盘溢到外边。

第二节　鹌鹑养殖

一、概述

(一)分类地位

鹌鹑简称鹑，属于鸟纲(Aves)鸡形目(Galliformes)雉科(Phasianidae)鹑属(*Coturnix*)，是鸡形目中最小的一类，头小尾秃，俗称"秃尾巴鸡"。

(二)养殖历史及现状

我国驯鹑历史悠久，早在 3 000 多年前就有鹑的记载，战国时即被列为"六禽之一"。目前饲养的鹌鹑是由野生鹌鹑经过 100 余年的驯化和人工选育而来。自 20 世纪 30 年代开始，日本、法国、美国、朝鲜等国发展迅速，我国 20 世纪 80 年代后开始发展规模饲养，引用了新的蛋用、肉用型家鹑品种，建立了专门的种鹑生产基地，养殖户大规模地发展起来，已成为仅次于鸡、鸭的"第三养禽业"。目前我国鹌鹑饲养量约有 3.5 亿只，占整个世界的 35%，排第一位。东起华北南部，西至四川、西藏南部，南至海南广大地区均有分布，主要繁殖于东北、河北、山东、新疆。

(三)养殖种类

鹌鹑分为蛋用品种和肉用品种。

1.蛋用型鹌鹑品种

(1)日本鹌鹑　世界著名的蛋用培育品种，系利用中国野生鹌鹑经 65 年反复改良形成，亦名"日本改良鹑"。主要分布在日本、朝鲜、中国及印度和东南亚一带。目前国内饲养数量不多，分布也不广。

日本鹌鹑以体形小、产蛋多、纯度高而著称。体羽呈栗褐色，公鹑脸部、下颌、喉部为赤褐色，胸羽呈砖红色；母鹑脸部淡褐色，下颌灰白色，胸羽浅褐色，上缀有粗细不等的黑色斑点，似鸡心状分布。成年公鹑体重 110 g，母鹑 130 g。35～40 日龄开产，年产蛋量 250～300 枚，蛋重 10.5 g，蛋壳上布满棕褐色斑块，有光泽；或布满棕褐色或青紫色斑点或斑块，壳表为粉状而无光泽。

(2)朝鲜鹌鹑　由朝鲜采用日本鹌鹑培育而成，是我国目前分布最广、数量最多的蛋用品种，因蛋用性能与肉质俱佳，非常适宜农村饲养。

朝鲜鹌鹑体形稍大于日本鹌鹑，羽色与日本鹌鹑基本相同。成年公鹑体重 125～130 g，母鹑近 150 g。45～50 日龄开产，年产蛋量 270～280 枚，蛋重 11.5～12 g。蛋壳色斑与日本鹌鹑同。

(3)中国白羽鹌鹑　系朝鲜鹌鹑的突变个体—隐性白色鹌鹑。由北京市种鹑场、南京农业大学、中国农业大学等单位于 1990 年培育而成。

中国白羽鹌鹑体型略大于朝鲜鹌鹑。初生时体羽呈浅黄色，背部深黄条斑。初级换羽后即变为纯白色，其背线及两翼有浅黄色条斑。红眼、喙、胫、脚肉色、白羽紧贴体躯，体形美观秀气，有较高的观赏价值，可作观赏鸟。

成年公鹑体重 145 g，母鹑体重 170 g，开产日龄 45 d，年平均产蛋率 80%～85%，年产蛋量 265～300 枚，蛋重 11.5～13.5 g。产蛋期日耗料 24 g，料蛋比 3∶1。生长速度和增重与朝鲜鹌鹑相近，但产蛋性能明显超过同期朝鲜鹌鹑。

(4)中国黄羽鹌鹑　由南京农业大学发现并培育成功，属隐性黄羽。体羽黄色，体型与朝鲜鹌鹑相似，但生产性能高于朝鲜鹌鹑。开产日龄为 50 d，年产蛋量 285 枚，料蛋比 2.75∶1，年平均产蛋率 78%，平均蛋重 11.43 g。成鹑体重公鹑 114 g，母鹑 144 g。

(5)自别雌雄配套系　利用隐性白羽基因鹌鹑纯系公鹑与栗羽母鹑杂交，其子一代可根据雏鹑颜色自别雌雄，其鉴别准确率为 100%，具有很高的育种与生产价值。

此外，还有法国白羽鹌鹑、爱沙尼亚鹌鹑等。

2. 肉用型鹌鹑品种

(1)法国迪法克系肉用鹌鹑　又称法国巨型肉用鹌鹑，是由法国鹌鹑育种中心育成的著名肉用品种。是我国肉鹑中饲养最普遍，分布最广泛的品种。

体形大，体羽基色为灰褐色与栗褐色，间杂有红棕色的直纹羽毛，头部呈黑褐色，头顶部有三条淡黄色直纹，尾羽较短。公鹑胸羽呈红棕色，母鹑则多呈灰白色或浅棕色，并缀有黑色小斑点。初生雏鹑胎毛为栗色，背部有三条深褐色条带，色彩明显，具光泽，头部金黄色胎毛 1 月龄后逐步脱换。

成年公鹑重 300～350 g，料肉比为 2.13∶1，母鹑 42 d 开产，年平均产蛋率 60%，孵化率 60%，蛋重平均 12.5～14.5 g。

(2)中国白羽肉鹑　由北京市种鹑场，吉林大学兽医部等单位从法国肉用鹌鹑中选育而成。体型同法国迪法克肉用鹌鹑，黑眼、喙、胫、脚肉色，成年母鹑体重 200～250 g，开产日龄 40～45 d，平均产蛋率 70%～80%，蛋重 12.5～13.5 g，每日每只耗料 28～30 g，料蛋比为 3.5∶1。肉用仔鹑 40 日龄体重 210～230 g。

(3)法国莎维麦脱肉鹑　由法国莎维麦脱公司育成。适应性和抗病力较强，易饲养，自向全国推广以来，受到养鹑者的欢迎。

体形硕大，生产性能好，外貌基本同法国肉用鹌鹑。35 日龄时平均体重超过 220 g，料肉比为 2.4∶1，成年最大体重超过 450 g，35 日龄开产，年平均产蛋量 260 枚，平均蛋重 13.5～14.5 g。

此外，较著名的还有美国法老肉鹑，美国加利福尼亚肉鹑，澳大利亚肉鹑，英国白羽肉鹑等。

(四)鹌鹑的经济价值及应用

鹌鹑素有"动物人参"的美誉，其药用价值很高。《嘉祐本草》记述："和小豆、生姜煮食，止泄痢"；李时珍在《本草纲目》中详细记载"补五脏，益中续气，实筋骨，耐寒暑，消结热，主治泻痢，疳疾，有养肝利肺，通利九窍"。现代医书《中国药用动物志》、《东北动物药》、《广西药用动物》等记述，鹑肉具有补中益气、止泻、止咳的功能；对久病体弱、小儿疳积、腹泻、百日咳等有一定疗效。鹑蛋熟食对各种慢性病、心脏病、失眠、胃病、肺病、神经衰弱、肋膜炎等症有一定的辅助疗效。临床试验表明，鹑蛋对肺结核、妇女产前产后贫血、肝炎、糖尿病、营养不良、动脉硬化、高血压等有调理补壮的滋养作用。另据国外报道，鹌鹑蛋对于过敏也有一定疗效。

经分析测定，鹑蛋和鹑肉营养成分丰富，见表 3-10 至表 3-12。从表中可知，肉中含有的蛋白质含量高达 22.2%，含有多种人体必需氨基酸，维生素和矿物质，是典型的高蛋白、低脂肪、低胆固醇食物。鹑蛋蛋白质含量高达 13%，鹑蛋中蛋白比例占 60.4%，蛋黄 31%，蛋壳 7.3%，内壳膜 1%。蛋壳薄，组织严密，内壳膜坚韧，壳面有一层黄色油脂，在炎热夏季储藏 50～60 d 不坏。

表 3-10 鹌鹑肉营养成分(每 100 g 可食部分)

类别	水分/%	蛋白质/%	脂肪/%	碳水化合物/%	灰分/%
鹌鹑肉	73.7	22.2	3.4	0.7	1.3
类别	热量/kJ	钙/mg	磷/mg	铁/mg	
鹌鹑肉	510	20.4	277.1	6.2	

表 3-11 鹌鹑蛋营养成分

类别	水分/%	蛋白质/%	脂肪/%	糖/%	热量/kJ	钙/mg	磷/mg
鹌鹑蛋	72.9	13.1	12.3	1.5	695	72	238
类别	铁/mg	维生素 A /IU	维生素 B_1 /mg	维生素 B_2/ mg	全蛋胆固醇/ (mg/100 g)	蛋黄胆固醇/ (mg/100 g)	
鹌鹑蛋	3.8	1 000	0.11	0.86	674	1 670	

表 3-12 鹑肉的氨基酸组成及含量(干物质) %

氨基酸	蛋氨酸	赖氨酸	色氨酸	谷氨酸	天门冬氨酸	苏氨酸
含量	2.27	6.39	0.76	12.81	7.61	3.60
氨基酸	丝氨酸	甘氨酸	丙氨酸	胱氨酸	缬氨酸	亮氨酸
含量	3.27	3.14	4.31	1.04	3.42	6.21
氨基酸	异亮氨酸	酪氨酸	苯丙氨酸	组氨酸	精氨酸	脯氨酸
含量	3.18	2.44	3.48	2.06	5.35	2.29

此外，鹌鹑还可作为实验动物，具有繁殖快，易饲养，体型小，成本低等特点，应用于禽病研究中的疾病诊断，病毒继代，药品毒性测定等。

二、鹌鹑生物学特性

(一)鹌鹑的外貌

鹌鹑在鸡形目中属体形最小的种类，出生体重仅为 6～12 g，身体呈纺锤形，形似雏鸡；头较小、喙细长，尖而稍弯、无冠髯、胫无距、茶褐色是基本羽色，额及喉为砖红色；背部赤褐色，并散布黄直条纹和暗色横纹；头部黑褐色，中央有淡黄色直条纹，有的颈侧内有一白圈；腹部的羽色公鹑淡黄色，母鹑白色；尾巴较短，有尾羽 10～12 根，尾羽短而下垂，翼长 10 cm，可遮住尾巴；脚有 4 趾，1 趾在后，3 趾向前。体形大小因品种、性别而差别较大。母鹑比公鹑稍重，这是家禽中的特殊情况。

鹌鹑的外貌见图 3-3。

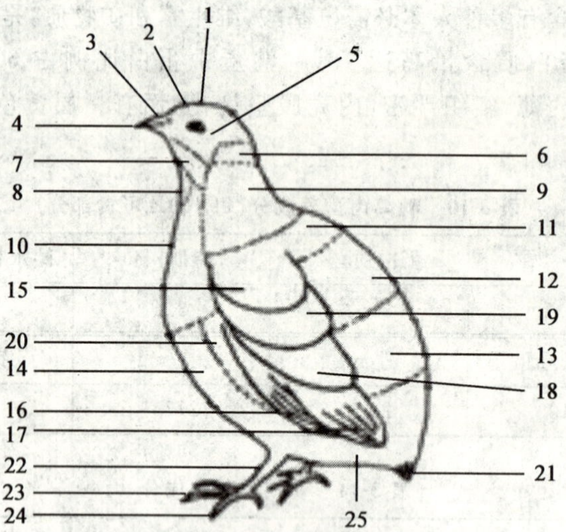

图 3-3　鹌鹑外貌示意图

1.头　2.眼　3.鼻　4.喙　5.耳　6.枕　7.颏　8.喉　9.颈　10.胸　11.肩　12.背　13.鞍　14.腹　15.翼肩　16.主翼羽　17.副主翼羽　18.副翼羽　19.覆翼羽　20.肷　21.尾　22.胫　23.趾　24.爪　25.绒羽

（二）鹌鹑的生物学特性

鹌鹑的生物学特性包括：

(1)具有残留野性行为。因驯化时间短，残留一定的野性，如爱跳跃，快走，喜短飞。

(2)杂食性。食谱广且杂，嗜食颗粒状饲料、昆虫与青绿饲料。采食行为有规律，早晨及傍晚进食与饮水频繁，间隔时间较短，午后进食次数较少，间隔时间较长。有发达的味觉及明显的味觉喜好，喜甜和酸味。

(3)新陈代谢旺盛。生理机能旺盛，新陈代谢快。正常体温雏鹑：40℃左右，成鹑为 41～42℃。每分钟呼吸频率：公鹑 35 次，母鹑 50 次。心跳频率 150～220 次/min。

(4)性成熟早。母鹑一般于 5～6 周龄左右开产；世代间隔短，孵化期仅 17 d，一年内可继代 5～6 次。公鹑 1 月龄开叫，45 日龄后有求偶与交配行为。

(5)体成熟早。肉用仔鹑可于 3～4 周龄时体重达 125～200 g 时上市或加工。

(6)生产性能较高。蛋用母鹑年产蛋 300 枚左右，每枚蛋重 10～12 g，料蛋比为(1.8～2.6)：1。经人工驯化后鹌鹑就巢性已丧失，需人工孵化助其繁衍后代。肉用鹑一般 28～35 日龄体重可达 200 g 以上，是初生体重的 25 倍左右，饲养转化率高，料肉比为(2.5～2.6)：1。

(7)适应性广。鹌鹑驯化后，一般环境条件下均可饲养。易于管理，尤耐密集型笼养，便于工厂化生产。

(8)富于神经质。反应敏感，易惊群，受惊时会出现飞窜受伤。

另外，鹌鹑对温度要求严格，喜温。性喜沙浴，时常用喙钩取粉料撒于身上，或在料槽内做沙浴动作。

三、饲养设施及设备

(一)鹑场的要求

鹑场要求建在地势高燥，阳光充足，朝南或朝东南方向。水源充足，水质良好，供电有保证的地方，既要远离主干公路、居民区和工厂，又要便于交通运输。可建在半山坡，既利于排水，又利于通风。

(二)鹑舍的要求

小型鹑场或饲养专业户，可利用原有民房，适当改建，但应设有顶棚，以水泥地面为宜。大型专业鹑场或新建鹑舍，应划分孵化室、育雏鹑舍、仔鹑舍、种鹑舍、饲料房等，生产区和生活区应严格分开，饲料贮存库和育雏舍要建在鹑场的上风口，兽医室、病死鹑处理场、粪便处理池要安排在下风口。

鹑舍具体要求如下：

(1)利于保温、防暑。鹑舍最好是坐北朝南的正房，室内明亮干燥，温暖舒适，既能使室温保持在20～25℃，又可防暑。

(2)保证湿度合理。一般要求相对湿度为55%。

(3)利于通风换气。应设有窗户或通风设备，利于排出有害气体与灰尘。通风要与保温协调好，风速不宜过大。

(4)保证人工光照。应有较大的窗户或加设天窗，窗户面积为舍内地面面积的1/6～1/5。同时必须安装照明设备，夜间须有光照度。

(5)利于防疫消毒。鹑舍的地面和顶棚最好是混凝土结构，地面要稍有一定倾斜度，便于洗刷消毒、排水，进行喷雾和熏蒸消毒。

(三)笼具

笼具按生长发育和生产阶段，可分为雏鹑笼、仔鹑笼、产蛋笼、种鹑笼、肥育笼、运输笼等。

1. 雏鹑笼

主要饲养0～2周龄或3周龄的雏鹑，常见的有五层叠层式，如图3-4和图3-5所示。

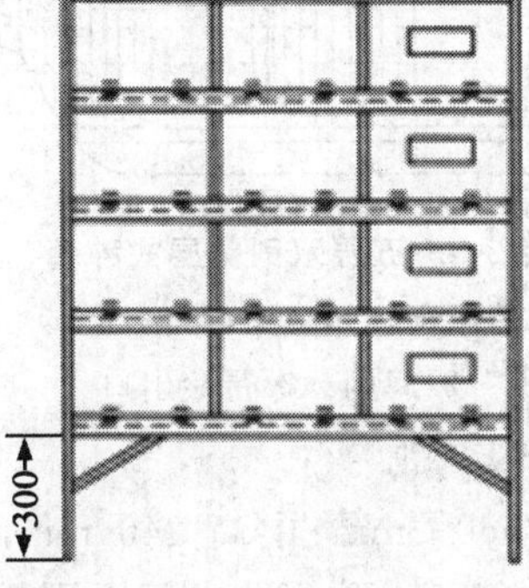

图3-4　五层叠层式育雏笼架正面图(单位：mm)

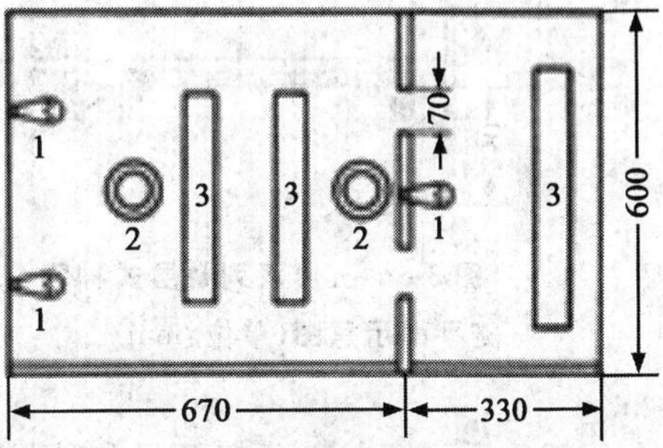

图3-5　五层叠层式育雏笼架单层剖面示意图(单位：mm)

1. 白炽灯　2. 饮水器　3. 食槽

如图 3-5 所示，左 2/3 处供雏鹑采食、饮水、活动和休息；右 1/3 处为保温室，用木板或纤维板制成一箱罩，其顶与两侧均留有通风孔；中间设隔板或布帘，留有洞门供雏鹑出入。

每层正面设有笼门，可镶一玻璃窗便于观察。侧网、后壁网可采用 15 mm×10 mm 钢板网或塑料网；顶网采用 10 mm×10 mm 的塑料网或塑料窗纱，底网采用 10 mm×10 mm 金属纺织网，下设支撑；每层底网下配置承粪板，可用白铁皮、铝皮或塑料制成。

每层笼底上配置食槽、饮水器。食槽安装在育雏笼内，用白铁皮、铝皮、塑料、木板制成，1～5 日龄规格为长 300 mm× 宽 75 mm×高 15 mm，6～30 日龄规格为长 400 mm× 底宽 35 mm，上宽 55 mm(各边卷边 5 mm)×高 25 mm，为防鹌鹑将饲料刨出槽外，可在饲料上面铺一块 1 cm 网眼的铁丝网。饮水器采用玻璃罐饮水器和塑料雏鸡饮水器。

育雏笼的热源有电热丝(300 W 串联，均匀分布，底层为 500 W)、电热管(瓦数与电热丝同)，也可采用白炽灯泡(25～100 W)、红外线灯等。

2. 仔鹑笼

供 3～6 周龄仔鹑用，也可作为肥育笼或种公鹑笼使用。除底网外其他制作材料、规格与育雏笼同。底网网眼为 20 mm×20 mm 的金属纺织网，可加铺网眼为 10 mm×15 mm 的塑料网过渡。承粪板要求同育雏笼。食槽、水槽可悬挂于笼外，食槽底部和鹌鹑腰部同一水平。规格为 300 mm×60 mm×50 mm，槽边内卷档边 10 mm，为方便采食，面网改设隔栅，隔栅间距 30 mm。

3. 种鹑笼

专供种鹑使用，多采用双列叠层式笼，如图 3-6 至图 3-8 所示。

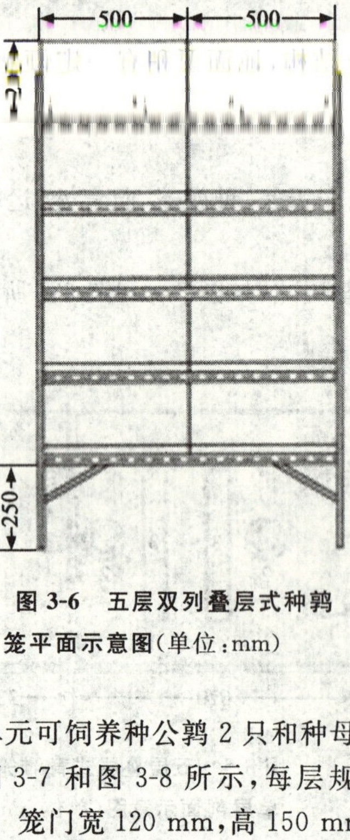

图 3-6　五层双列叠层式种鹑笼平面示意图(单位：mm)

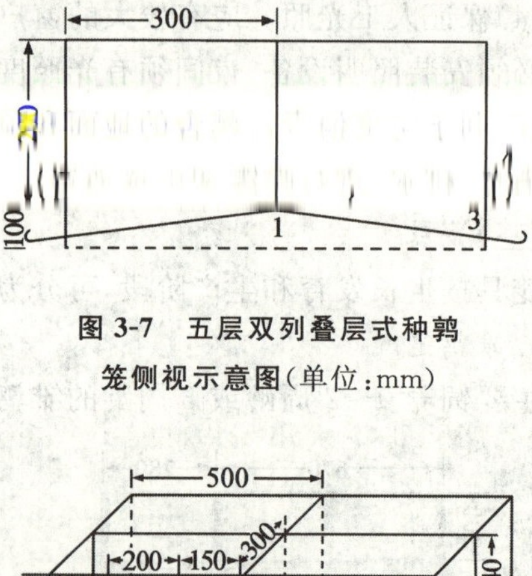

图 3-7　五层双列叠层式种鹑笼侧视示意图(单位：mm)

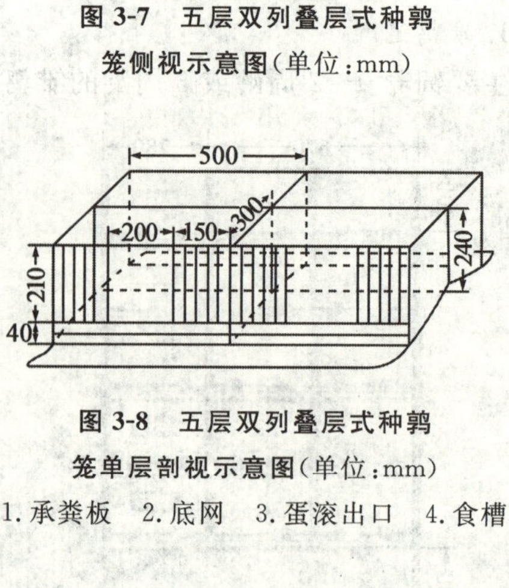

图 3-8　五层双列叠层式种鹑笼单层剖视示意图(单位：mm)

1. 承粪板　2. 底网　3. 蛋滚出口　4. 食槽

每单元可饲养种公鹑 2 只和种母鹑 5～7 只。

如图 3-7 和图 3-8 所示，每层规格为长 1 000 mm、宽 600 mm、中高 240 mm，两侧高 280 mm。笼门宽 120 mm，高 150 mm，位于各单元的正中。笼底、两侧及中间隔网用网眼为

10 mm×20 mm 的钢板网，笼底向笼外伸出 100 mm，外边缘向上卷起成集蛋槽，笼底倾斜为7°，以利鹑蛋滚出至集蛋槽内。笼体架在规格为 25 mm×25 mm×30 mm 的角铁上，或每层间采用套筒支架连接。采用白铁皮、铝皮等制成的承粪板设在每层底网下，卷边高 25 mm，应留一窄边不设卷边，便于倾倒粪便。为防成鹑飞跃时头部受伤，笼顶罩塑料格栅网或塑料网纱，不宜采用金属制品网。

每层每侧 3 个食槽与水槽，规格均为长 300 mm×宽 60 mm×深 50 mm，槽四边均有内卷的 10 mm 挡边，均可采用白铁皮或铝皮制成。槽底须留有 30 mm 的高度以利鹑蛋滚落。

4. 产蛋鹑笼

专供产蛋鹑用，笼高 200～250 mm，不必设中间格栅，层数可适当增加。笼子底部制成网状，网孔大小以鹌鹑粪便能漏下为宜，网底稍带倾斜度，蛋鹑槽底与笼底间留有 30 mm 间隙，供产下的鹑蛋滚落在集蛋槽上。

四、鹌鹑的繁殖

鹌鹑的繁殖包括种鹑的选择、配种、人工授精、人工孵化与雌雄鉴别等重要环节。

(一)种鹑的选择

应根据外貌、系谱、生产力，后裔与综合方法进行选择种鹑。

1. 外貌

一般采用眼观、耳听、手摸来选择。

种公鹑羽毛覆盖完整而紧密，颜色深且富光泽，体壮胸宽，头大，喙色黑而有光泽，吻合良好，眼大有神。雄性特征明显，叫声高亢洪亮，稍长且连续，泄殖腔腺发达，性欲强盛，交配力强。爪尖锐，能完全伸开，交配时可顺利爬跨。体重 115～130 g，符合标准，体质结实。

种母鹑羽毛完整丰满，色彩明显，头小而俊俏，眼大明亮，颈细长，体态匀称，体质健壮，食量较大。体重 130～150 g 为宜，体重超过 170 g 产蛋能力不高。腹部容积大，左右耻骨间至少有两指宽，耻骨游离端与胸骨后端有三指宽为高产型，但此法不适用于老鹌鹑。

2. 系谱

通过系谱可掌握父母代和祖代生产性状、遗传特性，按规定为种鹑、种雏进行编号、选种选配及孵化。种鹑无论公母都应选择三代以内发育良好、无疾病、体重在 120 g 以上且体形丰满者。

3. 生产力

母鹑 40 日龄左右开始产蛋，开产后前 3 个月必须高产，年产蛋率蛋用型要在 80%以上，肉用型要在 75%以上。月产蛋量在 24～27 枚以上。种公鹑除考虑配种效果外，还要根据其全同胞及半同胞姐妹的生产水平来选择。

4. 后裔

通过后裔与父母的比较，后裔之间的比较以及后裔与生产群的比较来鉴别出父母代的优劣，从而进行种鹑选择。

5. 综合

根据上述四个方面进行评分，综合分析，决定选择与淘汰。

(二)配种

1. 开产及适宜交配时间

鹌鹑 40 日龄左右即可开产，但此时性器官尚未完全成熟，不可进行配种。通常鹌鹑 4 月龄时开始配种留种蛋入孵直至 10 月龄。鹌鹑早晚性欲最旺盛，交配后受精率最高，也可在母鹑产蛋后 20～30 min 内进行。

2. 配种方法及比例

一般采用自然交配法。生产中常用小群配种或大群配种。小群配种，公母鹑按 1∶(2～3)放在一起自然交配，适用于育种场；大群配种，公母鹑按 1∶5 配比，使每只公母鹑自由组合交配，受精率较高，适用于一般种鹑场。小群配种效果较好，公鹑较少斗架，母鹑的伤残率低。

种鹑入笼时，应优先放置公鹑使其先熟悉环境，占据笼位顺序优势，数日后再放入母鹑，可防众多母鹑欺负少数公鹑，也可提高受精率。

3. 种用年限

在配种期每隔 1～2 个月要淘汰原配种公鹑，补充具有交配能力的同笼饲养的年轻公鹑。种鹑的利用年限不宜太长，肉用型种鹑一般育种年限少于半年，蛋用型种鹑的育种年限以 8 个月左右为宜。

除采用自然交配法外，亦可用人工授精法。

(三)鹌鹑的人工孵化

鹌鹑经人工驯化后丧失就巢性，必须通过人工孵化来繁殖。

1. 种蛋选择、保存与消毒

选择：一般种母鹑 4～8 月龄进行交配留种蛋较好。交配后 2～3 d 产的蛋受精率不高，最好交配后 5～7 d 开始采种蛋。①选择 5 d 以内，花斑明显、不白皮、不酥皮、不软皮、不沙眼，大小适中的新鲜种蛋。②选择呈纺锤形或卵圆形，蛋形指数平均为 1.4 的正常鹑蛋。③选择蛋壳坚实，强度好的鹑蛋。④选择无粪便污染的鹑蛋。⑤选择符合蛋重 9～12 g 以上的鹑蛋。

保存：种蛋贮藏温度 10～20℃，相对湿度为 78%左右为宜。大头朝上放置在孵化盘内，置于安静、阴暗、空气流通良好，没有异味的地方，防止冷风直吹或阳光直射。如需运输，应防止日晒雨淋及温度变化，切记颠簸震动，装卸时要轻拿轻放。种蛋存放时间夏季不要超过 7～0 d，冬季不要超过 10 d。

消毒：多采用熏蒸法消毒，对清洁度较差的种蛋，每立方米用甲醛 42 mL，$KMnO_4$ 21 g，在温度 20～24℃，相对湿度 75%～80%条件下密闭熏蒸 20 min。在孵化器内进行第二次消毒时，每立方米用甲醛 28 mL，$KMnO_4$ 14 g，密闭熏蒸 20 min。对种蛋产出时间较短又比较清洁的，每立方米用甲醛 14 mL，$KMnO_4$ 7 g，密闭熏蒸 30 min。

2. 孵化方法与条件

孵化温度：种蛋消毒后，置于 25℃室内，预热 6～8 h 后开始孵化。可采用恒温孵化和变温孵化。

分批入孵宜用恒温孵化，1～5 d 第一批 38.1～38.6℃，到第 6 天，即第二批鹑蛋入孵后则固定为 37.8℃恒温孵化，第 15 天落盘至出雏盘内，改为 36.7～37.2℃。

整批入孵宜用变温孵化。平面孵化与立体孵化温度变化见表 3-13。

表 3-13 整批入孵时不同孵化方式各日龄温度变化 ℃

时间/d	1～6	7～14	15～17	
平面孵化	39.4～39.7	38.9～39.2	38.6～38.9	
时间/d	1～5	6～10	11～15	16～17
立体孵化	38.9～39.2	38.6～38.9	38.1～38.6	36.7～37.2

孵化湿度：以相对湿度为度量指标。整批孵化时，应掌握“两头高，中间低”的原则，孵化初期相对湿度以60%为宜，中期降低到50%即可满足胚胎水分代谢需要，出雏期为70%，出雏高峰期可增至72%，待95%雏鹑出壳后立即降低湿度，加大通风量，促使羽毛干燥，相对湿度可降至55%；分批孵化时，为使各胚龄的胚蛋都能正常发育，孵化期应经常保持相对湿度53%～57%，开始啄壳时，提高到65%～75%。

通风：孵化初期通风量小一些，后期加大通风量，通风口全部打开，要求孵化室内CO_2含量不超过0.3%。

翻蛋：平面孵化器，上中下温度不同，翻蛋可使种蛋受温均匀，出雏整齐，从种蛋入孵开始至出雏前2～3 d落盘时，每昼夜翻蛋4～6次；立体孵化器，每2～3 h翻蛋一次。翻蛋角度一般是45°～90°。注意孵化温度偏高时，胚蛋血管处于充血膨胀状态，为防止翻蛋振动引起死伤，应先凉蛋降温，待温度趋于正常后再翻蛋，一般每天凉蛋2次，至蛋温下降到30～35℃停止。

照蛋：孵化中要进行2次照蛋。一照在入孵后5～7 d进行，淘汰无精蛋和死胚蛋。受精蛋呈透明的青灰色为无精蛋，若蛋内有不规则的血斑、血环、血线的为死胚蛋。二照在入孵12～13 d进行，若蛋内见浑浊的液体，呈半透明状，有部分暗块，为死胚蛋，应剔除。鹌鹑胚胎逐日发育的主要特征见表3-14。

表3-14　鹌鹑胚胎发育的主要特征

胚龄/d	照蛋时看到的特征	胚胎发育主要特征
1	蛋黄上有一大圆点，胚盘区扩大	胚胎发育开始，直径约0.7～1.1 cm，器官原基出现
2	圆点继续扩大，出现圆形血丝	原始脑泡形成，卵黄囊血液循环出现，心脏开始跳动
3	卵黄囊血管网发育成蚊虫状	眼球开始着色，四肢、尿囊、羊膜囊形成
4	卵黄囊血管网发育成蜘蛛状	头部增大，眼睛发育明显，胚胎体呈弯曲状
5	血管占蛋面4/5，整个蛋呈红色，中心点红色较深，眼点黑色清晰	眼睛色素加深，躯体发育，四肢开始发育，尿囊血管迅速向锐端延伸，羊水增多，喙部形成
6	可见胎动	躯干增长，尾部明显，上喙尖端有一白色齿状突
7	血管加粗，胚胎时隐时现	胚胎进一步发育，卵黄囊吸收蛋白中的水分后达到最大值，可见眼睑
8	血管加粗，胚胎下沉	背部长出毛囊和绒毛，呼吸系统发育，趾爪分开
9	尿囊血管在蛋锐端合拢	尿囊膜包围蛋的全部内容物，全身出现绒毛，齿状突、爪角质化，雏形形成
10	除气室外，蛋身不透光	胎毛遍及全身，栗羽鹑出现黑色条纹，胚胎开始大量吞食蛋白
11	气室变大，锐端发亮，部分变小	胚胎进一步发育，喙角质化，爪发白
12～14	除气室外，蛋锐端不透光	躯干增长，蛋黄利用加快，脏器、肢体、绒毛继续发育，卵黄囊部分吸入腹内
15	气室变大，歪斜，可见胎动	喙进入气室，开始用肺呼吸，卵黄囊继续吸入腹内，有的开始啄壳
16	大部分已破壳，开始出雏	羊膜脱落，尿囊萎缩，卵黄囊全部吸入腹内
17	大量出雏	初生雏鹑重为鹑蛋重的70%左右

在孵化过程中虽可采用照蛋抽检鹑胚的发育，但因鹌鹑蛋壳色彩较深，观察胚胎发育较困难。

出雏：孵化第14～15天时，将蛋移至出雏盘内。孵化第16天开始啄壳，破壳部位一般在种蛋长径钝端2/3处。从开始破壳到出壳，需40～120 min。第17天为出雏高峰。

3. 鹌鹑的雌雄鉴别

(1)初生雏鹑

肛门鉴别法：鉴别者须经过专门训练，准确率高时可达99%。

应在出雏后6 h内空腹进行。在100 W的白炽灯下，左手将雏鹑的头朝下，背紧贴于掌心，拇指、食指和中指轻握鹑体，再用右手的食指和拇指将雏鹑的泄殖腔上下轻轻拨开。若泄殖腔的黏膜呈黄色，且下壁中央有一小的生殖突起，为公鹑；反之，若呈淡黑色，无生殖小突起，则为母鹑。

初生雏鹑的泄殖腔黏膜颜色深浅不一，很难从色泽上进行判断，而且泄殖腔太小，鉴别困难。另外此法保定和翻检时容易损伤鹑体，影响成活率和生长发育。

自别雌雄法：利用特定的配套系和伴性遗传原理，根据初生雏鹑颜色来鉴别雌雄。准确率为100%，且不损伤鹑体，已在国内推广利用。

(2)3周龄鹑　雏鹑初级换羽后，栗褐羽型仔鹑只要羽色生长正常，可根据羽毛形状和色斑进行鉴别。公鹑胸部开始长出红褐色的胸羽，偶有黑色斑点。少数母鹑胸羽酷似公鹑，脸部及下颌部尚未换羽完全，很难鉴别。白羽型仔鹑此阶段难以鉴别。

(3)1月龄鹑　仔鹑已基本换好体躯的永久羽，栗褐色羽型公鹑的脸、下颌、喉为赤褐色；胸羽为淡红褐色，有少数小黑斑点；腹部呈淡黄色。母鹑脸部为黄白色，下颌与喉部为白灰色，胸部密集有许多似鸡心状分布的黑色小斑点，腹部灰白色。

成年公鹑叫声高亢响亮，母鹑叫声低而短促。公鹑粪便上附有白色塑料泡沫状物，母鹑没有。从体重也可分辨成鹑公母，通常公鹑体重低于母鹑。

五、鹌鹑的营养需要与日粮配方

(一)鹌鹑的营养需要

目前我国还没有鹌鹑饲养标准与统一的饲料配方，一般参考国外的资料与饲养实践来配制，也没有专用于鹌鹑的添加剂。

1. 能量需要

鹌鹑每天从体表散发的热量为62.8～66.9 kJ。由初生到42日龄，每天活动消耗能量约为4.1 kcal；每增加1 g体重，约需要能量8.4 kJ。产蛋鹑能量要达到11.55～11.76 MJ/kg。

2. 蛋白质需要

蛋白质需要：雏鹑需22%～24%，仔鹑需24%。产蛋鹑需粗蛋白质19.3%～19.5%，赖氨酸、蛋氨酸在饲粮中分别为1.1%和0.8%；肉用鹑中粗蛋白质为24%～29%，赖氨酸和蛋氨酸应分别为1.4%和0.75%。

3. 矿物质和维生素需要

鹌鹑需要的矿物质元素约有十几种。锰和锌是鹌鹑所必需的，钾、镁、铁、铜、碘和硒等添加量要适当，过多对鹌鹑生长发育不利。产蛋鹑对钙要求较高达3%以上。

鹌鹑对维生素的需要量较高，是保证健康、正常生长、生产和繁殖不可缺少的。种鹑对维生素 A、维生素 E、生物素要求较高。

下面列举有关鹌鹑的营养需要标准见表 3-15 至表 3-17。

表 3-15　日本鹌鹑的营养需要

项　　目	开食和生长阶段	种鹌鹑
能量/(MJ/kg)	12.56	12.56
蛋白质/%	24.0	20.0
精氨酸/%	1.25	1.26
甘氨酸+丝氨酸/%	1.20	1.17
组氨酸/%	0.36	0.42
异亮氨酸/%	0.98	0.90
亮氨酸/%	1.69	1.42
赖氨酸/%	1.30	1.15
蛋氨酸+胱氨酸/%	0.75	0.76
蛋氨酸/%	0.50	0.45
苯丙氨酸+酪氨酸/%	1.80	1.40
苯丙氨酸/%	0.96	0.78
苏氨酸/%	1.02	0.74
色氨酸/%	0.22	0.19
缬氨酸/%	0.95	0.92
亚油酸/%	1.0	1.0
钙/%	0.8	2.5
有效磷/%	0.45	0.55
钾/%	0.4	0.44
镁/(mg/kg)	300	500
钠/%	0.15	0.15
氯/%	0.20	0.15
锰/(mg/kg)	90	70
锌/(mg/kg)	25	50
铁/(mg/kg)	100	60
铜/(mg/kg)	6	6
碘/(mg/kg)	0.3	0.3
硒/(mg/kg)	0.2	0.2
维生素 A/IU	5 000	5 000

续表 3-15

	开食和生长阶段	种鹌鹑
维生素 D/IU	1 200	1 200
维生素 E/IU	12	25
维生素 K/mg	1	1
核黄素/(mg/kg)	4	4
泛 酸/(mg/kg)	10	15
烟 酸/(mg/kg)	40	20
维生素 B_{12}/(mg/kg)	0.003	0.003
胆碱/(mg/kg)	2 000	1 500
生物素/(mg/kg)	0.3	0.15
叶酸/(mg/kg)	1	1
硫胺素/(mg/kg)	2	2
吡哆醇/(mg/kg)	3	3

表 3-16 法国肉用型种鹑营养需要表

阶 段	成分			
	粗蛋白质/%	代谢能/(MJ/kg)	钙/%	磷/%
生长期(1～42 日龄)	21.89	12.23	1.05	0.78
产蛋期(43 日龄)	18.00	11.40	2.33	[illegible]

表 3-17 中国白羽鹌鹑营养需要建议量

项目	0～3 周	4～5 周	种鹑
代谢能/(MJ/kg)	11.92	11.72	11.72
粗蛋白质/%	24	19	20
蛋氨酸/%	0.55	0.45	0.50
蛋氨酸+胱氨酸/%	0.85	0.70	0.90
赖氨酸/%	1.30	0.95	1.20
精氨酸/%	1.25	1.00	1.25
甘氨酸+丝氨酸/%	1.20	1.00	1.17
组氨酸/%	1.36	0.30	0.42
亮氨酸/%	1.69	1.40	1.42
异亮氨酸/%	0.98	0.81	0.90

续表 3-17

项目	0～3 周	4～5 周	种鹑
酪氨酸＋苯丙氨酸/%	1.80	1.50	1.40
苯丙氨酸/%	0.96	0.80	0.78
苏氨酸/%	1.02	0.85	0.74
色氨酸/%	0.22	0.18	0.19
缬氨酸/%	0.95	0.79	0.92
钙/%	0.90	0.79	3.00
有效磷/%	0.50	0.45	0.55
钾/%	0.40	0.40	0.40
钠/%	0.15	0.15	0.15
氯/%	0.20	0.15	0.15
镁/(mg/kg)	300	300	500
锰/(mg/kg)	90	80	70
锌/(mg/kg)	100	90	60
铜/(mg/kg)	7	7	7
碘/(mg/kg)	0.30	0.30	0.30
硒/(mg/kg)	0.20	0.20	0.20
维生素 A/IU	5 000	5 000	5 000
维生素 D/IU	1 200	1 200	2 400
维生素 E/IU	12	12	15
维生素 K/IU	1	1	1
核黄素/(mg/kg)	4	4	4
烟酸/(μg/kg)	40	30	20
维生素 B_{12}/(mg/kg)	3	3	3
胆碱/(mg/kg)	2 000	1 800	1 500
生物素/(mg/kg)	0.3	0.3	0.3
叶酸/(mg/kg)	1	1	1
硫胺素/(mg/kg)	2	2	2
吡哆醇/(mg/kg)	3	3	3
泛酸/(mg/kg)	10	12	15

(二)鹌鹑的常用饲料

1.能量饲料

鹌鹑常用的能量饲料有谷实类、糠麸类、块根块茎类和糟渣类。

(1)谷实类　主要有玉米、小麦、大麦、碎大米、小米、高粱等。在配合日粮中玉米可占35%～65%,小麦可占10%～20%,碎大米可占20%～40%。

(2)糠麸类　主要有麸皮、米糠等,在日粮中用量以不超过10%为宜。

(3)块根、块茎和瓜类饲料　主要有马铃薯、甘薯、芋头、甜菜、胡萝卜、南瓜等,含水量高,不宜多喂。

(4)糟渣类　有豆腐渣和各类粉渣,含水较多,宜酸败变质,应现做现喂,且不宜多喂。

2.蛋白质饲料

(1)动物性蛋白质饲料　主要有鱼粉、肉骨粉、蛋黄粉、蚕蛹粉、血粉、羽毛粉、鸡蛋、小鱼、小虾、蚯蚓、蜗牛等。鱼粉可占日粮的3%～7%,应注意其质量。肉骨粉营养成分差异很大,配料时应特别注意,雏鹑用量不超过5%,成年鹑可占日粮的5%～10%。

(2)植物性蛋白质饲料　主要有大豆饼(粕)、花生饼、芝麻饼、菜籽饼、棉籽饼等。其中大豆饼(粕)最好;菜籽饼和棉籽饼均含有有毒物,要进行脱毒处理,且严格控制在3%～5%;花生饼适口性好,多吃易致泻,贮藏不好易造成黄曲霉毒素中毒。这类饲料在鹌鹑日粮中最好熟喂,并应和动物性蛋白质饲料搭配使用。

3.矿物质饲料

鹌鹑对钙、磷的需要量最多。补钙主要有贝壳粉、石粉、蛋壳粉,其中贝壳粉最好,主要成分为碳酸钙,含钙33%～37%。石粉宜选用含氟和镁较少的。蛋壳粉应经过高温消毒,以免传播疾病。同时补钙磷的主要有骨粉、磷酸钙、磷酸氢钙等。一般蒸制的骨粉品质较好,而天然的磷酸钙往往含氟较多,需脱氟后使用。

食盐可提高饲料的适口性,可用于补钠。在鹌鹑饲料中的含量不应超过3%,过量会造成中毒。

可添加适量的细沙砾,有助于鹌鹑的消化,日粮中混入0.2%～0.3%,或单独喂给,或放入沙浴盘,供自由采食。

4.维生素饲料

常用的维生素饲料有青绿多汁饲料、干草粉及人工合成的维生素制剂。

5.饲料添加剂

可根据鹌鹑的需要在日粮中合理添加抗生素、驱虫药、抗氧化剂等。

(三)鹌鹑的日粮配合及饲料配方

1.日粮配合的原则

饲料的品种避免单一,不同饲料的营养成分应能互相补充,达到全价。

饲料的来源应可靠,保证配方相对稳定,饲料价格合理。

饲料的品质优良,对饲料成分、清洁度、卫生指标进行分析测定。不用发霉变质的饲料。

青粗饲料用量不宜过多,因为鹌鹑的消化道容积小。

微量成分,要采用逐级预混的方式进行混合。

2.日粮配比的一般原则

配料时,常规饲料的一般比例是:能量饲料2～3种,占60%～70%;糠麸类1～2种,占

10%～15%;植物性蛋白饲料 2～3 种,占 20%～30%;动物性蛋白饲料 1～2 种,占 10%～25%;矿物质 2%～6%,按需要增加添加剂。

3.饲喂方式与方法

(1)饲喂方式

自由采食:主要用于肥育鹑,进行不定量、不定时的饲喂,使仔雏多吃快长。

限制饲喂:对鹌鹑进行定时、定量饲喂。

(2)饲喂方法

干喂:干粉料不易变质,适合于大群饲喂和机械化饲养,但浪费较大。

湿喂:干粉料加水拌湿喂,适口性好,浪费少,但夏季易酸败,冬季易结冰。因此夏季可以早午喂湿料,晚上喂干料,冬季早晚喂干料中午喂湿料。

六、鹌鹑的饲养管理

按照鹌鹑的生理特性,可将其一生划分为三个时期:0～2 周龄为育雏,称雏鹑;从 3 周龄至性成熟(蛋用型 5 周龄,肉用型 6 周龄),为育成期,称仔鹑;从性成熟至淘汰,为成年期,称种鹑或产蛋鹑。

(一)雏鹑的饲养管理

育雏方式主要有箱育雏、地面平养、网床平养和立体笼养。前两种养殖数量较少,箱育雏效果较好,地面平养必须围成一防护圈,防止乱窜。小型养殖场多采用网床平养,网床由底网、围网和床架组成。大规模养殖多采用立体笼养,即在立体多层重叠式笼内育雏。

1.雏鹑的选择

选择健康鹑场优良品种、品系的高产商品代雏鹑,要求出壳正常、初生蛋重、外形等符合品种标准,羽毛整洁有光泽,身体健壮,动作敏捷,叫声响亮,脐部愈合良好,腹部柔软。

2.育雏室准备

在接雏前 3 d,应做好以下工作:①地面用 20%～50%的烧碱进行消毒,室内墙壁用 5%～10%的石灰乳粉刷,料槽、饮水器等用高锰酸钾溶液进行清洗消毒;②笼具底铺上深色棉麻布或报纸;③准备好饲养用具,保暖物品及饲料、疫苗、药品、各种记录表格等;④检修各种设备与电器,配备有关饲养人员。

3.育雏条件

温度:育雏前一天对育雏室进行预热,可通过地下烟道、暖气、煤炉、电炉及红外线灯等取暖设备供热来实现,一方面恢复雏鹑破壳而出时所消耗的体力,另一方面促进卵黄吸收、保证收脐良好。随鹌鹑日龄增长,体温调节机能增强,可逐渐降低温度,见表 3-18。

表 3-18 不同日龄的温度参数 ℃

日龄	1～6	7～13	14～21	22～27	>28
温度	40～35	34～31	30～26	25～22	22～20

湿度:以相对湿度为度量指标,在雏鹑开食后 5～6 d 内,湿度应控制在 65%～70%,7 d 后雏鹑腹腔内蛋黄被完全消化吸收,相对湿度可保持 50%～60%。

通风换气:育雏室要及时清除粪便,尤其是大规模饲养,通风换气尤为重要。防止有害气体对雏鹑的危害，但应避免冷空气直接吹到雏鹑身上，以防着凉感冒。

光照：雏鹑破壳后 1～5 d 内可以连续光照 24 h，亮度为 4 W/m^2。以后每天光照 14～15 h，亮度为 1～0.5 W/m^2。

密度：在保证通风量时一般：第 1 周龄 120～150 只/m^2，第 2 周龄 100～120 只/m^2。夏天密度小，冬天密度可稍大。

4. 饮水和饲喂

喂饲的原则为先饮水后开食。有条件的头 5 d 喂温水，掺入预防白痢病的药物。喂水时要防止雏鹑弄湿羽毛。长途运输雏鹑到场内后应用 0.05% 葡萄糖水溶液，以补充能量与水分。

第一次喂食的时间在出雏后 24～30 h 比较合适。可按每 10 只雏鹑给 0.1 g 酵母粉、0.1 g 磷酸钙，拌入配合饲料中，生产实践中多喂干粉料或压制过筛的配合碎裂料，撒在床面铺料上，让全群的雏鹑都能吃到。

雏鹑生长迅速，1～21 d 的仔鹑，饲料中粗蛋白质的含量应保证在 26%～27%，随着日龄的增长可逐渐降到 19%～22%。育雏期以饲喂粉料较好，可每天按 100 只雏鹑 3～4 个鸡蛋的比例，只取其黄，搅碎拌入全价配合饲料中。

饲料要稳定，更换饲料要有 1 周时间逐渐过渡。一般 1～7 日龄喂 6～8 次/d，以后逐步减少饲喂次数，也可自由采食。每周要投喂一次用开水烫过晾干的细沙。

5. 采取雏鹑断翼技术

给 1 日龄雏鹑进行断翼，用 300 W 以下灼热电烙铁自雏鹑臂骨下 1/3 与肘之间烙断两翅部分。对生长、性成熟、产蛋量、胴体品质均有良好效应。

(二)仔鹑的饲养管理

蛋用鹑 3～5 周龄，肉用鹑 3～6 周龄为鹑的育成期，称仔鹑。此阶段生长强度大，尤以骨骼、肌肉、消化系统和生殖系统为快，羽毛已逐步长齐。

1. 种用仔鹑和蛋用仔鹑

重点控制标准体重和正常性成熟期。

(1)公母及时分群。在 3 周龄可根据羽色等外貌特征进行公母分群，有利于种用仔鹑的选择与培育。凡发育差的仔鹑，均转入肉用仔鹑肥育笼内饲养后上市。

(2)限制饲养。限制饲喂量与蛋白质水平。一般从 28 日龄开始控料，仅喂标准料量的 80%。可控制种鹑与商品蛋鹑的体重，防止性早熟，提高产蛋量、蛋的合格率，降低饲料成本。

(3)控制光照。采用昼夜光照 10～12 h 与暗光照制度，结合限饲制度，达到控制体重与正常性成熟期的目的和效果。

(4)脱温。根据气温与周龄，适时调整温度，确保仔鹑的生长发育，4 周龄后逐步采取脱温直到与室温同。

(5)定期称重。每周定期抽样称取仔鹑空腹体重，以确保限饲的顺利进行，量少时全部称重，量大时抽称 10%，如有 80% 达到标准体重(允许±10%)，为均匀良好的标志，否则，要酌情调整日粮水平。

(6)转群前的准备。根据存栏仔鹑数，制定好选配方案，并注意搞好日粮的过渡工作，当产蛋率达 5% 时改用种鹑或产蛋鹑日粮。

(7)做好各项记录。

2. 肉用仔鹑

一般采用快速育肥方式来获得较好的胴体与活重，保证市场需求，提高经济效益。

(1)笼具　专用的肥育笼，肉用仔鹑生长快，个体大，因此笼要高 12 cm，笼顶采用纱布或塑料网。

(2)转群　肉用仔鹑饲养到 25 日龄后，按公母、大小、强弱分群后方可入肥育笼中。不仅使生长整齐度好，而且可降低伤残率，改善料肉比。

(3)饲养密度　以 80～85 只/m^2 为宜。

(4)饲粮　可适当掺加能量与油脂饲料，使代谢能保持 12.98 MJ/kg，蛋白质含量为 15%～18%，补充足量的钙和维生素 D，采用自由采食，饮水充足清洁。

(5)光照　采用 10～12 h 的暗光照制度，也可采用断续光照 3 h，黑暗 1 h 制度，后者饲养效果更好。

(6)室温　保持室温 20～25℃，要做好防暑降温保暖工作。

一般养至 42～49 日龄上市，此时肉鹑活重可达 200～240 g。在管理上应注意保持安静，严防各种应激而致惊群。

(三)种鹑与产蛋鹑的饲养管理

种鹑和产蛋鹑除了在配种技术、笼具规格、饲养密度、饲养标准等方面有所不同外，其余的日常管理方法基本相同。

1. 成鹑的利用年限

一般种母鹑可利用 1～2 年，商品蛋鹑和种公鹑仅利用一年，从国外引进的良种母鹑可利用 2～3 年。

2. 母鹑的产蛋规律及收蛋时间

日本蛋用鹌鹑逐日的产蛋率见表 3-19。如表可知，母鹑开产 1 个月以后即可达到产蛋高峰，且产蛋高峰期长。平均产蛋率可达 75%～85%。种母鹑产蛋初期和产蛋后期所产种蛋质量差，生产实践中，蛋用种母鹑利用 8～10 个月的采种时间，肉用型种母鹑的采种时间仅 6～8 个月。

表 3-19　日本鹌鹑产蛋率全年逐月分布情况　%

产蛋月龄	1	2	3	4	5	6	7	8	9	10	11	12	平均
产蛋率	85	95	90	90	85	85	80	80	75	75	70	70	81.67

产蛋母鹑每天产蛋时间主要集中在午后至晚上 8 时前，而以午后 3 点半至 6 点半产蛋量最多。食用蛋多于次日早晨一次性集中收集，而种蛋一般每天收集 2～4 次，以防高温及污染，确保孵化品质。收蛋时要观察和记录每天的产蛋数、蛋的大小和形状、蛋壳的厚薄和色泽、畸形蛋等情况，发现问题，及时解决。每批蛋收集后进行熏蒸消毒。

3. 强制换羽

对利用一年以上的优秀种母鹑或产蛋鹑群可采取强制换羽，以克服自然换羽时间长、速度慢、产蛋不集中等弊病。

人工强制换羽，常采用停料、停水 4～7 d(夏天须适度饮水)，提供黑暗环境，使鹑群突然改变生活条件而迅速停产换羽。大部分羽毛脱落后再逐步加料和恢复光照，达到开产整齐。从停饲到开产仅需 20 d 时间，换羽期间，注意加强观察与管理。

4. 及时转群

一般母鹑在 5～6 周龄时即应转群至种鹑舍或产蛋鹑舍。在转群时对种鹑进行一次严格选择。转群后逐步将育成期饲粮更换为种鹑或产蛋鹑饲粮，光照强度也按产蛋鹑的需要逐步延长。保持饲料与饮水的正常供应，产蛋鹑每只每天采食 20～24 g，饮水 45 mL 左右。但随产蛋量、季节等因素而改变。

5. 适时配种

通常鹌鹑在 4 月龄时开始配种留种蛋入孵，直至 10 月龄，公母比例为 1∶(2～4)。

6. 饲喂及饲养

产蛋鹌鹑必须使用全价饲料，最适粗蛋白需要量 6～10 周龄为 20%～23%；11～21 周龄为 26%～28%；22～60 周龄为 22%～24%。到 12 周龄产蛋量正常下降，要想保持 13～21 周高水平产蛋量，使产蛋率达到 90% 的高峰，饲料中钙含量应为 2.5%～3.9%，磷含量应为 0.8%，钙磷比例应保持在 4∶1。

产蛋鹌鹑的饲养密度不能过大，拥挤会影响正常采食，易发生啄肛、啄羽等恶癖，笼养条件下，可养产蛋鹌鹑 20～30 只/m^2。

7. 环境条件

温度：产蛋期温度范围为 15～34℃，适宜温度为 24～27℃，冬季应注意保温，温度低于 15℃时影响产蛋，低于 10℃则停止产蛋，甚至死亡。夏天降低饲养密度，打开门窗，增加舍内通风，保持均衡的温度。温度高于 35℃时，会导致产蛋下降。

湿度：室内的相对湿度以 50%～55% 为宜，鹑舍湿度过大，微生物会大量滋生而影响鹌鹑的健康与产蛋率。

通风：在室内的上下方都应设通风排气孔，夏天的通风量为 3～4 m^3/h，冬天为 1 m^3/h，层叠式比阶梯式笼架通风量还要大些。

光照：鹌鹑产蛋高峰期光照应达 14～16 h，以后可延长至 17 h。光照强度以 2.5～3 W/m^2 为宜。其余时期采用弱光照，既不会影响鹌鹑休息，又可保证连续采食和饮水，减少应激。灯泡位置放置应注意重叠式笼子的底层笼的光照。

8. 防止应激

高温季节要防暑降温，寒冷季节要防寒保暖，以减少应激发生。还可在饮水中添加维生素 C 与某些电解质，以期稳定产蛋率与受精率。饲养人员在鹌鹑笼前走动、添食、捡蛋要特别注意，不要惊动它们。

9. 日常工作

清晨要查看鹌鹑活动情况，观察采食、饮水情况，检查当天排粪情况，看有无异常，发现问题，及时采取相应措施。投料前查看剩料情况，适当补料，注意分析剩料原因，饮水要勤换。搞好日常卫生，料槽、水槽每天清洗一次，承粪盘每天清粪 1～2 次，门口设消毒池，舍内应有消毒盆，定期消毒。防止鼠鸟等的侵扰，做好入舍鹑数、死淘数、产蛋数、日耗料量、天气情况等的记录。要补饲沙粒，助于鹌鹑消化。

七、产品采收

鹌鹑产品经过加工，不仅可改善鹑蛋与鹑肉的风味，同时也可提高商品的等级与经济效益。

(一)鹌鹑肉加工方法

1.西装式白条鹌鹑的制作与等级标准

(1)工艺流程　宰杀→烫毛→拔毛→开膛→掏内脏→水洗→整形→沥水→真空包装。

(2)加工方法

宰杀煺毛:活鹑从咽喉部位割断颈动脉血管、气管、食道,头朝下放血,放入55℃热水中浸烫30 s,保证鹑体各部受热均匀,人工褪毛时,先煺背毛,其他部位毛易脱落,煺净后置冷水中冷却。大规模煺毛时采用鹌鹑专用脱毛机,羽毛脱净率为99%,且脱毛过程中无掉头、掉爪现象、屠体外表无损伤。

取内脏整形:将拔净毛的鹌鹑屠体放在案板上,在鹑右翼的颈侧割一小口,取出嗉囊,在腹部靠近肛门处割一小口,去掉肛门,从刀口处轻轻取出内脏,注意勿掏碎鹑肝,弄破苦胆,将掏净内脏的屠体放进清水内漂洗干净,捞出后整形。先将鹑右翼插进其喙内,从喙中穿出放在左翼下,再将双腿塞进腹腔,腿关节交叉,集中沥干水分,最后用塑料袋真空包装,速冻。低温状态可贮存3～6个月。

我国西装式白条鹌鹑等级按体重来划分。如朝鲜蛋用鹌鹑胴体重75～85 g为正常标准,法国肉用鹌鹑胴体重在120～140 g为正常标准,优质白条鹑要求胴体皮肤颜色呈白色或淡黄色,肉质细嫩,有弹性和光泽,体态丰满圆润,后裆肤色与胴体肤色一致,内脏、嗉囊清除干净,体腔内无残留物,解冻前后重量一致。

西装式白条鹌鹑解冻后可进行深加工,如制作成脱骨扒鹑、熏鹌鹑、香酥鹌鹑、纸包鹌鹑肉、鹌鹑肉干等熟食。真空软包装并经微波处理可贮存3个月。

(二)鹌鹑蛋加工方法

鹌鹑蛋营养全面而丰富,且易被人体消化吸收,鹌鹑蛋小,携带方便,适宜加工成鹑蛋粉、鹑蛋松、皮蛋、盐蛋等,现介绍无铅鹌鹑松花蛋的加工工艺如下:

1.蛋的检验

选用新鲜无裂缝的鹑蛋。

2.料液配方及配制

鹑蛋10 kg、开水10 L、生石灰14 kg、纯碱0.35 kg、茶叶0.2～0.3 kg、食盐0.35～0.4 kg、火碱0.25～0.3 kg、硫酸锌15 g。将称好的盐、茶叶、纯碱放入缸内、倒入开水搅拌,使其溶解,逐步加入石灰等,基本溶解后,加入火碱、硫酸锌充分搅拌,静置过夜,取上清液测出料液中氢氧化钠的含量,并将其浓度调整在4.2%～4.5%。冷却后待用。

3.加工方法

装缸、灌料:将检验合格的鹑蛋一层层放入缸内,最上层应离缸口10 cm左右,上面盖竹篦,上用小石块压住,将料液搅拌均匀,把未溶解的石灰块捞出,慢慢加入缸内,使最上一层蛋面有5 cm左右的料液,缸口用塑料布封口。

出缸:鹑蛋在缸内浸泡10～15 d即可成熟出缸。成熟的鹌鹑松花蛋蛋清呈半透明状,有光泽,呈棕褐、茶绿、黑绿、橘等色彩,有弹性,不粘手,易离壳;蛋黄呈深绿、橘黄、棕褐等色彩,有少量溏心。

包装、贮藏:由于鹌鹑松花蛋蛋体小、皮薄,不易采用泥包法包装,可将鹑蛋在溶料液中冲洗一下,装入塑料袋中,密封15 d后即可食用,可贮存6个月。

随着现代烹饪技术的提高,鹌鹑肉、蛋的菜品也越来越多,西安、广州开创了“全鹑席”,即用鹌鹑的肉、蛋、腰、肝、骨爪等烹制的一席菜肴,既有佐酒的花式拼盘,又有下饭的美味热菜,还有古今皆有的美汤,咸、甜、酸、辣、香五味俱全。在烹饪技术上,有红烧、煎扒、煨炖、油淋、蜜汁、香酥。全鹑宴的开创,为丰富多彩的中国宴席上锦绣添花。

第三节 雉鸡养殖

雉鸡(pheasant)又称野鸡(通名)、山鸡(商名)、环颈雉(学名),隶属鸟纲、鸡形目。我国人民对雉鸡很早就有所认识,远在4 000年前,殷商时代的甲骨文中就记载有“雉”字,汉朝的《尔雅》也记载了雉。明朝李时珍的《本草纲目》对雉的药用价值描述更为详尽。我国人民对雉鸡食用价值的认识较早。唐朝至清朝,一些宫廷食谱上已记载了很多雉的烹饪方法。雉鸡的羽毛在古代被织成罗、缎、锦等作为妇女衣裙之用。汉末至六朝时期的雉头裘已成为当时贵族夸耀豪华的风气。雉鸡的羽毛还可做成精美的工艺品。但过去雉鸡来源并非靠人工养殖和家养生产,而是从大自然猎取野生而来。

据资料介绍,美国早在1881年就从我国引进华东环颈雉进行驯养,并通过与蒙古环颈雉杂交,培育成现在家养的雉鸡,发展成为一种特禽养殖业。20世纪70年代末、80年代初,日本等国从我国引进东北环颈雉,进行驯养繁殖。同期,我国吉林等地对本地环颈雉进行了驯养研究工作。随着20世纪80年代后期我国从国外引进多个高产雉鸡品种,雉鸡养殖业迅速发展起来,特别是1992—1993年间,雉鸡饲养量达到高峰,全国当年存栏量突破600万只。1994—1995年由于国内雉鸡饲养业发展速度过快,造成供过于求,雉鸡养殖业出现滑坡。1996年后,国内雉鸡养殖业开始复苏,目前雉鸡养殖业进入平稳安定发展阶段,已向工厂化、集约化方向发展。国内许多生态农业园区、观光农业园区均开办了雉鸡养殖场和狩猎场,养殖与旅游业相结合,其效益显著。

我国所饲养雉鸡的主要品种有:中国环颈雉(国内多称“美国七彩山鸡”)、河北亚种雉鸡、左家雉鸡、黑化雉鸡、特大型雉鸡、白化雉鸡和浅黄色雉鸡。其中,除了河北亚种雉鸡和左家雉鸡外,其他品种雉鸡均为从国外引进的高产品种。

由于雉鸡具有极高的食用和药用价值,这几年已成为各地餐厅的热门菜。雉鸡是我国开发最成功的特禽之一,其饲养技术、品种选育、市场开发已很成熟了。养殖雉鸡市场巨大,前景十分广阔。

一、雉鸡的外貌特征与生物学特性

(一)雉鸡的外貌特征

以东北环颈雉为例,其体型略小于家鸡。雄雌雉的外貌区别明显。雄雉:头羽青铜褐色,带有金属闪光,两眼睑有白色眉纹。头顶两边各有一束青铜色毛角,脸部皮肤红色,并有红色毛状肉柱突起;颈部有白色颈环,在胸部不完全闭合;胸部羽毛黄铜红色,有金属反光,背部黄褐色,羽毛边缘带黑色斑纹,背腰两侧和两肩及翅膀黄褐色,羽毛中间带有蓝黑斑点,尾羽黄褐色;喙灰白,趾、脚灰色,有短距。雌雉:头顶米黄色,间黑褐色斑纹。脸淡红色,颈部浅栗色,胸部沙黄色,尾羽黄褐色有黑色横斑纹,其上体部褐色或棕褐色,下体部沙黄色。虹彩栗色,脚趾灰色,无距。雏雉:全身被黑灰色绒毛,绒毛洁净蓬松,长短整齐,叫声响亮而清脆,颧部具很多的白色;胸部淡黄色;肋部具丰富的橘黄色。

(二)生物学特性

1. 适应性强,分布广,耐高温,抗严寒

雉鸡适应性很强,在海拔 300～3 000 m 的平原、丘陵、山地等各种环境中都有它们的活动踪迹。夏季能耐 32℃以上高温,冬季－35℃也不畏冷,能在雪地上行走,到处觅食,饮带有冰碴的水,且不怕雨淋。在恶劣环境条件下也能栖居过夜。

2. 集群性强

交配时,以雄雉为核心,组成相对稳定的"婚配群"活动在自己的领土上。如有其他群的雄雉袭扰,两群即发生强烈争斗。孵化期,雌雉常在隐蔽处筑巢、产蛋、孵化。雏雉出壳后,雌雉即领雏雉活动。雏雉长大后,又重新组成新群体,到处觅食。群体可大可小。因此,雉鸡很适合人工大群饲养,但密度过大时,妨碍采食,常发生互啄现象。

3. 胆怯而机警

平时雉鸡即使在觅食过程中也不住地抬头张望,观察四周动静。如遇敌害,迅速逃避。当敌害迫近时即起飞,不久又滑翔落下。人工饲养的雉鸡,当突然受到人或动物的惊吓或有强烈的嘈杂噪声刺激时,会惊飞乱撞,发生撞伤,头破血流甚至死亡。因此,养殖场要求保持环境安静,防止因动作粗暴或产生突然的尖锐声响,使雉鸡群受惊。

4. 食量小,食性杂

雉鸡嗉囊较小,容纳食物也较少,喜欢少吃多餐。尤其是雏雉吃食时习惯于吃一点就走,转一圈回来再吃。雉鸡是杂食鸟,在人工饲养条件下,以植物性饲料为主,配以鱼粉等动物性饲料。

5. 善于奔走,不善飞行

雉鸡喜欢游走觅食,奔跑速度快,但高飞能力差,只能短距离低飞,而且不能持久。

6. 叫声特殊

雉鸡鸣叫就像"柯—哆—罗"或"咯—克—咯"。互相呼唤时,常发出悦耳的低叫。当突然受惊时,则会爆发出一个或一系列尖锐的"咯咯"声。繁殖季节,雄雉在天刚亮时就开始"咯咯"啼鸣,十分清脆。每次鸣后都拍动双翅,表现出发情姿态。稍晚的时候,叫声变低。在日间炎热时,雌雄雉鸡不鸣叫或很少鸣叫。

二、雉鸡的经济价值

1. 药用价值

在我国传统的中医食疗中,雉鸡肉作为动物性药物,具有特殊价值,具有抑喘补气、祛痰化瘀、清肺止咳之功效。明朝李时珍《本草纲目》中记载,雉鸡脑治"冻疮",嘴治"蚁瘘",尿治"久疟"等。雉鸡的肌胃角质有消食开胃作用。此外,雉鸡肉含有多种人体所必需的氨基酸,并富含锗、硒、锌、铁、钙等多种人体必需的微量元素,对儿童营养不良、妇女贫血、产后体虚、子宫下垂和胃痛、神经衰弱、冠心病、肺心病等,都有很好的疗效。

2. 食用价值

雉鸡鸡肉肉质细嫩鲜美,营养丰富。食物营养学分析研究表明,其蛋白质平均含量高达 30%左右,大大高于家鸡(18.94%),脂肪含量仅为 4%左右,基本不含胆固醇,营养全面,富含人体必需的多种维生素和矿物质,是优良的高蛋白质、低脂肪的野味佳品。

3.观赏价值

雉鸡雄雉尾长，羽色艳丽，具有紫绿色的颈部，并有一条鲜明的白色“颈环”，尾羽长而具横斑，极具观赏价值。我国人民自古就有送雉鸡作礼品的传统，有祝愿健康长寿、吉祥美满之意。用雉羽制成的羽毛扇、羽毛画、玩具等工艺品，深受消费者欢迎。用雉鸡剥制的生物标本，作为高雅贵重的装饰品，已进入许多城市居民的家。

4.狩猎价值

雉鸡是一种重要的狩猎禽，我国古代就有狩猎雉鸡娱乐的传统。雉鸡产区各地开展旅游狩猎活动，开办雉鸡狩猎场，效益显著。

5.雉鸡副产品综合利用开发

雉鸡粪含有丰富的营养成分，可经发酵加工后，用来做牛、羊、猪等家畜的饲料，也可以经堆肥发酵后，用作农家肥料。雉鸡屠宰后的羽绒可作轻工原料，且可制羽毛粉做畜禽饲料。

三、雉鸡的繁育

1.雉鸡生殖系统解剖

(1)雄性雉鸡生殖系统解剖　由睾丸、附睾、输精管组成。睾丸一对，呈椭圆形，位于腹腔内，悬在肾前叶腹侧。附睾较小，位于睾丸内侧缘。输精管是两条极为弯曲的细管，与输尿管并行。末段形成射精管，呈乳头状突出于泄殖腔内，开口输尿管口的最下方。交配器官不 明显，主要包括1对输精管乳头，及位于肛道壁上的3个阴茎突(图3-9)。

(2)雌性雉鸡生殖系统解剖　雌雉生殖器官仅左侧发达(图3-10)，右侧退化。熟卵泡破裂后，其中的卵细胞落入输卵管的漏斗部。左侧输卵管发育完全，是一条长而弯曲的管道，它以系膜悬挂在腹腔背侧偏右。输卵管根据构造和功能分为下列5部分。

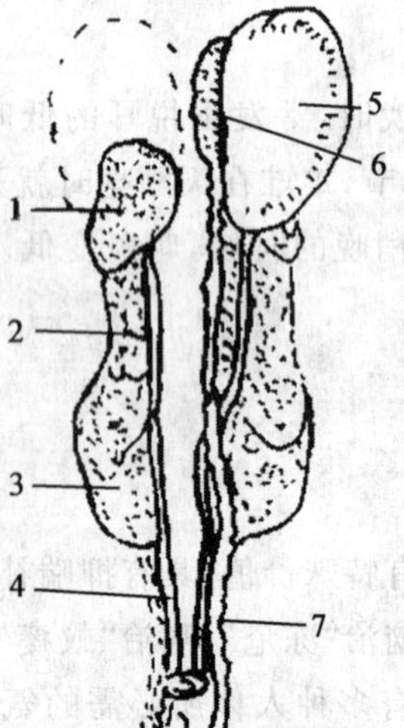

图3-9　雄雉泌尿生殖系统

1.肾前叶　2.肾中叶　3.肾后叶　4.输尿管
5.睾丸　6.附睾　7.输精管　8.输尿管口
9.输精管口　10.肛道

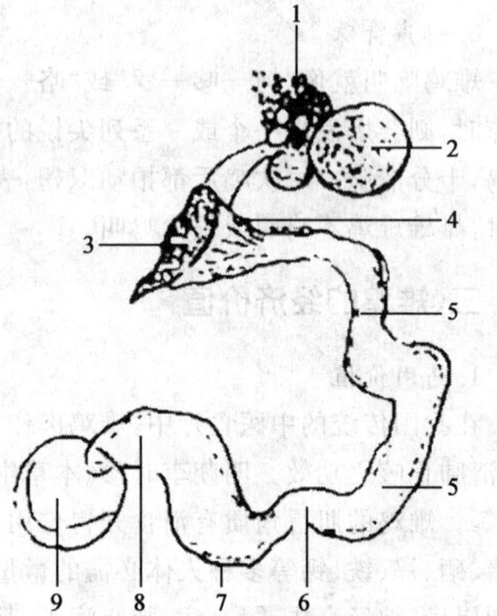

图3-10　雌雉生殖系统

1.卵巢　2.成熟卵泡　3.输卵管伞(漏斗)
4.漏斗部　5.卵白分泌部　6.峡部
7.子宫　8.阴道　9.泄殖道

漏斗部是输卵管的起始端，四周为输卵管伞，中央有一宽的输卵管腹腔口。该部具有贮存精子的作用，精子在此处可存活 10～16 d，是精子进入卵细胞的部位。

卵白分泌部最长，黏膜形成纵褶，内含丰富的腺体，卵白主要在这里分泌。如果漏斗部或卵白分泌部发生病变并有组织脱落或出血，被分泌的蛋白包裹其中，则形成肉斑蛋或血斑蛋。在 1～5 h 内相继有 2 个卵泡破裂，进入输卵管卵白分泌部或子宫部包裹而形成双黄蛋。峡部是较窄的一段，在这里形成壳下膜和补充卵白水分。

子宫是峡部后较宽大的部分，卵在这里停留时间最长。黏膜里含有壳腺，分泌物沉积形成卵壳。

阴道是输卵管的末端，开口于泄殖道的左例，卵通过阴道产出。

2. 种雉鸡的选择

目前对种雉鸡选择尚未有独特的选择方法。一般参照家鸡选择方法进行，即根据体型外貌、生理特征和数据记录资料进行选择。雌雉鸡：体型大，结构匀称，发育良好，活泼好动，觅食力强；头宽深适中，颈长而细，眼大灵活，喙短而弯曲，胸宽深而丰满，背宽、平、长，羽毛紧贴身体，有光泽，尾发达，静止站立时尾不着地；肛门清洁，松弛而湿润，腹部容积大，两耻骨间和胸骨末端与耻骨之间的距离均较宽，产蛋量高，产肉性能好。雄雉鸡：身体各部匀称，发育良好，脸鲜红色，耳羽簇发达直立，胸部宽深，背宽而直，颈粗，羽毛华丽。雄性特征明显，性欲旺盛，两脚距离宽，站立稳健有力。

3. 雉鸡的繁殖特点

(1)性成熟迟，季节性产蛋。雉鸡 10 月龄左右才能达到性成熟，并开始繁殖。雄雉比雌雉性成熟要迟 1 个月左右。在自然光照和气候条件下，上一年 5—8 月孵出的幼雉，翌年的 3—4 月均可成功地交尾和产蛋。

雉鸡交尾和产蛋期一般为 3—7 月份，其中 4—6 月是产蛋高峰期，每天的产蛋时间多集中在上午 9 时至下午 3 时。产程 10 min 至 1 h 不等。不同雉鸡品种的产蛋量不等，低者年产蛋 20～40 个，高者可达 80～120 个。

(2)性行为的表现。性成熟的雄雉，每日清晨发出清脆洪亮的叫声，并拍打翅膀，诱引雌雉到来，雄雉见雌雉走近后，颈部羽毛蓬松，尾羽竖起，迅速追赶雌雉，摆出求偶姿态，从侧面接近雌雉，远离雌雉鸡一侧的翅膀下垂并不停地扇动，头上下点动，围着雌雉鸡做弧形的来回快速走动。雌雉鸡若有配种要求，则让雄雉鸡跳到背上，雄雉用嘴啄住雌雉头顶羽毛，进行交配。交配完毕，雌雉鸡抖动并疏理羽毛，雄雉鸡离开。

雉鸡的公母比例，在野生状态下多为一雄二雌，也有一雄一雌的，共同生活在同一占区内。雌雉鸡每窝产蛋 15～20 个即开始孵化。当第一窝蛋被破坏后，可产第二窝。雌雉鸡有恋巢习性，在没有受到敌害逼近时是不会飞跳的。人工养殖情况下，在较大数量的雌雉鸡中按 1∶5 的比例放入雄雉鸡，任其自由交配。每群雉鸡在 100 只左右为宜。

4. 雉鸡的繁殖技术

(1)放配年龄和利用年限　雉鸡一般出壳 10 月龄即可放配，其中雄雉以 2 年者效果最好。生产场一般一年一茬。雌雉产蛋结束即淘汰比较好，种雌雉可留 2 年，种雄雉可留 3 年。

(2)雄雌配比　雉鸡的雄雌配比一般为 1∶(6～8)。平均受精率可达 87%以上(表 3-20)。如果配种群雄雉比例大，不仅浪费饲料，也会踩坏雌雉，而且因争斗而影响雉群安宁和受精率。如果比例太小，会产生漏配，亦影响受精率。

表 3-20 不同雄雌配比受精率比较

项目	Ⅰ	Ⅱ	Ⅲ	Ⅳ
雄雉数	65	120	25	21
雌雉数	240	720	200	210
雄雌配比	1∶4	1∶6	1∶8	1∶10
入孵卵数	3 146	8 856	2 457	2 529
受精卵数	2 448	7 739	2 133	2 104
受精率/%	77.71	87.39	86.81	83.19

(3)适时放对配种　放对配种时，除考虑气温、繁殖季节和雄雉的争斗地位等因素外，还要选择适时放对配种的时机。一般我国南方3月初即可放对，而北方则要延迟一个月。在正式放对配种前，可试放1～2只雄雉进入雌雉群，观察雌雉是否乐意受配。也可根据雌雉的鸣唱、筑巢等行为来掌握放对时间。实践证明，放对时间应在雌雉受配前的5～10 d为宜。雄雉进入雌雉群后，经过争斗，产生了"领主"或"王子雉"，此后不再随意放入新雄雉，以维护"王子雉"的地位，可减少体力消耗，稳定雉群，提高受精率。

(4)配种方法

大群配种：是在较大数量雌雉群内按一定比例放入雄雉，任其自由交配。每群100只左右为宜。是目前生产场大都采用的方法。这种方法管理简便，节省人力，受精率、孵化率较高。

小间配种：是放一只雄雉和6～8只雌雉于小间内配种，雄雌均有脚号(肩号)，这种方法便于建立系谱，是品种选育和引种观察常采用的方法。

(5)人工授精　人工授精能充分利用优良的种雄雉，对提高和改良品种作用很大。

采精方法：常用按摩采精方法，雄性种雉经几次调教后形成对采精的条件反射。每只雄雉的采精时间10～20 min，1次采精液量0.08～0.1 mL，采收的精液要装入容器内保存。每只雄雉可以采精2次或5 d采精1次，精子平均密度60亿～70亿/mL。为了确保精液的质量要求，采集的精液要进行1次镜检鉴定，即用吸管吸取1滴精液置于载玻片上，再加1滴生理盐水稀释后盖上盖玻片，然后在低倍显微镜下观察，鉴定其活力、密度和质量。

输精：将经过检查符合质量要求的雄雉精液用吸管吸取放入试管中，按1∶1稀释好，及时输精。在产蛋间期输精，受精率最高。由于雌性种雉的阴道呈"S"形弯曲，所以人工输精操作有困难，在生产上多采用浅度输精法，输精深度2～3 cm。每只雌雉每次输入约0.014 mL的纯精液。受精率可达85%以上。

5. 雉鸡的人工孵化

雉鸡的孵化期为23～24 d。

(1)种蛋的选择与贮存　雉鸡种蛋的颜色以橄榄色、暗褐色、浅褐色蛋壳孵化率高。蛋壳厚度0.25～0.28 mm，纵径平均4.37 cm，横径平均3.43 cm，蛋形指数1.27左右。平均蛋重：本地雉鸡25～30 g，美国七彩雉鸡29～32 g。入孵的种蛋必须大小适中，蛋形正常，蛋壳颜色符合本品种标准，蛋重一般以26～30 g为宜。刚产出的种蛋不宜马上入孵，要贮存24 h以上，但最好不超过5 d。保存的温度以15℃为最适宜，因为在此温度下胚胎处于完全静止状态。如果保存期超过 5 d,需要降低温度,10 d 以上应为 12～13℃。保存种蛋的相对湿度应为 70%～80%,并注意通风,防止霉菌在蛋壳表面繁殖。

(2)种蛋的消毒　卵在装入孵化器之前必须彻底的消毒。

按理论要求,卵需进行多次消毒,即进场后、入孵后各消毒一次,在移到出雏盘之前还要再消毒一次。种卵的消毒有多种方法,其中最简单而有效的是用福尔马林蒸气处理。下面介绍几种常用的方法。

福尔马林(甲醛)熏蒸法:首先算出消毒室的容积,按每立方米容积用福尔马林(含 40%的甲醛)30 mL、高锰酸钾 15 g 的量准备药物,室温应在 26.7℃以上。将称量好的高锰酸钾预先放在一个瓷容器内,容器的大小应为福尔马林用量的 10 倍以上,将容器放于室中央,然后按用量加入福尔马林,两种药物混合后即挥发出甲醛气体。此时应关闭门窗,密闭熏蒸 20～30 min 即可。

福尔马林浸泡消毒法:将福尔马林(含 40%甲醛)配成 1.5%的溶液,将种蛋在其中浸泡 2～3 min,取出滤干即可入孵。

高锰酸钾溶液浸泡消毒法:将高锰酸钾配成 0.01%～0.05%的水溶液,置于大容器内,将种蛋放入容器内浸泡 2～3 min,轻轻洗去污物,取出晾干即可。

碘溶液消毒法:将种卵放在 0.1%的碘溶液中,浸泡约 1 min,洗去污物也可杀死卵壳上的细菌。

新洁而灭溶液浸泡消毒法:用 0.2%的新洁尔灭水溶液浸泡种卵 1～2 min,捞出沥干即可。

用溶液浸泡消毒,消毒液的温度应比卵温高 5～6℃。如卵放入冷水中(低于卵温)则卵经过冷冻,通过卵孔从卵壳吸入微生物。另外,卵在用水洗(或浸泡)时,不能擦拭防止破坏卵壳表层的完整性,必要时可用软毛刷刷去卵表面的污物。滤干或晾干。

以上的消毒处理要在专用的房间内,不能在孵化室内进行,特别是甲醛气体,在种卵入孵后对发育中的胚胎有毒害作用。入孵的卵和从野外采集的进入孵化阶段的卵切忌使用甲醛熏蒸消毒。

(3)孵化条件

温度:适宜温度为 37～37.5℃,初期温度可略高,中期以后逐渐降低,出雏温度为 37℃。

湿度:孵化期相对湿度为 65%～70%,出雏时提高到 70%～75%。

通风换气:随着孵化天数的增加应逐渐增大通气量,可从入孵第 16 天开始。可通过增大通气孔的方法增大通气量。

翻卵:入孵后,每隔 2～3 h 要翻卵一次,翻转角度为 90°。如孵化器内存在温差±(0.5～1)℃,要将卵盘每天上下(或左右)对掉一次。

晾卵:孵化后期,由于胚胎代谢加强,产热增多,晾卵可及时散发多余的热量,对于提高出雏率有良好影响。晾卵时要注意不要使卵的温度下降过大,当用眼皮试温,感觉温热不冷的温度为宜。

(4)孵化程序　使用的孵化器有各种型号,可根据孵化量选择孵化器的大小。在正确掌握孵化技术的条件下,雉鸡卵的孵化率可达到 85%以上。

孵化前的准备工作：对孵化器的检查包括各部位是否牢固，可动部位要灵活，特别是自动控制系统必须灵敏可靠。对于孵化所涉及的房间、用品必须彻底消毒。入孵前须进行试机检验，孵化器内部温差不超过±0.2℃，相对湿度误差不超过±3%。必要时也可采用家鸡卵孵化一次，以检验孵化效果。

上卵：上卵前应将种卵放于孵化室内预温 12 h，防止由卵库直接移至机内，由于温度突然上升而影响胚胎的发育。

验卵：雉鸡卵由于卵壳色泽较深，透光性差，因此，过早验卵不易观察内部情况。第一次验卵（头照）可在孵化后的第 8～9 天进行，目的在于捡出无精卵。受精卵的胚胎呈蜘蛛网状，血管呈放射状分布，整个卵的颜色发红而鲜艳。而无精卵内发亮、无血管网，只能看到卵黄的影子。对于卵内颜色较淡，呈不规则的血环、血弧，无放射状的血管的卵多为弱精卵（或死精卵）也应剔除。第二次验卵（二照）是在孵化的第 19～20 d 进行，旨在剔除死胚卵（中死）。活胚胎呈黑红色，气室周围可见粗大的血管，而死胚胎在气室周围看不到暗红色的血管，颜色较淡，边缘模糊，卵的小头发亮。

落盘：当孵化至 21 d 时，要把胚卵移到出雏盘内等候出雏。落盘后应适当降低温度，而湿度应适当增加。

出雏：雉鸡卵到孵化的 23 d 开始出雏，满 24 d 出雏完毕。出壳的雉雏要使其在出雏器内停留至羽毛干后再取出。拣雏应按一定的时间，雉雏取出后应放在出雏箱内，待其体力增强。

孵化管理：在孵化过程中，要随时观察温湿度的变化，每两小时记录一次，定时向水盘中注入温水，要定时翻卵、晾卵，注意孵化器内的通风换气，经常检查机器有无故障。如遇停电应及时发电，在没有发电机的情况下，可通过提高孵化室的温度，使其接近机内温度的方法来保证孵化的继续进行。每次孵化结束后，应将孵化器和出雏器及所有用具进行彻底的消毒和清扫，准备以后使用。

雉鸡孵化参数及胚胎发育特征见表 3-21、表 3-22。

表 3-21 雉鸡孵化工艺参数

处理方式		参数
蛋的处理	蛋重	30 g
	贮存	12～18℃或 10～15℃，70%相对湿度，不超过 7～10 d
	放置	气室向上
入孵	温度	1～20 d　37.5～38℃
	相对湿度	1～20 d　65%～70%
	通风	保持良好
	翻蛋	±45°，每 1～2 h 翻卵 1 次
	照蛋	6～8 d、12 d、16～18 d
	落盘	21 d
出雏	温度	37℃
	相对湿度	70%～75%
	出雏时间	24 d

（引自《特禽养殖新技术》）

表 3-22　雉鸡的胚胎发育进程及特征

日龄	胚胎发育特征
1	胚盘边缘出现血岛
2	蛋黄飘逸,胚盘明显,出现原条
3	蛋黄飘逸,心脏跳动,出现四条明显血管
4	有四条明显血管,蛋黄膜破裂,出现脑泡,心跳 80 次/min
3	胚胎和血管像个小蜘蛛,出现灰色的眼点,胚胎重 0.1 g
6	可见黑色眼点,血管网明显,眼点变黑,有四肢雏形,胚胎重 0.4 g
7	眼点非常清楚,血管网满蛋白 1/3,眼黑明显,胚胎弯曲,重 0.5 g
8	血管网扩大到蛋面 2/3,内脏开始形成,嘴有雏形,胚胎重 0.8 g、
9	血管网扩大到蛋面 2/3,四肢、趾明显,肌胃形成,胚胎重 1 g
10	血管网扩大到蛋面 2/3,眼睑形成,胸腔愈合,肝脏形成,胚胎重 1.7 g
11	血管布满蛋 2/3 以上,喙明显,腹部大部分愈合,腿有毛囊突起,胚胎重 2.2 g
12	血管布满蛋 2/3 以上,腹部愈合,腿外侧有黑毛,肌胃增大,肠道有绿色内容物,胚胎重 2.5 g
13	血管布满蛋 2/3 以上,"合拢",背部有黑毛,胚胎重 3.5 g,长 3.2 cm
14	血管加粗,颜色加深,体侧、头有毛,出现性腺,胚胎重 4.9 g
15～16	血管加粗,颜色加深,全身被毛黑黄色,喙角质化,胆囊出现,体长 6.7 cm,重 8.3 g,被毛长,黑、黄、白三色,脚有鳞片,爪明显
17	血管加粗,颜色加深,胚胎重 9.5 g,长 6.8 cm
18	蛋内黑色,有少量蛋白,胚胎重 11 g,长 7.5 cm,闭眼、嗉囊黄豆粒大小
19	基本封门,体长 7.1 cm,胚胎重 11.6 g,蛋黄外有尿酸盐＋尿水混浊,无羊水
20	全封门,体长 7.2 cm,胚胎重 13.5 g,蛋黄有 1/2 入腹内
21	斜口,体长 7.5 cm,胚胎重 18.5 g
22	起尖,体长 8 cm,胚胎重 19 g,闭眼,蛋黄吸入腹内,壳内有少量胎粪
23	啄壳,闭眼,但可睁
24	出壳

此外,雉鸡孵化还须注意以下几方面:

①及时落盘。雉鸡的孵化期为 23～24 d。因此在 21 d 就要将胚蛋移入出雏室。孵化正常时,一般 22 d 末就开始啄壳,个别已开始出壳。23 d 全部出壳。24 d 末即清扫出雏器。

②控制好温度、湿度。雉鸡的孵化温度要求比家鸡低。孵化期间,最好让温度稍有高低变动,以便刺激雉胚发育。一般 1～7 d 孵化温度为 37～37.5℃;8～14 d 为 37.0℃;15～20 d 为 37.5℃;21～24 d 为 37℃。到 24 d 时如有 1/3 的雉鸡未出壳时,则温度提高 0.5～1.0℃。

雉鸡的孵化湿度要高于家鸡。1～20 d,孵化相对湿度为 65%～70%,21～24 d 则为 70%～75%。

③增加凉蛋次数。一般家禽到孵化后期,才开始凉蛋。但雉鸡则在种蛋入孵开始,即要求每天凉蛋一次,每次 10 min 左右。

四、雉鸡的饲养管理

雉鸡的饲养管理也可分成育雏期、青年期和种鸡三个阶段。饲养管理内容与家鸡基本相似。但有一些特殊要求。

(一)雏雉鸡的饲养管理

雉鸡属早成鸟,具备早成鸟的所有特点。雉鸡的育雏期是指雏雉鸡从出壳到脱温这段时间,一般为30日龄,有些地区可长达42日龄。对刚出壳的幼雏应待其羽毛全干后,方可将其送给母雉护理或放入带有热源的人工育雏室内。雉雏的培育结果,是人工养殖雉鸡的一个重要的决定性的环节。

1.育雏的条件要求

(1)温度　在育雏的各种条件中,温度是雉鸡育雏的首要条件,必须控制好适宜、恒定的温度。育雏温度随雉雏日龄的增长而降低,脱温时间视育雏季节、给温方法、天气变化、雉雏体况,灵活掌握。在采用保温伞进行平面育雏时,开始时伞下温度应为35℃,室温在26℃时为宜,以后伞下与室内同时降温。在1~20 d内每两天降1℃,21 d后每天降温1℃。

(2)湿度　育雏室的相对湿度要求在60%~70%之间。育雏初期,由于室温高,湿度往往偏低,应使用洒水等方法来提高湿度;随着日龄的增加,应及时清除粪便和增加通风,从而使湿度保持在适宜的范围内。

(3)通风　随着雉雏日龄的增长,应逐渐增大通气量。特别是到了两周龄以后,除定期打开门、窗外,还应设有经常性的通风孔,以育雏室内无闷气感和无氨气刺鼻的感觉为宜。

(4)密度　密度应根据育雏方式来定。一般来说,1周龄50只/m^2为宜,2周龄40只/m^2,从3周龄起每平方米面积的饲养密度每周减少5只,到7周龄时为15只/m^2。

(5)光照　室内育雏时,如光照不足应适当补充光照。在开放式育雏舍,可采用自然光照。人工补充光照应采用渐暗、渐明式开关调控器,避免引起对雏雉鸡的光刺激。

2.育雏方式

雉鸡雏的人工培育应根据实际情况而采用不同的方法,常用的方法有箱育雏、地面育雏、网上平养、立体笼养。

3.雉雏的饲养管理

(1)精心饲喂,保证营养。雏雉出壳12 h后,有啄食行为时,就可先喂一些消毒水(水中加高锰酸钾、抗生素)或糖水。对不懂饮水雏雉应调教。喂水后,停1~2 h,然后开食。

(2)适宜温度。控制好温度是育好雏雉的关键。育雏温度随着雏雉日龄增长而降低,雏雉1~3 d为35~34℃;4~5 d为34~33℃;6~8 d为33~32℃;9~10 d为32~31℃;11~14 d为31~28℃;15~20 d为28℃。20 d以后为常温,白天可停止给温,而晚上继续加温。28 d以后,可全部脱温。但还要根据天气变化、给温方法、雏雉动态等情况,灵活掌握给温。

(3)保持环境安静。由于雉雏易惊恐,易受外界环境的影响,稍有动静就会产生惊群,乱窜乱撞,四处奔逃,甚至会撞断颈椎。因此,操作动作要轻,减少惊扰及预防兽害。

(4)随着日龄的增加,应及时调整饲养密度。网上平养或箱式育雏时,1~10 d时可养50~60只/m^2;10~20 d,可养30~40只/m^2;30~40 d,可养20只/m^2;45~60 d,可养10只/m^2。

(5)断喙。雉鸡易发生相互啄斗，到 2 周龄时，雉雏群中就会有啄癖发生。这种恶习要比家鸡群流行更广，一旦发生很难停止。在 10～14 d 即可采取第一次断喙。另一方法是给雉鸡鼻孔上装金属环，称鼻环，鼻环装在雉鸡上喙的上面，以便鼻环的针固定在雉鸡的鼻孔里。雏雉在 1 月龄时，就可开始戴鼻环，一直戴到 4 月龄。如留种，要更换成年种雉鼻环。

(6)接种疫苗。13 d 时，鸡传染性气管炎 H_{120} 疫苗饮水；14 d 时，用新城疫Ⅳ系苗和法氏囊活苗饮水；30 d 再用 1 次新城疫Ⅳ系苗和法氏囊活苗，饮水免疫。

(二)青年雉鸡的饲养管理

雉鸡脱温后至性成熟前的这一阶段，为雉鸡的育成期，也是雉鸡肌肉、骨骼、体重增长最快的时期。雄雉鸡 13 周龄时，其体重可达成年雉鸡的 73%，母雏鸡可达 75%。到 17～18 周龄时，其体重可接近成年雉鸡。

1. 饲养方式

(1)立体笼养法　适用于商品肉用雉鸡为目的大批饲养。在育成期可采用立体笼养法，管理方便，成本较低，但饲养密度应随周龄的增大而降低。

(2)网舍饲养法　适于饲养种用的后备雉鸡。可以提供较大的活动空间，也可提高种用雉鸡生产性能。网舍饲养应在网室内或运动场上设沙地，供雉鸡自由采食和进行沙浴。

(3)散养　在山坡、林地、丘陵、牧场等自然条件可用散养法，比较适应雉鸡野生群集的生活习性，空气新鲜、活动范围大。既有天然野草、昆虫等，又有足够的饲料，有利于雉鸡的快速生长。

2. 饲养管理

(1)及时转群。雉鸡养至 8 周龄时，如留作种用，此时就应对雉群进行第一次选择。将体型外貌等有严重缺陷的雉鸡淘汰后，即转入青年雉鸡饲养。

(2)加强运动，防止飞逃。性情活跃、经常奔走跳动、爱活动是青年雉鸡的特点。因此，青年雉鸡舍一般采用半敞开式或棚架式鸡舍，舍外设运动场，并在管理上采取防飞逃的措施。一般，在运动场上架设网罩。

(3)进行二次断喙，防止啄癖。在 8～9 周龄应进行第二次断喙，以后每隔 4 周左右进行一次修喙。啄羽、啄肛严重时，可给雉鸡配戴眼罩。眼罩既能挡住左右眼的视线，又不影响雉鸡的采食、饮水和活动，可有效防止啄癖和减少饲料浪费。

(4)控制体重，防止过肥。青年期雉鸡，特别在 8～18 周龄时最容易过肥。在饲养管理方面必须采取措施，如减少日粮中蛋白质量和能量标准。增加纤维和青绿饲料喂量，减少饲喂次数，增加运动量等方法加以控制。

(5)保持安静、稳定的环境。饲喂人员衣着相对固定，避免噪声干扰，尽量谢绝外人参观．以防雉鸡群惊飞。

(三)成年种雉鸡的饲养管理

雉鸡一般养至 20 周龄即称为成年雉鸡。一般公雉鸡利用一年，母雉鸡利用两年。种雉饲养时间较长，按照季节可分为以下几个饲养阶段：繁殖准备期(3—4 月)；繁殖期(5—7 月)；换羽期(8—9 月)；越冬期(10 月至翌年 2 月)。

1. 繁殖准备期饲养管理

我国培育的雄山鸡自 3 月下旬开始发情，进入繁殖准备期，美国七彩山鸡繁殖准备期及繁殖期均比我国培育的山鸡提前 0.5～1 个月。

在繁殖准备期，首先要整顿雉鸡群，选留体质健壮、发育整齐的雉鸡进行编群。每群100只左右，密度每平方米3～4只为宜。还应全面整顿雉舍，将网室地面垫5 cm细沙。在雉舍中较阴暗处设置产蛋箱，箱内铺少量木屑。产蛋箱可设计为三层阶梯形，每层底部均呈50°倾斜角，有集蛋槽，使蛋产出后即流入集蛋槽内，避免雌雉踏碎种蛋，污染种蛋和啄蛋。

在运动场内要建几处遮挡视线的障碍物，一般用市售石棉瓦，按4～5张/100 m^2即可。

在产蛋前不要造成应激，不应断喙、投药、接种疫苗，以免影响如期开产和降低产蛋量。

2.繁殖期的饲养管理

我国培育的山鸡一般在4月中旬左右开始配种。雄、雌比例为1∶(5～6)。雌雉鸡一般在4月末到5月初开始产蛋。美国七彩山鸡于3月20日左右开始繁殖。

(1)饲养　我国培育的山鸡群的产蛋期在4月中旬(15日)开始把繁殖准备期的日粮改为繁殖日粮。美国七彩山鸡则于3月15日更改配方。此期采食逐渐增加，对日粮营养水平要求也增加，要求日粮营养全价。

雉鸡有时有产软皮蛋的现象。防止产软皮蛋的方法应针对发生原因而有所区别：①饲料要尽量做到营养全价，并合理搭配；②高温时注意通风，喷水降温及遮阴，日粮中补充维生素C，维生素C在高温时有防止鸡体温升高的作用；③由草酸含量高的饲料引起的软皮蛋，要补给3～5 d的甲状腺素片，即可产正常蛋；④维生素D含量不足时，需及时补充维生素D，或鱼肝油等。

在产蛋期，每天饲喂3次，即早午晚各一次。但由于雉鸡产蛋多集中在上午9时至下午3时之间(70%以上)，所以喂饲可采用吊塔式料桶，每天早晨投一次料。

(2)管理　由于人工驯化的历史比较短，雉鸡场普遍存在繁殖率低的情况。人工养殖的地产山鸡年产蛋量一般为25～30个。随着驯养技术的不断提高，产蛋量逐年有所增加。为提高其产蛋量，国内外养雉场采取了许多措施。如严格的选种选配，培育高产种雉鸡；采用导入杂交的繁殖方式改良地产山鸡的生产性能；掌握适宜的交尾年龄及利用年限；加强种雉营养，精心管理等。

雄雌雉鸡合群时间及比例要适当。我国培育的山鸡的经产雌鸡于4月中旬，初产雌雉于4月末，放入雄雉。美国七彩山鸡可比地产山鸡提前半个月雌雄合群。合群时雄、雌比例要适宜，一般以1∶(5～6)最佳。雌雄合群后，雄雉间会进行强烈争偶、斗架，此过程称为拨王过程。此期必须人为地帮助较强壮的雄雉尽快打败对方，尽快确立王子鸡的地位，以便稳群。但为避免王子鸡独霸全群母鸡，可在网室内用石棉瓦设置遮挡视线的屏障，使其他雄雉均有与雌雉交尾的机会。

6月中旬以后天气开始炎热，此时，许多场家采用网室遮阴、地面喷水等降温措施，并且适当增加饲料中维生素C(抗体温急剧升高)的含量，以提高种蛋受精率。经过一段时间的交尾后，将交尾能力下降的雄雉换出，换入一批新的后备种雄雉。防止或减少应激因素，尽量避免人为逆境(如冷、热、饥、渴、转群等)的发生。

3.休产期的饲养管理

雉鸡的休产期可划分为两个阶段，即换羽期(8—9月)和越冬期(10月至翌年2月)。

(1)饲养　在换羽期，为了加速换羽，饲料中粗蛋白质可从繁殖期的22%降至18%～19%，但比休产期正常配方稍高。要保证含硫氨基酸的含量。实验证明，饲料中加入1%生石膏粉，有助于新羽再生。在越冬期，日粮中要增加高能量饲料比例，蛋白质水平可降至17%。

(2)管理　产蛋结束后雉鸡进入换羽期。此时要进行体况检查,将雄雌分开饲养,同时淘汰病弱雉鸡。换羽结束,气温转寒,通过转群、整群,分出育种群、一般繁殖群、商品群和淘汰群。进行断喙和新城疫I系苗预防注射。作好雉舍防寒保温工作。

复习思考题

1. 乌骨鸡的起源和类型有哪些?
2. 简述乌骨鸡的形态特征。
3. 试述乌骨鸡种蛋的孵化条件及孵化管理技术。
4. 乌骨鸡雏鸡的生理特点是什么?
5. 乌骨鸡的育雏方式有哪些?
6. 简述乌骨鸡醒抱的原理与方法。
7. 鹌鹑的生物学特性是什么?
8. 目前饲养的鹌鹑品种主要有哪些? 各有何特点?
9. 怎样选择种鹑和种蛋?
10. 怎样进行鹌鹑的雌雄鉴别?
11. 怎样进行鹌鹑的人工强制换羽?
12. 仔鹑的饲养管理要点是什么?
13. 雉鸡有哪些生物学特性?
14. 简述雉鸡人工孵化的要点。
15. 简述雉鸡的繁殖特点。
16. 简述雏雉鸡的饲养管理要点。
17. 简述成年种雉鸡的饲养管理要点。
18. 如何防止雉鸡互相啄斗现象?
19. 如何防治雉鸡的巴氏杆菌病?

第四章 药用爬行及两栖动物养殖

第一节 乌梢蛇养殖

乌梢蛇，系游蛇科(Colubridae)乌梢蛇属(*Zaocys*)动物，属于无毒蛇，我国有三种，黑网乌梢蛇(*Zaocys carinatus* Guenther)、乌梢蛇(*Zaocys dhumnades* Cantor)以及黑线乌梢蛇(*Zaocys nigromarginatus* Blyth)，是传统的祛风中药。

黑网乌梢蛇仅见于云南省。乌梢蛇在我国分布较广，尤其在华南地区数量较多而且常见，河北、北京、河南、陕西、甘肃、四川、重庆、贵州、湖北、安徽、江苏、浙江、江西、湖南、福建、广东、广西、台湾等省(市、自治区)均有发现。黑线乌梢蛇分布于我国西南部的云南、贵州、西藏、四川等地。

一、生物学特性

(一)形态特征

乌梢蛇属的主要特征是，脊鳞行数为偶数(14～18 行)。乌梢蛇体色乌黑，头较长，呈扁圆形，与颈部区分明显。鼻孔大，呈椭圆形，位于两鼻鳞间。吻鳞宽大，微露于头顶。鼻间鳞宽大于长。尾细长。雌蛇一般体长 135～210 cm，雄蛇体长 110～185 cm。卵壳白色，呈长椭圆形，长径 4.2～5 cm，短径 1.6～2 cm。

(二) 习性

1. 食性

乌梢蛇主要以蛙类和鼠类为食，兼食鱼类及昆虫等活体动物，饥饿情况下也取食少量死物。

2. 生殖习性

乌梢蛇也是季节性繁殖的动物，1 年只繁殖 1 次，雌雄异体，体内受精，卵生。

(1)性成熟　乌梢蛇一般要在 3 岁后才能达到性成熟，此时在人工饲养条件下的体重可达 320～450 g。性成熟的标志是生殖腺(雄蛇的睾丸和雌蛇的卵巢)中开始具有成熟的性细胞(精子和卵子)。雄蛇较雌蛇的性成熟稍早，生活在寒冷地方的乌梢蛇要比生活在温热地方的乌梢蛇性成熟晚。

(2)性比　根据野外调查统计，在捕捉的357条成年乌梢蛇中，雌蛇175条，占49.02%，雄蛇182条，占50.98%；雌雄比为1.00∶1.04，雄蛇略多。

(3)交配　春末夏初，气温升至20℃左右时，成蛇出蛰活动，约经15～25 d便开始发情交配。5月中旬至7月中旬为发情交配期。发情时，雌蛇的尾基部有1种腺体能分泌释放出特殊的信息物质，引起雄蛇性兴奋，并使雄蛇主动朝气味发出方向寻找和追踪雌蛇。交配前，雄蛇追逐雌蛇20～25 min；然后雌雄蛇体绞在一起，双双竖起头部，交配即开始。交配时，雄蛇的一对“半阴茎”(或称交接器)中的1个因充血膨胀而从肛孔后方的皮下由里向外翻出，并插入雌蛇的泄殖腔(肛孔)内，精液通过半阴茎表面的一条精沟输入雌蛇体内。射精后，雌、雄蛇自行分开活动。交配历时最短15 min，最长48 min。交配的最适气温为20～27℃，最适相对湿度为68%～85%。出蛰后，雌蛇和雄蛇常在冬眠场所附近发生交配。在繁殖季节里，1条雄蛇可与几条雌蛇交配，而1条雌蛇只接受1次交配，且交配后精子可在雌蛇输卵管内存活数年，可多次产生受精卵。

(4)产卵　成年雌蛇交配后经40～55 d便开始产卵。当环境条件合适时卵产于湿润的土壤里，而环境条件不适合时产于地表。一般产卵8～12枚，最多产17枚，成年雌蛇群体平均产卵5～6枚。这项指标受年龄、个体大小、生理状态等诸多因素影响，其中营养水平和饲养管理最为重要。一般而言，壮年、体大和健康蛇的产卵数高于年幼或年老、体小和不健康蛇。产程长短因怀卵数量多少和健康状况好坏而异。怀卵数量多的雌蛇产程较长，怀卵数量少的雌蛇产程较短；健康的雌蛇一般在1 d内可产完，不健康的雌蛇则要拖延2～3 d，甚至更久。产卵后，雌蛇常离开产卵处所，让卵在自然条件下孵化。乌梢蛇卵呈长椭圆形，长径4.2～5.0 cm，短径1.6～2.1 cm，卵壳白色。

(5)孵化　乌梢蛇卵的孵化期较长，约经46～70 d才能孵出。孵化的适宜气温为28～32℃，土壤绝对湿度为15%～18%。仔蛇一般在8月末或9月初陆续孵出。在自然条件下，乌梢蛇卵的孵化率低，受气候、土壤等环境条件影响大。

(6)幼蛇的生长发育与蜕皮　刚孵出的幼蛇体质娇嫩，体长8～12 cm，7～10 d开始摄食，多以蚯蚓和小虫为食，1月龄后食量大增，而且活泼好动。当气温下降到17～15℃时，入洞蛰伏进行第一次冬眠。孵出后至冬眠前摄食1～1.5个月时间的幼蛇，越冬存活率较高，一般可达80%以上，而孵出后摄食时间不足1个月进入冬眠的幼蛇，越冬存活率较低，仅有40%左右。2岁时体重可达200～300 g，3岁性成熟。生长发育的适宜气温为24～32℃。幼蛇在生长发育的过程中要进行多次蜕皮，随着不断的蜕皮。

3.活动规律

乌梢蛇性情机警，行动极为敏捷。爱活动，善攀登，夜伏昼出。

乌梢蛇与其他蛇种一样同属变温动物(或称冷血动物)，对环境温度的变化非常敏感，呈现出喜暖厌寒的特点。出蛰后，随着气温的逐日升高，活动渐渐频繁，日平均气温在27～34℃时活动最盛。在适宜气温的范围内，相对湿度越大，活动频次越多，然而，随着气温的下降，活动渐渐减少。当气温低于15℃时即停止活动。据调查，重庆市南川地区的乌梢蛇在4月中下旬出蛰活动，7～9月为活动高峰期，到10月下旬冬眠，活动期约6个多月。

乌梢蛇属冬眠动物，当气温降至15℃左右时，入洞，卷曲成团，蛰伏冬眠。冬眠前或冬眠结束后，喜欢在树上活动，但活动迟缓。整个冬眠期间不食不动不排泄，历时近6个月。冬眠场所因栖息环境不同而异，有的在树洞中，有的选择泥堆或石堆，有的利用天然的岩石缝穴或啮齿动物挖掘的洞穴进行冬眠,但多蛰居于湿润的地方。另外,还有与其他蛇种在同一场所一起聚居越冬的现象。

二、养殖技术

(一)蛇场建设

乌梢蛇喜温、湿,饲养场地应选择坐北朝南、阴凉潮湿、靠近水源、排水方便、环境安静的地方。若兼养其他蛇种,要用内墙或细目铁丝网隔开。不同的蛇种必需分开饲养。

场地应具备蛇窝(床)、水池、运动场等基本结构。蛇窝供栖息、产卵以及越冬用,水池供饮水、投食以及游泳用,建在远离蛇窝的一侧。运动场供取食和活动用,在蛇窝和水池之间,可栽种花草、营造假山,模拟野外生活环境。室外露天式蛇场应在场内种植一些树木,以调节场内的温湿度。为了提高幼蛇的成活率,还应专门建造一个幼蛇池,作为幼蛇饲养和越冬场所。具体建造的规格、类型以及尺寸可根据饲养蛇种及具体条件而定。一般地,围墙高应有 3 m,墙基深 0.5～1 m,墙壁光滑无缝,墙角呈弧形,蛇房门窗严紧,最好设双重门。

(二)饲料与饲喂

1. 饲料

乌梢蛇属于广食性蛇种,其饲料种类较多,来源丰富。饲养者应根据当地具体条件和不同季节饲料资源的实际情况,因地制宜,就地取材,以既能满足营养需要,又能降低饲料成本为原则,结合食欲状况,合理选择和搭配饲料。

(1)捕获性饲料　从野外捕捉而获得的天然活体动物性饲料,如蚯蚓、昆虫、蛙类、蜥蜴类、鱼类、鸟类和鼠类等。

(2)养殖性饲料　人工饲养繁殖而成的活体动物性饲料,如蝇蛆、黄粉虫、泥鳅、黄鳝,特别是饲养简单、繁殖力高的小鼠等。

(3)畜禽下脚料　猪、牛、羊、鸡、鸭、鹅等畜禽屠宰时的下脚料,如肺、肝、碎肉等,但用量不宜过高,而且必须新鲜、卫生、无毒。

(4)添加性饲料　如鱼肝油、B 族维生素、微量元素等,虽用量少,但作用大,可喷洒在活体动物性饲料表面或与畜禽下脚料混拌后喂给。

幼蛇的人工饲料主要是蚯蚓、黄粉虫等,兼以碎肉、蛋饼、蝇蛆等物。随着日龄的增长,采食能力的增强,可投给较大的饲用活体动物。成蛇的饲料以小鼠为主,以蛙类、蚌蛤肉、黄鳝、猪肺等为辅。

2. 饲喂

一般每隔 3～7 d 投喂一次,但在交配期、怀卵期、幼蛇期以及冬眠前 1～2 个月等重要生理阶段可以每天投喂一次。饲喂量要灵活掌握,以稍有剩余为度。乌梢蛇在 5—10 月平均每只每月的摄食量为 1.05 kg,最高在 9 月,平均每只达 1.25 kg;最低在 10 月,平均每只为 0.75 kg。投食地点应固定,时间宜在上午 10 时左右。只有供给营养丰富、数量充足、组成多样化的饲料,保证乌梢蛇吃饱吃好,才能取得满意的生产成绩。

乌梢蛇有饮水习性。喂料后供给清洁的饮水。

(三)繁殖

1. 雌雄鉴别

(1)外观法　大小相近的乌梢蛇中,雄蛇靠近肛孔一段的尾基部因有 1 对“半阴茎”而稍微膨大，尾长的比例较雌蛇略大，头部较大；雌蛇自肛孔以后突然变细，尾的比例较短，头部较小。此法的鉴别准确度较差。

(2)挤压法　这是最可靠的方法。具体如下：将乌梢蛇后半部的腹面朝上，找出肛孔，用大拇指按在肛孔后面几厘米处，从后向前挤压。若肛孔有2条带刺的交接器伸出，则为雄蛇。此法同样适用于幼蛇的性别鉴定。

2.配种方法

成蛇经性别鉴定后，雌、雄分开饲养。挑选身体健康、无伤、体质强壮、生长发育良好、活泼好动、爬行灵活、动作协调、年龄在3岁以上、体重大于400 g、繁殖能力强的蛇参加配种。到发情交配季节(5—7月)，按1∶(5～8)的雄、雌比例将选出的种用雄蛇放入种用雌蛇群，任其自然交配。在配种期间，应注意：一要加强观察，作好记录，以便建立繁殖档案。二在选配时应尽量根据谱系资料，避免近亲交配，有利于提高繁殖成活率和仔蛇的生长发育。三是若遇雌蛇有择偶现象或雄蛇配种能力下降，及时调换雄蛇，以便提高卵的受精率。四是交配后，将雌蛇和雄蛇分开，进行不同的饲养管理。

3.怀卵检查

怀卵的雌蛇一般较温顺，容易捉住。检查时，用一只手将雌蛇的颈部轻轻捏住，另一只手从雌蛇的腹部开始抚摸至肛孔，如在腹部有凹凸感，表明此蛇已怀卵，而且凹凸处距肛孔越近，离卵产出日期就越近；当凹凸处距肛孔仅有2～3 cm时，1 d内便会产卵。检查后，可将快要产卵的雌蛇放入蛇箱或产卵房中产卵。

4.人工孵卵方法与技术

(1)方法　为了提高孵化率，大多采用缸、罐、箱、桶、箩等容器在室内利用自然温度(必要时人工控温)进行人工孵化。

选取1个大口缸、罐、桶或箱作孵化器，容积大小视卵多少而定。孵化器底部垫上1层约30 cm厚的沙土，并压实。沙和土要干净，比例为3∶1，湿度以手能捏成团，松开即散为宜，面上排放蛇卵，卵要横卧，不可直竖，可在卵上铺覆盖物，然后将孵化器放于室内并加盖。每隔7～10 d翻卵检查1次。

也可用竹箩作为孵化器。箩底装10 cm厚的小石子，其上铺一层20 cm厚、含50%沙和50%泥的洁净土壤。将卵埋在10 cm深处的土壤里。竹萝顶上盖玻璃板，并置于室内阳光充足的地方，以自然温度进行孵化。每日喷水1次，使土壤的绝对湿度保持在15%左右。此法的孵化率为80%左右。

(2)技术

及时收集蛇卵：因蛇场中雌蛇产卵没有固定位置，应随时注意观察产卵情况。一旦发现，要马上收集，并放于孵化器内进行人工孵化。

种卵选择：应选外形端正、饱满、色泽较一致的卵，剔除畸形、壳过软、色泽异常者。

控制孵化温度：乌梢蛇卵不仅孵化期较长，而且要求的有效发育温度也较高。孵化温度要保持相对稳定(28～32℃)，不宜波动太大。

(四)管理要点

1.活动期的管理

(1)大小分级。应按个体大小将蛇分级分池饲养，以防缺食时大蛇吃小蛇，也便于饲养管理。

(2)定时检查。饲养员应每天观察并记录乌鞘蛇的数量、采食、排泄、活动等情况。一旦发现病蛇要及时隔离和治疗。加强安全措施检查,注意防止天敌进入。

(3)搞好卫生。每天清除吃剩的饲料,经常打扫蛇窝和运动场,定期更换沙土和消毒。及时捡出腐烂变质的动物尸体(如死蛙、死蛇等)、残渣、粪便等,勤换池水,保持水质洁净。

(4)防暑防涝。夏季应有遮阴设施,防止烈日曝晒,天气特别炎热时采取喷水等办法降温。雨天注意场内排水,防止蛇窝进水。

(5)维持环境安静。场内谢绝参观,尽量减少不必要的捕捉、喧闹以及噪声。尤其在交配期、怀卵期、产卵期应严禁惊扰。

2. 冬眠期的管理

(1)体况准备。在越冬前的1～2个月(9—10月)应喂给充足、多样的饲料,以增加蛇的营养物质储备和肥满度,提高抗寒、抗病的能力。必要时,可以人工灌喂。

(2)地点选择。根据蛇的数量情况,修建专门的越冬室,室壁应含有绝热层和蓄热层,也可选择向阳、通风、利于排水的蛇窝作为越冬地点。

(3)群集越冬。即将同性别、大小相近的数条乌梢蛇放在一起冬眠。群集冬眠可提高蛇体温度1～2℃,还可减少水分的散失。

(4)温度控制。在人工饲养条件下,必须足够重视蛇窝地面的热能保持条件,在冬季应加强地面的绝热保温性能。可根据当地的气候条件,适当在蛇窝上加厚土层,或窝内添加垫草(长草应切成小段),铺旧棉絮,安装灯泡甚至控温设备,使蛇窝温度保持在5～10℃。

(5)湿度控制。在越冬期间蛇窝要保持一定的湿度,土壤湿度维持在10%左右为宜。

(6)定期检查。冬眠期间除经常察看温、湿度的变化情况外,还应定期检查蛇体健康状况。发现病蛇要及时隔离、治疗,以免相互传染。

(7)加强安全防御措施,阻止老鼠和其他天敌入侵。

三、产品采收、加工

1. 乌蛇干

乌蛇干为乌梢蛇除去内脏的干燥全体。每年4—11月采收。捕捉的方法很多,但常用的方法是:左手抓住蛇尾,右手快速用竹竿或其他工具压住蛇颈。若遇乌梢蛇在草丛中,则先将它挑起,再按上述方法捕捉。捕捉后,处死,用刀剖腹,除去内脏,卷成圆盘形,置于铁丝架上,以柴火熏,熏时要常翻动,防止熏焦。熏至表面呈黑色后,取下,再晒或烘,干透为止。

乌蛇干的药材形状多呈圆盘状,头部在中央,扁椭圆似龟头,尾部在外周,逐渐变细,脊部高起,呈屋脊状。用干净锐利的竹签,横穿蛇体,以固定形状。全体乌黑色,表面可见菱形细鳞,腹部有排列整齐的肋骨。质地坚硬,气腥,味淡。

乌蛇粉:将乌蛇干切断,焙至微黄,研磨成粉末。

乌蛇肉:将乌蛇干去头,用黄酒闷透,取出,去骨,晒干备用。

炙乌蛇:将乌蛇干去头,用温水洗净,切段,以黄酒拌匀闷透,置于锅内,文火炒至微黄,取出放凉即得。

2. 乌蛇皮

乌蛇皮是人工从乌梢蛇躯干剥下的表皮和真皮。剥皮方法是:将乌梢蛇处死,以绳系颈,挂起，用刀环割颈部皮肤，由前至后剥离，至尾基部结束。剥皮时勿伤皮板。剥下的长筒蛇皮应刮净皮下肌肉，内填细沙，使其均匀扩张，置于通风处晾干。切忌阳光曝晒和高温烘烤。充分干燥后，倒出细沙，从腹面正中剪开，卷成筒形，保存待售。保存期间要注意防潮、防腐、防虫蛀以及防鼠咬。

3. 乌蛇蜕

乌蛇蜕不同于乌蛇皮，是乌梢蛇在生长过程中自然脱下的皮膜(体表角质层)。可全年采收，但多在3—4月份。采得后，抖落泥沙，除去杂质，晒干或晾干，剪成段即可入药。乌蛇蜕的锻制方法：将乌蛇蜕用酒洗去泥渣，置于罐内，加盖，用盐泥固封，煅约一小时，隔夜启封取出，贮存于陶器里备用。

4. 乌蛇胆

乌蛇胆是乌梢蛇体内贮有胆汁的胆囊。

杀蛇取胆：取胆前，先将乌梢蛇禁食几天。然后处死，用细绳系住头部，吊在树上或挂在墙壁上，剖开腹部，使肝外露，找出胆囊，用线结扎胆管，在结扎处的上方剪断胆管，取出胆囊，挂在通风的地方晾干。

5. 乌蛇油

冬眠前的乌梢蛇体内贮存脂肪较多。杀蛇时，剖开腹腔，剥离脂肪，经煎熬，提取油脂，冷却后密封保存、备用。

第二节　龟、鳖养殖

龟和鳖均属于脊索动物门、脊椎动物亚门、爬行纲、无孔亚纲、龟鳖目。龟、鳖是名贵的水产品。龟，俗称乌龟，是现存最古老的爬行动物，分布于世界大部分地区，至少在2亿年前即以同样形式存在了。现存230种，加上2012年国内大型养殖场杂交的新品种大约有260种，多数分布在热带或接近热带地区，也见于温带地区。龟的腹甲，可入药，称作“龟板”，具有滋阴壮阳、去湿解毒、防癌抗癌、益肝润肺、益阴补血等功效。食疗用于治疗气血不足，营养不良，劳瘵骨蒸，肺结核久嗽咯血者宜食；妇女产后体虚不复，脱肛或子宫脱垂。癌症患者及放疗化疗后，出现气阴两伤，低烧潮热，心烦失眠，掌心热，口干咽干，舌红苔少者宜用；多尿者，或虚弱小儿遗尿者宜食；糖尿病人及久疟不愈者宜用。

鳖是龟的近亲，俗称甲鱼、水鱼、团鱼和王八等，分布于亚洲、非洲、美洲的淡水和湖泊中，共有20余种，中国现存主要有中华鳖、山瑞鳖、斑鳖、鼋，其中以中华鳖最为常见。不仅是餐桌上的美味佳肴，而且是一种用途很广的滋补药品和中药材料。鳖肉味鲜美、营养丰富，具有滋阴凉血、补益调中、补肾健骨、散结消痞等作用，可防治身虚体弱、肝脾肿大、肺结核等症。鳖甲，滋阴潜阳，软坚散结，退热除蒸。用于阴虚发热，劳热骨蒸，虚风内动，经闭，症瘕，久疟疟母。20世纪50年代，我国即开始了鳖的人工养殖试验。20世纪70年代初，先后在山东、江苏、浙江、湖北、湖南、广东等地广泛地进行了鳖的养殖试验，基本掌握了鳖的人工繁殖和饲养管理技术。20世纪90年代初，各地又进行了鳖的恒温、加温养殖试验，积累了大量经验，使商品鳖的养殖期缩短为1年左右。现在鳖的养殖技术已基本成熟，中华鳖是人工养殖的主要鳖种。

一、龟鳖的生物学特性

(一)形态特征

龟有坚硬的龟壳,头、尾和四肢都有鳞,头、尾和四肢都能缩进壳内。主要特征为身体的重要器官藏在保护壳内。无齿,无攻击性,体长10～200 cm。四肢粗壮、适于爬行,脚短或有桨状鳍肢(海龟),具有保护性骨壳,覆以角质甲片。壳分为上、下两半,上半部即背甲,下半部即胸甲,背甲与胸甲两侧相连。

鳖的身体呈圆形或椭圆形,体表覆有柔软的革质皮肤,其下为骨板,包括背甲和腹甲。背甲边缘为厚实的结缔组织,俗称裙边,借助其在水中的波动,可以改变鳖的游动方向。背甲与腹甲之间有韧带相连。腹面呈白色,背色随生活环境不同而有变化,常呈暗绿、黄褐、黑色。鳖头部前端呈三角形,鼻孔位于三角形的尖端,方便呼吸。口内宽阔,无牙齿,上、下腭覆有坚硬角质鞘,形成角质板,以代替牙齿压碎坚硬食物。颈部较长,活动自如,平时头颈可完全缩入体内,伸出时几乎可以达到身体的各个部位。眼在头部的上侧,眼窝稍微外露,视觉敏锐。前、后肢均5趾,指、趾间有蹼,第1～3指、趾间有钩状利爪,突出于蹼膜之外,这种结构既有利于在陆地上爬行,又适合于水中游动。

雌、雄外部形态略有差异,可根据其特征进行鉴别(表4-1,表4-2)。

表4-1 乌龟雌雄的形态鉴别

鉴别部位	雄龟	雌龟
体重	个体小,一般在300 g以内	个体大,可达1 800 g
头部	眼后颈部终生有黄色条纹,眼球上下有黄色亮点	性成熟后,颈部无黄色条纹,头和眼都呈乌黑色
颜色	全体黄黑,乌黑色	全体泥黄、棕黄、黄褐色
腹甲	雄龟有明显的凹陷	雌龟平坦
排泄孔及形状	雄龟的位置接近尾端,孔为长形	雌龟的位置接近腹甲,孔为圆形
尾部	雄龟尾较粗大,自然伸直时,泄殖孔内缘正达背壳边,弯曲时,泄殖孔内侧平整	雌龟尾较细短。泄殖孔内缘超出背壳后边一段距离,弯曲时,泄殖孔内侧有长条状凸突

表4-2 鳖的雌雄鉴别

鉴别部位	雌鳖	雄鳖
尾	短,不能自然伸出裙边外	长,能自然伸出裙边外
背甲	中部较平	中部较隆起
腹甲后缘	呈弧形	呈方形
后肢间距离	较宽	较窄
同龄体重	轻	重

(二)生活习性

根据习性不同,龟可分为全水、半水、陆地-水两栖三类。主要栖息地为江河、湖泊、水库、池塘及其他水域。性情温和,相互间为争食也会咬斗。遇到敌害或受惊吓时,便把头、四肢和尾收缩至壳内。

鳖是用肺呼吸的爬行动物,生活在水中,喜欢在底质为泥沙的江河、湖泊、池塘中栖息。对环境的要求是喜阳怕风、喜静怕声、喜洁怕脏。在晴天无风时,常爬到离水不远的岸边晒太阳,以杀除身上的病原体和寄生虫,但稍有惊动,便迅速返回水中潜入水底。当其受到攻击无处可逃时,便咬住攻击物不松口,这时只有将其放入水中,让其处于可以逃跑的状态,才会松口。人工养殖时,若缺乏饵料会互相争斗、残食,故同池养殖的鳖规格应基本一致,并且饵料充足。

龟、鳖是杂食性动物,以动物性的昆虫、蠕虫、小鱼、虾、螺、蚌、植物性的嫩叶、浮萍、瓜皮、麦粒、稻谷、杂草种子等为食。耐饥饿能力强,数月不食也无危险。

龟、鳖为变温动物。水温降到 10℃以下时,即静卧水底淤泥或有覆盖物的松土中冬眠。冬眠期一般从 11 月到次年 4 月初,当水温上升到 15℃时,出穴活动,水温 18～20℃开始摄食;水温达 20℃时,开始发情交配;水温达 25～32℃时,摄食能力强,生长速度快;水温在 29～31℃时,生长速度快;当水温超过 33℃时,摄食能力下降,并寻找洞穴躲藏起来。

(三)繁殖习性

龟、鳖雌雄异体,体内受精,卵生。每年 4—5 月水温 20℃以上时,开始发情交配,6—8 月为龟鳖繁殖旺季。一次交配后精子在雌性泄殖腔内可存活 5—9 个月,并有受精能力。交配前,雌、雄动物在水中追逐嬉戏,经过一段时间后,雄性伏于雌性背上,雄性交配器伸入雌性的泄殖腔内进行交媾活动。

首次交配约 15 d 后,雌龟、雌鳖开始产卵,通常于夜间产卵,每年产卵 2～5 次。龟卵为长椭圆形,平均重 6.5 g,一般每次产卵 4～7 枚,最多有 15 枚;鳖卵为近圆形,平均重 4.8 g,一般每次十几枚,最多产 30 枚。产卵数量和质量与亲龟、亲鳖的质量紧密相关。雌性在产卵之前,便在夜间爬到靠近水池而水又淹没不到的地方选择产卵场所,通常选择疏松土质或者沙土。产卵时间一般在黎明之前。产卵时,先以后肢迅速扒开沙土挖穴,穴深 6 cm 左右,直径 5 cm,呈漏斗状,然后将卵产于穴中。产卵后慢慢爬出来,再用后肢扒土覆盖压平,不留痕迹。在自然温度下,经 65～70 d 的孵化,即可孵出稚龟,同等条件下鳖的孵化时间比龟少 10 d。

二、龟鳖的人工养殖

稚龟、稚鳖,指自出壳到第一个冬眠期苏醒前的龟、鳖。幼龟、幼鳖,指自第一个冬眠期苏醒后到第二冬眠期苏醒前的龟、鳖。成龟、成鳖,指自第二个冬眠期苏醒后的龟、鳖。

(一)亲龟、亲鳖的饲养管理

1. 亲龟、亲鳖的选择

亲龟、亲鳖是指用于人工繁殖的雌、雄龟、鳖。经研究发现,华中地区的龟鳖性成熟年龄在 4～5 年,热带地区性成熟年龄为 3～4 年。刚刚性成熟的龟、鳖,个体小、产卵少、卵质差。所以应该选择性成熟后 2 年即 6～7 龄的作为亲龟、鳖。在生产实践中发现,雌龟繁殖体重应在 200 g 以上,适宜体重 300～1 000 g;适宜体重 125～250 g。雌雄鳖繁殖体重一般在 350 g 以上,最好选择 1 kg 左右的作为种用。亲龟、鳖应无病无伤,体质健壮、形态正常,行动敏捷、有力。

2.性别鉴定

性成熟前，雌雄鳖外貌特征差异不大，必须仔细辨认才能区别，但达到性成熟后，可采用挤压法观察尾的长短进行鉴别。具体方法是，以两手拇指和食指堵住龟鳖的头、颈和四肢，并向内挤压。雄龟、鳖尾部较长，伸直后从泄殖孔内有紫黑色的一对交配器伸出，雌性则不会出现。

3.配种比例

龟的雌、雄比例为 3∶1，放养密度在 6～7 只/m^2。

鳖的雌、雄比例为 4∶1，放养密度为 2～3 只/m^2。

4.亲龟、亲鳖的饲养管理

亲龟鳖的饲养池建设、饲料配合和投喂、放养密度、日常管理等都应科学化、规范化。

(1)饲养池建设　饲养池应建在环境僻静、日照良好的地方，设施包括围墙、排灌设备、水中阳台、产卵场、龟鳖休息洞穴、浅水饵料台、陆地遮阳棚等。

亲龟、亲鳖池塘面积应在 300～600 m^2，池深 1.5～2 m，水深 0.8～1.2 m，冬季水的深度应适度增加，在 1.5 m 左右。池底平坦，铺约 20 cm 厚的细沙。池边每隔 30 m 放一个面积约 0.3 m^2 的饵料台，饵料台应侵入水面。池塘要设置排水口，以便及时更新水体。进出水口须罩上铁丝网防逃。龟鳖池周围要砌防逃墙，高度 40 cm 以上，地基深度 30 cm，墙内壁要光滑，墙顶端设有向池内伸出约 15 cm 的防逃返边。在池中央或池北向阳一侧，建休息场供鳖晒背。休息场面积占整个龟鳖池面积的 20%左右。在池四周地势较高、地面略有坡度、背风向阳的地方建产卵场。产卵场应该铺上 20～30 cm 厚的细沙，面积根据产卵亲龟、亲鳖的数量而定，一般每个雌性约占 0.2 m^2，产卵场靠近围墙处可栽种葡萄、蔬菜等植物。

(2)亲龟、亲鳖饲养　龟、鳖食性较广，稻谷、小麦、豌豆、小鱼、虾、昆虫、蜗牛等均吃，其中最喜欢吃的食物是小鱼、蜗牛、玉米和稻谷。人工饲养时，应采用多种饲料，如动物性饲料中的鱼、虾、蜗牛、河蚌等，以及植物性饲料中的稻谷、小麦、玉米等。在投喂饲料之前，须先将玉米、豌豆等压碎，浸泡 2 h 左右，其他大块食物也须先切碎后投喂。

龟、鳖的活动与气候关系密切，每年 4 月初开始摄食；6—8 月摄食活动达最高峰，增重速度最快；至 10 月气温逐渐下降，其摄食量开始下降。当气温降到 10℃以下时，则停止摄食，进入冬眠期。

①投喂时间　应根据水温来确定投喂次数和时间。当水温在 15℃以上时，每日中午投饵 1 次；水温在 20℃以上时，每日上午 9 时、下午 5 时投饵两次；当水温在 28～32℃时，每日上午 9 时、下午 3 时、晚上 9 时共计投饵 3 次；当水温超过 33℃时，应减少投饵。

②投喂地点　定位投喂饲料，目的是让龟鳖养成习惯，方便其找到食物，同时便于观察活动和检查摄食情况。不易溶散的、成粒的饲料，投入清洁的浅水食槽内，易散的饲料投喂到岸边活动休息区。

③投喂数量　对于龟，夏季每次投喂占总体重的 4%～7%，春秋为 1%～4%。鳖的投喂量一般为 5%～8%。最佳效果是让龟、鳖够吃，且无剩余。

④日常管理　亲龟、亲鳖的饲养管理，除了做好防盗、防鼠之外，主要是注意水质的好坏和饲料质量。根据透明度决定换水频次，透明度保持在 25 cm 左右。

更改饲料种类时，要采用渐进方式，让龟鳖对新饵料有一个适应过程。

亲龟、亲鳖产卵前要对雌性增加补钙。在饲料中添加钙粉，也可喂螺蚌等带壳动物。产后要增加饲料中蛋白质饲料的含量，使龟鳖恢复体况和增肥，以便安全越冬。

(二)孵化

在自然条件下，龟鳖卵经 50～80 d 孵化，稚龟鳖即破壳而出。但是龟卵的自然孵化易受温度、光照等外界条件的影响和蛇、鼠及蚂蚁等天敌的危害，使得孵化期长，孵化率和存活率都较低。为提高龟卵的孵化率，可以采用人工孵化的方法。具体做法如下：

1. 卵的收集

每年的 5 月下旬至 8 月中旬，是龟鳖的产卵旺季。在产卵期，除雨天外，于每天上午 8～10 时在亲龟、亲鳖饲养池的陆地隐蔽处寻找卵窝。找到卵窝后，做好标记，在 24 时之后再移动卵，因为胚胎产出 8～30 h 才能完全固定，过早移动会影响胚胎发育。

雌龟喜欢在草丛、树根下聚集，并掘土成穴产卵，故可根据穴位土质的松软或留下的足迹爪痕等找到乌龟的产卵穴，采得龟卵。通常龟卵窝面上有一直径为 6～12 cm 的圆形、湿润的泥浆块。采卵时间最好是早晨。

鳖卵窝一般可在隐蔽的沙堆处找到，标志是有鳖爬动过的潮湿痕迹，上面布满爪印。

2. 卵的选择

人工孵化应选取已受精的新鲜优质卵。卵是否已受精的标志是，受精卵的卵壳光滑、不粘土，卵壳颜色鲜亮，卵大且圆，动物极胚胎所呈的白色斑点边缘清晰圆滑。将卵对着阳光观察，如卵内部红润者是好卵，卵内部混浊或有腥臭味者则为坏卵。采卵时应注意将受精卵有白点和气室的一端朝上。

3. 卵的孵化

人工孵化的方法有室内孵化和室外孵化两种。

孵化室要求光线明亮，通风良好，温湿度可控制，室内整洁，无蛇、蚁、鼠洞。孵化器可选用木盆、塘瓷盆、孵化盘(70 cm×50 cm×15 cm 的浅木箱)等。先在孵化器的底部铺上一层 5 cm 左右的细沙，为利于胚胎发育，将龟卵“动物极”(指卵较大的一端)向上置于细沙上，然后在卵上盖一层约 3 cm 厚的细沙，再覆上一潮湿毛巾，最后将孵化器置通风处。温度和湿度是孵化成败的关键。人工孵化时控制温度在 28～32℃，每天洒水 1～2 次，同时还要注意防止天敌危害龟卵。这样经过 50～60 d 孵化，便可孵出稚龟、稚鳖。

(三)稚龟、稚鳖的饲养管理

1. 稚龟、稚鳖池建设

稚龟、稚鳖池应建设成面积 50～100 m^2，池深约 1.0 m，水深 0.5～0.7 m，以砖石、水泥砌成，池底成锅底凸形，形成浅水区域，便于稚龟、稚鳖爬行和采食，凸形处顶部应露出于水面外，作为龟鳖的休息处。池边可以设置若干个高低不等的排水孔以便于控制水位，进出水口设置防逃网，防逃墙高度约为 0.6 m。

2. 稚龟、稚鳖的饲养

(1)放养方法　稚龟、鳖适应能力差，身体娇嫩，入池前用万分之一的高锰酸钾浸泡 10～15 min，并在室内盆中以清水暂养 1～2 d。池水温度与盆中水温相差 3℃以内。

8 月前后出壳的稚龟、稚鳖，应放入室内池；9 月出壳的稚龟、稚鳖，可在室外池养殖；9 月份以后出壳的稚鳖，也应放入室内的稚鳖池养殖。

(2)放养密度　一般 20～50 只/m^2为宜，最高不超过 100 只/m^2。

(3)投喂饲料　在出壳的一个月时间内，投喂红虫、小糠虾、摇蚊幼虫、丝蚯蚓、蛋黄和鲜蚌肉等。饲料应投在斜坡浅水处，一般每日喂两次，自由采食。水温在 28～30℃时每日喂 3 次，水温在 22℃以下时每日喂 1 次，每次投喂占总体重 5%～10%的饵料。

(4)越冬　到 10 月中下旬水温降到 16℃时，稚龟爬到陆地的隐蔽处堆积起来，需在上面加盖黄沙和稻草；或埋入 20～30 cm 的土坑中，盖上红砖，留有通风缝隙，再盖上泥土，到翌年温度达到 15℃以上时，让其自由爬出。

稚鳖一般在水下越冬，在池底加入 30 cm 左右的细沙，并增加池中水位，在池上加盖薄膜等防风防雪物品。

越冬期的环境温度要保持在 6℃以上，注意保持适宜的湿度，做好防鼠和防冰冻工作。

(四)幼年和成年龟鳖的饲养管理

1.龟鳖的放养

龟鳖生长速度缓慢，当年出壳稚龟的体重几乎没有变化。1 龄龟可增长到 20～50 g，2 龄龟可达 80 g，3 龄 120～150 g，4 龄 180～250 g，5 龄 300～350 g。雌龟生长速度比雄龟快。鳖的生长速度要比龟快些。当年稚鳖可长到 5～10 g，1 龄 50～100 g，2 龄 300 g，3 龄可达 500 g，7 龄达 750 g。

需将规格较小的幼龟、鳖留在稚龟、鳖池中饲养，到 7 月份左右新的稚龟、鳖孵出时，再将其移到幼龟、鳖池中饲养。较大的幼龟、鳖应直接移入幼龟、鳖池饲养。

2.放养密度

根据龟、鳖的体重确定放养密度。体重 10 g 左右的龟、鳖，放养密度通常为 50 只/m^2左右；体重 50～150 g 时，15～30 只/m^2；500 g 以上时，3～5 只/m^2。

3.饲料投喂

饲料应使用配合颗粒料，要求定时、定点、定量。幼龟、幼鳖饲料中增加动物性饲料的比重，成龟、成鳖的饲料增加谷物类饲料的比重。也可投喂鲜活饲料，如蚌、螺、蚬或猪、鸡、鱼的下脚料。

通常根据气温的高低来决定投喂的量。春秋季节，投喂量应达到总体重的 1%～4%，每天投喂 1～2 次，应在 9～13 时投放；夏季应达到总体重的 4%～8%，每天投喂 2～3 次，应在早晚投放。

4.日常管理

春秋两季保持水深 0.8 m 左右，冬夏则保持水深 1.2 m 左右。水体透明度控制在 20～50 cm。一般每 5 d 换水 1 次，每次换掉约 10 cm 水深。如果水太清，龟、鳖会因没有安全感而互相打斗。应时常注意检修防逃设施，定期检查进出水口保持畅通，特别是夏季多暴雨时更应如此。

5.越冬

当冬天水温降到 15℃时，可将幼成龟鳖移入室内越冬，或选择向阳背风的室外饲养池越冬。越冬密度比平常养殖密度大 2～3 倍。

三、加工制作

(一)龟板的加工制作

1. 生龟板的制作

将活龟处死,取腹板剔去筋肉,洗净晒干或晾干,称血板。若将龟用沸水烫死,再取腹板,去尽残肉,称烫板。然后用0.5%的氢氧化钠溶液浸泡,每日更换碱液1次,经3~5日便可除去腐肉,捞出晒干即可。

2. 醋龟板的制作

先将沙置锅内,用旺火加热,加入洗净的生龟板,炒至质酥,表面呈淡黄色取出,筛去沙粒,趁热投入醋液中稍浸即捞起、干燥,一般100 kg龟板用醋20~25 kg。

3. 龟板的质量标准

龟板以板大质厚、颜色鲜明、洁净无腐肉者为好,叫“血板”。产于洞庭湖一带的龟板最好,对光照之,呈微透明状,粉红色,又叫“血片”。

(二)鳖甲的加工制作

1. 处死

(1)将甲鱼翻过身来,背朝地,肚朝天,当它使劲翻身将脖子伸到最长时,用快刀在脖根一剁,然后控血。

(2)当甲鱼伸长脖子翻身时,用两指抓住其颈部,用快刀在头部割断其头骨,然后控血。

(3)用筷子引出甲鱼头,待其咬住拉长,用刀斩断颈根,然后控血。

2. 清洗

放半锅水,水温烧至70~80℃,将宰杀后的甲鱼放在热水中,烫2~5 min(具体时间和温度根据甲鱼的老嫩和季节掌握)捞出,室温冷却后(可以用凉水浸泡降温),用一小刀将甲鱼全身的乌黑污皮轻轻刮净。

刮净黑皮后,再将甲鱼清洗干净。

3. 卸甲

从甲鱼的裙边底下沿周边割开,将盖掀起,去除内脏,用清水洗净。内脏掏净后,洗净,斩掉四爪尖和尾鞘,去净四脚附着的黄油。

4. 烘干

放置于烘箱中,50~60℃,4~6 h。

5. 鳖甲的质量标准

鳖甲以个大、质厚、没有经水煮者为好。

(三)龟板胶、鳖甲胶的制作

1. 配料

取龟板或鳖甲3.125 kg,冰糖0.156 kg,豆油0.047 kg,黄酒0.094 kg。用龟板制成的胶,即龟板胶,用鳖甲制成的胶,即鳖甲胶。

2. 煎取胶汁

把处理好的龟板或鳖甲置于铜锅中,加水淹没过面,用文火加热,保持微沸1~2 d,倒出煎液。先后共煎3~5次,直至充分煎出胶汁为止。

3. 过滤澄清

集中每次煎出的胶液，过滤除去沉淀杂质。先用细筛过滤，后再用丝棉过滤，并分次加入明矾，搅拌均匀，静置沉淀后再过滤。

4. 浓缩收胶

将澄清的胶汁置铜锅中以文火加热浓缩，不断搅拌，防止焦化，直至胶液不透纸时，加入一定量的冰糖、黄酒和植物油使之混合均匀，不显油花。待浓缩至黏稠状后收胶，倒入凝胶盘内，让它自然冷凝。为了加快胶汁凝固，也可加入 5%～10% 的阿胶，以帮助龟板胶或鳖甲胶凝固。

5. 切片及晾干

取出凝固的胶块，用切胶刀切成小片，晾干后即可包装。

6. 龟板胶、鳖甲胶的质量鉴定

(1)胶块颜色　好的龟板胶为褐绿色近半透明状，好的鳖甲胶为淡褐绿色半透明状。

(2)胶块大小　龟板胶长 3.0 cm，宽 3.0 cm，厚 1.0 cm，每块切片约重 5 g；鳖甲胶长 3.5 cm，宽 3.0 cm，厚 1.0 cm，每块重 5 g 左右。

第三节　蛤蚧养殖

蛤蚧(*Gekko gecko* Linnaeus)，又名大壁虎、仙蟾等。分布于亚洲南部的印度、马来西亚、越南、老挝、印度尼西亚和中国各地。在我国，主要分布在广东、广西和云南各省。所以，蛤蚧的原产地是在北回归线附近及其南部地区。

一、蛤蚧的生物学特性

(一)生态习性

1. 栖息环境和活动规律

蛤蚧在自然环境中多生活在石灰岩地带，喜栖息于岩石裸露、植物稀少、次生灌木丛的石山上，多在岩石的缝隙、洞穴中生活，也见于高大树干的缝、洞之中以及山岩附近村落的屋檐缝内。它所栖息的缝隙不太大，一般是刚好藏身的宽度，3～5 cm，背腹贴近缝壁并能自由活动。缝隙曲直不定，多朝南、东南、西南、西或东面，而北面、东北、西北方向则很少见。多生活在地势高燥和温热的环境，而靠近地面和潮湿的缝隙中很少见。

活动规律。每年 3—9 月初，是蛤蚧活动时期。清明节后，它从冬眠中苏醒，开始活动；5—7 月，蛤蚧最活跃。每天于上午 6～7 时左右，中午 12 时左右，下午 7 时到晚上 12 时左右周期性鸣叫。鸣声为“咯—嘎”，两声一度。依年龄大小的差异，两声一度地连续鸣叫次数不等。一般 3 龄者连续鸣叫约 13 次，停歇一定时间后再叫。1～2 龄者，鸣叫 8～10 次。不满 1 龄者，仅连续鸣叫 2～3 次，即停歇一定时间后再叫。

蛤蚧的体色，能随外界环境的亮度、温度的变化而有所改变。在阳光下，一般变成灰褐色，在阴暗的条件下，变成黑褐色。

蛤蚧怕冷又怕热，怕风又怕雨。喜栖居于干燥凉爽而较深的石缝内。蛤蚧随着气候的变化和觅食的需要，在活动区内上下左右地移动。一般在天气晴朗和凉爽的清晨，多在石山中部活动，傍晚多爬到上部活动；在多云无风而又比较闷热的傍晚，则迁移到石山下部的崖壁缝内活动，在炎热酷暑天或久旱不雨的时候，多住在石山中部。春日和初夏的早晨，常爬出洞外，伏于岩石上晒太阳。蛤蚧在天冷时住深洞，天热时住浅洞；刮风的天气，常迁移到背风的山坡。

遇敌害时，尾部肌肉便剧烈地收缩。致使受震动较大的尾椎骨中间很薄的、未骨化的“断层”，以及“断层”外围呈圆锥漏斗状重叠相套的肌肉束所组成的肌节间猝然地断裂开来，尾巴便部分地折离身躯。掉下的尾巴，肌肉仍然不断地急剧收缩，不停地跳动。跳动的尾巴转移了天敌的注意力，蛤蚧便乘机逃走。尾断后，过一定时间，会重新再生，但是再生的尾较短，呈锥状，不像原来的尾那样逐渐变细，并且内部无再生的尾椎骨。

蛤蚧是一雄一雌成对地在崖壁石缝中活动的。当雌雄分散后，雌性会不断地鸣叫，彼此寻觅。

蛤蚧有冬眠习性。每年立秋后，停止鸣叫，潜伏入 3～4 m 深的崖缝中，不食不动地进行冬眠。多数是成对地在一个洞内。当气温下降到 15℃以下即进行冬眠，到翌年惊蛰之后，气温回升到 18～20℃时才出洞活动。

2. 食性

蛤蚧多在凌晨出外饮水，晚上 8～12 时外出猎捕食物。其猎捕方式多是悄然无声地慢慢接近猎物，到达一定距离后猝然扑去，张口咬住食物。遇到身体较大、力气较猛的猎物时，则死死咬住，将身体紧贴于墙壁上，直到猎物气断身死，才张口吞食。

蛤蚧是食肉动物，主要捕食蚊、蝇、蚁类及鞘翅目昆虫等。蛤蚧捕捉的食物，多为农业害虫。在夏季，常进入居民点，爬到住房屋顶、墙壁上捕食各种昆虫，多为蜚蠊目害虫。

另外，蛤蚧还有取食自身蜕皮的习惯，梁启燊等在 237 只蛤蚧的胃中观察到有 72 只胃内有蜕皮，占 27.0%，认为是由于蛤蚧在生长发育过程中需要补充角质物质的原因。

(二)繁殖

1. 雌、雄鉴别

(1)雄性体大而粗壮，头大，颈和尾较细；雌性则相反。到了生殖期，雌体后部膨大，更易于鉴别。

(2)在阴暗处，用手触摸，雄性皮肤较粗糙，硬度感明显；雌性较细嫩柔软。

(3)雄性后肢部腹面有一列鳞片，其上有圆形股孔，又名股窝。肛前鳞片也有肛前窝，两者共计有 14～22 个，多数为 16～18 个，排列呈人字形；雌性则无。

(4)雄性尾基部腹面紧靠泄殖腔两侧有 2 个半阴茎(交接器)(各有 1 个开孔)，交配时，半阴茎由开孔伸出。检查时，用拇指和食指向泄殖腔方向挤压，使半阴茎翻出体外。雌性则没有半阴茎露出。

(5)雄性尾基两侧各有一个明显鳞突，雌性较小。鳞突的大小因个体大小而异。

2. 生殖系统构造

(1)雄性　剖开腹腔，拨开大肠，可见一对精巢，呈黄白色，位于大肠的背方，形状大小似扁豆。繁殖期，成熟体精巢长 10 mm，宽 7 mm。每个精巢借系膜悬挂在体腔的背侧。精巢下为附睾，成扭曲状。左右附睾均延伸而成细小的输精管。输精管的末端开口于泄殖腔的背侧，连接到阴茎壁的一条输精沟。

(2)雌性　卵巢 1 对，形状不规则，位于脊柱两侧，腰部下方，呈黄色，略呈椭圆形，由系膜悬于体腔的背侧。卵巢中有不同发育阶段的卵，肉眼可见 8～10 个。繁殖期，卵巢增大，其中具有 1 个即将成熟或已成熟的卵。输卵管 1 对，呈带状，位于大肠的背侧。前端呈喇叭口形，后端开口于泄殖腔的背侧。成熟的卵在卵泡破裂后脱离，通过喇叭口到达输卵管内，受精后，由输卵管分泌胶质物和石灰质形成卵壳。

3.繁殖

(1)繁殖年龄　蛤蚧发育到3～4龄时性成熟，体长约130 mm、体重约50 g。

(2)繁殖期　每年5—9月，可见产卵，6—7月为盛期。各地因气候不同而稍有差异。

(3)产卵量　蛤蚧在繁殖期内，左右卵巢各有1个成熟卵和7～8个未成熟卵。每年产卵1次，每次2个。一般是相继数分钟产出，个别的也有间隔几天再产第二个卵。

(4)繁殖方式　蛤蚧夜间交配，交配时雄性靠近雌性，并爬到雌性背上，几秒钟即完成交配，然后各自分开。交配前，无特殊追逐现象。在野生条件下，卵粒附着在洞内直壁或斜壁的上部。饲养房内，蛤蚧喜将卵产在房屋顶壁，顶角或侧壁的暗处。卵互相粘连。在铁笼内，卵大多产在笼壁上，极少产在笼顶部或底部。蛤蚧无护卵习性。

(5)孵化　蛤蚧卵每年在7—8月份孵化。孵化时，雌性常守在旁边。刚刚孵化出的幼体约长8 cm，头大，身体纤小，背呈青色，具有黑、灰、白色相间的点状花纹。长到成体时，背面变成紫灰色，具砖红及蓝灰色斑点。

二、蛤蚧的人工养殖

蛤蚧的人工养殖，大体上可分为：箱养、室养、圈养和散养四种。

(1)箱养　用50 cm×40 cm×30 cm的木箱，用铁纱密封住通风孔和活动的木板门，置于室内，箱底铺上一层细砂，前面用深色布帘遮蔽光线。此箱可养4～6只。饵料全靠人工投喂，常用的是人工繁殖的黄粉虫、果蝇等昆虫以及从天然环境中捕捉的蟑螂等。

(2)室养　即在密封的室内饲养。门、窗都用铁纱罩起，防止蛤蚧逃失。蛤蚧产卵孵化于墙壁上，墙上钉挂着麻布片等保持卵孵化时所需要的温、湿度。定时人工给水和食物。其食物来源除了同上述箱养外，还有的采用室外人工灯光诱虫。

(3)圈养　是一种结构比较复杂，饲养数量较多，具有一定规模的集约化饲养场方式。首先用砖、石建筑起围墙，将具有蛤蚧栖息环境条件的山头围在墙内，墙头上设有内倾的铁纱网或尼龙网罩，以防逃。其食物和饮水是以天然资源为主，人工补充为辅。场内可根据需要设诱虫灯，实行灯光诱虫。

(4)散养　散养方式则是根据蛤蚧在水中活动能力很差的特点，在湖泊或近海的岛屿上引种放养。其食物和饮水完全依赖于天然资源。关键问题是要控制岛上蛤蚧的天敌数量，保证蛤蚧的生存和繁衍。

三、捕捉方法

(1)铁丝撩击法　首先依据蛤蚧活动的石缝不会有蜘蛛网，洞外有粪便，寻找到蛤蚧的具体栖居地。找到有蛤蚧栖息的石缝后，用一根铁丝在石缝内撩击，铁丝触及蛤蚧，它即发出“咯……”的惊叫声。凭声找到蛤蚧具体住处，迅速用铁钳夹住其颈部，取出并放入铁丝笼内。

(2)诱捕法　预先制一粗约0.6 cm、长约60 cm的竹竿，在竹竿的一端系上一团毛发。凭声寻到栖居的具体处所。将竹竿具毛发的一端伸向其头部。蛤蚧见有异物侵入，一跃而起，张口将竹竿咬住不放，同时，竹竿上的毛发亦牢固地将蛤蚧的牙齿缠住。操作者趁机将其迅速从崖缝内拉出，放入笼内。

(3)电筒照射　5、6月份的晚上，在石山地区，蛤蚧从山上部迁移到山脚下捕食虫类。捕猎者可到石山下层，用电筒照射，凭鸣声寻找蛤蚧。当找到蛤蚧，用电筒照去，它便一动不动了，可迅速捕获。

四、蛤蚧的用途和加工

蛤蚧的加工，一般分干制和浸泡蛤蚧酒两种方法。

(一)干制

先将蛤蚧处死，去眼睛，然后将蛤蚧腹面朝上，用铁钉将头钉于解剖板上，左手持蛤蚧尾臀部，拉直身躯，右手持利刀从蛤蚧肛门处剖至胸部，直至喉后方。然后撑开胸、腹壁，取出内脏，抹干血液。

准备三根粗约0.4 cm的竹签，长短依据蛤蚧体躯及四肢的大小和长短而定。两根竹签都插在体壁的内侧。第一根插在左肩到右胯部间。第二根插在右肩部至左胯部间。第三根经过胸部，插入两前肢，直至指端。再用一根粗约0.8 cm的竹签，从吻部直插至尾尖，或仅插入头吻部，经过胸、腹部直至尾端。然后用纱纸(两广特产，为一种性韧又能吸水的纸)将尾缠系于竹签之上。最后，用0.1 cm厚、长约等于展开之胸、腹体壁宽，阔约等于蛤蚧从胛窝下方到鼠蹊部的直线距离的长方形竹片，按插在胸腹体壁的内壁，展开体壁。这块竹片称为拦腰执中横。经过以上处理后，蛤蚧全身均匀地伸开、展平。

置于硫磺火炉上，用温火焙干，即可包装、保存或运输。在保存和运输中，宜密封于木糟内，注意防潮，每隔10日用硫磺烟火熏1次，以防虫蛀及烂裂。

(二)泡制蛤蚧酒

用蛤蚧的骨肉浸制的药酒叫蛤蚧酒。广西民间各地泡法不一。

(1)将干制过的蛤蚧，用淡盐水洗去污物，削去体表被覆的鳞片，去掉插在体壁内的竹签和竹片，待晾干后，整体浸泡于60度米酒中，贮藏100 d以上即成。干制蛤蚧浸制的蛤蚧酒，棕褐色，澄清，半透明状。

(2)将活蛤蚧处死，用水洗干净，剥去体鳞，剖开胸、腹部，去内脏，用纱纸吸干血液(不能用水洗)，置入60度米酒中，浸泡100 d以上即成。此法制成的蛤蚧酒，青绿色，显得较为深暗。

第四节　林蛙养殖

一、概述

(一)林蛙的经济和生态价值

1.经济价值

(1)药用价值　哈蟆药用历史悠久。据学者考证，《本草纲目》和《本草图经》中的"山蛤"即是今天的中国林蛙和黑龙江林蛙。哈士蟆油有"补肾益精，养阴润肺"之功效，常应用于身体虚弱、病后失调、精神不足、心悸失眠、盗汗不止、痨嗽咳血等症。用其给手术后病人口服可促进手术创口愈合，效果极佳。现代的药理研究揭示，哈蟆油能促进幼龄动物的生长发育和性成熟，延长雌、雄动物的兴奋期(动情期)，延长小白鼠游泳时间，抗疲劳效果明显；人服用后可提高记忆能力等。

哈蟆油的化学成分复杂。近半个世纪以来,国内外有关学者对其进行了一些基础性研究。哈蟆油的主要成分为蛋白质,占总量的56.3%,纯蛋白质含量为40.7%。另外,还含有蛙醇、多糖类、磷脂、维生素、脂肪酸、氨基酸、微量元素及多种激素等。其主要氨基酸含量为:谷氨酸12.91%,甘氨酸8.58%,缬氨酸3.78%,羟脯氨酸7.74%,酪氨酸5.21%。哈蟆油中还含有雌酮、17β-雌二醇、17-羟甾醇脱氢酶,胆固醇、维生素A及少量胡萝卜素等。其所含有的微量元素有钾、钙、钠、镁、铜、锌、铁、锰、硒等。

中国林蛙与黑龙江林蛙去内脏干燥品入药,称哈士蟆或蛤什蟆,其性淡,味咸、凉,无毒,主治虚劳咳嗽,主要成分为蛙醇,三磷酸腺苷和二磷酸腺苷。

(2)保健价值　哈蟆油,除药用之外,还被广泛应用于保健及膳食,用以烹制多种菜肴或生产保健食品,如"清汤哈士蟆油"、"拔丝哈士蟆油"、"哈士蟆油水饺"、"哈士蟆油油饼"等,制成的罐头和糖果有"田鸡油(冰晶)糖","田鸡油太妃糖"等。另外还有"田鸡油口服液"、"雪蛤口服液"、"冰蛤王高级饮料"等产品。

(3)美容价值　近年来对林蛙产品的美容成分研究进展迅速。有人从林蛙皮肤中提取保湿因子,将其添加到化妆品中,保湿效果良好。另外,从林蛙卵中提取低分子活性物质,用其生产美容产品,可抑制人体皮肤的角化和老化,有良好的养颜作用。

(4)饲料价值　制取哈蟆油的副产品,如肌肉,内脏,骨骼等可作为珍贵毛皮兽饲养场及珍禽场的精饲料,亦可经加工后饲喂林蛙蝌蚪。

2.生态价值

林蛙主要以昆虫类为食,在维持森林生态平衡和保护生物多样性等方面具有十分重要的作用。林蛙所食的昆虫绝大部分为有害昆虫,如时虫甲,夜蛾幼虫、蛾幼虫、树粉蝶幼虫,尺蠖和叶蜂等农业上有名的害虫。此外,它还采食传播疾病的动物和寄生虫的中间宿主,如蝇、蛞蝓等。

除了上述的经济,生态价值外,林蛙还是一种重要的实验动物,可用于科学研究、动物学教学、药理实验及生理学实验等方面。

(二)林蛙养殖业概况

林蛙是我国东北林区重要的经济动物,其主要产品哈士蟆油畅销国内及东南亚市场。林蛙养殖业成了东北广大林区(林业局,林场)多种经营的好项目。

野生林蛙在我国东北三省及内蒙古东部地区分布广泛且蕴藏量丰富。由于长期以来的过度捕捉,使得林蛙资源锐减,蛙群质量明显下降。为保护野生林蛙资源,确保可持续性发展 及最大限度地满足人们的物质生活需要,20世纪80年代人们开始探索封沟养蛙技术及人工养蛙技术。封沟养蛙技术的成功及推广,从根本上解决了过度捕捉及滥捕滥猎的问题,并使山区人民获得了可观的经济效益。人工养殖林蛙的研究也取得了一些重大突破,并已应用于生产实践。

封沟养蛙是目前林蛙生产的主要方式。封沟养蛙场遍布林蛙天然分布区。据不完全统计,东北三省封沟超过20 000条,年产值超过30亿元。

二、林蛙养殖的生物学基础

(一)林蛙的分类与分布

林蛙(forest frog),又名"褐色蛙(brownfrog)"或"棕蛙",是我国具有重要经济意义和医疗保健价值的无尾两栖动物。林蛙隶属两栖纲（Amphibia）无尾目（Anura）蛙科（Ranidae）林蛙属（*Rana*）。

根据谢锋1999年的报道，东北林蛙（*Rana dybowskii*）和中国林蛙（*Rana chensinensis*）不是同一物种，而是两个亲缘关系较近的有效种，并将其分布区进行了划分。东北林蛙和中国林蛙两者的界线大致从戈壁经阴山山脉、燕山山脉到山海关。此线以北为东北林蛙的分布区，包括蒙古的东部（苏赫巴托省和东方省）、俄罗斯的远东地区，向西达外贝加尔湖，东到朝鲜半岛、日本的对马岛以及中国的东北三省和内蒙古的中东部；而中国林蛙的分布区只限于此线以西和以南的中国境内。中国的长白山及临近地区资源最丰富，且生产性能高、产品质量好。

（二）林蛙的形态特征

为准确鉴定林蛙种类，开展林蛙养殖新技术（如人工性别诱导、人工催产等）研究，并了解林蛙产品品质，应首先掌握林蛙的形态结构特征。

林蛙是典型的两栖类动物，其形态构造适应于水陆两栖生活方式。成蛙整个身体由头部，躯干部，四肢3部分组成；没有颈部和尾部。

1. 头部

林蛙的头部很发达，位于身体的前端，呈三角形，扁而宽，林蛙口宽阔，位于吻端腹面。口通入口咽腔，口唇上具上颌骨和前颌骨。上颌骨和前颌骨的内缘垂生有上颌齿，口腔顶壁的锄骨上生有锄骨齿，锄骨齿左右两丛并列，齿呈圆锥形，为角质。齿的作用是摄取食物时，帮助把握食物，不具咀嚼的功能。林蛙舌宽大，后端中央缺刻较深，舌根固着于下颌前缘，舌尖伸向口腔，能够自如翻出口外，以扩大撮食范围。舌的表面上有黏液腺和乳头状小突起，能分泌大量黏液以便粘住猎获物。舌软厚多肉，富有弹性，伸缩力强；能有力地将食物拉入口中。眼1对，生于林蛙头部两侧上方，呈椭圆形并向外突出。眼有上下眼睑，上眼睑不活动，可动的下眼睑有两个，半透明的那个叫第三眼睑或瞬膜，能开闭，具有保护眼球的作用，以适应陆栖的环境。如林蛙在水下游泳时，即闭上瞬膜，起保护眼睛又不妨碍水下视觉的作用。

林蛙的视觉较强，对活动的物体十分敏感，捕获活动的食物非常准确。林蛙的眼球大而凸出，视野开阔，除了体正后方和上方之外，其余各方位里的活动物体都能看见。但是若过近或太远就可能视而不见。对静止不动的食物，即使放在林蛙眼前，也会视而不见。林蛙的眼和口腔只隔一层薄膜，眼眶底部没有硬骨，所以，林蛙在吞咽食物时，眼睛一闭，眼球陷入眼眶底部，向下推压口腔顶壁，就能迅速咽下食物并继续捕食，因而吃虫既准又快。

林蛙吻端上方有1对外鼻孔，其上有瓣膜，可随时开闭，以控制气体的进出。两眼的后方各有1个圆形鼓膜，为林蛙的听觉器。

雄性林蛙的鼓膜后方左右各具1个弹性的内声囊，开口于口咽腔内。声囊起共鸣器作用，嘴巴和鼻孔紧闭，使空气在声囊和肺之间往复流动，声带的弹性边缘使振动发声。雄蛙以声音来招引异性进行交配，而雌性林蛙则没有声囊，故不会高声鸣叫。

2. 躯干部

林蛙的躯干部自颈椎部起至体后端正中部分，为身体各部分中最大的一段，短而宽，体腹部较膨大，体后端有泄殖腔孔，其内包着全部内脏，颈部不明显，起着头部和身体联结的作用。皮肤略显粗糙，体侧有细小疣粒（皮肤小突起）。背侧褶在颞部形成曲折状，于鼓膜上方略向外斜，旋即折向中线，再往后方延伸，直达胯部。背侧褶间有少许皮肤褶，腹面皮肤光滑。林蛙体色因产地、季节不同而有较大的差异。一般体背黑褐色或土黄色，体背及体侧有不规则的黑斑。部分蛙头后方有"人"字形黑斑。腹面典型体色为黄色或夹杂橙、红色斑纹，后肢背侧也有黑纹（横行），股部有4～6条，胫部有5～6条。

3. 四肢

林蛙具有5趾型的四肢。前肢短而细，有4趾，趾细长，末端钝圆，关节下瘤、趾基下瘤及内外掌突均显著，趾间无蹼；后肢发达，其长度为前肢长的3倍，胫长超过体长之半，胫跗关节前伸可超过眼部，左右脚跟互相重叠，趾细长，趾间蹼发达。除第四趾外，均达趾端。蹼缘缺刻较大，关节下瘤明显。

（三）林蛙的生活习性与活动规律

1. 栖息环境

林蛙是典型的水陆两栖动物，在其生长发育过程中，蝌蚪期生活在水中；变态后的成蛙营森林陆栖生活；成蛙的活动期在陆地生活，而冬眠期多在水中度过。

（1）陆栖生境　林蛙每年5月在生殖和生殖休眠以后，沿着小溪沟谷附近的潮湿植物带上山，开始营完全的陆栖生活。林蛙对栖息环境的温、湿度有较强的依赖性。林蛙喜栖息在林内郁闭度大、枯枝落叶多、空气湿润的植被环境，如阔叶林及针阔混交林。

林蛙对山林的坡向也有一定的选择性。春季气温较低，林蛙喜欢在温度较高的南坡活动；到了夏季，特别是盛夏季节，林蛙喜欢在阴凉坡活动。林蛙在森林中生活，其活动范围是以冬眠和产卵场所为中心。成蛙一般不越过高山顶。

（2）水域生境　林蛙在水中产卵，其对产卵场所有一定的选择性。主要选择水层浅、水面小的静水区产卵。水深都在1 m以下，多为20～30 cm。产卵地距离越冬河流较近，一般仅有几十米或数米远，个别可达几百米。产卵地多属泥质水池，有石块、植物茎、秆残杂物和枯枝落叶等，水质呈酸性或中性。

林蛙卵在水中受精、孵化并发育。因此，水域的生态环境因素对林蛙的生殖有重要的影响。林蛙一般在水温5℃以上时开始产卵，适宜产卵的水温为8～11℃。水温的高低也影响林蛙卵受精、孵化及蝌蚪的发育。

水中所含的氧气对林蛙蝌蚪的存活也有着显著的影响。水中如出现溶解氧不足的情况，会导致林蛙蝌蚪的畸变甚至死亡。水中溶解氧的含量与水温、水体中的水生植物、水域中的有机质含量等有关。

水深是影响林蛙越冬成活率的关键因素。群居冬眠的最适宜场所是深水湾，水深达1～2 m，河面结冰，冰面下有流水。

2. 活动规律

林蛙的活动极有规律，整个生活周期通常分为生殖期、陆地生活期和冬眠期3个阶段。

（1）生殖期　每年的4—5月间，河水解冻，桃花水（由冰雪融化而成的流水）沿山溪湍湍流下，林蛙随即解除冬眠。在同域分布中，林蛙较青蛙、雨蛙、蟾蜍春季上岸提前20～30 d，特别是清明前后，当春雨之夜或春雨过后的夜晚，蛙群大批上岸，雄蛙"身先士卒"登陆上岸，尖脆的"咯咯"声，此起彼伏，引起雌蛙闻声前往，相继跟随登陆，这就是所谓"开声"。此时，人们可在浅塘、稻田、草丛等处见到其抱对，有的已产卵。

产卵后，雌雄林蛙进入15 d左右的生殖休眠期。即它们很快离开其产卵水域，钻入附近的农田、林缘等潮湿而较疏松的土壤里面，或钻进树根、石块及枯枝落叶层的下面，进行生殖后的休眠。

(2)陆地生活期　林蛙从5月初至9月末或10月初，共5个月左右营陆栖生活。林蛙与青蛙类不同之处是林蛙完全营陆栖生活。依时间为序，林蛙的陆地生活期又可进一步划分为如下三个阶段。

上山期：从5月初开始，大约至5月中下旬为上山期，历时20～30 d。成蛙在生殖休眠之后，主要沿潮湿的草丛上山。它们上山时，沿山麓向山冈方向运动。

森林生活期：从5月下旬至9月末为森林生活期，历时4个月左右。此时期为林蛙生活史中最活跃的时期，亦是1年之中生长发育的关键时期。此期林蛙主要喜欢在阴坡林下单独活动。林蛙在森林生活期，以捕食活动为主。

下山期：从9月末开始，气温开始逐渐寒冷。因受低温刺激和缺少食物影响，林蛙被迫向山下迁移。当气温降至15℃以下时，林蛙开始由山上向山下迁移，大量迁移多在夜间进行。前后持续15 d左右。

(3)冬眠期　林蛙冬眠期从9月下旬至翌年4月中、下旬，长达6个月之久。这是林蛙整个生活史中最长的时期。冬眠的主要方式为水下冬眠，并可分为入水期、散居冬眠期、群居冬眠期和冬眠活动期。

入水期：从9月下旬至10月初，为期半个月。当气温降至10℃，林蛙即陆续从陆地进入河流中。这个时期，林蛙在水中生活是不稳定的。水温高出10℃时，林蛙登陆上岸，在岸上活动或潜伏在水边石块下面。随着水温的再度降低，林蛙便重新进入水中生活。

散居冬眠期：从10月初至11月份，为期1个月。此时期林蛙广泛栖息在河流各处或水池中。常单独地分散潜伏于小河、溪流较浅水域的石块下或沙粒之间，或钻进河岸边水下树根间及水草间。

群居冬眠期：从11月之后至翌年3月中下旬，为期4个月左右。气温降到零度以下，河面结冰，林蛙即逐渐潜向深水区或不结冰的暖水区，进行深沉的群体冬眠。

冬眠活动期：从3月末至4月上旬，为期大约10 d左右。这个时期，林蛙的冬眠群已分开或部分分开，开始在河里作短距离游动，但并不上岸，仍在水中生活。另外，此时雌蛙处于跌卵期。卵细胞从卵巢跌落入体腔，经输卵管进入子宫。雄蛙精巢中的精子大量发育成熟，为繁殖期做好了准备。

此外，林蛙除了水下冬眠之外，也有少数个体钻入较厚的枯枝落叶层或土壤深处，进行地下冬眠，这是对恶劣环境的一种适应性，是一种特殊的冬眠方式。

3. 食性

林蛙在不同的发育阶段，食物种类不同。林蛙蝌蚪从鳃盖形成即开始摄取外界食物，历时28～35 d。在吃食物的第一周内，主要吃卵胶膜。当卵胶膜被吃完之后，即开始摄取水中食物。随着蝌蚪的生长发育，蝌蚪也吃附在水下岩石、泥块、树枝等上面的藻类，或啃吃植物茎叶。蝌蚪生长到25 d左右，是其食量最大的时期。蝌蚪后期亦吃浮游动物，至变态前1周，停止摄取任何食物。

幼蛙和成蛙，食性广，食量大，几乎不加选择地捕获所能捕捉到的一切昆虫，主要为节肢动物。其中以昆虫纲最多，包括鞘翅目的步虫甲科、叶虫甲科、瓢虫科、葬甲科、吉丁虫科，直翅目的蝗科、螽虫斯科、蟋蟀科，鳞翅目的舟蛾科、蛾科、夜蛾科、天蛾科以及双翅目、膜翅目、同翅目等的昆虫，其次为蛛形纲的蜘蛛目和多足纲动物。此外，还包括软体动物的森林陆生种类（如田螺、蜗牛）和环节动物的蚯蚓类等。幼蛙与成蛙的食性几乎无差别。

由于林蛙具有特殊的眼睛结构，只能捕食近距离活动的食物。据马常夫(1982)观察，蛙眼极端近视，成蛙发现食物的距离为 30～40 cm；幼蛙(40～50 日龄)为 5～10 cm。成蛙的有效捕食距离为 10～20 cm，幼蛙为 2～4 cm。

4. 繁殖习性

林蛙为雌、雄异体。繁殖时，雌雄蛙“抱对”。雌蛙在“抱对”的刺激下，将卵子排入水中；与此同时，雄蛙也将精液直接排在卵上，在水中完成受精过程。受精卵在水中孵化并发育成蝌蚪，蝌蚪再经发育变态成幼蛙至成蛙。

(1)林蛙的雌雄鉴别　林蛙的雌雄个体外部形态相似。一般可根据表 4-3 初步进行鉴别。

表 4-3　林蛙的雌雄鉴别

性别	个体大小	声　囊	前　肢	腹部颜色
雄蛙	个体较小	有 1 对咽侧下内声囊，其右侧较左侧稍大	前肢粗壮，拇指内侧有极发达的灰色婚垫	乳白色或黄白色，带灰色不规则斑块
雌蛙	个体较大	无声囊，不鸣叫	无雄蛙粗壮，无婚垫	红黄色稍带灰白色斑块

(2)林蛙性成熟年龄及生殖腺发育　性腺成熟并开始产生生殖细胞，称性成熟。雌、雄林蛙的性成熟年龄一般为 2 年。3 年以上的成蛙，卵巢发育更加完善，卵的粒数增加，输卵管管径变粗，体积增大，输卵管呈淡黄色。1 年生雄蛙的精巢明显可见，但体积小，淡肉色。2 年生雄蛙达到性成熟，精巢体积增大，颜色由肉色变为黄色。

(3)产卵　林蛙属刺激性排卵动物。每年春季繁殖季节到来时，雌蛙在雄蛙“抱对”行为的刺激下，产卵于水中。具体产卵过程如下。

①出河　每年春天当河流解冻时，林蛙由冬眠状态苏醒过来。雌雄个体分别从各自的冬眠地出来，上岸登陆，奔向产卵地，此即“出河”。最先出河的个体多为雄体，数量较少。

林蛙出河产卵的时间，一般是 3 月中下旬，为两栖类动物中最早解除冬眠的蛙类。其出河产卵主要受气候条件的制约。出河高峰出现在气温较高、气压较低、湿度较大、无风或微风的天气。尤其春雨之夜或春雨过后的夜晚，是蛙群大批涌向河岸的最佳时机。出河的适合气温一般为 5℃以上，水温 3℃以上。出河时间一般从 16 时至凌晨 2 时结束，高峰出现在 20～22 时。

②抱对　林蛙出河之后，雄蛙先奔向产卵地，并不停地在水泡或浅河区游动寻找配偶，鸣叫不歇。雌蛙闻声前往，相继登陆。雄蛙找到配偶并抱对之后，立即停止鸣叫。

抱对多在浅水处进行，正常情况下为 1 雌 1 雄，但亦可出现 1 雌多雄。抱对时，雄蛙以腹部紧贴雌蛙背部，并用前腿紧抱雌蛙胸部和腹部，随雌蛙在水中游动。一会儿沉入水底，一会儿又漂浮在水面。特别在中午时分，常漂浮在水面晒太阳。抱对时间长短不一，一般为 5～8 h，但有个别的长达 1 d 或数天之久。

③产卵　抱对 3～5 h，雌蛙便开始产卵。产卵时主要选择水层浅、水面小的静水区。水深多为 20～30 cm；产卵地距离越冬河流较近，一般仅有几十米或数米远，个别的可达几百米。

卵产下后，卵膜吸水膨大，整个卵团迅速膨胀，大约经过 3 h，卵团即膨大至直径 15 cm 左右。最后在卵发育到尾芽期阶段，卵块变成片状，其上粘附许多藻类，继续漂浮在水面上。

林蛙产卵对水温有一定的要求。一般在水温 5℃以上时就能产卵，比较适宜的产卵温度为 8～11℃。林蛙产卵多集中在凌晨。

雌蛙 1 年产卵 1 次，一次产 1 个卵团。卵团近于球形或椭圆形，直径 4～5 cm。林蛙产卵量差异较大，产卵量为 600～1 500 粒。

三、封沟养蛙技术

林蛙主要产区为东北的吉林、辽宁、黑龙江 3 省以及内蒙古自治区的东北部。长白山及大、小兴安岭为其主要产地。这里森林茂密，特别是针阔混交林、阔叶林及其次生林分布广泛，林下植被丰厚，沟谷交错，水源优质充沛，为林蛙提供了最佳繁衍栖息地。自 20 世纪 80 年代初开始，由于封沟养蛙试验在各地区先后取得了成功。进入 21 世纪以来，封沟养蛙的规模迅猛增长，目前仅吉林省封沟就近 1 万条，林蛙业产值超过 10 亿元。目前，林蛙养殖已成为开发利用野生动物资源、振兴山区经济的重要产业。封沟养蛙也得到了当地政府的大力支持和扶持，其原因在于：一是封沟养蛙能带来显著的经济效益，哈士蟆油价格昂贵，且供不应求；二是封沟养蛙保护了山区的植被，促进了林蛙种群，保护了生态平衡，从长远来看具有极大的生态效益和社会效益。

(一)养蛙场址的选择

封沟养蛙，顾名思义，即是将山间沟谷和周围的山林封围起来，使之达到水丰林茂，同时用人工方法孵化蝌蚪，喂养管理，以提高养殖效益。封沟养蛙应选择适宜林蛙生活的天然场所作为养殖场。选场的条件主要有两点，植被和水源。

1. 植被

植被条件是封沟养蛙的主要条件之一。它包括森林及林下植被两部分。林蛙 1 年中有 5 个月左右时间生活在森林之中，成蛙和幼蛙在林中摄取食物，完成生长发育过程。只是在林蛙上山和下山的较短时间里，暂栖于农田，林缘等处。

(1)森林　养蛙场的山林应以阔叶林或针、阔混交林为主。阔叶树种主要有桦、杨、山核桃、椴、柞等。同时，要注意森林的结构，即森林的层次、密度、年龄都要适宜，达到林下光线暗淡、湿度大、盛夏季节温度低。养蛙场森林的郁闭度应在 0.6 以上。

(2)林下植被　养蛙场除了必须具备上层植被为阔叶林及针阔混交林之外，还应具备良好的林下植被。地表植被要求密集且高度达 30 cm 以上。草本植物茂盛，可使地表保持较高的湿度，增加昆虫等小动物的种类与数量，为林蛙提供充足的饵料。同时，要有利于林蛙在其中潜伏，给林蛙创造良好的栖息环境。

2. 水源

水源是养蛙场的另一主要条件。一年中的多半时间，林蛙是在水中度过的。因此，养殖林蛙的地方要求水源充沛、无污染。俗话说："水深林蛙多，水少林蛙跑"。所以，理想的水源是在养蛙场范围内有 1 条或数条长年不断的山涧溪流或者小河贯穿。对于养蛙场的水源条件，要求全年水量充足，特别是冬、春林蛙冬眠及繁殖季节必须保证水量充足。

3. 其他条件

长白山区及大、小兴安岭山高林密，沟谷交错，自然形成的"两山夹一沟"或"三山夹两沟"小流域很多，沟筒长 1～10 km，沟宽在 200～1 500 m，且河谷两岸较为平缓，符合理想蛙场的选择条件。

此外，养蛙场要远离居民区，公路及具有污染性的工厂，以防畜禽危害，噪音及水源污染等。

(二)养蛙场的建设

选定场址后,要视饲养规模进行建设。养蛙场的建设主要包括4池(产卵池、孵化池,饲养池、越冬池)和围栏两项。

1.产卵池

产卵池是每年春天成年雌、雄林蛙出蛰后进行抱对、产卵的场所,由于林蛙出蛰时气温较低,加之林蛙在产卵后有生殖休眠的习性,因此,产卵池应选择在河流一侧、离冬眠池很近、阳光充足、地势较平坦的地带修建。池子的规格为:5 m×20 m,池埂高60～80 cm,宽50 cm,水深30～50 cm,可放500对种蛙。养蛙场可根据自身规模需要,修建多个产卵池。

2.孵化池

孵化池是将蛙卵孵化成蝌蚪的地方,应选择朝阳透光的地方建池。孵化池底要求有一定的倾斜坡度,一侧深,另一侧浅,水深处约40 cm,水浅处约10 cm,通过不同的水深来调节水温。一般建池规格是4 m×6 m。池埂一般下宽、上窄,底宽约50 cm,埂面宽约30 cm。出水口处要设铁丝网,以防蝌蚪外逃。根据需要可修建多个孵化池,其参照标准是:每平方米5个卵团。

3.蝌蚪饲养池

饲养池是蝌蚪生长直至变态的场所。其池型规格一般为4 m× 5 m,水深30～40 cm,中间建1个圆形安全坑,深约40 cm。进、出水口可呈对角线设置,均需设铁丝网。饲养池每平方米可投放蝌蚪1 500只左右。

4.越冬池

越冬池又叫冬眠池或库,是林蛙冬眠的地方。一些天然的水泡、水库或较大的山涧溪流或江河是林蛙的天然越冬池。养蛙场应根据需要建1处或数处越冬池。规格为20 m×40 m,可作为5万只成蛙或30万只幼蛙的越冬场所。越冬池的大小可根据养殖量的多少而定。越冬池的深度宜在2.5 m以上,冬天冰下水深应保持在1 m以上。池底铺块石,用作冬眠隐蔽物。在养殖场内河流的深水处筑坝,将水位保证在2 m左右,亦可用作林蛙冬眠池。

建筑冬眠池必须在林蛙秋季集中下山的地方或附近。同时,在入水口要修建防洪设施,及时排除山涧洪水,以防冲毁越冬池。以上4池均须建在养蛙场内河流一侧的较平坦地带,且交通方便的地方,做到引水单灌单排,汛期将水口堵住。

目前,也有将越冬与产卵共用一池,孵化与饲养共用一池的。

5.围栏

围栏是除产卵池,孵化池、饲养池和越冬池之外的又一重要基础工程,其作用在于通过围栏管理,防止养殖场区的林蛙大量外逃,避免造成经济损失。

建围栏的方法很多,如围墙法、挖沟法及塑料布围栏法等。但是,既简便又经济且目前普遍采用的方法是塑料布围栏法。塑料布围栏的具体做法:即是在养蛙场四周山林中需要圈栏的地方,割出约1 m宽的小道,在风口处砌成土墙,土墙的高度为0.6 m,在土墙的上面固定一木桩,木桩高约0.3 m,间隔3 m埋1根木桩,用塑料布围起。首先裁开塑料布,然后用压膜机将塑料布上下两边各折回约3 cm并压成中空的筒状,以供穿铁线之用。围时应先固定穿铁线的上缘于木桩上,离地面高度约0.6 m,然后用土埋住底边,并使塑料布向场内侧倾斜一定的角度。围栏工作应在每年林蛙繁殖季节到来之前完成。

6. 其他设施建设

在建设好产卵池，孵化池、饲养池、越冬池及围栏的基础上，还应根据饲养场的实际情况和需要，做好以下三方面的建设：①繁殖场的防洪设施建设；②必要的饲料生产室和产品加工室的修建；③林蛙暂储窖。

(三)林蛙的繁殖

林蛙的繁殖主要包括种蛙的选择、产卵，孵化等重要环节。

1. 种蛙的选择

林蛙的种类界定并不十分清楚，各方面的意见并不一致。在选种时，应选择符合以下标准的蛙作为种蛙。

第一，应选择 2 岁以上的林蛙作种蛙。

第二，选择体型较大的雌蛙作为种蛙。2 年生雌蛙体重在 27 g 以上者，方可作种用，而 3 年生种蛙的平均体重应达到 40 g，4 年生以上的种蛙体重应在 56 g 左右。

第三，通过外观选择种蛙。应选择符合标准体色（黑褐色）、体背有“八”字形斑纹的蛙作种蛙。

第四，应选择行动灵活、反应机敏、健壮无病、无缺陷的林蛙作为种用。

选种，应是对雌、雄两性种蛙的选择。但是，在实践中往往只侧重于对雌蛙的选择，而忽视对雄蛙的选择。实际上，雄蛙个体较雌蛙小，性成熟应稍晚。所以，选择雄蛙也很重要，好的雄蛙可以保证卵有较高的受精率和孵化率。

2. 产卵

在封沟养蛙条件下，人工产卵场与天然产卵场不同，繁殖方式亦有所不同。如果将林蛙直接散放在人工产卵场内，可能会导致部分或全部种蛙逃逸。因此，有必要采取相应手段，控制林蛙在产卵池内产卵。下面介绍笼式产卵法和圈式产卵法。

(1)笼式产卵法　该法适用于规模较小的养蛙场。笼式产卵法是指将繁殖用的种蛙装到人工制作的笼子里，强制其在笼子里产卵的一种人工控制产卵法。产卵笼可以是铁丝网笼（一般为 70 cm×60 cm×30 cm），也可以用枝条编成的鱼篓形或圆形产卵筐（或篓）。

在上述规格的铁丝网笼中可投放种蛙约 100 组，每组中雌、雄蛙的比例为 1∶(1～2)。

(2)圈式产卵法　本法适用于较大规模养蛙场的林蛙产卵。圈式产卵法是将种蛙放在人工建造的产卵圈中进行产卵的方法。此法与笼式产卵法相比，具有建造简单，造价低廉、产卵面积大等特点，也是目前大多数养殖场采用的产卵法。

其建造方法是：在产卵池四周（离池埂 1～2 m），间隔一定距离在地上竖木桩，桩高 0.5～1 m，然后用铁丝网（网孔不超过 1 cm^2）或塑料布进行围栏，可设一活动门，作为人员出入口。使用时，将种蛙按雌雄 1∶(1～2)的比例放入产卵圈，让其自由抱对产卵。产卵池每平方米可投放种蛙 50～100 组。池埂与围栏之间应为疏松土壤并被覆一层约 5 cm 厚的落叶，以备种蛙产卵后生殖休眠之用。产出的卵团要及时捞出，并送入孵化池进行孵化。

3. 孵化

将获取的卵团装入木桶或塑料桶内（桶内不用放水），及时送入孵化池孵化。

种蛙所产的卵被转运到孵化池后，即开始了蛙卵的孵化。孵卵是林蛙繁殖技术中的主要环节。提高林蛙卵孵化率和保证适当的雌雄比例是养蛙的关键问题之一。在养蛙生产实践中，常采用自然孵化和人工辅助孵化两种方法。

(1)自然孵化法　自然孵化法与野生林蛙卵的孵化过程基本相同,都是靠自然水温来孵化蛙卵。该法适用于大规模养殖林蛙。自然孵化是在人工孵化池内进行的。投放卵团约 10 团/m^2,可用草绳、枝条、草把等将孵化池隔成若干小片水将蛙卵均匀地分布于池中,以便于充分利用光线和溶氧条件。

蛙卵的孵化速度,孵化率及雌雄性别比例均与孵化温度有关。林蛙卵的适宜孵化温度为 7～16℃。在自然孵化条件下,孵化温度主要随地表温度的变化而变化,一般来说,初期温度宜较低,后期温度宜较高。孵化初期,要保持水温在 6℃以上。

在孵化过程中,要密切注意天气变化,尤其是要防止寒流的侵袭。一般夜间和阴雨天应适当加厚水层,晴天宜浅灌。当遇到降温时,可加深水层,防止结冰。

在蝌蚪孵出之前,要进行人工疏散转移,即是把行将孵出的林蛙卵团转移至蝌蚪饲养池。

(2)人工辅助孵化法　本法包括塑料薄膜覆盖法和网箱孵化法。前者适用于较小规模或易受寒流侵袭地区的养蛙场。其优点是,能有效防止寒流侵袭,保持较高水温,缩短孵化期等。其缺点是,孵化率较低,蛙的雌性比例较自然孵化法低。其具体做法是:将孵化池修建成长方形,池上用木条或钢筋作支架,外面铺塑料薄膜,四周用土压住,每隔约 2 m 处留一开口,以便观察和取放卵团之用。目前,很少采用。

网箱孵化法,就是用木方做成折页式方形框架,上面幛以塑料网。将其置于水中,卵团放在折页内的网箱中进行孵化。池中树木桩,用于固定网箱。可根据需要调整网箱入水深度。

(四)林蛙的管理

1. 蝌蚪的饲养管理

蝌蚪期饲养管理的好坏决定蝌蚪的生长发育、变态及幼蛙的产出数量和质量。蝌蚪期的饲养管理主要包括控制合理的密度、食物与饲喂,保证水质、水温,防止敌害侵袭等内容。

(1)蝌蚪的饲养密度　蝌蚪的放养密度要合理,并随时进行调整。蝌蚪期的饲养密度一般不超过 2 000 只/m^2。

饲养池中的蝌蚪应力求整齐,即蝌蚪的日龄大致相同。为此,应选用产出时间大致相同的卵团孵化出的蝌蚪,集中于同一饲养池饲养。

(2)蝌蚪的饲喂　一般每天投喂一次,以足量而无剩余为度。阴雨天停喂。36～50 d 的蝌蚪,进入变态期(以出现后肢为标志),此期应减少饲料投喂量及投喂次数,至停止饲喂。饲料种类多样,一般以植物性饲料为主,粗蛋白质含量不低于 20%。

(3)池水的调节　池水的调节主要包括两项指标,即水质和水温。

防止缺氧:一般每隔 5 d 应注入 1 次新水,用 0.3×10^{-6} mg/kg 漂白粉溶液喷洒水面,并将池水调至偏酸性。

防止水温过高:其防止的有效方法就是及时注入新水,降低水温,确保池水的温度低于 24℃。若水温超过 32℃,蝌蚪会大量死亡。

(4)变态期的管理　变态期要加强管护,禁止闲杂人员进入繁殖场及周围地区,防止畜禽,鼠类,蛇类及其他野生动物的危害。蝌蚪进入变态期,要分散转移到位于森林边缘或林中的变态池,以防变态幼蛙在繁殖场附近密度过大,造成食物等生活条件无法满足而大批死亡。

2. 幼、成蛙的林中生活管理

在封沟养殖林蛙技术中,林中生活管理最为重要。幼蛙自变态池登陆之后,便一边采食一边选择较缓的山坡向山上移动。在幼、成蛙的林中生活管理上,应着重注意以下几个方面。

(1)保护林蛙的栖息环境 林蛙上山后,要禁止闲杂人员进山林和避免各种采伐工作。林蛙喜安静、潮湿、阴暗的林下环境,多栖息在阔叶林或针阔混交林中。

(2)适当诱虫及补充人工饲料 林蛙的活动和采食时间主要集中于早晨的4～8时和黄昏的16～20时。阴雨天林蛙活跃,活动量大,活动和采食时间相对延长。因此,诱虫和补充人工饲料应选择在林蛙活动旺期进行。诱虫的方法主要有两种:一是在饲养场内将枯枝落叶集中成堆,以招引昆虫繁殖扩增,二是选择适当地点安装黑光灯诱捕昆虫。补充人工饲料主要是定期投放黄粉虫等。

(3)防止林蛙逃逸 应经常查看围栏,一旦破损,应及时修补。

3.越冬管理

封沟养蛙场林蛙的越冬方式主要有两种:一是借助沟溪或水库自然越冬:二是越冬池越冬。越冬期的管理要点如下:

(1)调整水位,防止断水。越冬期水位必须保证冰层下有1 m深水层,且要处于流动状态。在河道冬眠的,还要注意检查河道的淹冰状况。发现淹冰,要及时设法疏通河道,以防干涸断流。

(2)要防止和减少人为干扰。林蛙在冬眠期间,尤其是在水面结冰之后,要禁止敲击冰面,防止孩童破冰捕鱼。

(3)预防天敌侵害。冬眠期间的主要敌害为鼠类如水耗子及肉食性鱼类如鲇鱼等。其预防方法是投放鼠夹或鼠药及秋季捕鲇等。

4.出河期管理

春季林蛙从冬眠中醒来,离开冬眠场所来到繁殖场,此过程叫出蛰,又叫出河。这段时间称出河期。封沟养蛙,一般让其自然出河,即让在越冬池内越冬的林蛙自然出池上岸,人们在岸上捕捉收集种蛙,并将其送到繁殖场。

也可采用人工出池法。具体方法是将越冬池进水口封闭,开放出水口,排出池水,将种蛙一次全部取出并移至繁殖场。

四、蛤蟆油的采收及干燥处理

(1)剥油时间 一般从9月下旬(秋分以后)至12月末(冬至前),而以霜降前后(10月中、下旬)剥油最好,油质最好。

(2)蛙体风干 将欲剥油的雌蛙体冲洗干净,用绳子或铁丝等穿过上下颌,每50只左右为一串,然后挂于屋檐下或通风干燥荫凉处,直至蛙自然死亡之后,阴干成蛙干。这个阴干过程,所需时间较长,一般需2个月左右才能完成。

(3)剥取蛙油 将风干好的蛙干放入60～70℃的温水中浸泡5～10 min,然后捞出,趁热趁湿装入麻袋中,扎紧口用布帘、草袋等苫盖严密,放置10～12 h,使蛙干被"闷"软。用小刀将"闷"软的蛙干自腹中线剖开,小心取出输卵管——蛙油,去净杂质。

(4)干燥处理 将去净杂质的蛙油,平铺在铜网上或竹木帘上,集中放在通风干燥荫凉处,阴干至水分含量至11%以下,分级收藏贮存。

一般鲜剥的蛙油俗称线油或者条油;干剥的蛙油俗称连体。应注意尽量存放在荫凉通风干燥的地方或冰箱中冷冻保存。

复习题

1.乌梢蛇的繁殖习性如何？

2.乌梢蛇的饲料来源主要有哪些？

3.乌梢蛇活动期的饲养管理要点有哪些？

4.什么是乌蛇干？如何采收和加工？

5.选择亲龟、亲鳖的方法是什么？

6.龟鳖的雌雄鉴别方法是什么？

7.龟、鳖的各阶段饲养管理要点是什么？

8.怎样制作龟板、鳖甲？

9.如何鉴别蛤蚧的雌雄？

10.蛤蚧的人工养殖方式主要有哪些？

11.蛤蚧的干制方法是什么？

12.何谓蛤蟆油？

13.林蛙有何价值？

14.林蛙的外部形态有何特点？

15.封沟养殖林蛙的“四池”指的是什么？

第五章

药用节肢动物养殖

第一节　蝎的养殖

蝎(*Buthus martnsi*),属于节肢动物门(Arthropoda)蛛形纲(Arachricla)蝎目(Scorpionida)。大约在4.25亿年前的希留利亚纪(志留纪),蝎起源于陆地,是已知最古老的陆生节肢动物之一。蝎又称全蝎、全虫、琵琶虫、蝎子等。我国于1981年正式加入《濒危野生动植物种国际贸易公约》,在1989年我国颁布的野生动物保护法中,东亚钳蝎(*Buthus martensii*)药材名为全蝎,保护级别为"Ⅰ",是世界著名的蝎种之一。蝎的药用价值主要在它的药理毒素成分。现在全蝎入药的中西药150余种。蝎毒以治痛症而著称,广泛应用于心脑血管疾病。国外一些医药机构已将其药效列入攻克癌症的课题研究。

我国人工养蝎,起步于20世纪50年代初期。进入20世纪70年代后开展了人工养蝎的科研课题,经过10余年的调研观察,初步摸清了蝎的生活习性、生长发育规律、繁殖规律和产态要求,并开始探索无休眠期饲养法,取得了一定的研究成果。进入20世纪80年代后,随着农村生产力的解放,在山东、河南等地的野生蝎产区,出现了人工养蝎热潮,但由于当时大部分养殖户还没有完全掌握基本的养蝎技术,加之缺乏必要的技术指导与服务,所以真正获得成功的为数甚少。自进入90年代以来,随着市场经济的发展,养蝎业在我国部分地区迅速规模化发展起来,养殖经验和养殖技术也得到了进一步配套完善。目前,我国的养蝎业正在向着产业化、规模化方向发展。

一、概述

(一) 蝎的种类与分布

全世界约有蝎目6科70属600多种。我国有10余种,我国南方自海南岛至北方边陲黑龙江均有分布。蝎广泛的分布环境决定了其品种繁多。以下介绍我国几个主要种类。

(1)东全蝎　体型较长、深黑色,喜微酸性土壤,喜食昆虫,产仔多,母性较差,主要产于山东、河北交界一带。

(2)会全蝎　体型中等、身较短、深褐色,喜碱性土壤,产仔较早,母性好。以河南伏牛山的南阳和湖北老河口一带所产最佳。

(3)十条腿蝎　比一般蝎多两足,产于豫西淅川县及陕西华阴县。

(4)藏蝎　体型大,较凶悍,产于西藏、川西。

(5)沁全蝎　是我国的良种蝎之一,经与青州蝎、会全蝎的杂交优化种,表现出繁殖快、产仔多、成活率高、寿命长等优点。寿命8～10年,繁殖期6年,能在－5～39℃条件下生活,最适宜生长温度为28～38℃。该品种饲养简单,只要精心饲养和科学管理,可年产仔3次,每次产仔蝎30～60只,当年即可出售。

(6)东亚钳蝎　又名远东蝎、蝎、链蝎、会蝎、荆蝎、主薄虫、虿尾虫等,属钳蝎科,钳蝎属。是我国分布最广的种类。因其后腹部尾节上的纵沟形状和问荆的茎相似,故有问荆蝎之称,是家庭养殖最普遍的良种蝎。

(7)斑蝎　以体细为主要特征,尤其是后腹部尾节细长。成年雄蝎体长45 mm左右,雌蝎体长可达70 mm左右。主要分布在我国台湾省。

(8)山蝎　主要特征是,蝎体呈赤褐色,后腹部尾节上无明显纵沟。主要分布在我国的中部各省。

(二)蝎的形态特征

1.蝎的外部结构(图5-1)

成蝎一般体长4～6 cm,躯干的背面、尾的末节和毒针的末端成灰褐色和紫褐色,其余部分均为黄橙色。躯体分为头胸部、前腹部、后腹部三部分。头胸部由6节组成,它背面的中央部位有一对复眼,头胸部两侧有6对附肢,头部前下方有口器,它的两侧生有1对螯肢体,第2对附肢为触肢,也称钳肢或脚须。胸部两侧生有4对步足。前腹部又称中体,由7节构成。背板中部有3条纵脊,腹面附肢退化。第1腹节板生有生殖厣,第2腹节下部为生殖孔,第3～6节腹面上各有1对气孔,叫书肺孔。后腹部又称末体或尾部,由6节组成,前4节有10条隆背线,第5节最长,其末端下面正中央是肛门。第6节为毒沟(针),内有1对毒腺,末端有锐钩状毒针,毒针尖部两侧各有1个细小的小孔与毒腺相通。

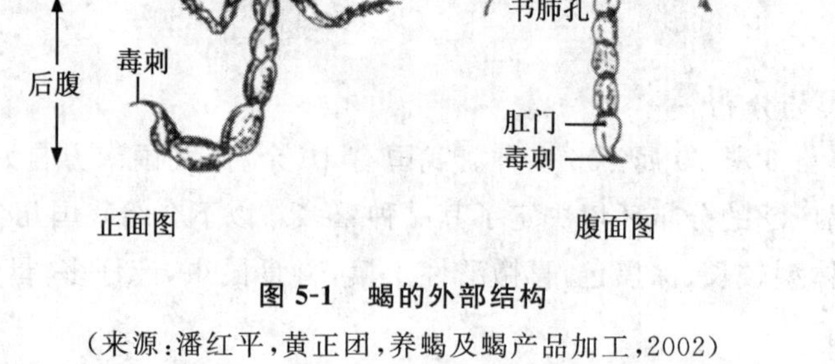

图5-1　蝎的外部结构

(来源:潘红平,黄正团,养蝎及蝎产品加工,2002)

2.蝎的生理特征

蝎的躯体由许多环节组成，每个环节由背板和腹板构成，节间由节间膜连接，能自由伸缩。体腔内有消化、排泄、呼吸、循环、神经和生殖系统。

(1)消化系统　蝎的消化系统较为简单，由口、食道、唾液腺、盲囊、前肠、中肠、后肠和肛门组成。口在头的后下方，唾液腺在食道下方，为一团葡萄状的腺体。前肠由咽和食道相连构成。蝎在捕食时，先用尾刺将捕获物蜇死，然后再用螯肢将其撕裂。蝎在进食时，唾液腺分泌大量的消化液，并将其吐到食物上，对食物进行体外消化。当食物被消化成糊状后，再吮吸进咽部和食道(即前肠)，然后进入中肠。中肠是蝎消化食物和吸收营养的主要器官，位于前腹部中央，肠壁上皮细胞可分泌消化液，使食物进一步分解。中肠将养分吸收后，未消化之残留物进入后肠。后肠位于后腹部中央，具有发达的肌肉层。通过前肠、中肠而未被消化的物质进入后肠，再经肛门排出体外。在中肠和后肠交接处，有2对马氏管与肠相连通，马氏管为排泄器官。打开蝎的前腹部体壁，可看到一串串黄褐色葡萄状的腺体，此为消化系统中可贮存营养的盲囊。盲囊的大小与蝎的发育阶段有关。当蝎临近蜕皮时，因营养贮存丰富，盲囊十分肥大。蜕皮后，由于营养的转化和消耗，这时的盲囊显著瘦小。在卵子发育初期和怀孕期，母蝎的盲囊占去体内绝大部分空间，但到母蝎临产前，盲囊仅占很小的比例。

(2)排泄系统　蝎的排泄器官由2对马氏管和1对基节腺组成。马氏管是中肠的管状突起，细长，管腔窄，管壁薄，其末端有分支。端部闭合，浸于血液中。马氏管能从血液中吸收机体在新陈代谢过程中形成的尿酸和其他多种废物，然后送到后肠混入粪便中排出体外。基节腺，即体腔管，其结构和起源与缘腺和颚腺相似，它的一端开口于步足的基部，一端有体腔残留的端囊。两者之间有盘绕的细管相连，并有很多毛细血管伸入端囊内。蝎在胚胎时有多对体腔囊和体腔管(在第3、4、5、6、8节)，长成时第5节的1对形成基节腺，第8节的1对形成生殖管。

(3)呼吸系统　蝎的呼吸器官为书肺，它是腹部体表内陷而形成的一种囊状结构，较坚韧，内有很薄的叶状突起，是进行气体交换的地方。蝎的呼吸系统由4对书肺组成，它们分别位于第3、4、5、6前腹节内，每节有1对，并与书肺孔相通。空气由书肺孔进入书肺，并在书肺叶之间和外界相连的间隙中流动；血液则在书肺叶之间和血膜相连的空间流动，通过扩散作用和肌肉的收缩而进行气体交换，将空气中的氧气吸入血液，并通过心脏循环至全身各组织器官，同时将二氧化碳排出体外，完成呼吸过程。

(4)循环系统　蝎的循环系统由心脏、血管和血腔组成。蝎的心脏呈管状，为乳白色，位于肠的背侧，包在围心膜中，在前腹部上端分为8室，每室有1对心孔，前后各有大动脉分支进入血腔。蝎的血液为无色液体，血液汇集于腹窦，再流经书肺进行气体交换，而后经静脉管流回围心腔，最后经心孔回心脏。由于心脏的不断跳动和肌肉收缩，使血液循环持续不断，将氧气和各种营养物质输送到身体各组织器官，同时，还把各器官新陈代谢中产生的废物送到马氏管，排出体外。血液循环还传送各种酶和内分泌激素，对机体起调节作用。

(5)神经系统　蝎的神经系统主要由脑、咽下神经节和神经索等组成。蝎的脑不发达，呈双叶状，其实就是咽上神经节，位于食道背面。脑与咽下神经节由1对短而粗的围咽神经相连。腹神经索呈索状，分节明显，是由咽下神经节向后伸出的神经链，具有7个不融合的神经节。交感神经纤维与脑紧密相连，包括1个支配咽的前神经和通至肠的1对后神经。从中枢神经还分出多对分支神经纤维到达眼、附肢、生殖厣、栉板等全身各个部位，支配蝎的运动、捕食、交配、产仔、蜕皮、排泄等活动。内脏神经则支配内脏的各种功能。蝎有1对中眼和3对侧眼，但视觉迟钝，畏光，基本上没有搜寻、跟踪、追捕及远距离发现目标的能力，但能在黑暗无光处行走和捕捉小动物。蝎全身布满触毛，以附肢表面最多。腹部每个体节相连处的凹陷裂缝上覆盖有一层薄膜，其表皮下有感觉细胞和毛状突起，这些都是敏锐的感觉器官，因此蝎对噪声、震动都十分敏感。蝎的栉板上有丰富的神经末梢，有触觉、识别异性和维持身体平衡的功能。

(6)生殖系统　蝎为雌、雄异体。打开蝎的前腹部，便可看到一串串褐色葡萄状的盲囊，将其小心剔除后，就可露出蝎的生殖系统(生殖系统四周被消化系统的盲囊所覆盖包围)。雌性生殖系统由卵巢、输卵管、受精囊(纳精囊)、生殖腔及雌孔组成。雌孔为外生殖器，其余为内生殖器。卵巢形状特异，呈网状，由3根纵管和5根横管相连，形成8个比较规则的卵巢网格。其周围有圆形的卵，数量很多。受精卵可移入网格外，依附在卵巢管壁上进行孵化，待孵化成仔蝎后，由前向后依次娩出体外。在巢前方两侧各有一较短的输卵管通入膨大的纳精囊。生殖腔与两侧的纳精囊相通，以便于向纳精囊内转移精子并长期贮存。

雄性生殖系统由精巢、输精管、贮精囊、生殖腔、雄孔及圆柱腺、精荚腺等附属腺组成。精巢形状与卵巢相似，只是分成左右两个，对称排列，呈梯形，由2根纵管和4根横管相连而成。在精巢的前方外侧，各有1根较短粗的输精管向前通向贮精囊，贮精囊可暂时贮存生成的精子。生殖腔由分支与贮精囊相连，以接受精子并继续通过连通的雄孔而将精子排出体外。此外，与生殖腔相通的还有1对小的附属腺、1对柱状的圆柱腺和1对长的精荚腺，这3对腺体统称为附属腺，它们分泌的腺液可帮助蝎完成繁殖活动。当雄蝎与雌蝎交配时，从雄孔排出精荚并固定于地面，然后雌蝎卧于其上将精荚插入雌孔，完成交配。

(三)蝎的生活习性与规律

1.蝎的栖息地

蝎喜欢生活在温热阴暗、潮湿的地方。它喜欢安静、清洁、温暖的环境，通常栖息在片状岩杂以泥土的山坡石砾、树皮、落叶下以及墙隙、土穴中，或荒地的潮湿阴暗处，不干不湿、植被稀疏，有些草和灌木的地方。在树木成林、杂草丛生、过于潮湿、无石土山或无土石山以及蚂蚁多的地方，蝎迹少见。

2.蝎的取食

蝎完全为肉食性，极个别种类会少量摄取植物性饲料。主要捕食无脊椎动物，如蜘蛛、蟋蟀、小蜈蚣、多种昆虫的幼虫和弱虫。蝎喜欢吃的昆虫特点：鲜活，体软多汁、大小适中、含丰富蛋白质和脂肪，无特殊气味。蝎视力很差，基本上没有搜寻、跟踪、追捕以及远距离发现目标的能力。它主要以感知周围小昆虫活动时引起的空气震动来发现目标，因此它对行动非常敏捷的舍蝇有较强的捕食能力，而对行动比较迟缓的鼠妇来说，它的捕食能力就相对较差。蝎的捕食能力较低，耐饥饿且食量大，在有水分和风化土的情况下，蝎不吃不喝也能存活8～9个月。饥饿的蝎一次可以吃掉与其体重差不多的食物。

3.蝎的冬眠

冬眠习性，是由于天气寒冷引起的蝎的适应性反应。冬眠期间，蝎的外部活动完全停止，蛰伏于窝内，不吃不动，静静消耗着冬眠前贮存的大量营养，只有内部必要的代谢活动在最低水平维持。在人为条件下，可以改变这种习性，打破冬眠。这为人工养蝎，加快其生长发育节奏提供了可能。

4. 蝎群间关系

蝎有比较明显的群性和环境的适应性，不同群体的蝎敏捷好斗，有很强的“相互残杀性”。雄、雌分养，以免个体之间发生打架现象。

二、蝎的养殖

(一)蝎舍的建筑与设备

1. 场址选择

场址选择要根据蝎的生活习性要求，并结合气候条件、经济条件和饲养规模、目的而定。首先要模拟蝎的自然生态环境，保证蝎有栖息之地；其次，有适宜的温度、湿度和弱光线、僻静而且没有环境污染；还要有充足的水源和电源，方便投食和清洁打扫，能防止蝎外逃，防止蝎的病虫害及天敌的危害。

2. 蝎窝必须具备的条件

全年均能满足蝎各生长发育时期对温、湿度的要求，且能方便地满足蝎取食；能避开天敌，便于逃脱；能安全度过一年中的几个不安全期，如严冬、酷暑、暴雨、恶旱、狂风等。

3. 对土壤的要求

蝎绝大部分时间居于蝎窝内，对土壤的湿度有一定要求。在不同的土壤类型下，蝎的做窝栖居密度是不一样的，一般在壤土区，蝎栖居的可能性最大。因为壤土渗透适中，持水量大，且抗旱抗涝，环境稳定适宜。另外，蝎对土壤的酸碱度反应较敏感，要求以中性为宜，pH 在 7 左右，一般不超过 9，不低于 5。因此，北方盐碱地区以及南方酸性红壤地区，都不适宜栖居。

4. 蝎场配套设施

蝎的饲料往往难以直接从自然界中大量取得，只得靠人工饲养。大型种蝎场设有专门的饲料培育室。为了饲喂方便，饲料培育室或培育区应建立在蝎场附近。

(二)养殖方式

1. 箱养蝎

用木板制成或直接利用废旧的木箱、塑料箱等的长方形箱子(建议单位面积为长 80 cm、宽 40 cm、高 50 cm)，箱口四周围开小窗，四圈用塑料膜或玻璃条围挡，防蝎外逃，上盖用合页固定，以便开关。箱底铺 2 cm 沙土，在土上放一些砖瓦、土坯、煤渣搭成蜂巢状供蝎栖息。堆砌的土坯与四周箱板之间留有空隙，便于蝎的活动和取食。这种养蝎的弊端是温湿度不好掌握，不予提倡应用。

2. 池养蝎

蝎池可建在室内，也可建在室外，普通建池尺寸为高 0.5 m、宽 1 m，长度根据实际情况而定。池口与地面平齐，池底向一侧稍倾，池内布置与上述箱养蝎同。池外壁可用少量灰浆堵塞砖缝，防止蝎从缝隙中外逃。池面内侧近顶口处，在涂抹的灰浆干燥之前，可镶嵌玻璃、瓷片等光滑材料，防蝎从顶口外逃。在池中心离四边 15 cm 左右用砖瓦、石块平垒起多层留有 1.5 cm 左右空隙的垛，供蝎栖息，定期投喂黄粉虫、蚯蚓等食物。

3. 大棚养蝎

就是在建塑料大棚前先将地面(结合土炕要求施工，地下挖火道呈“日”字形做成火炕，进火口位于室外，中央烟道与进火口之间设置分火砖，可使地面像炕一样变热、室温变暖)。挖深

50 cm，宽 4.5 cm，长可根据养蝎规模而定的地框，底部推平砸实，四周垒成 24 的砖墙（结合火墙要求施工，墙内烟道走向可呈“S”形或“N”形，为保障烟能顺利通过，火炉出烟口要低于火墙进烟口，火墙出烟口要高于火墙 1 m 左右，若早晚各烧 1 次，室温可保持在 30℃以上），后墙高 2.3 m，前墙高 1.3 m，两头山墙除留出门窗外，砖墙到顶，山墙门高从地面算起 1.2 m，宽 0.7 m，双层门外加纱门。窗高 1 m，宽 1.5 m 双层玻璃外加纱窗。墙的外壁和内壁均用水泥抹严、抹光，以利保温防寒和防止鼠、蚁及敌害的侵入。棚脊高 3 m，用抗老化塑料布覆盖两层，以利防雨、采光和保温。塑料大棚建好后，在大棚内墙的四周距离地面 30 cm 处贴上宽 20 cm 的玻璃条、瓷砖或光滑的塑料板条，以防蝎外逃。

4. 太阳能蝎池

需选择背风向阳的地方，以能充分接受太阳光的照射为佳。下挖长 1.2 m，宽 2 m，深 40 cm 的长方体土坑（长度视养殖规模），在长方体坑的底部建两个直径 45 cm 的井，井深 30～50 cm 为宜。然后沿坑的四周单砖砌起至地面平齐。填满砖头、石块等物，盖上预先制好的水泥盖板。盖板上预先留有供蝎进出的小孔。沿水泥盖板的四周单砖砌起围墙，沿围墙四周距离盖板平面 15 cm 处贴 15 cm 的玻璃条以防止蝎外逃。在蝎池北坡设窗口供蝎池通风及投喂饲料用。蝎池南坡用塑料薄膜密封（夏季揭开），内置瓦片成山坡状。太阳能养蝎解决了长期困扰养蝎户的温、湿度问题。

5. 恒温养蝎

尽管太阳能养蝎有很多优点，但它有不能分层架养、空间利用率低等缺陷，因此，普遍采用恒温养殖法。恒温养蝎大都采用架养，根据房间高度，养殖架可分为 3 层和 4 层。一般底层用作养殖饲料虫，其余几层用作养殖蝎。层间的合理高度为底层 30 cm，其余层为 60 cm，每层上沿内侧贴上玻璃条或塑料薄膜等光滑材料。暖房的加温设备可采用火炉，火炕，火墙，火道，暖气等，以经济实用为原则，根据自己的实际情况合理选用。

6. 蜂巢式养蝎

蝎窝由内外两层板组成，内板的规格为 60 cm×21 cm×4 cm，其上均匀分布着 4 列 15 行（60 个）4 cm×3 cm×3 cm 的槽；外板规格为 60 cm×21 cm×2.5 cm，其上均匀分布着 4 列 15 行（60 个）1 cm×1 cm 的穴孔。内外板合起来正好一个穴孔对准一个槽（即单房小蝎室）。用 8 套内外板围起来（先用水泥把内板固定围起来，再用铁卡将外板和内板卡在一起，使整个蝎窝保持内板是固定的，外板是可活动的便于捕捉、管理）就组成了一个蜂巢式蝎窝，从外观看，一个蝎窝就像一个蜂巢，周围都是眼。把板围起的空间填上土，栽花养草。这种方式使孕蝎自然分窝产仔，防止了其相互干扰的母食仔现象，又能保持幼蝎蜕皮所需要的湿度（55%～75%），使它生长发育的环境更加接近于自然环境，大大提高了仔蝎成活率。

7. 房式养蝎

有很多建筑式样，一般是建土砖坯的泥房，房高 2～2.5 m，长 4 m，宽 2.5 m，墙厚 23～28 cm，墙外壁用石灰等三合土密闭加固后粉刷。最好用陈旧的土砖坯，砖坯之间留出宽 0.5～2 cm 大小不等的缝隙，不要抹泥，墙内壁不要粉刷。或用一特制的模具，自制一侧有孔隙的土砖坯，墙的南侧可开 2～3 个窗口及一个门。层顶可用细铁丝网覆盖，然后再盖塑料薄膜，薄膜上还须盖竹垫或草垫；或在铁丝网上盖油毛毡，以防敌害侵入及铁丝网生锈。近墙角基部可留一些通向层外的小孔隙,能让大、小蝎自由出入。在距房约 1 m 处的四周修一道环形的防护沟,用水泥、沙子、石灰、黄土混匀后砌成。沟宽、深各 60 cm,进水口和出水口距沟底分别为 60 cm 和 40 cm。沟内保持常年有水,这样既可防止蝎逃跑,又能防止蚂蚁入侵。屋内还需用土砖坯摆几道条形或环形的矮砖垛、形成更多的缝隙供蝎栖息,同时要留出人行过道。

8. 山养蝎

这是最简单但收获量最难保证的一种方法。它是在适宜蝎生长又相对平坦、紧实、容易收捕的山地选场,人工投种,并进行适当补饲管理的养殖形式。山养多选择地势较高的地方,一般以比较平坦、气候暖和、杂草丛生、四周环水的地方为佳。常常以已有的小蝎为基础,再适当从别的地方捕捉蝎投放于此进行繁殖。采用这种方法养蝎,放上蝎种,不用管理,任其繁殖,定期收捕即可。此法要注意防止天敌危害。蝎的嗅觉很灵敏,遇到喷洒的农药易致死,所以周围最好不要靠近果园或林场。

(三)蝎的繁殖与管理

了解蝎的生长发育过程及规律,在人工养蝎生产中有着重要的意义。如在饲养上根据蝎所处的发育阶段,能给予不同的管理和营养,保证蝎生长发育的正常进行,同时根据蝎生长发育的情况,指导、改进繁育工作和改善蝎的饲养管理。育种上,根据蝎生长发育时期的特点和要求,来选择和培育种蝎。目前,有关蝎的胚胎生长发育情况,在我国基本上还是空白。以下介绍蝎成长的四个方面:蝎的生长与蝎龄、蜕皮、选种、繁殖。

1. 蝎的发育及蝎龄

(1)生长期 清明—白露(150~160 d),是蝎在一年之内营养生长和生殖生长的最好时期,故称为生长期。每年在清明节以后,气温开始逐渐回升,昆虫类大都已经复苏出蛰,蝎的适口食物开始越来越多了。夏至—处暑期间活动最为活跃,是营养生长和生殖生长的高峰时期,产仔和交配大都在此期间内进行。整个生长期是蝎一生之中的黄金时代,是一年之中实际生长发育阶段。

(2)填脱期 秋分—霜降期间(45~50 d),是蝎贮积营养、进行躯体脱水的入蛰前准备阶段,故称填脱期。在秋分以后完成躯体的脱水,一般方法有两种:一种是通过排粪便将机体内的多余水分排出体外;另一种是食入一定数量的风化土,用来吸收机体内不参与体细胞的游离水分,使它在休眠期内,即使气温降至冰点以下也不至于结冰冻死。此期间内的食量虽然有所增大,但在生长发育方面却进展不大。

(3)休眠期 立冬—雨水(120~130 d),此期间蝎的生长发育完全停止,处于蜷伏休眠状态,故称休眠期或蛰伏期。霜降以后天气已经转冷,随着气温的不断下降,蝎的活动渐渐地减少。秋末冬初停止寻食,大多潜伏于距地面 30~80 cm 深的窝穴内,缩拢附肢与步足,尾部上卷入蛰越冬。由于各地区的季节性温度不完全相同,故各地区分布的蝎入蛰期也有早有迟。入蛰期从 11 月中旬到翌年 2 月上旬。

(4)复苏期 惊蛰—清明期间为蝎的复苏期。白天晒暖时间会逐日增多,夜间很少出窝活动。仅凭借机体所具有的吸湿功能这一生理特性,吸收少量的水分;利用填脱期所贮积的营养物质和食入一定数量的风化土维持生命,生长发育仍处于停止阶段。

(5)蝎龄 出生仔蝎为 1 龄蝎,以后每蜕一次皮增加 1 龄,两次蜕皮时间的间隔,称龄期。蝎的个体生长发育与蜕皮紧密联系，每次蜕皮的时候，蝎的体长体重都会有所增加（表5-1）。

表 5-1 各蝎龄及生长发育参照表

蝎龄	身长	体重	脱皮时间
1	1 cm	0.02 g	出生后 5 d
2	1.5 cm 左右	0.025 g 左右	9 月下旬
3	2 cm	0.05 g 左右	第二年 5 月下旬
4	2.7～3 cm	0.1 g 左右	8 月下旬
5	3.5 cm	0.6 g 左右	第三年 5 月上旬
6	3.5～4 cm	0.8～1 g	8 月下旬
7	同 6 龄蝎（体长没有变化）	2 g 左右	—

2. 蝎的蜕皮

(1)蝎一生共蜕 6 次皮。蝎蜕皮前呈半休眠状态，约需 3 h 完成蜕皮。蝎蜕皮的过程是在旧表皮脱离之前，上皮细胞先分泌新的上表皮，使原来的外骨骼与上皮细胞分离。上皮细胞也同时分泌蜕皮液，其中含有几丁质酶及蛋白酶，这些酶通过新的上表皮而进入旧的内表皮，并进行消化、分解与吸收。同时上皮细胞也开始不断地分泌新的内表皮，这时，蝎体表有两层外骨骼。随后，沿头胸部背中线旧表皮裂开，并蜕去旧的外骨骼。这时新的外骨骼仍然很柔软，身体需靠吞入空气或吸取水分增加体内压力以延伸体积，得以生长。新表皮再通过鞣化而变硬，形成新的外骨骼，并不断地增加表皮的厚度。蝎的蜕皮是在位于脑的神经节和腹神经节中分泌细胞分泌激素的控制下进行的。

(2)仔蝎的第一次蜕皮。仔蝎生下来马上爬上母蝎背上，不能四处活动，蜕皮完全在母背上进行。仔蝎在蜕皮时，一般要借助母体的被动帮助，先用尾刺钩住母体的体节节间隙，头部朝下，倒悬下来，随着小蝎不断扭动身躯，头、胸部旧皮破裂，露出新的头胸部皮，然后继续扭动，旧皮逐渐蜕出整个蝎体。从 2 龄蝎开始的第 2～6 次蜕皮，则主要借助外物进行。蝎蜕皮前，先找一个隐蔽的地方，用步足抓住石块、沙粒、泥土、瓦片等作为固定点。蜕皮前由于饮用了大量的水分，体内压增高，于是外骨骼便从头胸部的背中线裂开，此时蝎不断扭动身躯，头胸部先脱出，附肢折叠于腹面，随着扭动、伸缩，依次蜕出前腹部和后腹部，进而完成整个蜕皮过程。

3. 蝎的选种

(1)应挑选个大（体长在 4.8 cm 以上）、肢体无残缺、健壮、行动灵敏、静止时后腹部卷曲前腹部肥大、皮肤有光泽的蝎做种蝎，雌雄比例宜为 3∶1。蝎种的来源有两种，即捕获野山蝎做种，从养殖场引种。

(2)蝎在饲养一段时间后应和其他养殖场（户）交换种蝎，以免近亲交配引起品种退化。

4. 蝎的繁殖

蝎达到性成熟的标志是交配行为的发生。蝎完成最后一次蜕皮并开始进食后即可交配。蝎的繁殖过程分为交配、体内孵化、产仔和育仔期 4 个阶段。

(1)交配

寻找交配对象:发情的公蝎寻找交配对象,会步足撑地,身体离开地面,不时地前后抖动,急躁不安,并用触肢钳拉其他蝎的触肢。被拉的若是成年公蝎或没发情的公蝎,双方相蝥而逃。若拉到发情的母蝎,便会顺从地随公蝎走。

选择交配场所:公蝎用一只或两只脚须的钳夹,拉住母蝎边后退边寻找光照、声音、风力、湿度、温度适宜的环境做交配的场所。母蝎反应迟钝时,公蝎用嘴或一只钳夹去触动母蝎的嘴,以调起母蝎兴奋与之"共舞"。

进行交配过程:排出精荚和受精这是交配过程中的关键,始终都是在紧张状态下进行的。当公蝎把母蝎拉近自己后,停止活动片刻,然后公蝎前腹慢慢向下移动,生殖厣贴近地面,开始排出精荚。被排出的精荚基部首先着地,并牢固地粘着地面上。当精荚置于母蝎生殖厣内时,母蝎好像有刺痛的感觉,便有被激怒的表现,性情十分狂躁,若此时公蝎尚未离开,就有被其咬伤或吃掉的危险。母蝎受精后,精子可长期在母蝎受精囊内贮存,因而可连续产仔 3～5 年。

(2)体内孵化　蝎在接受交配后,并不立即受精,而是将精液暂贮在纳精囊内,待卵细胞发育完全成熟后,再行受精,形成受精卵。受精卵下移到卵巢网格外壁上进行孵化。蝎属卵胎生动物,其体内孵化时间受温度影响,试验表明,温度低于 5℃,则胚胎发育停滞;在 15℃以上,发育延续;在 25～30℃范围内,胚胎发育加快,35～45 d 即可完成孵化。即使你控温再好,母蝎每年也只能产 2～3 胎,而且极少数为 3 胎,这与母蝎卵的发育成熟所需时间和受精卵胚胎发育所需营养不能很快吸足有关。经过实践可以肯定的是控温养殖可使母蝎每年产 1 胎提高到 2～3 胎。

(3)产仔　孕蝎临产前表现为前腹部异常隆起,背板环甲纹间距明显增宽。产仔时,母蝎伏于地上,向前倾斜弯曲身体。第 1、第 2 对步足向内收缩,合抱于胸前,做成产床,而第 3、第 4 对步足则伸直打开,牢牢扒附于地面,借以支撑及用力。蝎体整个前部从生殖盖板以前均向前倾斜,近于地面。姿势摆好以后,栉板下垂,生殖盖板打开,随着腹部抖动,仔蝎依次从母孔产出,落于两对步足合抱之中,并不直接产于地面。母蝎体内卵很多,通常一次有几十个同时成熟,与精子结合形成受精卵,进行体内孵化,所以产仔时往往一次很多。一般 20～30 只,少的 10 只左右,多的则达 40 只,甚至 50 只。产仔时,这些小蝎成批产下,每产一批间隔 30 min,长的约需 1 h。每批一般产下 5 只左右。整个产仔时间大约 3 h。

(4)育仔　新生仔蝎呈圆锥形卵状,被娩入土坑中,堆积于母蝎前腹部下方,表面具有白色且透明的黏液(即退化了的卵壳),因此互相粘连,附肢和尾部均折叠于腹面,仔蝎体长约 1 cm。片刻以后,产下仔蝎体外黏液蒸干,身体可伸展开。此时,仔蝎从各种通道爬上母背。仔蝎在母背上的作用主要有两个:一是仔蝎利用母蝎,继续吸收体内尚未完全吸收的卵黄;二是保护仔蝎,这是母蝎保护幼仔脱离危险的本能。因而我们把母蝎的这种行为称之为"育仔"。育仔期母蝎背负自己的仔蝎时刻处于高度警惕状态,如生存环境受到破坏或遇到可以逃避的天敌进攻时,母蝎会迅速背负小蝎迁移。在正常情况下,母蝎的护仔行为表现为细心照顾,而有的情况下,也发生母蝎反目成仇,野性发作,残杀仔蝎的现象。如母蝎吃食幼嫩多汁的仔蝎以改善自己体内的营养及水分状况;当外敌侵扰母蝎会抖掉身上背负的小蝎,一来为了减轻负担便于快速逃离，二来为了抛出食饵，舍仔保身。因此，在育仔期管理上，要针对其特点采取有效的措施，保证育仔期仔蝎的成活率。

(四)蝎的饲料与使用

在饲养前必须根据蝎的食性准备好饲料。首先应了解养蝎常用的饲料及其使用：

(1)养殖小动物类有黄粉虫、黑粉虫、土元、家蝇、蜈蚣、洋虫、蚯蚓等。这些动物繁殖力强，生长快，比较容易养殖，其蛋白质含量很高，是蝎适口的饲料。但这些饲料应提前养殖，以备随时保证供给蝎食用。养殖类饲料可投喂产后的母蝎，让其尽快恢复产仔时所消耗掉的营养，这是最适合母蝎的饲料，当然也适合投喂各龄蝎。

(2)野生小动物类有蝗虫、蚱蜢、蝴蝶、蝇、蜘蛛和各种蛾类等。这些饲料可野外山坡地边或石块下用黑光灯夜间进行人工捕捉，捕后即可直接投喂，让其自由采食。这些昆虫投喂对象是2～3 cm长的幼蝎和未成年蝎。

(3)肉类有青蛙肉、麻雀肉、鸡肉、猪肉等。这些肉类只要是干净、新鲜的，可直接投喂未产仔的孕蝎和4～5龄的中成蝎，也可投喂1～2 cm的仔蝎。

(4)另外，也可以配制成混合饲料。配制饲料时应以动物性饲料为主，适当搭配一些植物性饲料。常用的饲料配方：

①牛肉泥50%，面粉25%，鱼粉5%，玉米20%。

②肉泥30%，蛋汁40%，麦麸30%。

③牛肉泥50%，麦麸20%，玉米20%，奶粉10%。

④瘦猪肉泥50%，牛肉泥20%，面粉10%，玉米20%。

⑤蚯蚓浆50%，黄粉虫浆30%，面粉20%。

⑥鸡肉泥50%，蚯蚓浆20%，麦麸20%，玉米10%。

上述6种饲料拌成绿豆粒状即可投喂，在投喂肉类饲料和混合料时应注意，不能在蝎池内投放的时间太长，因为未添加防腐剂，饲料容易变质，变质后的饲料被蝎采食后，能感染疾病而死亡。所以，应清除变质的饲料，减少蝎病的发生。

(5)添加剂应用于养蝎生产，目的是刺激蝎加快生长、提高饲料报酬，增进其健康，主要包括抗生素、化学合成抗生药、驱虫剂，生长激素、酶制剂、微生物制剂、营养添加剂、维生素、微量元素和中草药等。

三、蝎的采收与加工

(一)蝎的采收及处理

蝎的采收一般应在怀孕母蝎产仔前2周进行，除了较好的种蝎留种之外，其他交配过的公蝎、产仔3～4年以上的母蝎及一些残肢、瘦弱的蝎，都可以用来加工或食用。

1. 捕蝎工具

(1)毛刷，用于收捕房养蝎时扫收。毛刷可选用中号油漆毛刷，既细密，又柔软适当。

(2)抓捕活蝎的镊子，镊子要求是软质的，用竹子、木片等作为材料，如竹筷及一次性筷子都可以，医用金属镊子可用塑料包缠后使用。要求不能太小太细. 一般以长15～20 cm，前端张口3～5 cm，钳面宽以1 cm左右为宜。

(3)手套和橡胶鞋，手套以皮质为好，以免毒刺穿透，手套腕部要长能套住衣袖，以防万一。

(4)鞋子最好能套到膝盖，防止蝎爬到身上。

(5)备好盛蝎的容器，一般可用小盆、大塑料盆或塑料的簸箕等。

(6)白酒、手电等。

(7)配备蝎伤的有关药品。

2.采收方法

不同的饲养方法，收捕方法也不一样。

(1)盆养(缸养)蝎的采收　只要将盆、缸内的砖瓦拣出并把附于其上的蝎一一扫入盆中进行采收，遗落于盆、缸中的蝎用毛刷扫入簸箕中即可。

(2)池养蝎的采收　先将池中的瓦片或砖上的蝎扫入塑料盆中，遗落于池中的蝎用毛刷扫入小塑料盆或簸箕中再倒入大盆中，若用槽板及巢格板做蝎窝垛体的，可用喷烟、喷洒等诱捕方法，使其自动爬出，从特意留出的采收通道中出来掉入塑料盆中。

(3)房养蝎的采收　用喷雾器将 30°左右白酒喷于蝎房内，关闭好门窗，仅留墙脚两个出孔不堵塞，在出口处放一塑料盆。经过 30 min 后，酒气充满房内，蝎忍耐不住酒味，便会从出孔处逃窜出来，掉入盆中。

(4)山养蝎的采收　在山上放养的蝎采收难度稍大一些，因为其活动范围大、密度小。最有效的是用手电加镊子进行收捕。在夜间，在放养区用手电照射，蝎见光即伏地不动，即可用镊子轻轻夹住蝎的尾巴，夹起放入塑料盆中。在收捕中应按“收大不收小，收公不收母”的原则。

3.采收蝎的处理加工

(1)进行挑选。挑选青年蝎、幼蝎以及健壮的母蝎、孕蝎留下来，也可挑选健壮的母蝎、孕蝎和一部分健壮公蝎作为种蝎出售。

(2)其余的进行加工，可制成咸全蝎。①清洗；②投入 3%的盐水中浸泡 2 h，使其吸入盐水，捞出沥水；③将蝎放入配制的 10%左右的盐水中加木质锅盖旺火煮制；④见蝎体挺直竖起且背面有抽沟，腹部瘪缩为已煮好即可捞出；⑤置阴凉通风处阴干。

4.蝎的运输

蝎的运输一般因所运蝎的数量大小以及路程远近而采用不同的方法。①塑料桶法运输；②塑料盆法运输；③编织袋法运输。

工具的准备：小型尼龙编织袋或塑料编织袋、包装箱(低箱)、小竹片或小木条、包装带、宽 4～5 cm 透明胶或包装胶带。

包装方法：包装箱通常用纸箱，先将四周打些孔通风透气。规格以长 60 cm×宽40 cm×高 40 cm 左右为宜。一个包装箱可装 2 kg 以上的蝎。

(二)蝎毒的提取与加工技术

1.蝎毒的提取技术

(1)杀蝎剪尾取毒法　剪下蝎尾节(毒囊)，冲洗去尾节表面的灰尘，然后将尾节浸于蒸馏水或生理盐水(0.9%的氯化钠溶液)中，用离心机离心(5 000 r/min)5 min，重复 3 次，将上清液收集在一起，真空冷冻干燥，就可得到淡黄色粗毒干粉。分装标记后，放于－20℃中保存。

(2)机械刺激取毒法　用一个夹子夹住蝎后腹部第5节,毒液便从毒针排出,用试管接取流出的毒液即可。或用两个夹子进行采毒,一个夹子夹住蝎后腹部第5节,另一夹子夹住一个触肢,蝎的尾刺便会有毒液排出。需要注意的是,在用夹子夹持蝎的尾部及触肢时,用力要适当,不能使蝎受到损伤。

(3)电刺激取毒法　生物电是生命活动的一种基本形式,蝎受电的刺激而排出毒液实质上是蝎感受器、神经和肌肉的电生理活动过程。

注意事项:不能在阳光直射下采毒,宜在背风阴凉处或空调房中进行。用于盛毒液的小烧杯要事先洗净、烘干,称重到小数点后两位数,贴上编号,注明日期,包好备用。有的蝎即使受电刺激也不排毒,这可能是因为已排过了,不必再刺激。电刺激不宜过久,以免蝎受电伤。目前最常用的是电刺激取毒法。

2. 蝎毒的加工

(1)真空干燥　蝎毒真空干燥后,立即分装蝎毒粉,密封后低温保存。

(2)真空冷冻干燥　可得到冻干的毒粉,密封后冷冻保存。

第二节　蜈蚣养殖

古代医学名著《神农本草经》中就记载"蜈蚣生大吴川谷及江南"和《本草纲目》记载"蜈蚣西南处处有之,春出冬蛰,节节有足,双须歧尾。"这两句话第一次对蜈蚣的地理分布和形态做出了描述。蜈蚣作为珍贵的三类中药材,目前非常紧缺。由于蜈蚣的野生资源日益匮乏,迫切需要人们加强野生资源的保护,同时进行大规模的人工饲养以满足社会需求。

一、蜈蚣生物学特性

(一)分类和分布

蜈蚣属于节肢动物门(Arthropoda)唇足纲(Chilopoda)蜈蚣目(Scolopendromorpha)蜈蚣科(Scolopendrida)。又称为天龙、百脚、吴公、百足虫、千足虫、天虫、千条腿、蝍蛆。

分布区为:江苏、浙江、安徽、河南、湖北、湖南、广东、广西、陕西、四川等地。

(二)形态特征

蜈蚣第一对脚呈钩状,锐利,钩端有毒腺口,一般称为腭牙、牙爪或毒肢等,能排出毒汁。毒腺分泌出大量毒液,顺腭牙的毒腺口注入被咬者皮下而致其中毒。毒肢长1.5～34 mm。药用蜈蚣是大型唇足类多足动物,有21对步足和1对颚足。"钱串子"是蜈蚣近亲,学名蚰蜒,只有15对步足和1对颚足。"石蜈蚣"也只有15对步足。有些蜈蚣的步足又多又短,有35对、45对,最多的达191对。

表5-2为药用蜈蚣种类的特征及分布比较。

表 5-2　药用蜈蚣种类的特征及分布比较

种类	少棘蜈蚣	多棘蜈蚣	黑头蜈蚣	马氏蜈蚣	模棘蜈蚣	哈氏蜈蚣	墨江蜈蚣
最大体长/mm	135	200	75	90	220	200	120
头板、第1背板颜色	橘红色	红褐色	红褐色	棕黄色	浅褐色	红色	墨绿色
剩余背板颜色	墨绿色	棕褐色	深褐色	第2背板墨绿，剩余背板灰褐色，每一背板后缘具墨绿色条纹	褐色，黄褐色，橄榄色，黑褐色	黄褐色	墨绿色
触角节数	17～19	18	18	17	17～19	18	14～18
触角光滑情况	基部6节光滑	基部6节光滑	基部6节光滑	基部5节光滑	基部6节光滑	基部6节光滑	基部6节有毛
齿板齿数	5＋5	6＋6	5＋5	5＋5或6＋6	5＋5，6＋6或更多	6＋6	5＋5或4＋4，6＋6
头板中央纵缝线	无	无	无	有	无	无	无
背板平行纵缝线	4～20，明显	2～20，明显	3～20	3～20	4～20，不明显	4～20，不明显	2～20
背板棱缘	5～21	14（15或16）～21	17～21	7～21	16～21	6～21	2～3
腹板平行纵缝线	2～20，不完整	2～20，不完整	2～20	2～19(20)	2～20，完整	2～20，完整	2～20，完整
地理分布	安徽，广西，河南，湖北，湖南，江苏，浙江，台湾，朝鲜，日本	广西，广东，湖北，浙江，海南，台湾，日本，爪哇	湖北（京山）	西藏（察隅）	重庆，广西，云南（漾濞），台湾，越南，东南亚，夏威夷	海南岛，广东，广西，云南	云贵高原（墨江，元江，红河，绿春，江城，普洱，镇源，新平等县，海拔800～1 800 m范围内）

(三)生活习性

1. 栖息环境

蜈蚣喜欢生活在环境相对安静、阴暗、潮湿、温暖、避雨、空气流通的活动场所，如石块下、树皮中、草丛中、落叶层、洞穴里、干枯的树桩里、石缝里。主要生活在多石少土的低山地带，平原地区数量较少。

春季，蜈蚣喜温暖。每年惊蛰后，气温转暖，蜈蚣开始出土在温暖的地方栖息。夏季，喜阴凉。从芒种到夏至，随着气温逐渐升高，蜈蚣又移到阴暗的壕沟、坟地、岩石的缝隙中，避过炎热的白天。秋季，喜阳。到了晚秋季节，蜈蚣栖息在背风向阳的松土斜坡之下，或树洞、树根附近比较温暖的地方。立冬前后，蜈蚣开始冬眠，蛰居于向阴、避风、沙土多石、离地面 10 cm 深的土中。

2. 对栖息环境的要求

(1)温度　蜈蚣属于变温动物。它的生长、生殖、新陈代谢过程都要在一定的温度范围内完成。

少棘蜈蚣：少棘蜈蚣的越冬温度为 10～0℃；复苏温度为 12～15℃；气温在 25℃以上比较活跃，20℃左右活动一般，15～10℃活动量少，10℃以下活动更少，甚至不活动，适宜生活温度为 25～30℃。

墨江蜈蚣：墨江蜈蚣因为生活的地区平均温度较高，越冬温度为 10～0℃；复苏温度为 18.3℃；最适生活温度为 20～22℃。当气温达到 21～23℃，土坡温度为 22～24℃时，蜈蚣的产量最大。18℃以下时蜈蚣的活动和生长发育减慢，逐步进入冬眠。

(2)湿度　蜈蚣的生长发育对湿度也有一定的要求，环境的湿度在很大程度上影响着它们的生活。所谓湿度包括土壤湿度和大气湿度两方面。

土壤湿度：因为蜈蚣是穴居动物，土壤的湿度对它们的生命活动影响很大，其最适土壤湿度是 15%～24%。

大气湿度：周围大气的湿度的高低直接影响着蜈蚣从周围环境水分的摄取。因蜈蚣的分布区域的不同，所需要的环境中的大气湿度也有所差别。

墨江蜈蚣：大气湿度在 75%～83%，蜈蚣的生长发育良好，生命活力旺盛。

少棘蜈蚣：大气湿度在 60%～70%，蜈蚣的生长繁殖状况最优，生命活力最强。

(3)放养密度　人工养殖蜈蚣时，单位面积放养蜈蚣的密度也直接影响着蜈蚣的生长发育。刚离开产房的幼蜈蚣放养密度在 1 000 条/m^2 左右；虫体长度在 5 cm 左右的蜈蚣放养密度在 700 条/m^2 左右；虫体长度在 7～10 cm 的放养密度可在 500 条/m^2 左右；虫体长度在 12～13 cm 的放养密度在 400 条/m^2 左右，当虫体长度达到 15 cm 以上则大约是 300 条/m^2。对于少棘蜈蚣，1 龄蜈蚣 1 000 条/m^2 左右，2 龄蜈蚣约 500 条/m^2，3 龄蜈蚣300 条/m^2 上下，4 龄以上蜈蚣约 100 条/m^2。

3. 蜈蚣的捕食与食性

蜈蚣为典型的肉食性动物，性凶猛，食物范围广泛，尤喜食小昆虫类。也有同种互相残杀中毒而致死的现象。在蜈蚣夜出游荡时，总以细长而灵敏的触角伸向前方作鞭状摆动，如这时触及一只蟋蟀，便迅速地以身体前面的二、三对步足抱紧，并以颚爪钳住。猎获物即刻就被麻痹。这时，蜈蚣就选择蟋蟀的腹部，以大颚齿咬破表皮，吃掉内脏、肌肉等软组织，10 min 左右便能吃完，剩下残余空洞的躯壳、翅膀和步足等。

蜈蚣所食的昆虫有蟋蟀、蝗虫、金龟子、蝉、蚱蜢以及各种蝇类、蜂类，甚至可食蜘蛛、蚯蚓、蜗牛以及比其身体大得多的蛙、鼠、雀、蜥蜴及蛇类等。在早春食物缺乏时，也可吃少量青草及苔藓的嫩芽。人工养殖，也可以喂给黄粉虫、蚯蚓、蝗虫等多种昆虫及青菜，泥鳅、鲜鱼、青蛙、虾、蟹等。但是要保证食物新鲜。在人工饲养的时候也可以通过科学的饲料配比，优化蜈蚣饲料的营养成分，达到助于生长发育和生命活动的目的。如，各种昆虫类动物 70%，熟土豆 20%，碎粒、新鲜蔬菜碎片或面包碎片 10%，或者，兽类或其他动物肉泥 70%，鱼粉或蚕蛹粉 20%，新鲜青菜碎片 10%。

4.昼夜节律

昼伏夜出是蜈蚣的主要生活方式，这种生活方式和它们的体形和行动是密切相关的。蜈蚣白天潜伏在石块下面或碎石的缝隙间，或者在田埂、地坎的缝隙里。待到夜间，它们出来四处游荡，猎取食物。

5.扫除习性

蜈蚣的扫除习性，又称“化装作业”。药用蜈蚣只有 4 对很小的单眼，不能对外界物体形成图像；它感受外界的刺激主要依靠头前部的 1 对细长的触角。在饲养过程中，清洁触角的行为极为频繁。

当蜈蚣颚肢接受自行弯曲的某一支触角，进入第一和第二小颚时，由第二小颚的末节把它执住；这时触角开始由近侧向远端滑动，同时第一小颚的基节突起和端肢也协同活动，并分泌唾液，以供其扫除的需要。蜈蚣之所以能起扫除作用。是因为它有钩状细毛的毛刷，清除触角上细微的固体污物。蜈蚣这种扫除习性，在其他种类中也能见到，这是一般种类共有的行为。

(四)消化生理特点

消化系统由消化道和消化腺组成。食物从口腔进入消化道，经机械作用和化学分解过程，才能够被蜈蚣吸收和利用。

消化道简单，从口到肛门为一条纵贯身体中央的直管道。口后为膨大的咽，它的收缩有利于吸吮食物。咽后的消化道为前肠、中肠及后肠三部分。前肠及后肠都很短，中肠很长。前肠主要起着接受、运送及初步消化食物的作用。中肠是食物消化及吸收的主要场所，后肠担任形成粪便及运送至尾节的肛门排出体外的任务。一对葡萄状的唾液腺，通过唾液管开口于前肠，唾液腺能分泌含有消化酶的唾液，能够湿润及初步分解食物。

二、饲养设施

1.养殖群中的全封闭式尼龙纱笼

形似家用蚊帐(有底)上端有帐管，用竹竿穿挂，内有中间隔纱，外有尼龙拉链门的甲乙联笼。其优点：牢固性能好，敌害无法入侵，夏天可以通风通气，冬天可以防寒保暖，笼内底部有窝穴，可供蜈蚣栖息。笼底中间是蜈蚣取食和活动的场所。白天可供养殖员添食、加水、打扫卫生。

2.多层次立体养殖笼

是单一多层次养殖笼，用竹竿吊挂叠放方法。无中间隔纱，每层笼底均用竹帘子编成，塑料薄膜垫底。其优点为：防止笼中水分散失和承担上层压力，且体积小、重量轻，充分利用了空间。分幼、小、中、大蜈蚣的分笼立体养殖，操作管理方便。

3.繁殖的产房

用废旧玻璃瓶代替单产房，每个瓶内先铺一层消毒过备用的窝泥 6 cm 左右，略捣实，窝泥含水量为 25%，要求避光，瓶外 4/5 糊纸，1/5 不糊纸，供观察用。

养殖池要建在向阳、通风、阴湿、僻静的地方，用砖或石块砌成，水泥抹面，池深 80 cm，内壁四周用光滑无损的塑料薄膜粘贴，池口镶一圈宽 25 cm 的玻璃，以防蜈蚣外逃。沿池内墙壁四周挖一条宽 10 cm、深 4 cm 的水沟，水沟内侧再挖一条宽 30 cm、深 3 cm 的料槽。池内种植杂草和树木，并堆放一些石块、瓦片供蜈蚣栖息。投放种苗后，池上盖草帘遮光。池内保持干净、潮湿、阴凉。

三、蜈蚣的饲养管理

(一)饲养方式

1. 箱养

养殖箱用木板制成，其大小以长 55 cm，宽 45 cm，高 30 cm 较为适宜。箱内壁贴上一层无毒塑料薄膜，箱口配制有一个铁纱的箱盖。箱制成后，放在室内适当的位置，多个箱则并排放好，箱底放多层瓦片，瓦片间的距离为 1.5 cm 左右，用水泥在四周垫脚，通常 5～6 片为一叠，瓦片间留的空隙可供蜈蚣栖息。瓦片入箱前，要用水洗干净，并吸足水，以便为蜈蚣创造一个潮湿环境。而且一定时间后更换一批新的瓦片，以保持湿润和卫生。

2. 缸养

通常采用陶瓷缸，选择口径宽 50～60 cm，高 80～100 cm 的陶瓷缸。在室内摆放在适当位置，缸底放一层碎石子或碎瓦片。在上面盖一层 30 cm 厚的肥沃菜园土，稍整平，在土表上按箱养方式堆叠瓦片，最上层瓦片离缸口 20 cm 左右，在缸口上用铁纱盖罩住，防止蜈蚣逃跑。

3. 池养

是在室内或室外建池养殖，池为砖和水泥结构。

室内蜈蚣养殖池一般以 1 m^2 左右为一个养殖单元，每个养殖单元内距四周防逃墙 20 cm 用瓦片筑起一个方形框体，瓦片一层正面朝上，另一层则反面朝上，正反交替摆放，使框体高 30 cm 左右，内部填入专门配制的养土，瓦片与瓦片之间形成大量小缝隙，蜈蚣通过缝隙进入内部，在里面随心所欲打洞造穴。

室外蜈蚣养殖池，一般以 10 m^2 左右为一个养殖单元。每个养殖单元内距四周防逃墙 40 cm 全部用瓦片摆放垛体。首先在地面铺一层 10 cm 厚的养土，其上放置一层瓦片，瓦片凸面朝上，瓦片上面再铺一层 10 cm 厚的养土。在垛体上面四周各向内收缩 10 cm 左右，凸面朝上放置一层瓦片，瓦片上面继续铺一层 10 cm 厚的养土，直至垛体升高至 60 cm 以上。蜈蚣通过瓦片形成的缝隙进入垛体，初春时节与立秋以后，气温偏低，白天太阳照射下来，垛体边缘部分瓦片下面温度偏高，蜈蚣自然向边缘移动；夏季太阳照射下来，垛体边缘部分瓦片下面温度太高，蜈蚣自然向垛体内部移动，寻找阴凉地方；冬季气温骤降，垛体内部因有厚厚的养土与瓦片保温，温暖适宜，成为蜈蚣冬眠的极好场所。

(二)蜈蚣饲养密度

蜈蚣养殖的密度与其饲料供给、生长发育、个体的大小有着直接关系。采用池养殖，饲养密度为 1～2 龄幼体 1 000～1 200 条/m^2 或 3 龄 240～250 条/m^2，产卵孵化期雌体 70 条/m^2；箱养，一个长 55 cm×40 cm 的缸可养 1～2 龄幼体 200 条，或 3 龄 70 条左右，或 4 龄以上 45～50 条，或产卵孵化雌体 10 条左右。

(三)蜈蚣的饲料

人工饲养的蜈蚣，可以青蛙、蟾蜍、黄鳝、泥鳅的肌肉及黄粉虫、地鳖虫、蛋类、杂骨作为精饲料；以蔬菜、瓜果类及树叶作粗饲料。在投喂时可参照以下的配方：

配方 1：各种昆虫动物 70%，熟马铃薯 20%，青菜或面包屑 10%。

配方 2：各种禽畜类、鱼类、蛙类的肉泥 70%，鱼粉或蚕蛹粉 20%，青菜碎 10%。

投喂的时间为每天傍晚6～10时，投喂饲料的同时，要放入水盘供其饮用。到次日早晨要取出食盘，清理残留的饲料，洗干净再用。一般每条成体蜈蚣每次投喂1 g，每2～3 d投喂1次，幼体每次投喂0.1 g，每日投喂1次。

(四)种蜈蚣的饲养管理

1.引种准备工作

准备多个养殖池，以供引回的蜈蚣进行分级养殖。种蜈蚣的栖息床最好由饲养土堆成，饲养土则已经经过暴晒消毒，并已调节好了含水量。饲养土上的瓦片、海绵、活动场地等已经消毒，准备妥当。种蜈蚣的饲料也已准备好。引种者应要求供种场供给一定量的饵料动物，以保证种苗引回后能喂一段时间。蜈蚣引回的第一夜，要用海绵吸足5%～10%的葡萄糖水放入暂养器具中，让蜈蚣吸吮，糖水中还可兑少量奶粉或搅成糜状的蛋黄等，以利蜈蚣恢复体力。在临产卵的季节引种，最好还应先准备少量的"单间产房"。

2.种蜈蚣的饲养管理要点

(1)种蜈蚣的放养密度　处于交配期的种蜈蚣，尚未肯定雌蜈蚣已受精时，必须合群养殖，此时放养密度应为300～500条/m^2，确定一条，分出一条，单独养殖。

(2)饵料与投饵　种蜈蚣一旦进入繁殖，就需消耗大量的体能与营养物质，并且43 d的时间内不食不饮。因此，在其繁殖产卵之前，必须供给质优、量足的饵料，并且应多种鲜活饵料搭配。种蜈蚣常用的饵料有蚯蚓、蝇蛆、蝌蚪、黄粉虫等。因为每只蜈蚣并非每天都摄食，而是每饱餐一顿后2～3 d内不再取食。因此，投食量应该灵活掌握。另外，蜈蚣的取食还与天气有很大关系，天气闷热、狂风、气温陡降等时，蜈蚣很少取食，此时应考虑减少投喂量。而微风习习、气温宜人及下暴雨前夕或暴雨过后，种蜈蚣的摄食量都会增加，此时可考虑增加投饵量。

(3)悉心观察　由于蜈蚣在有光线时很少外出活动或者立即逃向无光的地方，而且种蜈蚣又不能采用翻挖饲养土或者经常性揭开栖息床的办法观察。比较有经验的养殖都有如下几种观察种蜈蚣的方式：一是用手电筒观察，尽量将手电筒的光圈缩小，在蜈蚣的活动期，在其活动场地进行搜寻式观察。二是采用可调灯，其外涂以绿或蓝色，每晚定时开灯观察，且观察时间不得太长，每次5～10 min，灯的亮度由小到大缓慢调节，调到能看清蜈蚣的活动即可。另外，白天也可偶尔翻一下饲养土的海绵、瓦片等栖居所，观察躲藏在该处的蜈蚣。

观察蜈蚣主要侧重于以下几个方面：一是蜈蚣的健康状况，可以通过其运动情况、体表色泽、取食情况等判断出来。二是蜈蚣的繁殖情况。蜈蚣的交配行为一般比较隐秘，如观察中发现交配的种蜈蚣，则待其交配完毕后，将雌蜈蚣捉出，放入专用"产房"中饲养。另外，在观察中如发现腹部明显膨大且厚的雌性蜈蚣也应立即捉起检查，如腹部富有弹性、有力且精神正常，则预示着该雌蜈蚣已进入临产状态，应将其放入专用"产房"饲养等待产卵。三是有无敌害惊扰，如养殖池中有无蚂蚁侵入、有无鼠害活动等。

(4)注意调控温、湿度　种蜈蚣饲养舍的温度最好保持22～32℃，空气相对湿度应控制在60%～70%，饲养土湿度维持在15%～20%。

(5)防止蜈蚣外逃　由于腹足较多，且其足尖的攀爬能力很强，只要饲养池壁上有一条垂直的粗糙的划痕，蜈蚣即可沿此划痕爬出池外。因此，在管理蜈蚣时，一定要经常检查养殖池内壁上部贴的光滑透明胶是否仍完好光滑。如若内壁上部的防逃设施是镶嵌的玻璃，则也必须检查玻璃与玻璃之间的接口是否粗糙，玻璃有无破损缺落，四角是否严密合拢。如果玻璃表面粘有黏滞性灰尘或污物也应及时清除，以免构成蜈蚣逃逸的“扶梯”。

(6)供给足够的饮水　要供给足够的饮水。供给饮水的方式很多，有些是结合蜈蚣防逃设施在蜈蚣活动场的外围建一圈水沟，在沟内贮备足够量的清洁水，每 3～5 d 换水一次。也可以用水盘，但水盘最好嵌于地下，上口与活动场的地表平齐，而且方便移动，并应多设几处。也可与食盘同放，或者用多槽的塑料盘，嵌入地下，一个槽中装食物，另一个槽中装饮水。

(7)搞好清洁卫生　平常养殖室内的走廊、池壁、门窗应经常性清扫。养殖室内不要堆放家什杂物。走廊内还可定期用无气味的消毒水消毒。

(五)幼蜈蚣的饲养管理

1. 及时与母蜈蚣或种蜈蚣群分离

从卵膜中伸出的蜈蚣幼体——仔蜈蚣，还必须在母亲的怀抱中再度过 20 d 的时间，这一时间叫育仔期。在此期间，不可把仔蜈蚣强行剥离母体，否则它们就会很快死亡。

仔蜈蚣在育仔期中继续完成其胚胎发育过程，完成三次蜕皮，逐渐将卵黄吸入体内利用。当仔蜈蚣各个系统已发育完整，外形上与成体蜈蚣已基本相似，体色由刚破卵膜时的米白色变成蛋黄色时，仔蜈蚣即爬出母体的怀抱，在母体周边活动。此时，仔蜈蚣即进入了幼蜈蚣阶段，已具备了捕捉食物、寻觅饮水、逃避敌害等方面的本能，可以离开母体独立生活。此时，要及时将幼体蜈蚣分出来。

如孵化时，母蜈蚣住的是单间“产房”，则此时只需将母蜈蚣从“产房”中取出即可。如果母蜈蚣采取的是群养共池的办法孵化，则可采取引诱法将幼蜈蚣从饲养土中诱出，然后转移出来。

2. 幼蜈蚣的初期饲养

刚离开母体的幼蜈蚣虽然已初步具备了生活能力，但毕竟还比较稚嫩。所以我们常常将当年孵出的蜈蚣放在较小的容器(如塑料盆、玻璃缸等)中，饲养到第一个冬眠期的到来。

初期，幼蜈蚣的饲料以蛋黄和牛奶为主。蛋黄搅成糜状后直接投放于塑料板上，而牛奶则需要先溶于水，再以小海绵吸饱和，然后将小海绵置于塑料板上，每天更换一次。半个月之后，应逐渐减少蛋黄、牛奶喂量，同时饲喂蚯蚓等其他饵料。

3. 温、湿度控制

温度应尽量维持在 25～30℃。那些较晚出生的幼蜈蚣，其离开母体时适逢气温多变的秋季，应小心控制饲养土的温度。幼蜈蚣饲养土的湿度，应维持在 20%～25%，为防止底部积水，应在饲养容器的底部较低处用针或小钉刺一些小眼以利渗漏。

4. 供给充足的饲料和饮水

幼蜈蚣的饲料应以多汁、柔软的动物饲料为主，蚯蚓和蝌蚪是幼蜈蚣较喜欢吃的饵料。投喂蚯蚓时，应选择与蜈蚣身体粗细相近的个体，将其切成小段，投于塑料板上。而蝌蚪则可直接投喂。幼蜈蚣的饮水主要由吸水海绵提供。

5. 冬眠前的过渡

当幼蜈蚣在小器皿中饲养 1.5～2 个月后，它们出生后的第一个冬季也即将到来，此时幼蜈蚣也完成了独立生活后的第一次蜕皮，进入第二次蜕皮。应将所有的幼蜈蚣进行一次清理，按大小与蜕皮进度分群，放入不同的养殖池或养殖槽中进行饲养。

(六)育成期蜈蚣的管理

幼蜈蚣经过第一次冬眠期后，即已具备了大范围觅食、饮水、潜伏等活动的能力，此时便进入了育成期。蜈蚣的育成期比较长，要经过至少3个冬季，完成6～7次蜕皮。此期间饲养管理要点如下：

1.放养密度

育成期蜈蚣的放养密度变动范围较大，应根据蜈蚣的大小、饲养舍的生态条件、饵料来源的丰富度等确定。一般情况下，刚度过一个冬眠期的小蜈蚣4 000条/m^2以上，以后随着蜈蚣的蜕皮长大，其密度逐渐降低，到5 cm长(完成第三次蜕皮)后，密度降为2 500～3 000条/m^2。如果采用多层立体池(槽)养殖，则放养密度应小些。随着小蜈蚣的长大，蜈蚣的不合群性也越来越明显。每蜕皮1次，应使单位面积上的饲养数量下降15%～20%，经过3～4次的调整后，密度即可以相对稳定下来。

2.饵料投喂

育成期蜈蚣的饵料种类丰富，常用的品种有：蚯蚓、蝇蛆、蝗虫、蚱蜢、蛙类、黄粉虫等。应掌握好喂料量，既不能饲喂过多，也不能经常断档。

3.大小分群

应结合饲养密度的调整进行经常性分群，同一池中应尽量饲养年龄相同、个体大小相近的蜈蚣。另外要注意，同龄期的几窝蜈蚣最好放入同池内饲养。每次分群时，只将一些蜕皮迟缓、个体特别小、体质较差的蜈蚣挑出分池饲养，而健康强壮、生长快的蜈蚣仍留在原池饲养。

4.悉心观察

观察生长期的未成年蜈蚣，可以用短期开灯的方法进行。观察时间选择在晚上10时左右。此时可以观察它们的活动能力、身体发育情况、健康状态，以及是否进入蜕皮期等。

如发现蜈蚣骚动不安，天亮后还有大量蜈蚣不回饲养土中，则应考虑饲养土是否出现了异常，是否需要更换。如发现蜈蚣受惊或残食处于蜕皮期的蜈蚣，则应考虑是否密度过大，或环境中是否存在不安静的因素。

5.注意调节温、湿度

未成年蜈蚣对温、湿度要求与种蜈蚣基本相似，由于本期时间特别长，此期间外部气候变化频繁，需要养殖者有足够的耐心与细心。

另外，注意防逃，防止敌害侵入，搞好环境清洁卫生。

(七)日常管理要点

(1)饲养蜈蚣首先应注意调节温度和湿度。暖房的温度保持在20～36℃即可。冬季可以采用电热器、锅炉、火炉、火墙、火炕等加热，夏季可通过喷洒冷水、通风等以降温。

(2)要经常检查饲养池四周防逃围墙是否完好；检查池内有无虫害，特别要注意防止蚂蚁、螨虫等危害蜈蚣。

(3)晚上注意观察，发现患病蜈蚣要及时隔离治疗。

(4)坚持每天投喂新鲜饲料，早上清除残食，清洗食具。

(5)防止蚁害。一旦发现蚂蚁，可立即将新鲜的骨头或者油条等投入饲养池内诱杀。如果蚂蚁太多，则立即将蜈蚣转移，然后用开水烫杀饲养池中的蚂蚁。或用 25 g 蜂蜜、25 g 硼砂、25 g 甘油、250 g 温水混合拌匀，放在饲养池四周蚂蚁经常出没的地方诱杀。也可把培养土用开水烫过，再放在阳光下曝晒，以杀灭混在培养土中的蚂蚁或蚂蚁卵。

(八)四季管理

1.春季蜈蚣管理要点

春天气温回升到 15℃以上时，可在池、缸、箱内喷洒加有奶粉或葡萄糖的温水。气温回升到 20℃以上时，可投喂一些水分多的昆虫，如黄粉虫和地鳖虫的幼虫，嫩的菜叶等。气温升到 25℃时，几乎所有的蜈蚣开始觅食，活动旺盛，食量增大，应增大饲料的投量。这段时间要注意寒潮突然袭击。

2.夏季蜈蚣管理要点

进入夏季，气温在 25℃以上，首先要供应充足的饲料，并以肉类和含蛋白质量高的饲料为主，如黄粉虫幼虫、蚯蚓、畜禽类的瘦肉、鱼类等。其次，养殖池、缸、箱内要保持供水。再者，在管理上要注意养殖室内降温、降湿，宜在养殖池内撒干细土或用木箱装生石灰块吸取室内水气，降低湿度，保持养殖室、池内适宜温度。

3.秋季蜈蚣管理要点

秋高气爽，既是气温逐渐下降，又是温、湿度多变的季节，正值幼体离开母体独立活动觅食的时期，是养殖蜈蚣的关键时期。除保持安静环境外，要调节好养殖室、池的温、湿度，温度控制在 25℃以上，空气相对湿度控制在 75%～80%。当幼体与母体分离后，要给幼体供给足够的蛋白质和一定量脂肪的饲料。

4.冬季蜈蚣管理要点

在长江中下游地区，每年 11 月份蜈蚣即已进入冬眠期。温度进一步下降时，蜈蚣则完全进入冬眠状态，不食不动。

这时的管理主要做好养殖室、池的保温保湿工作。应在池内的瓦片上撒上一层 4～6 cm 的细土，防止冷气入侵及风干。并在池、缸、箱周围外面盖草帘，保持温度在 0℃以上。同时，要做好冬季防鼠工作。每 10～15 d 选择风和日暖的天气在中午通风 1 次，每次 3～4 h，然后再盖回草帘，保证蜈蚣安全度过寒冬。

四、蜈蚣的繁育

(一)种蜈蚣的标准

蜈蚣的选种标准是：虫体要完整，无损伤；体色要新鲜，背面光泽好；活动、取食正常，体长在 10 cm 以上的蜈蚣作为种用。如能鉴别出繁殖对象的性别，可按比例搭配，一般配比为 1 雄配 3 雌。

(二)野生捕捉

捕捉蜈蚣一般在春末夏初，尤以惊蛰至清明前捕捉的质量较好。

捕捉蜈蚣，可根据其活动特点进行，方法是：①在晚上 8 时至次日凌晨 3 时为其觅食时间。此时，可在它隐栖的场所，用电筒或避风油灯寻找，发现蜈蚣即用竹夹或镊子夹起，放入准备好的竹篓或布袋内。②选择蜈蚣隐栖的场所，用尖嘴锄或钉耙翻挖土层，掀起石头、砖块，发现蜈蚣即用上述方法捕捉。③挖窝诱捕，在蜈蚣经常活动的栖息地，于立春前后选择阴湿山野处，挖一"十"字形长坑,坑长 1～2 m,宽 0.5 m,深 15～20 cm,内放鸡毛、杂骨、马粪或鸟粪及一些腐败草类,上面覆盖树枝、土块或砖瓦片,引诱蜈蚣爬进缝隙,翌晨检查,若有蜈蚣入坑即可捕捉。

(三)引种

1.引种的原则

根据医药部门有关药用蜈蚣的标准引种。养殖药用蜈蚣的首选应该是少棘蜈蚣,而且还应该尽量选择其中头部,步足都呈红色或接近红色的类群,其成体体长至少达到 100 mm 以上。

2.引种季节

原则上,一年四季都可以引种。立夏前后引种时种蜈蚣尚未产卵,而又到了临产的时期,雌蜈蚣是否怀卵容易看出,如果鉴别准确,种蜈蚣引回后较短时期内就可能产卵。

3.种蜈蚣的优劣鉴别

鉴别种蜈蚣的优劣主要从其外观与行为上看。外观上:作为种用的蜈蚣身体应完好无损。体色要光亮鲜艳,应符合种类的种质特征要求。如少棘蜈蚣的种质特征是:成体体长为 11 cm 左右,头部与第一体节背板为金黄色,步足黄色,尾足上只有 2～3 个棘等。另外,最好还应该选择其中头部与步足颜色比较深,接近红色的个体。种用蜈蚣的年龄最好接近繁殖年龄。

4.种蜈蚣的年龄鉴别

鉴别蜈蚣的年龄对选种也非常重要。到目前为止,蜈蚣的年龄鉴别还只能从体长大小来鉴别。因此,引种前,必须了解所要引入种类的生长发育年龄与体长体重之间的关系,由测定的体长数据反推其年龄。

5.种蜈蚣的雌雄鉴别

达到性成熟后,种蜈蚣的雌雄个体从外形上差异很小。雌性头部扁圆呈饼状,雄性头部稍隆、椭圆;雌性躯体较大,躯干部较宽,腹部肥厚,雄性体型小,躯干部窄,腹部紧缩薄瘦等。在临近繁殖时节,雌性蜈蚣活动量少,反应迟钝。而雄性蜈蚣活动频繁,动作灵活。当然鉴别蜈蚣性别最直接而又较准确的方法还是翻看其腹面的生殖孔,看有无生殖肢或几丁质化的阴茎。雄性蜈蚣有一对生殖肢或几丁质化的阴茎(多棘蜈蚣除外)。

(四)求偶与配种

性成熟的蜈蚣有发情求偶的行为。3—5 月和 7—8 月在雨后天晴的茅草地上进行交配。首先,雄蜈蚣表现不安,不断摇动双触角,到处爬窜。当闻到雌蜈蚣的气味后,立即靠近,与之爬转一段时间。然后雄蜈蚣爬到对方背部一侧,将生殖肢插入雌蜈蚣的生殖孔内,经微微振动,将排出的鞭状精胞送入雌蜈蚣的生殖孔内,慢慢注入精液,历时 2～5 min。多数雄性交配后死亡。

(五)筑巢

蜈蚣母体在产卵前也有营巢行为。有一种说法是,母体以它的头板、口器以及前面的几对步足把试验缸底的土层做成 1 cm 深的浅巢,排卵时母体将头置于巢内。另有一种说法是,雌性产卵前一个星期左右开始筑巢。雌体筑巢是在潮湿、松软的土层内进行。雌体筑巢时,用颚肢、口器和步足将土扒松,边扒边转,并用颚肢和步足钳住土团向外推移,逐渐形成一空窝。其巢为圆形，或椭圆形。雌性蜈蚣接近产卵时，将巢口周围封闭，伏于窝中，用土团从巢里面将巢封闭。

(六)产卵

临产母体的卵巢内充满几十个成熟卵粒，因此雌性比雄性更显得体态臃肿，行动也很迟缓。排卵时，母体自行把整个带状的身体弯曲，呈“S”形。雌性的头部触角斜向前上方，呈倒“八”字形。第一至第十八对步足平伏在土层表面，而身体后面的尾节由于后体弯曲而能反折到身体中部第八或第九背板上，尾节的尾足高高翘起，因此尾节后端的肛生殖区悬在第八或第九背板上。

排卵时，生殖孔不断扩张与收缩，随即向外推移卵粒，生殖孔内的软皮外翻，使卵粒落在被确定的背板上。一个卵粒从生殖孔内开始显露到脱落下来，生殖孔要经过四五次收缩，而尾足也跟着活动，约需半分钟排出1粒。一个卵粒被排出后，约有二、三分钟的间歇时间，再产另一个卵粒。

卵，呈淡黄色，表面有黏性。刚排出的卵粒与已脱落的相接触，立刻粘在一起。由于母体排出的卵粒不断增加，卵团相继增大。这时母体翘起的尾节相应地举得更高。母体在排卵时间，高翘的尾节有时下沉而压迫卵团，使卵团不至于积累过高，并使整个卵团前移。母体排卵完毕，触角与尾足不再悬空，从而解除了紧张状态。再经约20 min，母体巧妙地翻转，以自己的身体腹面和步足，很快把卵团环抱起来，开始孵化。

(七)产卵期与产卵量

蜈蚣产卵期，一般在每年6月下旬开始，最迟到8月上旬结束。蜈蚣产卵的旺期在7月上旬和中旬。多数蜈蚣在黎明时产卵，但在一天中其他时间也有不少产卵的，所以蜈蚣在产卵的时间上，并没有严格的定规。蜈蚣一次可产卵60～80粒，少的也有40～50粒。在不受外界惊扰的情况下，产卵过程需2～3 h。

(八)孵化

蜈蚣孵化时间长达43～50 d。这期间，母蜈蚣一直不离卵，精心守护着，有时下半身及触角不时地左右摆动和扫动，驱赶近身的小虫，并常用食爪拨弄或吮舔着卵团和幼体。

产卵完毕，蜈蚣把卵子集成一团，怀抱于身体前部的腹面的步足之间进行孵化，完全悬空，不和泥土接触。卵子怀抱在母体步足之间，不时地进行翻动。

蜈蚣卵子经过20 d左右，就开始孵化。首先，蜕去卵膜和胎皮。孵出的蜈蚣幼体，呈乳白色，如蛆虫状，身体两端较尖，中部粗壮浑圆。孵出后，雌蜈蚣仍紧紧地把卵成团抱在足间。幼体很少活动，经过25～30 d以后，幼体进行第二次蜕皮，其体形与成体相似，体色仍为乳白色，身体中段稍肥胖。经过35～40 d，进行第三次蜕皮，其体形与成体完全相同，体色为灰黄色，活动力增强，不再紧密抱成团，而是松散地集中在母体腹面。这时，幼体才可以与母体分离，经营独立生活了。

孵化期间的护理：蜈蚣抱卵育幼期间，对惊扰、强光等均较敏感。所以在孵化期进行观察时应小心轻动，不要随便移动或强光照射。孵化期间不需要喂食，孵化器内随时给予一定的水分。

孵化结束后，幼蜈蚣虽然暂成团群居，但也可单独活动和觅食。此时母体也逐渐离开孵化巢单独活动。

五、产品加工方法

药用蜈蚣为干燥全体。捕捉后用沸水烫死，再用两头削尖的细竹签，插入头、尾两部，借助竹片弹力，使其伸直，置于阳光下晒干。加工炮制后的蜈蚣呈扁平长条形，长 14～16 cm，宽 0.6～1.0 cm，全体 22 节。

复习思考题

1. 简述全蝎的生活习性。
2. 如何提高蝎的繁殖和生长？
3. 如何提高蝎的养殖产量？
4. 如何采集蝎毒？
5. 简述蜈蚣的形态特征。
6. 简述蜈蚣的生活习性。
7. 蜈蚣的饲养方式有哪些？
8. 简述育成蜈蚣的饲养管理要点。
9. 蜈蚣的雌雄鉴别有哪些方法？

第六章

药用昆虫养殖

第一节 蜜 蜂 养 殖

养蜂是一项投资少、见效快，不与农业争地，也不与牧业争粮的生态型快速致富产业，特别是定地模式养蜂，对"环境友好"型生态建设，具有重大的现实意义和长期的战略意义。养蜂是造福人类和社会的"甜蜜"事业，它不仅能为人类提供大量的天然营养食品和医药保健品，部分产品还是化工工业的原料；还能为农作物授粉，提高农产品的产量和质量，起到维持生态平衡，改善生态环境的作用。因此，蜂业前景广阔。

一、种类

世界上现生存的蜜蜂种类已达 9 种。

①黑小蜜蜂 *Apis andreniformis* Smith

②小蜜蜂 *Apis florea* Fabricius

③黑大蜜蜂 *Apis laboriosa* Smith

④大蜜蜂 *Apis dorsata* Fabricius

⑤沙巴蜂 *Apis koschevnikovi* Buttel-Reepen

⑥绿努蜂 *Apis nulunsis* Tingek. Koeniger and Koeniger

⑦苏拉威西蜂 *Apis nigrocincta* Smith

⑧东方蜜蜂 *Apis cerana* Fabricius

⑨西方蜜蜂 *Apis mellifera* L.

我国大部分地区以意大利蜂(西方蜜蜂)为主，占 2/3；中蜂(中华蜜蜂)集中分布区则在西南部及长江以南省区，以云南、贵州、四川、广西、福建、广东、湖北、安徽、湖南、江西等省区数量最多，占 1/3。还有很少部分黑蜂。

二、蜜蜂的生物学特性

(一)分类、分布

蜜蜂在分类学上属于节肢动物门(Arthropoda)昆虫纲(Insecta)膜翅目(Hymenoptera)细

腰亚目(Apocrita)针尾部(Aculeata)蜜蜂总科(Apoidea)蜜蜂科(Apidae)蜜蜂亚科(Apinae)蜜蜂属(*Apis*)。蜜蜂属的特点是:后足胫节上没有距,巢脾是用自身的蜡腺分泌的蜂蜡建造,巢脾的方向垂直于地平面,并且巢脾两面都有六角形巢房。

蜜蜂类的地理分布取决于蜜源植物的分布。全世界均有分布,而以热带、亚热带种类较多。不同亚科或属的分布有一定局限性,例如蜜蜂科的熊蜂以北温带为主,可延伸到北极地区,而在热带地区则无分布记录。短舌蜂科分布于澳大利亚;蜜蜂科木蜂族的突眼木蜂亚属只分布于中亚;蜜蜂科的无刺蜂属则分布于热带。不同景观均有蜜蜂分布,大多数栖居在草原、森林、河谷、山地和荒漠。各景观带均有代表属或种,例如地熊蜂为森林草原种,拟地蜂属为典型的草原属,准蜂属以草原种居多。

(二)形态特征

蜜蜂一般体长 7～20 mm,黄褐色或黑褐色,生有密毛;头与胸几乎同样宽;腰部较胸部、腹部纤细;触角膝状,复眼椭圆形,口器嚼吸式,后足为携粉足;两对膜质翅,前翅大,后翅小,前后翅以翅钩列连锁;腹部近椭圆形,体毛较胸部为少,腹末有螯针。它们被称为资源昆虫。成蜂体长 2～4 cm(0.8～1.6 in)。蜜蜂的口部是花粉采集和携带的器具,似乎能适应各种不同种类的花。蜜蜂会发出声音,这是因为它有发声器官,这个发声器官位于蜜蜂腹部的两个极其小的黑色圆点。

蜜蜂有三种,一种在树上;一种被人们用器具收养的,是家蜂,小而微黄,蜜部味浓甘美;一种在山岩高峻处作房的,叫石蜂,这种蜂黑色如牛虻,它的蜜味酸、色红。

(三)生活习性

1.食性

蜜蜂以植物的花粉和花蜜为食。食性可分为 3 类

(1)多食性　即在不同科的植物上或从一定颜色的花上(不限植物种类)采食花粉和花蜜,如意蜂和中蜂。

(2)寡食性　即自近缘科、属的植物花上采食,如苜蓿准蜂。

(3)单食性　即仅自某一种植物或近缘种上采食,如矢车菊花地蜂。蜜蜂各种类采访的花朵与口器的长短有密切关系:例如隧蜂科、地蜂科、分舌蜂科等口器较短的种类采访蔷薇科、十字花科、伞形科、毛茛科开放的花朵;而切叶蜂科、条蜂科和蜜蜂科的种类由于口器较长,则采食豆科、唇形科等具深花管的花朵。

2.寄生性

蜜蜂雌蜂不筑巢,在寄主的巢内产卵。幼龄幼虫一般具有大的头和上颚,用以破坏寄主的卵或幼龄幼虫。

蜜蜂的筑巢本能复杂,筑巢地点、时间和巢的结构多样。筑巢时间一般在植物的盛花期。根据筑巢的地点和巢的质地,可分为以下几类:

(1)营社会性生活的种类以自身分泌的蜡作脾,如蜜蜂属、无刺蜂属、麦蜂属等。巢室为六角形。

(2)在土中筑巢的种类最多,巢室内部涂以蜡和唾液的混合物,以保持巢室内的湿度。

(3)利用植物组织筑巢的更为多样,例如切叶蜂属可把植物叶片卷成筒状成为巢室,置放于自然空洞中;黄斑蜂属利用植物茸毛在茎上做成疣状的巢;芦蜂属和叶舌蜂属在枯死的植物茎干内筑巢;熊蜂属的一些种类在树林的枯枝落叶下营巢;木蜂属在木材中钻孔为巢,等等。

(4)其他如石蜂属利用唾液将小砂石粘连成巢,壁蜂属在蛞蝓壳内筑巢等。

3. 社会性

雌蜂和雄蜂生活在同一巢中,但在形态、生理和劳动分工方面均有区别。雌性个体较大,专营产卵生殖,雄性比雌性小,专司交配,交配后即死亡;工蜂个体较小,是生殖器发育不全的雌蜂,专司筑巢、采集食料、哺育幼虫、清理巢室和调节巢湿等。意蜂和中蜂都是社会性种类。此外还有熊蜂属、热带无刺蜂属、麦蜂属等。

4. 蜂巢

蜜蜂蜂巢一般是零星分散的,但也有同一种蜜蜂多年集中于一个地点筑巢,从而形成巢群。例如,毛足蜂属的巢口数可达几十个甚至达几百个。

5. 群间关系

蜜蜂虽然过着群体的生活,但是,蜂群和蜂群之间是互不串通的。蜂巢里存有大量的食物。为了防御外群蜜蜂和其他昆虫、动物的侵袭,蜜蜂形成了守卫蜂巢的能力。螫刺是蜜蜂的主要自卫器官。

蜜蜂的嗅觉灵敏,它们能够根据气味来识别外群的蜜蜂。在巢门口经常有担任守卫的蜜蜂,不使外群的蜜蜂随便窜入巢内。在缺少蜜源的时候,经常有不是本群的蜜蜂潜入巢内盗蜜,守卫蜂立即搏斗。但是在蜂巢外面,情况就不同了,比如在花丛中或饮水处,各个不同群的蜜蜂在一起,互不敌视,互不干扰。

飞出交配的母蜂,有时也会错入外群,这时工蜂立即将它团团包围,刺杀母蜂。

雄蜂如果错入外群情况就不同了。工蜂不伤害它,因为蜜蜂培育雄蜂不只是为了本群繁殖的需要,也是为了种族的生存。

6. 群居性

蜜蜂过群居生活,蜜蜂群体中有蜂王、工蜂和雄蜂(drone)三种类型,群体中有一只蜂后(有些例外情形有两只蜂后),1 万～15 万只工蜂,500～1 500 只雄蜂。蜜蜂为取得食物不停地工作,白天采蜜、晚上酿蜜,同时替果树完成授粉任务,为农作物授粉的重要媒介。

7. 采集花蜜

蜜蜂的飞翔速度为 20～40 km/h,高度 1 km 以内,有效活动范围在离巢 2.5 km 以内。所有的蜜蜂都以花粉和花蜜为食。采集花蜜是一项十分辛苦的工作,蜜蜂采蜜 1 100～1 446 朵花才能获得 1 蜜囊花蜜。在流蜜期间 1 只蜜蜂平均日采集 10 次,每次载蜜量平均为其体重的一半,一生只能为人类提供 0.6 g 蜂蜜。花蜜被蜜蜂吸进蜜囊的同时即混入了上颚腺的分泌物,蔗糖的转化从此开始。经反复酿制蜜汁,并不停地扇风来蒸发水分,加速转化和浓缩直至蜂蜜完全成熟为止。根据种类的不同,工蜂的数量一般在 12～50 000 只的范围内,它们收集花蜜和花粉。如果是蜜蜂,还会将花蜜和花粉传送到特定的地方,这要通过跳特殊而严格的舞蹈而传递信息。它们的职责包括酿蜜,做蜡状蜂房的巢室。蜜蜂是一个多年生群体,将会不断地有新蜂王被抚养起来,老蜂王然后和一群工蜂离开蜂房到别的地方重建家园。

8. 母系氏族生活

在蜜蜂社会里,它们仍然过着一种母系氏族生活。蜜蜂一生要经过卵、幼虫、蛹和成虫四个形态转换过程。在它们这个群体大家族的成员中,有一个蜂王(蜂后),它是具有生殖能力的雌蜂,负责产卵繁殖后代,同时“统治”这个大家族。蜂王虽然经过交配,但不是所产的卵都受精。它可以根据群体大家族的需要,产下受精卵,工蜂喂以花粉、蜂蜜 21 d 后发育成雌蜂(没有生殖能力的工蜂)；也可以产下未受精卵，24 d 后发育成雄蜂。当这个群体大家族成员繁衍太多而造成拥挤时，就要分群。分群的过程是：由工蜂制造特殊的蜂房——王台，蜂王在王台内产下受精卵；小幼虫孵出后，工蜂给以特殊待遇，用它们体内制造的高营养的蜂王浆饲喂，16 d 后这个小幼虫发育为成虫时，就成了具有生殖能力的新蜂王，老蜂王即率领一部分工蜂飞去另立新群。

9. 雄蜂

雄蜂数目很多，在一群体内可能近千个。雄蜂的唯一职责是与蜂王交配。交配时，蜂王从巢中飞出，全群中的雄蜂随后追逐，此举称为婚飞。蜂王的婚飞择偶是通过飞行比赛进行的，只有获胜的一个才能成为配偶。交配后雄蜂的生殖器脱落在蜂王的生殖器中，此时这只雄蜂也就完成了它一生的使命而死亡。那些没能与蜂王交配的雄蜂回巢后，只知吃喝，不会采蜜，成了蜂群中多余的“懒汉”。但是，这些雄蜂在蜂巢中会不断扇动翅膀，无意中也维持了蜂巢中的温度。但是日子久了，众工蜂就会将它们驱逐出境。养蜂人也不愿意在蜂群内保留过多的雄蜂而消耗蜂蜜，因而对它们进行人工淘汰。

10. 越冬

蜜蜂从春季到秋末，在植物开花季节，天天忙碌不息。冬季是蜜蜂唯一的短暂休闲时期。但是，寒冷的天气、蜂巢内的低温，对蜜蜂是不利的，因为蜜蜂是变温动物。蜜蜂想出了特殊的办法抵御严寒。当巢内温度低到 13℃时，它们在蜂巢内互相靠拢，结成球形团，温度越低结团越紧，使蜂团的表面积缩小，密度增加，防止降温过多。据测量，在最冷的时候，蜂球内温度仍可维持在 24℃左右。同时，它们还用多吃蜂蜜和加强运动来产生热量，以提高蜂巢内的温度。天气寒冷时，蜂球外表温度比球心低，此时在蜂球表面的蜜蜂向球心钻，而球心的蜂则向外转移，它们就这样互相照顾，不断地反复交换位置，度过寒冬。养蜂者用人为办法生产蜂王浆，实际上就是用人工制作一些王台，放入蜂箱内，供蜂王产卵，待小幼虫孵出，工蜂们用蜂王浆饲喂时，养蜂人即将蜂王浆取出。

11. 寿命

一般雄性寿命短，雌蜂寿命比雄性长。

家养蜜蜂一年繁育若干代，野生蜜蜂一年繁育 1～3 代不等。

三、饲养设备与用具

(一)常用的几种蜂箱

常用的蜂箱可分为两大结构类型：一是叠加式蜂箱，二是横卧式蜂箱。前者是向上叠加继箱的方法扩大蜂巢，后者是向横向扩大蜂巢。由于叠加式蜂箱较适于蜜蜂的贮蜜习性，且搬运方便，已逐步被养蜂者采用，成为普遍推广和采用的结构类型。

1. 十框蜂箱

也称标准蜂箱，习惯上称为郎氏蜂箱，是目前养蜂业中使用最普遍的一种叠加式活框蜂箱。它是根据西方蜜蜂蜂王的产卵力、蜂群的群势及其生活、贮蜜习性，并考虑到管理、搬运方便而设计出的一种叠加式蜂箱，十框蜂箱的巢箱、继箱(可叠加数个)内均可放置 10 个巢框，以向上叠加继箱的方式扩大蜂巢，蜂巢总容积不受限制。

2. 十二框方形蜂箱

十二框方形蜂箱，是一种适合于气候寒冷、蜂群定地或较少转地饲养地区使用的方形蜂箱。这种蜂箱起源于苏联，是郎氏蜂箱和达旦蜂箱传入俄国后，由于该地区气候寒冷，养蜂者为提高蜂箱保温御寒性能，在这两种蜂箱的基础上进行改良而形成的。在中国的东北地区和新疆北部较为多见。

十二框方形蜂箱，箱体正方形，内围尺寸为长 455 mm，宽 455 mm，高 330 mm，箱内容纳 12 个巢框与两块隔板。框槽宽 11 mm，高 20 mm，一般不采用铁引条，框耳直接放在框槽上。巢箱板厚度 25～45 mm。前壁距上沿 70 mm 处中央开一直径为 25 mm 的圆孔，作为上部巢门，用圆木塞启闭。继箱的高度为 310 mm。巢框外围长 435 mm(不计框耳)，高 300 mm。内围长 415 mm，高 270 mm。在巢箱中，巢框之间的中心距离为 37.5 mm。这种蜂箱壁厚，有的前后壁还制作成双层箱壁，在箱盖之下有保温框。因而，这种蜂箱具有较好的保温、御寒性能。巢箱容积大，巢框大而多，其容量为标准蜂箱的 1.5 倍，有充足的地方供蜜蜂贮蜜和供蜂王产卵，适于寒冷地区强群越冬，春季蜂群增殖和推迟上继箱的要求，到了采蜜期，强群可叠加继箱。

这种蜂箱的缺点是：箱体笨重，搬运困难，而且非强群则难以叠加继箱，不便区分育虫区和贮蜜区，影响蜂蜜的质量。

3.定地转地两用蜂箱

为了适应蜂群转地，中国及东南亚国家和日本等国的养蜂者在十框标准箱的基础上，适当加以改进，增设了通风透气装置，可随时人为调节，即可适合定地转地两用。其改造的途径，主要从以下几个方面考虑：一是从改善通风条件考虑，在满足箱内蜂团的各部分享有均等的通风条件下，还必须注意箱内既通风，又遮光，保持箱内黑暗；便于启闭，使用安全，牢靠。蜂箱的通风设备，主要分前后通气和上下通气两种类型。前后通气方式，多采用在前、后壁开设可以启闭的通气纱窗。这种纱窗的好处是通气条件好，便于调节。其缺点是遮光性差，如白天运蜂，蜜蜂见光骚动不安，尚待进一步改进。上下通气方式，主要是在箱底中央开设闸板式纱窗和改副盖为铁纱盖，箱盖内高改为 80 mm，前后开长条形窗口，并装上活动木条。内面左右两侧各加一条与箱盖内围等长、35 mm 见方的垫木。其中，箱底纱窗虽然遮光条件好，但调节不便，通气性能较差，有待改进。二是应考虑提高蜂箱利用率，做到一箱多用。例如，在部分箱身侧壁靠近底板处，开设侧交尾门，平时关闭，需要时，可分隔 2～3 区，作为临时的交尾箱。三是将活动箱底改为固定箱底，巢框下梁至底板的距离均为 19 mm，并将蜂箱加固，在箱壁外面，离上沿 30 mm 处钉上护箱条。此外，框槽深度缩成 16 mm，不钉铁引条，直接承放框耳，以便固定。转地蜂场在转地之前，固定巢脾是一项细致、麻烦的工作。一般多采用固定木块、固定框卡条来固定巢脾，安全可靠。近年来，随着塑料工业的迅速发展，泡沫塑料在固定巢脾、防震，以及箱内保温上，有着更广阔的发展前途。

4.卧式蜂箱

目前，中国尚有部分蜂场仍沿用十六框横卧式蜂箱。它的结构，除了横向扩大，其余尺寸与十框标准巢箱及巢框相同。箱盖高 110 mm，四壁木板厚 22～25 mm，内围长为 465 mm，宽 630 mm，高 265 mm。箱内放置 16 个巢框与两块闸板。在左侧壁后下方，有一长 30 mm、高 10 mm 的侧巢门，作为副群或交尾群的巢门。箱身外围距上口 50 mm 处，四周钉有护箱木条。箱底固定。在箱底中央有底纱窗。前壁下部有左右两个小巢门，中间穿活动小木条，以调节巢门的启闭。卧式蜂箱早春有利于蜂群保温和繁殖，一般不加继箱，降低了制箱成本。但箱体庞大笨重，饲养管理与运输不便。

5. 达旦蜂箱

达旦蜂箱是由美国达旦父子在原始郎氏蜂箱基础上设计的一种活框蜂箱。世界各国的采用程度仅次于十框标准蜂箱，在欧洲尤为普遍。适用于定地或较少转地饲养的蜂场。

达旦蜂箱除各部分尺寸均大于十框蜂箱外，其结构则与十框蜂箱相同。达旦巢箱可放置11个巢框。巢框的外形尺寸长448 mm（不计框耳），与十框标准蜂箱的巢框长度相同；高286 mm，比标准巢框高出54 mm。巢框内围长428 mm，高257 mm。巢箱内围尺寸长度465 mm，宽408 mm，高295 mm。在巢箱内，各巢框的中心距为38 mm，较标准蜂箱宽3 mm，即脾间蜂路从8 mm增至11 mm。浅继箱的高度为168 mm。

6. 观察蜂箱

观察蜂箱又称透视蜂箱，可透视蜂群巢内生活，供教学与研究专用。由箱盖、边框、镶有玻璃的两壁与箱底组成。箱内可放置巢脾，有一框式和多框式，可观察巢脾两面的情况。一般多在箱底一侧放置一个巢门饲喂器，也可在箱盖与巢脾间放一食槽，饲喂箱内的蜜蜂。

观察蜂箱通常放置在室内或靠窗口的地方，出入口直接通向窗外，或用一根透明的塑料管从观察蜂箱的蜜蜂出入口通至室外。使用时，放入1～2框带有蜂王的子脾，从玻璃外可观察到蜂王产卵、工蜂育虫、造脾等情况，以及进行蜜蜂生理、生化、病理和防治病虫害等方面的试验。

7. 交尾箱

交尾箱是在处女王交配期安置交尾群的蜂箱。其基本结构与其他蜂箱相似，只是规格尺寸较小。

（二）中华蜜蜂蜂箱

中华蜜蜂蜂箱，简称中蜂蜂箱，是中国饲养中蜂的主要蜂箱。于1983年5月定为国家标准（GB 3607—83）。整套蜂箱由巢箱、浅继箱、副盖、箱盖、巢框等组成。

中华蜜蜂十框标准蜂箱的基本规格尺寸为：

1. 巢框

巢框内围长400 mm，高220 mm；上梁长456 mm，宽25 mm，厚20 mm；侧条长240 mm，宽25 mm，厚10 mm；下梁长400 mm，宽15 mm，厚10 mm。

2. 蜂路

巢框间及巢框与箱壁间留有7～10 mm的蜂路，与箱底间留14 mm的空间。

3. 巢箱

内围长440 mm，宽370 mm，高270 mm。箱身板厚为20 mm。前后壁框槽结构与郎氏标准蜂箱基本一样，只是铁引条高度改为5 mm。箱身前后壁中间设有通气纱窗。箱身外面靠上沿部分钉有25 mm见方的护箱条。箱底为固定底（为了有效防止巢虫，也可以采用活动箱底），底板宽410 mm，长530 mm，厚20 mm。底板下再钉两条长为530 mm、宽40 mm、厚25 mm的垫木。巢门有长缝式、方孔式、圆孔式三种。

4. 浅继箱

浅继箱高为135 mm。浅继箱的巢框，内围高100 mm，上梁厚为15 mm。中蜂十框标准蜂箱的四壁宜选用整板制作，用鸠尾榫连接，接缝须严密牢固。箱外涂以白色油漆。在气温较低的早春和晚秋，巢箱中间加以闸板，双王同箱饲养。在采蜜时期，强群应加浅继箱。蜜源缺乏时使用圆形巢门。在饲养双王群时，若容积太小，可以将巢箱改为12～16框箱体。鉴于中蜂恋巢性差，怕震动，易迷巢，一般不宜转地饲养。

(三)巢础

1. 基本要求

巢础的尺度，通常是按工蜂房的大小标准制成的(也有专门按雄蜂房的大小标准制成的为蜂场生产雄蜂蛹之用的雄蜂房巢础)。

(1)普通巢础的房眼必须按工蜂房大小标准制成。意蜂巢础房眼宽度为 5.3 mm，中蜂巢础房眼宽度为 4.61 mm。

(2)必须保证房眼的整齐度与准确性，房眼大小一致。

(3)要用纯净蜂蜡作原料，这样的巢础，蜜蜂最易接受且不影响再加工蜂蜡的质量。但是，在中国目前所有生产的商品巢础中，还没有用真正的纯净蜂蜡来制造巢础的。质量比较好的巢础，其纯净蜂蜡所占比例为 70%左右，其余成分为矿蜡；另一种是选用旧巢脾压榨蜡为主要原料加工成的巢础，其蜂蜡的成分能达到 80%左右，但颜色较深。

(4)巢础的韧性要大，不致延伸变形。

2. 巢础的制造

制造普通巢础的工艺程序为：熔蜡—沾片—轧光—轧印—裁切—包装等环节。

(1)熔蜡　将按比例配制好的蜡块破碎，放入熔蜡锅，按容量的容积加 1/4～1/3 的水，加热熔成蜡液，控制温度应低于 100℃。然后静置蜡液，充分沉淀杂质后，将澄清蜡液倾入沾片的双重水浴锅内。

(2)沾片　双重水浴锅内水及蜡液温度均应保持在 70～80℃。将长为 530 mm、宽为 240 mm、厚 15 mm 的硬质光滑木板制成的沾蜡板，垂直插入蜡液中，然后取出，待蜡稍凝，再插入蜡液中，反复 3～4 次之后，将沾蜡板放入水温 25～30℃的脱片槽中，蜡片即冷凝收缩而自动脱落，修整后即可轧光。

(3)轧光　先将轧光机调好，使蜡片厚薄适中，将蜡片置于 40～45℃温水中泡软，随即往轧光机辊筒上刷中性肥皂水，再将蜡片垂直对正放入，同时摇动手把滚压，接取蜡片。

(4)轧印　调好巢础机(使压出巢础厚薄均匀适中，按每片重量核算)，然后将已轧光的蜡片与辊筒垂直对正，可三人操作，轧成巢础片。

(5)裁切和包装　用清水洗掉附着在蜡片上的肥皂水，晾干后放在玻璃板上，将础板对准巢房，用轮刀紧贴础板边沿滚切四边。每两张巢础之间应用蜡纸隔衬，每 30 或 40 张一叠封装，最后贴上标签，注明产品名称、规格、质量、生产日期、生产厂家等项目。大包装以木箱为宜，每箱可装 12 包或 15 包。

(四)饲养管理用具

1. 面网

面网是养蜂的防护用品，主要作用是保护养蜂者的头部和颈部免受蜜蜂的针螫。面网的形式多种多样，材料也有所不同，但其制作原则是保证轻便，视野清晰，通风和耐用。目前较流行的面网是用白色罗纹纱布、尼龙纱或其他轻质材料制成，前脸透视部分是用轻质黑色有网眼的尼龙纱制成。

2. 喷烟器

喷烟器是一种喷发烟、镇服或驱逐蜜蜂的饲养管理用具。喷烟器由发烟筒和弹簧风箱组成。使用时，把干草、朽木等易燃而耐燃的纤维物为燃料装进发烟筒，点燃后封盖，使其不充分燃烧而产生浓烟，借助风箱鼓风并吹向蜂群，以驱赶蜜蜂。用塑料扁平式小喷壶，装入水喷雾，同样能起到镇服蜜蜂的作用。

3.起刮刀

起刮刀应采用优质钢锻打而成。主要用以撬动副盖、继箱、巢框、隔王板，清理箱底，铲刮蜂胶等，还可以起、钉小钉、上木卡等。起刮刀有长 180 mm 和 250 mm 两种。刀刃一端宽 32 mm，近刀刃处有一“桃”形小孔，用以撬铁钉用；另一端宽 38 mm，构成 90°角的弯刃，刃高 14 mm。中段为握柄，宽 18 mm，厚 3 mm，逐渐向两端减薄至 0.5 mm。

4.蜂刷

蜂刷是一种刷除蜜蜂的专门用具，要求蜂刷柔软适中，以免刷伤蜜蜂。蜂刷最好用柔软白色马鬃或马尾制成。在使用的过程中，蜂刷的刷毛由于沾上蜂蜜会变硬伤蜂，因此在使用后要及时用清水洗净，使蜂刷的刷毛保持柔软。

5.埋线器

埋线器是将巢框的穿线嵌埋入蜡质巢础的工具，常用的有齿轮埋线器和电热埋线器。齿轮埋线器长约 120 mm，由齿轮、叉状柄和手握柄组成。金属齿轮的中心厚 3 mm，边缘厚 2 mm，齿距 5.33 mm，齿端有一小缺口。电热埋线器用 75 W 的变压器把 220 V 交流电降至 6～24 V，将两极的引出线接在框线两端，通电 2～5 s 即把可巢框的穿线嵌埋入巢础内。

6.隔王板

隔王板是用来限制蜂王活动范围的专门用具。隔王板有平面隔王板和框式隔王板两种。平面隔王板放在巢箱与继箱之间；框式隔王板通常放在巢箱内。隔王板可把蜂箱分为育虫区与贮蜜区。隔王板的栅距或孔径是根据同一蜂种的蜂王和工蜂之间胸部厚度差异来确定，因此工蜂可自由通过隔王板，而蜂王不能通过。隔王板的栅片有线形和孔形两种：线形栅片是用直径 2 mm 左右镀锌铁线或竹线制成，栅线光滑，不易伤蜂。孔形栅片以金属片或塑料片制成，孔缘易伤蜂。

不同蜂种，由于个体大小差异，因此隔王板的栅距或孔径规格不一样。比如意蜂蜂王胸部厚度为 4.7～5.0 mm，而工蜂的胸部厚度为 3.8～4.0 mm，意蜂隔王板的栅距或孔径应选 4.20 mm；中蜂蜂王的胸厚平均为 4.45 mm，工蜂胸厚平均为 3.4 mm，中蜂隔王板栅距或孔径应选 4.10 mm。

(五)收取蜂产品用具

1.取蜜用具

(1)分蜜机　又称摇蜜机，是活框养蜂不可缺少的取蜜用具。使用分蜜机，不但可以大大提高巢脾的周转率，而且确保蜂蜜的质量。世界各国研制的分蜜机品种很多，但分蜜机原理都是根据旋转离心原理将蜂蜜从巢房中甩出来。分蜜机的基本结构是由桶体、转动巢框支架及传动机构所组成。转动巢框支架设在桶体内，以适当的速度旋转时，由于离心作用，蜜脾内的蜜汁甩离巢房而流入桶内。目前中国多数养蜂者使用两框固定式分蜜机和两框活转式分蜜机。

(2)割蜜盖刀　简称割蜜刀，是取蜜时用来切除蜜脾封盖蜡的用具。割蜜盖刀一般用纯钢片制成，有简易的割蜜盖刀、蒸汽割蜜盖刀和电热割蜜盖刀 3 种。

(3)滤蜜器　简单的滤蜜器，用孔径 1 mm 以下铜纱制成。取蜜时，用以过滤蜜中的蜡渣、死蜂等杂质。国外大型蜂场的滤蜜器，有重力滤蜜器、加压滤蜜器、离心滤蜜器、沉淀滤蜜器、沉淀槽等。

2.采浆(育王)用具

(1)采浆框　采浆框与育王框、巢框的规格基本相同,比育王框多1～2根台基条,蜡碗一般在80个以上。采浆框上的台基条与采浆框的侧条间结合有两种形式,一为嵌入式,操作时可取下再嵌入;另一种为固定旋转式,在侧条外向台基条钉上一颗钉即可,操作时旋转方向,方便移虫和取浆。

(2)台基　根据制造原材料可分为蜂蜡粘的蜡碗和由无毒塑料注塑而成的塑料台基。

蜡碗:蜂蜡制成的王台基。用质地细密、无怪味的木料制成顶端十分光滑的半圆形蜡碗棒。其顶端圆头直径为7～8 mm,端下部10 mm处的圆柱直径为8～10 mm。用蜡碗棒蘸熔化的纯蜡2次即可制成,蜡碗深度约10 mm,使用时用蜡粘在台基条上即可。

塑料台基:用无毒的塑料经注塑机注塑而成。其种类有单只塑料台基、27联台基及32～33联台基等;按造型可分为杯式(上大下小)、直桶式(上下基本一致)和坛式(中间大两端小)3种。

3.移虫针

也称移虫舌,是王浆生产及人工育王中用以挑取幼虫的工具。有金属移虫针、鹅毛管移虫针、牛角片移虫针和弹性移虫针等。金属移虫针是用金属丝制成,长约120 mm,一端扁平,呈匙状,与针体呈150°角;另一端的105 mm处扁而微尖,薄而光滑,尖端稍向上翘,离尖端12 mm处弯成120°角。鹅毛管移虫针是把鹅毛管柄基部削成舌状并磨薄;也有的用牛角制成。目前普遍推广的是弹性移虫针。弹性移虫针由牛角片舌、塑料管、推杆和弹簧构成。

4.脱粉用具

脱粉用具是截留蜜蜂花粉筐中花粉团的器具,又名花粉截留器、花粉采集器,简称脱粉器。脱粉器有箱底脱粉器和巢门脱粉器等多种类型。脱粉器核心部件脱粉板(栅)可用铅丝、铁片、竹丝、塑料等材料制作。板孔的孔形有方形孔、圆形孔、梅花形孔、梯形孔多种。箱底脱粉器装在箱身下,归巢蜜蜂通过脱粉板,花粉即被截留。这种脱粉器截留面大,不会造成蜜蜂拥挤,但体积较大,携带不便,适用于定地蜂场。

巢门脱粉器有的带集粉盒,有的不带集粉盒。带盒的脱粉器放于蜂箱巢门前,脱下的花粉团直接落入集粉盒中,易于收集,花粉洁净;不带集粉盒的是将脱粉装置紧贴于蜂箱门口,脱下的花粉团落在巢门踏板上,暴露在外,易受污染。中国生产的全塑脱粉器带有集粉盒,组装型,携带方便,不受巢门大小限制,由外壳、集粉盒、落粉板、双层脱粉板、脱蜂器组成;注塑成型,外壳与集粉盒位置可相互调节,一般蜂箱都能使用。脱粉板厚度1.2 mm,脱粉孔孔径为5.0～5.1 mm,孔间中心距6.6 mm,双层脱粉板间距3.6 mm。

四、养蜂场地的选择及蜂群的陈列

(一)养蜂场地的选择

专业养蜂者,由于饲养的蜂群数量多,如何选择场地,是养蜂生产中的一个主要环节。养蜂的场地必须尽量满足以下条件:

(1)蜜粉源丰富。在蜂场5 km范围内,必须具有一至多种的蜜粉源,以保证蜂群的繁殖。在平原地区,每两个蜂场最好相隔10 km,在山区,两蜂场之间至少必须相隔几个山头。

(2)小气候适宜。设置蜂场的地方必须是阳光充足,地势干燥,巢门方向开阔。在寒冷的季节，应注意防冷空气。而在炎热的季节，养蜂场地最好设置在稀疏的林木中，以便能遮阴。

(3)水源充足。在蜂场周围有干净的水源，但切忌在大、小水库周围建立蜂场。

(4)交通方便。这对转运蜂群和产品都有一定的意义。

(5)比较安全。若蜂场设在山区，应注意调查清楚是否有危及人、蜂安全的山洪和野兽等。

(6)比较安静。蜂场必须远离铁路、厂矿、学校、畜棚等吵闹的环境。同时尽量远离夜晚光线充足的场所及高压线。

(7)距离其他蜂场 2～3 km，以保证蜂群有足够可供利用的蜜源，同时减少了蜂病相互传播机会。

(二)蜂群的陈列

依据蜂群的数量和场地的大小进行陈列，原则是：管理起来方便；蜜蜂容易识别蜂巢位置；流蜜期便于形成强群，断蜜期不易引起盗蜂。

五、蜜蜂的饲养管理

(一)蜂群的检查

蜂群的检查可分箱外观察、局部抽查和全面检查三种。

1. 箱外观察

箱外观察是指在不开箱的情况下，通过观察巢门口工蜂行为，来科学地推断蜂群内的情况。

(1)若巢门口采集工蜂积极，并且采粉蜂也很多，说明蜂王产卵旺盛，蜂群内卵和幼虫必然很多。

(2)若蜂场大部分蜂群采集都很积极，而个别蜂群采集蜂出巢飞翔很少，并且在巢门口上成串搭挂。这说明此蜂群准备进行分蜂。

(3)若在外界有蜜粉时，个别的蜂群工蜂飞翔甚少，特别是采集蜂不带花粉，一部分工蜂在巢门前乱跑，并表现出惊慌的行为，这说明此群已经失王。

(4)若在外界蜜粉缺少时，发现某一蜂群的巢门口工蜂秩序紊乱，有三三两两厮杀成团，地上有不少死蜂，这表明发生了盗蜂。

(5)若发现蜂场多数蜂群内的工蜂突然变得比往日凶暴，更喜欢蜇人，并且在蜂场周围的地上，看见工蜂翻滚，工蜂死后，大都伸出吻，这表明蜂群遭受农药中毒。

(6)若外界缺蜜粉源时，发生工蜂驱赶雄蜂和拖子现象，加上用手提一下蜂箱，感到很轻，可推断群内缺蜜。

2. 局部抽查

局部抽查是指有目的地抽查 1～2 张巢脾，从而了解蜂群的某一方面情况。

(1)抽取最旁边的巢脾时发现，巢脾的巢房内无蜜，可以继续抽中央的一张脾进行检查，若也发现中央巢脾内无蜜，说明群内缺少食物，应及时进行饲喂。

(2)若在抽取旁边第二块巢脾时发现，巢脾上的蜜蜂数量很稀少，应抽去边脾。如果第二块巢脾上蜜蜂特别挤，加上蜂儿充塞整个巢脾，应往群内加 1～2 张巢脾，供蜂王产卵。

(3)若在中央巢脾上有刚产下的卵，说明蜂王存在。如果发现巢脾上只有大幼虫和封盖子，而没有小幼虫和卵，加上工蜂散乱，说明群内失王。

(4)若在蜂群内发现在巢脾下缘有封盖王台，说明蜂群临近分蜂。检查完毕，巢脾按原来的位置放好，蜂路保持在 10～12 mm。视季节和群势而定，气温高群势强蜂路可略宽。

3. 全面检查

全面检查是通过对巢内所有巢脾进行检查，全面详尽了解蜂群内的所有情况，包括是否有蜂王、蜂王产卵如何、饲料是否充足、蜂脾是否相称及是否有病等情况。由于全面检查时间久，因此全面检查时的气温不应低于 14℃。天气过于寒冷，不应开箱检查。

(二)蜂群的饲喂

按饲喂的饲料不同，蜂群的饲喂可分糖饲料饲喂和蛋白饲料饲喂两种情况。

1. 糖饲料饲喂

以饲喂目的不同，糖饲料饲喂又有三种方法：一是为了刺激蜂王产卵和促进工蜂哺育的奖励饲喂，进行奖励饲喂，必须在蜂群内有足够的贮蜜时，才有效；二是为了避免缺蜜的蜂群饿死而进行的补助饲喂；三是为了诱导蜜蜂进行授粉的诱导饲喂。三种饲喂方法的区别详见表 6-1。

表 6-1 三种饲喂方法的差异

项目	奖励饲喂	补助饲喂	诱导饲喂
目的	刺激蜂王产卵和促进工蜂育虫	防止蜜蜂受饿	诱导蜜蜂授粉
群内是否有蜜	有足够的蜂蜜	没有蜂蜜	有少量的蜂蜜
糖浓度(糖：水)	1：1	2：1	1：1

人工饲喂蜂群时，既可把糖水直接倒入箱内的空脾上，也可以把糖水盛在容器中，放入蜂箱内，让蜜蜂自己吸取。为了取得预期的饲喂效果，在饲喂蜜蜂时，必须注意以下问题。

(1)饲喂的糖必须是优质白糖，加热熔化后，凉至微温，然后饲喂。若是红糖，必须经过加热煮沸，除去杂质，并加入 0.1%酒石酸或少量的酸果汁，再饲喂。

(2)饲喂蜂群的时间最好在傍晚，应先饲喂强群，然后饲喂弱小的蜂群。在饲喂时，糖水不能流在地面上，以免发生盗蜂。

2. 蛋白饲料饲喂

饲喂蜂群的蛋白饲料主要为蜂花粉，另外还有蜂花粉代用品。蛋白饲料饲喂的方法比较简便，主要有以下几种。

(1)添加花粉脾　选用无霉迹、无巢虫和贮藏时间不超过一年的备用的花粉脾，喷上少量稀薄的蜂蜜或糖浆后，直接加入蜂巢内的产卵圈外侧。

(2)饲喂花粉饼　将花粉用净水浸透后，拌入适量的蜂蜜，然后压制成饼状，置于子脾的上梁上，为防止干燥，花粉饼上面可覆盖一张蜡纸或玻璃纸，盖好副盖和箱盖，供蜜蜂食用。也可将花粉饼放于容器中，置于边隔板外侧的空闲处。

(3)灌脾喂花粉　将干燥的蜂花粉或蜂花粉代用品，兑入 2/3 的蜂蜜调成糊状，用窗纱或通用的筛子将其筛入巢房孔中，摇匀拍实，表面涂一层蜂蜜。一般每张巢脾可装花粉(干重)150～200 g，也可根据蜂群缺粉程度适量增减，必要时可插入蜂群的隔板内侧。

(4)饲喂器喂花粉　将花粉粉碎成细末，直接搅拌到蜂蜜或糖浆中，在奖励饲喂时，与蜂蜜或糖浆一同盛入饲喂器中饲喂给蜂群。花粉细末与蜂蜜或糖浆的比例以 1：20 为宜。

(三)巢脾的修造

新巢脾若经过 1～2 年使用后，由于巢房壁粘上的茧衣逐渐加厚，从而使巢房的容积缩小，对养蜂生产是极为不利的。因此每年应修造巢脾和更换旧脾。修造巢脾时，必须注意以下问题：

(1)修造巢脾最好在外界蜜粉源充足时进行；

(2)巢础必须安装平整牢固；

(3)巧加巢础框 往蜂群中加巢础框，通常是每群只一张，在大流蜜时，强群可加 2～3 张。

(四)人工合并蜂群、分群及蜂王诱入

1.人工合并蜂群

强群是养蜂高产的基础。在生产季节，我们应毫不犹豫地合并弱蜂。人工合并蜂群的方法有：直接合并法、喷烟合并法，报纸合并法，铁纱合并法，大葱合并法等。

(1)直接合并法　在早春或大流蜜时期，可以在合并的当天上午把被合并群的蜂王捉出或杀死，傍晚连蜂带脾提入一个有王的蜂群内，这样二群蜂就合并成了一群蜂。

(2)喷烟合并法　同样是把被合并蜂群中的蜂王捉出，造成无王的感觉。在合并时，先用喷烟器向两合并群喷烟数次，让两群内的蜜蜂惊慌吸蜜，然后把被并群内的巢脾提入合并群内，再喷烟 1～2 次，以便加速统一群味，成功地合并为一群。

(3)报纸合并法　傍晚时分，打开有王群的纱盖，在纱盖位置上放一张穿有小孔的报纸，然后加一个继箱，继箱内加入无王群的巢脾，让工蜂自动慢慢咬破报纸，统一群味。过 1～2 d 后，取掉继箱，把上面的巢脾放入巢箱。

(4)铁纱合并法　是指在合并群和被合并群(即无王群)中间用铁纱隔开，使两群的蜜蜂暂时不能通过，同时堵住被并群的巢门。经 2～3 d，两群的气味相融合，取出铁纱隔板，即成为一群。

(5)大葱合并法　早上提出被并群的蜂王，傍晚在有王群的箱底放上捣好的碎葱末，5 min 后，并入无王群。

在合并时，最好把弱群并入强群；把无王群并入有王群。

2.人工分群

人工分群是指从一至数群蜜蜂中，抽取数张巢脾(其中包括蜜粉脾、子脾、各日龄蜜蜂)组成一个新蜂群。人工分群目的是为了增加蜂群数量，促进蜂群繁殖，也是控制分蜂的有效手段。人工分群通常可分为单群平分和混合分群两种方法。

(1)单群平分　把要分的蜂群，向外侧移动 30 cm 左右，然后在原蜂箱位置放一个空箱。再从要分的群中提取约一半的成年蜂、子脾及蜜粉脾，置于刚放好的空箱内。蜂王留在原来的群内。第二天，再给没有蜂王的那一群介绍已经交配产卵的蜂王，这样一群就变成两群了。

(2)混合分群　从若干强群中，抽取一些成熟的子脾和蜜粉脾，搭配放在同一蜂箱内。然后从幼虫脾上抽取一些幼蜂放入蜂箱内，并诱入产卵王或成熟王台，组成一个完整的蜂群。

3.蜂王诱入

蜂王诱入又称为介绍蜂王。当蜂王已经衰老或无王时，为了维持这一蜂群正常生活秩序，就必须给此群诱入一只蜂王或成熟王台。在诱入蜂王时必须注意：如果是给蜂群更换蜂王，要提前半天至一天，将淘汰的蜂王从巢内捉出；若给无王蜂群诱入蜂王时，要将巢脾上出现的王台全部毁除；若给强群诱入蜂王时，最好先将蜂群迁出原址，使部分老蜂从原巢中分离出去；若在断蜜期诱入蜂王，应提前 2～3 d 用蜂蜜或糖浆连续对蜂群进行饲喂。

(五)盗蜂、蜂群飞逃及工蜂产卵的处理

1. 盗蜂

蜂群的盗蜂是指在蜜粉源缺乏的季节，有些蜂群的工蜂趁其他的蜂群戒守不严，进入他群，偷盗蜂蜜回本群。这时被盗群工蜂往往会与盗蜜的工蜂发生厮打，被盗群巢门口有死蜂和正在厮杀成团的工蜂。

发生盗蜂的原因是：外界蜜源缺乏，强群内又缺乏蜂蜜；蜂场内蜂群间的群势与贮蜜量极不平衡；蜜脾长时间放在蜂箱外面；白天饲喂蜂群；有糖水或蜜水流于地上；中蜂与意蜂同场饲养。

预防盗蜂的方法是：调整群势和贮蜜量；傍晚进行饲喂；有蜜汁(或糖水)流在地上，要用湿布抹干或用清水冲洗；避免中、意蜂同场饲养；及时合并弱群和无王群；在蜜粉源缺乏的季节，尽量少开箱进行检查。处理盗蜂的方法有：

(1)可以用冷水喷散互相厮打的工蜂，然后迅速缩小被盗群的巢门，只留让 1～2 只工蜂能同时进出的小空隙。到傍晚时分，对盗群和被盗群分别进行一次补助饲喂。

(2)也可以将被盗群暂时移开原位，在被盗群的位置上放一个装有 1～2 块半蜜脾的蜂箱，巢门上装有脱蜂器，使盗蜂能进不能出，傍晚将此箱搬入暗室内，并把被盗蜂放回原位。盗蜂被放进暗室里，由于箱内无王，无蜂儿，这样过 1～2 d，工蜂盗性自然会消失，然后放出这些盗蜂回原群。

(3)还可以把盗蜂迁移一个位置，在盗蜂群的位置上，放一盛有几张空巢脾的蜂箱，盗蜜回来的工蜂，由于感觉到蜂巢内环境改变，会消失盗性，这时可以撤走空蜂箱，将盗群迁回。

(4)若盗性十分强，以上方法无效，可将盗群搬到远离蜂场 5 km 以外的一个地方。

2. 蜂群飞逃

蜂群的飞逃是指整群蜂离巢飞走的现象。蜂群飞逃的主要原因是：外界蜜粉缺少，巢内缺蜜；或群内外的病虫害的干扰；或蜂箱破烂，漏雨透风；或蜂群常常受到震动。

预防蜂群飞逃相应的方法是：留足巢内饲料；换王，保持群内有蜂儿；及时治疗蜂群的病虫害；对破蜂箱应修补或更换；保持蜂群环境安静；另外，对交配后的蜂王进行剪翅。

若蜂群开始飞逃，应及时堵塞巢门。这时蜂王没有出巢，飞出的蜜蜂会在箱旁结团，向蜂团喷冷水，然后把巢门打开一部分，飞出来的蜜蜂会自动飞进群内。傍晚时，开箱检查，分析发生飞逃的原因，并给予相应的处理。比如缺少子脾，应加几张子脾，以加强蜂群的恋巢性。如是无饲料，应补够饲料。

若全群都已经飞出蜂箱，待结团后，可以用几张子脾进行诱捕，然后放回原箱并进行相应的处理。但必须说明，首先要分清是分蜂群还是飞逃群，然后采取相应的措施。

3. 工蜂产卵

当蜂群内无王或者蜂王衰老，有些工蜂的卵巢得到发育，也能产卵。但工蜂产的卵是未受精卵，只能发育成雄蜂。若群内长期工蜂产卵，必然会造成全群灭亡。

预防工蜂产卵方法，保持群内有蜂王和蜂儿并存。如果万一失王，应及时诱入产卵王或成熟王台。

当发现巢脾内的巢房内，卵不是在巢房底，而是在巢房壁上东倒西歪，并且往往一个巢房内产数粒卵，这就说明有工蜂产卵的现象存在。

若发生工蜂产卵，应首先将群内有工蜂卵的巢脾抽出，抖落成年蜂，用稀蜜水灌巢脾，再摇出稀蜜，以便杀死工蜂产的卵及幼虫。然后把巢脾放回箱内，并加入1～2框子脾，接着介绍一只产卵蜂王。

若某一群工蜂产卵已久，群势下降严重，外界蜜粉源又缺乏，可以把这一工蜂产卵群移至某一空地上，并把全部成年蜂抖落在地上，在箱内放一张蜜脾，让工蜂爬入箱内，捕杀地上雄蜂。在傍晚时，再把蜜脾上的工蜂，并入其他群内。

(六)蜂群的阶段管理

按照蜂群周年的繁殖和消长规律，陈盛禄教授把蜂群的四季管理科学地归纳为蜂群的阶段管理。蜂群的阶段管理是把蜂群周年生活划分为复壮阶段、强盛阶段、渐减阶段、度夏阶段和越冬阶段，前3个阶段蜂群处于繁殖期，后2个阶段蜂群处于非繁殖期。由于每个阶段的蜂群状况不一样，对蜂群要采取相应的管理措施。

1. 蜂群的复壮阶段

复壮阶段蜂群管理就是创造条件加速蜂群繁殖速度，尽快把越冬后削弱的蜂群恢复强大，提前进入强盛阶段，让蜂群尽早投入蜂产品生产和授粉工作。

2. 蜂群的强盛阶段

强盛阶段蜂群管理的主要任务是创造条件维持强群，让蜂群高产稳产，以提高养蜂经济效益和社会效益。为了维持强盛阶段的蜂群强壮，可采取主副群或双王群等饲养技术，同时及时更换劣质蜂王和解除蜂群的分蜂热。

3. 蜂群的渐减阶段

渐减阶段蜂群管理的主要任务是培养越冬蜂和准备越冬饲料，为蜂群安全越冬做好准备。

4. 蜂群的度夏阶段

在南方的夏季，由于气温高，加上外界蜜粉奇缺，蜂王自动停止产卵或日产卵量少于500粒，为了保证蜂群顺利通过越夏期，可以采取以下措施：调整群势抽出空脾，撤掉继箱，并以强群补弱群；遮阴和饲水，以减少蜜蜂过分的体力消耗；保持安静，尽量减少开箱检查，并防止盗蜂发生；适当放宽些巢门，以便蜂群的通风；防治病虫害，进行治螨；另外应及时捕杀胡蜂；及时转地，若条件许可，可以把蜂群搬至有蜜粉源、并且气温适宜的地区进行饲养。

5. 蜂群的越冬阶段

越冬阶段持续时间南短、北长。广东、广西1个月左右，也有个别地区几乎没有越冬；江西、湖北、浙江等长江以南省2～3个月；长江以北至黄河流域3～4个月；华北北部、新疆、辽宁及内蒙古大部分地区都在4个月左右；吉林、黑龙江省约5个月，哈尔滨以北的广大地区长达半年之久。越冬阶段主要任务在于延长工蜂的寿命，降低死亡率，减少饲料消耗，保证蜂群的安全越冬。

(七)主副群、双王群及多箱体饲养技术

主副群、双王群及多箱体饲养都是蜂群维持强群的主要技术措施，在养蜂生产中得到了广泛推广应用。

1. 主副群的饲养技术

依照蜂群群势，将强群做主群，即生产蜂蜜、王浆等蜂产品的生产群；将弱群作副群，即培育蜂儿的繁殖群。主副群的饲养总的原则是：在繁殖期，充分发挥主群工蜂的哺育力和副群蜂王的产卵力，即把副群中的卵虫脾提出来（不带蜂）加入主群，同时给副群补充空脾让蜂王产卵。当主群发展到7～8框蜂时，再酌情从主群提出成熟封盖子脾（带蜂或不带蜂）补助弱群；

在生产期，主群生产，副群繁殖，不断地用副群的封盖子脾补充主群，以保持主群的生产实力；到越冬期，根据蜂群的强弱，使之单群单箱越冬，或者双群同箱越冬。

在一个蜂场里，主群和副群的适宜比例开始为 2∶1，往后随着季节的推移和它们互补关系的变化，可逐步变成 3∶1。生产阶段，当一个采蜜期结束后，常会出现副群变强而主群变弱的现象。在此情况下，应将弱下来的主群变成副群，使强盛起来的副群变成主群，但主副群的比例仍须符合要求。

2. 双王群的饲养技术

双王群就是具有两只蜂王的蜂群。生产上饲养的双王群都是人为地组织而成，用闸板将两只蜂王分隔在同一蜂巢的两个产卵区内。也就是说，两只蜂王在一个蜂巢内各居其所，互不见面，而工蜂统为一体，它们对两只蜂王一视同仁。

组织双王群，第一步是使双群同箱，然后实现双王同巢。组织双群同箱的方法，一种是直接把两个小群放在预先用闸板隔成两区的蜂箱内；另一种是直接用闸板将一个蜂群隔成两部分，一部分用原来的蜂王，另一部分诱入一只产卵王；还有一种是结合人工育王与分蜂来进行，用闸板把蜂箱隔成 2～4 个小区，每区放一个交尾群，待新王交尾产卵后，给每箱留 2 个小群即可。

双王群由于有两只蜂王产卵，故子脾多，群势强。与单王群相比，管理稍微麻烦一些，消耗的饲料也要多一些，但其增产效果非常显著，养蜂经济效益可大幅度提高。

3. 多箱体饲养技术

多箱体饲养技术是指终年用两、三个箱体供蜂群生活、育虫和贮存饲料，流蜜期再加贮蜜继箱的饲养方法。用多箱体饲养蜂群，必须要有较好的蜜源条件；必须要有优质蜂王；必须要有足够的箱体和巢脾；必须要有充足的饲料。

用两箱体越冬的蜂群，应把 70％的蜂蜜和相当于两三框的花粉脾放在上面的箱体中；用三箱体越冬的蜂群，应把 50％的蜂蜜和花粉放在最上面的箱体中，其余 2/3 的蜂蜜和花粉放在中间的箱体内。在蜂王开始产卵，蜜蜂恢复巢外活动后 1 个月左右，上箱体内的巢脾大部分被蜂儿占满，并且多数已经封盖，新蜂陆续出房，蜂群的活动开始向下面的箱体发展。这时外界气温明显升高，早春的蜜粉源植物开始开花，新鲜花粉基本上能够满足蜂群繁殖的需要，此时可以调换上下箱体的位置，在第一次箱体调位后 20 d 左右，位于上面的箱体中的巢脾大部分被蜂儿占满，下面箱体中的蜂儿基本上羽化出房，可进行第 2 个箱体调位，并可酌情在两个箱体之间加第 3 个箱体。在主要流蜜期到来之前，有 3 个箱体即够蜂王产卵、蜂群栖息和贮存饲料使用。

主要蜜源开始流蜜时，原来换到下面箱体中的蜂儿基本上羽化出房，将其调到最上面，以之来贮存蜜蜂刚采集的花蜜。当最上面的箱体中巢脾上框梁边缘呈现白色新蜡时，就在上面加第 1 个贮蜜继箱。当第 1 个贮蜜继箱中巢脾装蜜达 8 成左右时，就在它的下面加第 2 个贮蜜继箱。在贮蜜继箱与育虫箱之间加隔王板，防止蜂王到贮蜜继箱中产卵。

(八)中蜂过箱技术

中蜂过箱是指把老法饲养在桶、笼等地方的中蜂改为新法饲养于活框蜂箱中的过程。

1. 中蜂过箱条件

中蜂过箱是一种强迫蜂群的拆巢迁居行为，造成蜂群失蜜、伤子。为了使中蜂过箱成功并尽快地恢复正常生活，过箱时必须具备下面三个条件：外界有充足的蜜粉源；选择晴朗无风的日子里进行过箱，气温应达到 20℃以上；过箱的蜂群，一般要求三框蜂以上的群势。

2. 中蜂过箱时间

选择蜜蜂繁殖季节过箱，容易成功，如春季蜂群群势恢复后和夏末秋初蜜蜂处于秋繁时进行过箱。至于一天当中的过箱时间，一般春季宜选择晴暖的中午前后，夏季宜选择在下午 5 时后黄昏前进行。如果外界气温偏低，又怕引起盗蜂，可在夜晚于红灯下（蜜蜂对红色是色盲）进行室内操作，但室内要加温到 20℃以上，第二天早上把蜂群放回原处。

3. 过箱前的准备

过箱要求快速准确，过箱时间不应超过 30 min。首先要调整蜂群的位置，把那些高悬在屋檐下或位置不便于管理的老法饲养的蜂群，提前几天逐日移动到过箱后要放的位置，每日移动 0.5 m。其次要准备好过箱所需要的工具，如没有强烈木材气味的蜂箱，穿好 24 号铅丝的巢框、承放巢脾的木板、面网、割蜜刀、剪刀、小刀、蜂刷、脸盆、毛巾、埋线棒、喷烟器、蜜桶、水、硬纸板、稻草或麻线等。需要 2～3 人协作过箱，才能符合快速的要求。一人脱蜂、割脾，一人绑脾，另一人收容蜂团。

4. 中蜂过箱方法

中蜂过箱方法有三种：翻巢过箱、不翻巢过箱和借脾过箱。

(1)翻巢过箱　先将蜂巢搬离原位，在原位放置一个空蜂箱收集外勤蜂，然后将蜂巢翻转 180°使巢脾下端朝上；驱蜂离脾进入收蜂笼，然后割脾、绑脾，把巢脾和蜜蜂全部转入活框蜂箱中。凡是巢箱、蜂桶可以翻转，底板或侧板可以打开或可以拆除的，都可以采用此法。

(2)不翻巢过箱　对营巢在谷仓、土墙洞、岩洞、壁橱或其他不能翻转巢脾内的蜂群，在蜂巢原位上，边驱赶蜜蜂，边割脾，慢慢将蜂群转入活框蜂箱。打开缺口，使蜂巢暴露，观察巢脾着生的方向和位置，选择巢脾横向靠外的一侧作下手的起点。用淡烟驱蜂，直至巢脾全部割尽，蜜蜂团集在另一端为止。其余步骤按翻巢过箱处理，如蜂团集结后不便于抖落的，可分批用手掏或用瓢取，或将蜂团驱入收蜂笼，再行抖落。

(3)借脾过箱　它适用于翻巢和不翻巢过箱。如果场内有活框饲养的中蜂，从活框蜂群中提出子脾，承接蜂团，而把新绑的巢脾交给补抽子脾的蜂群修整，这是最好的做法。

5. 过箱注意事项

切割巢脾时，尽量避免将蜂蜜沾在巢脾上。如果沾有蜂蜜，要用毛巾抹净，以利于蜜蜂上脾。绑脾力求平稳，防止巢脾脱落而引起蜂群逃亡。

6. 过箱后的管理

将巢门缩小，以 2～3 只蜜蜂能同时出入为宜，避免盗蜂偷袭；过箱后，蜂群失蜜较多，如果蜜源不足，应进行饲喂，以促进工蜂造脾和刺激蜂王产卵；过箱后第二天上午，若蜂群采集正常，或发现工蜂积极清巢，说明已接受蜂巢。反之，则蜂群有逃跑的可能，应及时查明原因；过箱后 3～4 d 进行开箱检查，了解蜂王产卵、幼虫发育、巢脾加固等情况。凡是巢脾已接稳的可酌情除去稻草或麻线等绑缚物；未接稳或下坠的，及时加以纠正。如果失王，巢内必会出现改造王台，可选留一个大型的王台，不到 10 d，新王便出台；也可采取诱王或合并蜂群等措施。

六、蜂产品采收及蜂药

(一)人工采收蜂蜜技术

蜜蜂由植物上采来的花蜜，贮存于蜂巢中，称为生蜜，经过蜜蜂酿造以后，封上蜡盖为熟蜜。接近成熟的蜂蜜在蜂房中呈凹下浓厚状态，在巢框梁上呈现雪白色，各框间被白色蜂蜡连在一起。

人工采取蜂蜜，要避开蜂群工作繁忙的时间。如蜜源植物在上午大量流蜜，就在下午采收；下午大量流蜜，在上午采收。

采蜜时，首先将蜂巢中要采取的蜜脾提出，放在空箱内，然后补充同等数量的空脾，再将蜜脾上附着的蜜蜂抖落在巢门前。抖落时，以双手握住框耳，对准巢箱上下振动2～3次，大部分蜜蜂就从蜜脾上脱落下来。残余的部分，用蜂刷扫去，蜜脾即可盛入空箱中，搬到摇蜜处待采。

摇蜜前，将巢脾放在割蜜盖上，用经过热水加温的刮蜜盖刀，轻轻割去蜜脾上的蜡盖。割下的蜡盖和蜜液置于割蜜盖台里即可。

割去蜡盖的蜜脾，可置于摇蜜机的框笼中。两框摇蜜机可放两框蜜脾，然后摇动转把，蜜借离心力分离到摇蜜机中。

摇完蜜的空巢脾，要及时送到蜂群中，换出蜜脾继续采收。

摇出的蜂蜜要用滤蜜器滤出死蜂及碎蜡，置于容器中贮存，并用比重计测定一下蜂蜜的浓度。各种蜜源植物所产的蜂蜜，有不同的香味和色泽，应分别盛入容器中，注明名称及数量。

(二)采收蜂蜡

蜂蜡是蜂蜜的副产物。每产500 kg蜜，仅产蜡0.5～1.0 kg。另外，溶化旧巢脾或赘等还可以积累一部分。产量往往不能满足自身作巢脾的需要。因此，养蜂者除了做好积累以外，还要积极生产。

生产蜂蜡最主要的条件是温度和蜜源。生产蜂蜡应在大流蜜期中进行。在流蜜旺期，每个采蜜群中，隔3～5 d要增加2～3框空巢框，并在空巢框上装一窄条巢础，迫使蜂群营造自然巢脾。当修成后，连蜜一同割下。

(三)蜂药

(1)蜜蜂(蜂体)　系蜜蜂全身晒干入药。其性味功能：甘、平。微寒，补中益气，解毒止痛。可治疗丹毒、风疹、慢性气管炎等。

(2)蜂子　系蜜蜂之幼虫，取头、足未成，状如白蛹者入药。于每年3—4月间晒干，或盐炒干用。其功能，可增进食欲、镇静安眠。可治失眠、贫血、食欲不振、风湿性关节炎、妇女白带、乳汁缺乏等症。但蜂子有毒，须以冬瓜、苦荬菜、生姜、紫苏制其毒而后食之。

(3)蜂蜜　性味功能：甘、平，补脾润肺，滑肠通便，解毒止痛。用于治疗脾胃虚弱，病后体衰、咽喉干燥、咳嗽无痰、肠燥便秘、解乌头毒等。常服对心脏病、高血压、肺病、肝病、习惯性便秘、胃及十二指肠溃疡等疾病，都有良好的辅助疗效。外用可治口腔炎、烫火伤、慢性疮疡等。

(4)蜂乳(蜂王浆)　蜂乳是由工蜂的唾液中分泌出的一种乳白色或淡黄色细腻半透明的浓浆。有补益身体、促进食欲的功能。可用于营养不良、食欲减退、神经衰弱、心脏病、动脉硬化、糖尿病、风湿性关节炎及肝脏疾患等。

(5)蜂毒　蜂毒是由工蜂螫刺腺体内所分泌的淡黄色透明而带芳香气味的有毒液体。具有平喘、降压、抗菌、消炎之功能，可治疗风湿性关节炎、肌炎、神经痛、哮喘、高血压等病，对恶性胃病、十二指肠病也有一定疗效，并可用于治疗胃癌、唇癌、乳腺癌等；外用还可治疗关节炎、牛皮癣、湿疹等。

(6)蜂蜡　味甘，淡，性平。微温，补中益气、止咳、敛血、镇痛、解毒。用于治疗肺虚咳嗽、夜盲、呃逆、妊娠胎漏等；外用于金疮出血、烫火伤、冻疮、蛇虫咬螫等。

(7)蜂胶　系蜜蜂所分泌的黄褐色或黑褐色的黏性物质。其功能为抗菌消炎、镇痛、止痒。可治鼻炎、急慢性中耳炎、慢性喉炎、胃及十二指肠溃疡、胃炎等;外用可治鸡眼、胼胝、跖疣等,并能保护肉芽,利于伤口愈合。

(8)蜂房　药学研究认为,蜂房有强心、利尿、止血、驱虫等功效,能治疗关节肿痛、恶性癌肿、阳痿、遗尿、痈疽瘰疬等病。中药名曰露蜂房者,历代《本草》均有记述,为胡蜂科产物。

第二节　虫草和冬虫夏草

一、虫草概述

虫草真菌,属于生物界中真菌界(Fungi)真菌门(Eumycophyta)子囊菌亚门(Ascomycotina)核菌纲(Pyrenomycetes)麦角菌目(Clavicitales)麦角菌科(Clavicipitaceae)虫草属(*Cordyceps*(Er.)Link.),寄生在昆虫、蛛类、大团囊菌以及麦角菌上并形成子实体,构成了种类繁多的一大类群,在世界范围内分布广泛。目前,全世界已知的虫草属真菌有400余种(Stensrud et al,2005),中国已知有约120种(梁宗琦,2007)。

虫草的种类基本上是以其有性世代的形态特征、寄主、地名、人名而取名的。所以,虫草属各个种名就是各单一虫草真菌的名称,而"冬虫夏草"也一直是特指以青藏高原为主产地、中国特有的冬虫夏草(*Cordyceps sinensis* (BerK.)Sacc.)。鉴于此,本教材仍使用并遵循我国和大多数国家长期的习惯用法,提及"冬虫夏草"即特指专一、长期历史发展所形成的特定名称冬虫夏草(*Cordyceps sinensis*(BerK.)Sacc.);而提及"虫草"则泛指包括冬虫夏草真菌在内的广义的虫草属真菌的总称。

虫草真菌是一类重要的生物资源。我国青藏高原特产的名贵中药材——冬虫夏草,对诸多疑难病症具有独特的医疗作用,在国内外享有盛誉。近年来身价倍增,在我国乃至世界掀起了研究、开发冬虫夏草以及虫草真菌的热潮。1980年中国药学会首届药用真菌学术座谈会以来,广大科技工作者努力发掘与开发包括虫草在内的多种真菌药物,在短时间内相继开发出"三普虫草精口服液"、"虫草参芪膏"、"金水宝胶囊"、"中华拟青霉"、"中华束丝孢"、"虫草头孢霉"等多项冬虫夏草以及培养菌丝体制剂的科研成果,并成功地将其运用于大工业生产,且最令人注目的全人工栽培冬虫夏草。近来也已出现了突破性的进展,各相关学术领域每年均有大量与虫草相关的学术论文发表,我国虫草的研究与开发利用达到了历史高峰。

随着各相关学科领域的深入研究,近年不断有新的种类、新的分布的报道,化学成分不断被分离、鉴定。有关免疫、抗肿瘤等多方面的药理、药效学研究也充分证实了多数虫草及其培养菌丝体可调节身体免疫机能,并能够增强对疾病的抵抗能力。在临床运用中,冬虫夏草及其培养菌丝体制剂可用来治疗肺结核、咯血吐血、咳嗽气喘、自汗盗汗、遗精阳痿、腰膝酸痛、虚弱多病以及慢性肾炎、肝炎、肿瘤等症。在生物防治害虫中,虫草属真菌也有巨大的潜力和优势。由于虫草具有的重要经济价值,使得人们的研究兴趣倍加强烈,尤其是对冬虫夏草及其代用品的研究更是十分活跃。总之,目前世界各国有关虫草及其培养菌丝体的研究发展水平提高很快,出现了十分活跃的局面。

二、虫草的生物学特性

不同虫草寄生的寄主范围不同,有的虫草种类寄主专一性很强。如冬虫夏草的寄主为鳞翅目(Lepidoptera)昆虫蝙蝠蛾属昆虫(*Hepialus* ssp.)的幼虫,大团囊虫草的寄主为大团囊属真菌(*Elaphomyces* ssp.)。也有些种类对寄主专一性不强。如蛹虫草的寄主包括鞘翅目(Hymenoptera)和鳞翅目昆虫许多种类的蛹、幼虫甚至成虫,下垂虫草(*Cordyceps nutans* Pat.)的寄主可达数十种之多。

虫草真菌在其生活史中既有有性阶段(产生子囊孢子)又有无性阶段(产生分生孢子)。虫草的有性型都具有各自独立的无性型,但截至目前能够完全确认对应关系的种类尚不多,许多已描述对应的无性型也值得继续推敲。

(一)虫草的有性型

虫草权威小林义雄考虑近缘关系和进化关系,认为虫草的有性型应当包括虫草属、锥壳属(*Torrubiella*)等同科的几个近缘属。但大多数真菌学者仅论述虫草属(*Cordyceps*)。现以冬虫夏草有性型为例,仅叙述有关虫草属方面的情况。

1. 菌核和菌垫

冬虫夏草的有性孢子释放后,在适宜的条件下,黏附于寄主(活的蝙蝠蛾幼虫体)上,孢子萌发之后从气孔、口器或皮壳等处侵入幼虫体内,以其体内的有机物质为营养,菌丝蔓延;接着充满整个幼虫虫体,最后菌丝密集成坚硬的组织。一般来说,在不良的环境条件下,菌类会形成坚硬的菌丝体,其外侧形成更坚硬的皮壳起到保护作用,人们称该类组织为菌核(sclerotium)。但是,冬虫夏草与其他寄主是昆虫和蛛类动物的虫草一样,均是利用寄主的外骨骼代替皮壳,只有内部的组织和菌核结构一样,人们把这类组织称为假菌核(pseuderotium)。在有些虫体表面形成膜状和垫状的菌丝组织,这类组织被称为菌垫。在菌垫上,有的种类并不形成支持子囊壳的子座,而是直接在菌垫上群生出许多子囊壳,如锥壳属。有的种类则在菌垫上形成无性的分生孢子,如蝉花(即是大蝉草的无性阶段)等就属这种情况。此外,也有报道说从冬虫夏草产地发现仅有分生孢子而不形成子座的冬虫夏草。

2. 子实体和子座

当不良的环境条件一旦转好,体内的菌丝就会从虫体开孔的部分和柔软的部分穿至外部并形成延伸于寄主体外、肉眼可以识别的真菌繁殖器官——子实体(sporophore 或 fruiting body)。通常又把具有有性孢子的子实体称为子座(stroma)。但有学者进一步说明,子实体的广义概念是指真菌中任何产生孢子的结构。然而,通常更主要的是指高等真菌(子囊菌和担子菌)中高度组织分化的产生有性孢子的结构。子座是某些高等真菌(主要是高等子囊菌)的子实体下面或周围菌丝组成的紧密组织。也就是说,子座是容纳子实体的褥座,常从菌核上发生,是真菌从营养阶段到有性繁殖阶段的一种过渡形式。孢梗束(synnema)通常由致密的或黏结的、直立的、具有分枝和孢子的分生孢子梗组成并簇生而形成的产孢结构。这里的孢子是无性的分生孢子。

冬虫夏草的子实体,指延伸于蝙蝠蛾幼虫的体外、由菌丝反复扭结和分化形成的、表面不甚光滑、肉眼可以辨认的繁殖器官,含能育子囊壳的子座。子囊壳生长于子座中上部,通过子座而得以支撑并由此内的菌丝组织得到其生长发育所必不可少的营养物质。

子座是简单的棒状或丝状子囊壳散生或密生于其上部的虫草,被认为是原始的种类;而子座分为头部和柄部，在盘状或球状的头部中产生子囊壳的虫草，则被认为是比较高级的种类。在后者当中，子囊壳埋生于组织中的虫草被认为是较子囊壳生于头部表面的更为高级。

虫草子实体有大有小，有的种类子实体巨大，如澳大利亚产的亨利虫草（*Cordyceps henleyae* Massee）长度可达 20 cm，并有明显的分枝，而新西兰产的罗伯茨虫草（*Cordyceps robertsii*（Hook）Cray）有的标本子座超过 30 cm；相反，有的子座却很难用肉眼看清楚，如从介壳虫上长出的子实体长度不超过 3 mm。当然，肉眼可见大小的子实体，其柄的长短也同样因种类而异，长度不一定相同。子实体的柄也能很好地体现出种的形态特征，当寄主深埋于土中时，从寄主体内长出来柄的地下部分和地上部分的粗细、色泽等是各不相同的。一般说来，柄的长度也会因环境而异，普通的就会有数倍之差。子座的形状、色泽，头部表面的光泽、黏性等，都会因为成熟度差异而不同，但每种虫草的子座生长发育的细微程度却总会有一定的稳定性。

冬虫夏草生长初期（出土 10 d）：子座表面观为由乳头状子囊壳紧密镶嵌排列而成。子座横切面为椭圆形，长 2.5～3.0 mm，中心由薄壁组织构成。单个子囊壳由薄壁组织围成一椭圆形或漏斗形腔，子囊壳表面有 1 覆盖层将子座表面完全包裹。

冬虫夏草成熟期（出土 30～50 d）：子座表面观仍为由乳头状子囊壳紧密排列，单个子囊壳较冬虫夏草生长初期为大，随着冬虫夏草的生长，其子囊壳也随之增大。根据计算，每条冬虫夏草子座上可孕部分所产生的子囊壳数目有 5 000 个左右。从子囊壳的纵剖面观察，可见子囊壳的侧壁很薄，而顶端颈部壁特厚，均由拟薄壁组织交织组成，其颈部被 1 个小孔道所贯通，外达孔口；子囊孢子的释放，就是通过这个小孔发射或分泌出来。在成熟的子囊壳中心腔内的基部，有长短不一、多数彼此平行排列及少数排列不甚规则的子囊，其顶端均朝向孔口的方向伸展，但未见到侧丝，也未见孔口内有缘丝；却发现有的子囊壳仅剩下梨形中空的中心腔，其孔口与中心腔通过颈部狭长孔道相连，整体形状呈烧瓶状。

冬虫夏草子座柄部菌丝形态：随着寄主蝙蝠蛾幼虫体内菌丝伸出体外形成子座，与虫体相连部位形成子座柄部；柄部无子囊壳，而是由数根菌丝（4～8 根）在黏液聚集下形成菌索，菌索平行排列形成子座柄。

3. 子囊孢子

虫草的有性孢子是子囊孢子，其形成有一定的特点。2 条单核发育的菌丝体中的菌丝，形成具有 2 个未发生融合的双核细胞——产囊体（ascogonium）。产囊体进一步的发育是以无性生殖方式进行的，其上生出许多产囊丝。这时产囊体内的双相细胞核各自发生多次核分裂形成多核。这些细胞核以不同的数目随机地移入众多产囊丝内，然后在产囊丝中分化出许多横隔，将产囊丝隔成多细胞，这些多细胞中则均为双核，双核分别来自质配前的 2 条单相菌丝中。产囊丝的顶细胞形成钩状——产囊丝钩，双核这时在产囊丝钩内迸裂，产生 4 个子核，然后产囊丝钩中生出新的横隔并形成 3 个细胞。4 核之 1 在产囊丝钩尖端细胞内，2 核在弯曲的细胞亚顶细胞内，另 1 核则在基部细胞中。在产囊丝钩尖端内的细胞核与亚顶细胞下面的产囊丝细胞发生质配后移入该细胞中，并在产囊丝的这个部位继续生长，形成 1 根新的产囊丝钩，它便又重复上述同样过程，不断地形成子囊，最终形成子囊丛。亚顶细胞——原子囊内 2 个核结合交配，交配后的核进行减数分裂，形成了 4 个单倍体子核，这些子核又进行 1 次有丝分裂，从而产生 8 个单倍体的核。当这些核进行分裂时，子囊变长，而且分裂板是与子囊纵轴平行的。细胞质围绕每一个细胞核进行割裂，形成呈长线状多节的子囊孢子。

冬虫夏草子囊孢子的发育可分为 3 个阶段：①原子囊孢子期，孢子近球形、椭圆形、卵圆形或长圆形。②孢子伸长期，从孢子一端突起，伸长生长，出现分隔，隔细胞较长。③子囊孢子形成期，子囊继续伸长并不断出现分隔。一般仅有2个孢子成熟，其余多数原子囊孢子败育，不萌发或形成极纤细的丝状物。虫草子囊孢子在子囊壳内成熟的过程可能有2条不同的发育途径：弹射发育或分泌发育。以分泌发育为例，其途径可分4个时期：①伸直期的形态特征表现为2股孢子平行伸直，不弯曲、不缠绕、单股上无节膨大隆起。②弯曲缠绕期的形态特征是2股孢子弯曲并相互缠绕，孢子开始出现分节。③扭结期的形态特征为数个2股孢子相互扭结，单股上的分节非常明显。④分枝期的形态特征为子囊孢子分枝并长出分生孢子梗。在伸直期中，2股孢子1长1短，推测2股间在性质上应有所差异，可能在以后萌发分生孢子梗上有差异。在条件适宜时，以上4个时期从子囊孢子成熟到长出分生孢子梗只需3～5 d的时间，说明众多子囊孢子的发育是不同步的。

子囊孢子的萌发，首先是在合适条件下产生芽管，再在芽管的顶端产生次生的分生孢子，分生孢子顶生、肾形，着生在分生孢子梗顶端。分生孢子进一步萌发产生新的菌丝体，虫草再侵染很可能就是由子囊孢子萌发产生的分生孢子进行的。子囊孢子萌发生长的4个基本条件为营养、温度、湿度、氧。

(二)虫草的无性型

虫草的无性型大多具有独立的生活能力。当无性型的菌丝体生长发育到一定阶段后，在菌丝结构顶端产生无性的分生孢子；而这些分生孢子在外界适宜的条件下，又可以萌发重新形成新的菌丝。虫草无性型主要是指能够形成菌丝体的分生孢子阶段。一种虫草无性型的确定也主要是根据它与虫草有性型子实体的关系进行的。有些虫草(如冬虫夏草)的有性型报道了多种无性型，而有的则是一种无性型却有2种有性型。这说明其中的问题仍很多，尚待进一步研究解决。

迄今，真菌学者用各种途径确定的虫草无性型涉及的半知菌，主要有细束梗孢属(现称为刺束梗孢属，*Akanthomyces* Lebert)、白僵菌属(*Beauveria* Vuillemin)、小刺束梗孢属(现称为被毛孢属，*Hirsutella* Patoullard)、层束梗孢属(*Hymenostilbe* Petch)、马利娅霉属(*Mariannaea* Arnaud ex Samson)、绿僵菌属(*Metarhizium* Sorokin)、小脐霉属(*Microhilum* Yip&Rath)、野村菌属(*Nomuraea* Maublanc)、拟青霉属(*Paecilomyces* Bainier)、多头霉属(*Polycephalomyces* Kobayasi)、隔梭孢属(*Septofusidium* Gams)、侧孢霉属(*Sporotrichum* Link ex Fr.)、簇孢霉属(*Sporothrix* Hekton&Perkins)、共胶霉属(*Syngtiocladium* Petch)、弯颈霉属(*Tolypocladium* Gams)、轮枝孢属(*Verticllium* Nees)等。

三、虫草的生态学研究

在虫草的生态环境中，光、热、水以及其他诸多的物理因子直接或间接起着作用。研究生态环境及其他各因素，对于进一步了解虫草的生物学特性、发生的时间和空间、寄主的生活状况以及在自然界中的分布规律、虫草栽培及驯化寄主等均有着重要的意义。

(一) 虫草的生态环境

虫草的生态环境，综合起来由虫草的发生时期和虫草的发生场所构成。

1. 虫草的发生时期

虫草的发生，完全取决于寄主的发生和活动，相对于主要寄主昆虫而言，则取决于其成虫或幼虫的活动时期。因此，各种虫草发生的时间各有不同。北半球温带大多数虫草发生于春末夏初，如冬虫夏草发生期是4—7月，秦巴蛹草4—9月为发生期，亚香棒虫草发生期多集中于3—7月，而香棒虫草的发生期则在4—6月。此外，就具体虫草而言，还会受到分布场所的地理环境等的影响。一般来说，在局部环境较温暖、纬度较低的高山，子座的出土时间就早些，如西藏亚东地区4月冬虫夏草的子座多已成熟；而在局部环境较寒冷、纬度较高的高山，如青海玉树地区冬虫夏草的子囊孢子直至8—9月才能逐渐成熟。

(1)冬虫夏草　绝大多数虫草的子座从抽出至成熟，常需要经过漫长的岁月。以冬虫夏草为例，成熟的子囊孢子散落地面，随着雨水渗透到土壤中，遇到合适的条件，子囊孢子萌发，一般在6月中下旬蝙蝠蛾高龄幼虫被侵染，子囊孢子长出枝状芽管伸入寄主虫体，繁殖菌丝，被侵染的幼虫行动逐渐迟缓并爬向靠植物根部距地表2～3 cm深的土层中，头朝上尾朝下逐渐僵死。此时，真菌吸收寄主体内的营养来发展自己，虫体内布满菌丝，随后虫体表面的菌丝膜与土壤颗粒黏结成“虫壳”，完成了冬虫夏草的无性世代。当年入秋后冬虫夏草开始有性世代，即在当年土壤冻结以前从被侵染死亡的寄主虫体头部长出短小的子座。在青海省玉树产区，9月下旬就可以挖到已被寄生的虫体，头部子座高约1 cm且不露出土面，当地中午5 cm深的地温仅0.5℃，夜晚已开始冻结，说明前1年虫草的子座已在地下形成；次年5月化冻后，土壤温湿度适合子囊菌生长，子座以每天增长3～4 mm的速度长出地面，形似小草；子座钻出土面，初为淡绿色，后变为紫红色，一般在露出地面部分达20～50 mm时不再继续生长；到6月中旬，子座头部渐渐肥大，起初子囊中充满水分；7月下旬子囊孢子长成，直到8—9月子囊孢子才逐渐成熟并从子囊壳中散发出来，成熟的子囊孢子散落地面，继续对寄主昆虫的幼虫进行寄生。因此，冬虫夏草并非“冬天变虫，夏天变草”，而是真菌对昆虫的寄生现象，这种寄生真菌便是冬虫夏草寄主蝙蝠蛾幼虫的天敌。青海玉树地区的冬虫夏草虫体部分6月开始从尾端渐渐变软变空，从而失去了冬虫夏草的药用价值。因此，该地区全年只有5月下旬至6月中下旬1个月的时间是采挖的最佳季节。

由于全国各产区经纬度差距大、海拔落差达数千米以及生态环境的差异，导致各地的采收季节也不完全一致。海拔较低地段，因气温较高，冬虫夏草生长较早；海拔较高处，气温低，冬虫夏草生长较迟。雨雪对冬虫夏草的生长影响颇大，干旱更不利于冬虫夏草的生长。

(2)蛹虫草　自1984年在陕西秦岭南坡勉县艾叶口地区发现蛹虫草分布后，陆续在该地区的汉中、南郑、城固、西乡以及巴山北麓等地也发现有分布，因此习称“秦巴蛹虫草”。秦巴蛹虫草寄主范围比较广泛，可在鳞翅目、鞘翅目等10多种昆虫的各种虫态上寄生并形成虫草。在正常气候年份，秦巴蛹虫草每年3月下旬至4月初始见，7月初至8月上旬为盛苗期，10月中下旬倒苗。采挖最佳时间为8月中旬，雨后较为理想。年份间产草量的差异，随秋雨的迟早、雨量、雨次等而变化。若秋雨天气来得早，则盛苗期相应提前；“伏旱”持续时间长，秋雨来得迟，对寄主昆虫及致病虫草菌的生长不利，当年自然产量低。

云南昆明地区的蛹虫草生长季节一般为5—11月，其间温度为10～23℃，相对湿度不低于70%，且在林间光照较弱处蛹虫草分布较多。而山东淄博鲁山地区每年8月下旬至10月，当气温下降到18℃以下，蛹虫草才开始产生子实体；11月后，气温下降到5℃以下，树木的落叶与杂草形成覆盖物，蛹虫草安全过冬；次年随气温回升，菌丝在侵染的蛹(或幼虫)体内生长，8月后又长出蛹虫草子实体。

(3)亚香棒虫草　在湖南省益阳地区，9月中下旬，即发现亚香棒虫草寄主幼虫在地下有被感染僵化的；10月有各处都长满白菌的僵化虫体；11月已感染菌老熟幼虫均已僵化。同期，在江西省感染的亚香棒虫草真菌幼虫尚能迟缓活动,蛰居土深5～10 cm处,虫体斜卧于土中,头部伸向土表;12月陆续发现僵化虫体体表有白色菌丝,幼虫已僵死,蛰居土深4～6 cm处,头部与体节间裂开如新月形,子座开始萌发,新月形的子座基部逐渐扩大而从头顶长出嫩白的芽座,随着气温升高,子座逐渐伸长;次年2月可在地下长到0.5～1.8 cm;3月初,当地温(深5～10 cm处)达到10℃以上时,子座就开始陆续出土;此时若气温、地温和湿度都适宜,1 d能生长1.5～2 mm,子座刚出土时呈纯白色,随着生长老化逐渐变成灰白色,之后为瓦青色、茶褐色、黑褐色等,当气温突然转变,子座则1夜之间也可突然变色;子座长到2.5～5 cm,有时出现分叉,有的分成2枝,有的分成3枝或更多。亚香棒虫草的倒苗要经历10～18 d,从6月初子座就开始慢慢缩小,倒苗时土内虫体已先腐烂,子座倒在地面上渐渐萎缩腐烂。

在安徽的六安、霍山和金寨等县海拔200～800 m山区向阳背风的山坡地带次生林内,4—6月均可找到亚香棒虫草,尤其以立夏前后最多。在相对湿度80%、土壤湿度15%、气温16～24℃时亚香棒虫草生长旺盛,常埋于地下3～5 cm,地上部分1.6～3.4 cm。

(4)新疆虫草　在新疆阿勒泰地区的哈巴河县至富蕴县可可托海沿阿尔泰山一侧,海拔1 500 m左右产细虫草,习称"新疆虫草"或"阿勒泰虫草",其发生期为6—8月。虫体被虫草菌侵染初僵时呈土黄色,逐渐变深为深棕色至棕褐色。子座能否生成与僵虫在土中的深度有关,位于草皮下或头部近地表常有子座,入土深者不产生子座。因地面植被茂盛,采挖时子座极易折断丢失。少数幼虫染病后,到前蛹期或蛹期死亡,故僵蛹表面有时也缠有菌丝。

(5)香棒虫草　晋产香棒虫草的寄主是鞘翅目金龟子科直脊鳃金河子(*Holotrichia koraiensis*)的幼虫,幼虫称蛴螬,体多弯曲呈C形,寡足,粗而肥,体呈黄白色,头大。在山区林地、农田腐质多的地方极为常见,危害植物的地下部位,是森林及农业的地下害虫。春季,越冬幼虫上升到表土层活动;5月下旬至6月初,老熟幼虫即将土中营室化蛹,此时若被香棒虫草真菌成熟子囊孢子感染,则再不能羽化为成虫,染菌幼虫死亡后成为僵虫,入冬前自其尸体前端头部生出子实体,长0.5～1 cm,这时并不露出地面,在冻土中越冬;次年春,子实体迅速生长,并露出地面枯枝落叶层。子实体多为单生,也有2生的。

(6)小蝉草　陕南秦岭中山区为典型的亚热带气候,是小蝉草生长发育的理想天然场所。每年1—3月可见到已被小蝉草菌丝寄生的蝉蛹,蝉体被灰白色菌丝缠绕。蝉体呈金黄色,中实、粉白色,5—8月子座便从蝉蛹的头部长出,冒出地面1.5 cm,此时是理想的采挖期。

在适合的时期内所采集的虫草,于干燥的环境中可以保持较长久的原始状态。如冬虫夏草、蛹草、蝉花等,在干燥的环境下不需要任何处理,任其自然状态摆放,不会发生霉变或很少霉变。

2.虫草的发生场所

虫草的形成需要寄主昆虫与真菌的结合,虫草的分布与寄主的分布关系密切,而且虫草的发生场所取决于寄主的生活场所。在同一地区的同一座山中,寄主昆虫的生态也常常因山的坡度、坡向、地质等的不同而有所区别。蚧壳虫、蝇、蜂、蜘蛛等常因附在草本及木本植物的枝条、叶上,易被虫草真菌侵染而形成虫草并生长在地面和腐烂的倒木上。

(1)冬虫夏草　冬虫夏草生长条件要求严格,是生长在高寒地区的一个特殊生态类型,主产于青海、西藏和四川;此外,云南、甘肃、贵州等地亦产。生于海拔3 600～4 500 m的山地阴坡、半阴坡的高山灌丛和高山草甸之中,适宜土壤为肥沃、疏松的高山草甸土,土层深厚,水分适中。

①青海产区　青海高原自然条件特殊,生态环境多样,适宜于冬虫夏草的繁衍生息。在玉树地区,一般冬虫夏草分布在海拔 4 000～ 5 000 m 的高山顶部,分水岭两侧,以西北、东南和西向坡分布最多,正南和正东分布少。植被类型有针叶林、阔叶林、针阔混交林、灌丛、草甸、草原、沼泽及水生植被、垫状植被和稀疏植被等 9 个植被型。

②西藏产区　西藏的冬虫夏草主产区为那曲地区,分布区的地貌可分为高山峡谷亚区和高原宽谷亚区。在高山峡谷亚区,冬虫夏草垂直分布于海拔 3 000～ 5 000 m 的高山峡谷中,即山地阴坡、半阴坡的灌木丛、灌丛和草甸之中,数量远大于高原宽谷亚区。那曲地区植被类型比较复杂,大致有高寒灌丛草甸、高山草甸、高山草原、高山稀疏垫状植被等 6 个植被型。

③四川产区　四川主产区甘孜、阿坝为川西北高原,冬虫夏草主要散生在含腐殖质且潮湿的草本植物丛下的土壤中,植被为禾草草甸、莎草草甸。组成这些植被的植物常见有 10 余种,禾本科、莎草科为优势种,其次是菊科、豆科、伞形科、虎耳草科、百合科、蔷薇科、茜草科等。

④云南产区　在滇西北高原德钦、丽江等低纬度的冬虫夏草分布区,植物群落有着明显的垂直分布特征,寄主蝠蛾的分布随取食植物的变化而改变,种群数量与生物量也与植物季相关系十分密切,其最适海拔 4 200～4 600 m、最适温度 8～12℃、最适湿度 80%～98%,因此冬虫夏草的分布也相应地随着寄主昆虫发生变化,呈明显地带性和垂直性的特征。

(2)蛹虫草　蛹虫草在我国北部及中原,如吉林、河北、北京、河南、陕西、安徽等省均有分布,主要生长在海拔 2 500 m 以下,有阳光散射的山间缓坡向阳地带。本种为虫草真菌的模式种。在世界范围内,蛹虫草分布也很广,如北美洲、欧洲、日本、斯里兰卡等地。蛹虫草的生长条件并不苛刻,因此其数量也占优势。如 20 世纪 60 年代,在原苏联北方沿海红松林中采集的虫草真菌标本中,有 30%属蛹虫草。

(3)亚香棒虫草　亚香棒虫草的产区多为丘陵山区,大多以向阳背风的山坡地带之次生林内最为多见,此处的阴凉、湿润、腐质层疏松的窝坡地带多有生长。如湖南产区的海拔一般 70～800 m。

(4)新疆虫草　在新疆阿尔泰山的海拔 1 300～1 800 m 的阴坡或半阴坡上,在杨树林、针阔叶混交林或落叶松林下缘及疏林空地植被茂密,其间生长的阿尔泰赤芍(*Paeonia anomala* L.)根部常生长细虫草,适生环境为向阳的大草甸及其周围气候潮湿温暖、土壤疏松肥沃的地带。

(5)香棒虫草　在山西省中条山,香棒虫草大多生长在海拔 1 500～2 200 m 的山区,以东、西 2 阳坡之次生林内最为常见,植被以辽东栎类占优势,伴生树种有桦树、鹅耳栎、千金榆、五角枫、椴树等组成的落叶阔叶林群落,灌木有黄刺梅、华北珍珠梅、毛叶丁香、连翘以及杜鹃兰、香青、华北鳞毛蕨、九节菖蒲等植物。林带郁密度为 0.6～0.8;地面落叶层为 3～5 cm;土质疏松肥沃,非常适宜于香棒虫草的寄主金龟子生存繁殖。

(6)小蝉草　秦岭中山区的小蝉草发生的场所一般为针阔混交林地。森林覆盖率为 65.3%,上层林有冷杉、红桦、光皮桦、华山松、漆树、棕榈、栓皮栎、青岗、水东瓜、马桑、板栗、枫香、杜鹃等树种,下层林为草本植物及少量的苔藓植物。

(二)虫草的环境因子

虫草周围一切有机的和无机的因子,就是它的外界环境,且各种因子之间关系十分复杂。环境因子对虫草的生长发育具有重要影响,其中主要包括温度、湿度以及光照等。

1.温度

温度具有能直接影响虫草的生长、发育等新陈代谢的作用,对其他环境因子的影响也比较显著。冬虫夏草属于高寒区特异种真菌，而寄主昆虫在长期的进化过程中形成了对低温、风大、缺氧、低气压等青藏高原气候的适应性。从目前调查的冬虫夏草产区的情况来看，产区气候特点具有明显的干季和雨季之分：雨季日照少、相对湿度大、日温差较小，又多冰雪；干季则日照多、相对湿度小、日温差大，并多大风霜雪。如地势高，气候寒冷而湿润，昼夜温差变化较剧烈的环境条件，则是冬虫夏草赖以繁衍的最佳场所。

2.湿度和降水量

水是虫草乃至整个生物体的重要组成和必不可少的生活条件。雪水对虫草的生长、发育影响很大，干旱更不利于虫草的生长和发育。湿度对昆虫的生长发育和生殖力常具有一定的影响。一般来说，低湿大气能抑制新陈代谢和延滞发育；高湿大气则能加速发育。

3.光照

光照对虫草子座生长有重要的作用。光照强、时间长，子座的生长就受到抑制；反之，日照弱、时间短，子座就长一些；当无光照时，子座就生长得快而长。但子座越长，冬虫夏草虫体部分就空腐得越快，虫体部分空腐了的冬虫夏草药用价值及商品价值就大大下降了。

四、冬虫夏草的饲养设施与设备

(一)地址的选择

生产地址应该选在交通运输方便，水电供应有保证，排水通畅的地方。地形要开阔，地势易高燥。周围环境清洁卫生，应该远离屠宰场、垃圾场等污染源，以防受到蚊虫的侵害或其他微生物的干扰，同时附近也不能有污染严重的工厂。

(二)建筑要求

建筑应该牢固，同时具有良好的通风、光照、保温、保湿性能，房屋四壁和顶棚应该光滑，没有缝隙，建好之后应用石灰粉刷，以防害虫藏匿其中。房内外的排水设施应该用利于清理和消毒的水泥或砖石铺设。门窗要可以灵活开关，并能封闭严实。主要建筑应该建在背风向阳的地方，最好是坐北朝南。

(三)布局原则

主要体现在以下几个方面：第一，菌种生产一条龙。虫草菌种生产的一般程序为：配制培养基—灭菌—分离或接种—发菌培养，与这四道工序相应的工作场所为：配料室、灭菌室、接种室和发菌室，这四个场所应该按顺序连贯衔接，形成流水线工作，提高效率，保证接种质量。第二，应该在配料室附近设置洗涤处，专门清洗培养容器和其他物品，并及时把污水排到场外的污水坑中。因为培养基原料一般都是体积大、尘埃多且易滋生细菌害虫的泥土等材料，不易贮存在室内，所以，应该在配料室旁边另外搭盖贮存库。同时应设水泥地面作为晒场，以方便原料使用前的晾晒。第三，在栽培冬虫夏草时，需要建立人工饲养室饲养寄主昆虫，人工饲养室应建在栽培室附近。第四，产品的采收加工是虫草生产的重要环节，应设置专门的产品加工室。加工好的产品，要放置在清洁、干燥、凉爽通风、最好有控温条件的房间，亦可将加工室和成品存放室合为一室，但要求的环境条件不变。此外，还应建立一个实验室，并配备必需的仪器和药剂，以便在生产过程中对产品的检查、观察和分析。第五，在栽培过程中，虫草的子实体会散发大量的孢子，并且可能发生一些病虫害，这些都有可能影响虫草菌种的纯度和质量。所以栽培室应远离菌种生产设施，尤其不能与接种室、发菌室和菌种室相邻，并且栽培室要设在菌种生产设施和昆虫饲养室下风处。

(四)生产设施

虫草的生产设施一般包括:制种、饲养、栽培和加工贮藏设施。

制种设施是进行虫草纯菌丝体培养的建筑。在安排制种设施时,除了前面所述要注意设施间的衔接连贯外,还要注意以下几点。首先,室内要用水泥地面,并且要平整光洁。内墙壁的四角最好砌成半圆形。墙壁用石灰水刷白,最好再加一层防水涂料。冷却室及接种室的墙壁及天花板需上防潮油漆。第二,冷却室、接种室、发菌室均为无菌区,应采用推拉门结构。同时,各室要有良好的封闭性能,保证空气高度净化。第三,菌种室和发菌室均应具备恒温条件,从而加快制种速率,提高制种效率。同时,菌种室还应配备低温冷藏设备。

栽培设施即栽培室。栽培室的种类很多,按地点分,有地上栽培室、地下栽培室以及半地下栽培室;按规模分,有现代化工厂栽培室、简易栽培室和塑料大棚栽培室等。

(1)地上栽培室　这种建在地面上的栽培室,是虫草栽培中比较常见的设施。地上栽培室的大小一般为:长 8～12 m,宽 6～9 m,高 4～6 m。每个房间面积不宜太大,否则不方便管理;但也不宜太小,否则利用率低,成本高。栽培时,可在室内设置多层床架。床架一般用水泥、钢材、竹等制成,要求结构坚实牢固,设有横梁托撑,要能承受菌床的重压,还要便于拆洗和消毒,不宜潜伏病菌及害虫。床架四周不要靠墙。床宽 1～1.5 m,长度可随房间的长度而定。床架以 4～6 层为宜,最下面一层距离地面 20 cm 以上,最上面一层距离房顶 1 m 以上,上下层间距为 50～70 cm,以保证能有散射光照到床面。床面要平整,放培养料之前先放一层塑料膜。床面四周做一圈高 12～15 cm 的边框,以方便铺放培养料,如果是盆栽就不用设置边框了。

(2)地下栽培室　这种建在地下的栽培室多由防空洞、地窖、高楼地下室改造而成,优点为因地制宜,造价低,冬暖夏凉,便于控温保湿。缺点为温差小,通气条件差,冬、春湿度大。容易滋生病虫害。使用时应注意增设通气、采光的设备,并加强病虫害的防治。

(3)塑料大棚栽培室　优点为建造时间短,投资较少。栽培虫草的塑料大棚一般采用墙式塑料棚,以利于控温、控光。墙式塑料棚的构造一般是三面围墙,顶部和前面覆盖塑料薄膜等材料。后墙高 2～2.3 m,两侧墙高依次从后往前降低。在棚内埋设若干自后向前高度递减的排柱。柱上端用木杆连接起来,形成前低后高的棚架,然后在上面覆盖塑料薄膜,并用绳子拉紧。在两侧墙留有棚门。还可在侧墙旁设一小屋,便于加温和管理。墙式塑料棚一般宽 6～10 m,长 15～30 m。塑料大棚前低后高,而且高度有限。在设置床架时要考虑到这种情况,一是床架靠后墙摆放,二是床架层数不要设太多,以 3～4 层为宜,棚室前面较低,可以不设棚架,直接在地上栽培。塑料大棚栽培室还要创造适宜的光控条件,以及避开高温季节。

(五)加工贮藏设施

虫草的加工设施一般有晒台、产品加工室等,贮藏设施有成品贮藏室。

(1)晒台　利用太阳使虫草脱水干燥的设施,应选在地势平坦、高燥、阳光无遮挡的地方建造,面积应根据生产规模而定。台面应高出地面 10～20 cm,并用水泥将台面抹平。台面四周围 10～20 cm 的台沿,台面应为南高北低,有千分之一左右的坡度。低的一面要留有排水口。

(2)产品加工室　主要是在阴雨或恶劣天气时加工虫草和平时贮藏虫草前预处理用。虫草含水量比较少,干制比较容易,所以在产品加工室配备一般的烘箱即可。

(3)成品贮藏室　专门用来贮藏虫草干品。要求干燥、通风、凉爽,又能防鼠、防虫。温度应控制在 25℃以下。

五、冬虫夏草的栽培

冬虫夏草生长发育的过程对环境要求严格，人工栽培时要注意以下几个方面：①温度。虫草菌丝体的生长适温为20～30℃。在温度为10～20℃时形成菌核，14～25 ℃形成子座，26～32℃时子座长出地面。在28～32℃时有利于子囊孢子的弹射，各个阶段都保持一定温差。温差应控制在5～10℃的范围内。②湿度。幼虫入土染菌的空气相对湿度应保持在50%～60%。菌丝在虫体内生长要求相对湿度为60%～70%；菌核形成相对湿度为10%～20%；子座形成以及长出虫草均需要较高的相对湿度，以80%～90%为宜。③光照。在孢子萌发和菌丝生长阶段不需要光照，但从无性阶段向有性阶段转化，即人工培育80～90 d以后，则需要增加一定程度的散射光。④空气。冬虫夏草生长发育对氧气的需要量不大，只需要少量空气即可。⑤酸碱度。冬虫夏草需要在偏酸性的环境中生长发育，培养基的pH以5～6为宜。

人工培育冬虫夏草需掌握4个关键环节：一是有真正的冬虫夏草菌种并能大规模培养；二是寄主蝙蝠蛾幼虫的大规模人工饲养；三是具备冬虫夏草菌侵染蝙蝠蛾幼虫的途径和条件；四是模拟冬虫夏草菌产地长出子座的生态环境（包括气候条件及各个时期适宜的光照、湿度、温度和土壤条件）。

（一）菌种的培养

冬虫夏草的分离制备主要有两种方法，一种是组织分离法，一种是孢子分离法。

1. 组织分离法

培养基的配制条件：含有可被迅速利用的碳源、氮源、无机盐类等其他营养元素；含有适量水分；适宜的pH。

培养基的配方1：去皮土豆250 g（煮汁），葡萄糖25 g，琼脂20 g，磷酸二氢钾1 g，硫酸镁1.5 g维生素1～2片，水1 000 mL。

培养基配方2：土壤浸出液100 mL，琼脂15 g，水900 mL。土壤浸出液的制法，取土样1 000 g，最好采集虫草产区的土壤，加水1 000 mL，高压蒸汽蒸30 min，浸液加滑石粉后用双层滤纸过滤，调节酸度为中性即可。

母种的分离制备：将新鲜、成熟、健壮、饱满、褐色、无杂色、无虫害、无畸形的优质冬虫夏草子座作为出发菌株进行分离。分离后的斜面菌种置于26～28℃的恒温箱中培养7～10 d。待菌丝布满斜面时，即可进行挑选。

2. 孢子分离法

孢子分离法属于有性繁殖法。它是在无菌条件下，利用菌类子实体自行弹射孢子的原理，使孢子散落在人工培养基上，通过培养，得到原始菌丝体，然后再移接入斜面试管进行培养。

3. 母种的扩大培养

经用上述方法制成试管母种后，还需进一步转管移植、扩大培养。母种扩大培养的培养基配方举例如下。

培养基配方1：葡萄糖10 g，蛋白胨10 g，酵母膏1 g，磷酸二氢钾1 g，硫酸镁0.5 g，琼脂20 g，生长素5 mL，蒸馏水1 000 mL。

培养基配方2：葡萄糖10 g，蛋白胨10 g，含脂蚕蛹10 g，全脂奶粉10 g，磷酸二氢钾1.5 g，磷酸氢二钾1 g，琼脂20 g，蒸馏水1 000 mL。

(二)蝙蝠蛾幼虫的人工饲养

1. 饲料配方

蝙蝠蛾幼虫喜欢吃山高粱、珠芽蓼等含淀粉丰富的食物，可以栽培山高粱、珠芽蓼作为培养饲料，也可用胡萝卜和土豆。在没有或缺乏植物饲料的情况下，也可用人工配制饲料代替。饲养昆虫的配方主要有以下两例。

配方 1：土豆淀粉 10 g，琼脂大豆粉 25 g，干桑叶粉 20 g，蔗糖 5 g，琼脂 10 g，维生素B 140 mg，氯霉素 25 mg，金霉素 0.1 g，山梨酸 0.3 g，抗坏血酸 1.5 g，蒸馏水 250 mL。

配方 2：菜豆 1 200 g，啤酒酵母 120 g，琼脂 30 g，抗坏血酸 12 g，对羟基苯甲酯 9 g，山梨酸 3 g，金霉素0.3～0.9 g，冷开水 2 200 mL。

2. 虫卵的消毒

消毒是为了防止附着于虫卵表面的杂菌在培养过程中造成的污染。虫卵的消毒可能影响胚胎的发育，因此必须慎重选择杀菌剂。常用的杀菌剂有 0.1%高锰酸钾、0.2%过氧化氢、10%甲醛、75%酒精等。将虫卵在杀菌剂中浸泡 5 min。对于一些带有绒毛的卵块，可把它们集中在一起，用 10%甲醛、2%的次氯酸钠、0.1%的升汞依次各浸泡 5 min。每次消毒后都要用无菌水冲洗多次，将残留在虫卵表面的杀菌剂除去。

3. 接种

在无菌条件下，把经过消毒的虫卵放入饲料中或饲料表面，然后在 15～18℃下孵化。

4. 调换饲料

人工饲料容易变质，所以应该每周更换一次饲料，操作时要仔细，避免弄伤幼虫。

5. 化蛹

幼虫的化蛹不能在饲料中进行。在化蛹之前，将老熟幼虫或预蛹收集起来转移到供化蛹的容器中。化蛹时要保持空气相对湿度在 80%左右。

6. 成虫的交配和产卵

成虫羽化前，将蛹按雌雄比 1∶3 左右的比例放到产卵笼。冬虫夏草的人工栽培一般在室内进行，栽培形式有两种：床架式栽培和容器栽培。下面主要介绍一下床架式栽培。①温室设置：选择含沙量大、泥土较少、通气性能良好的地块建立温室。温室宜坐北朝南，南面架设玻璃窗。温室内设置多层培养床架。②配制装填培养土：土厚 8 cm 左右，可由 50%河沙、30%菜园土、10%黄泥松土、10%天然植物饲料，混合搅拌均匀。调节土壤 pH 为 6～7，湿度为 40%～60%。然后将培养床做成沙垄，垄上用阔叶树小叶片覆盖。③接种：先制好虫草液体栽培种或孢子悬浮液，待用。然后选取 2 龄蝙蝠蛾幼虫，要选发育状况中等的，因为虫体过于强壮，抗菌力强，难以接种上，虫体过弱，接种后虫体容易死亡。选好幼虫后，将液体中或孢子悬浮液稀释成 5%～10%的浓度，装入喷雾器内。在晚 8 时左右将幼虫集中起来，均匀的稀释液喷洒在虫体上。每隔 8～10 h 喷一次，连喷 2～3 次，接种的成功率较高。④接种后的管理：接种后，要注意观察幼虫的活动情况，并防止老鼠、蚂蚁等虫害。7～10 d 后，开始观察幼虫是否已感染上虫草菌。被感染的幼虫，体色由深褐色渐变为淡黄色，而且爬行迟缓，最后全身布满灰白色菌丝而僵化死亡。

六、冬虫夏草的采收加工

每年 4～7 月，虫草子座开始出土生长，是采挖季节。在虫草孢子未发散时挖取。挖取时应带铁铲等挖掘工具,并带竹篓等物存放虫草。挖出后,晾晒至六成到八成干,除去像纤维状的表面附着物及杂质,晒干或低温干燥。

散装的虫草可用麻袋等物包装,再放入木箱,以免折断或压碎。封装虫草是以散虫草作为原料加工而成的。将虫草用黄酒喷软回潮后,头尾整齐,用红线扎成小把,再把若干支小把在木盒或铁格中压挤紧密,经过熏硫和烘干,再用红丝线绳捆扎成长方形,以白纸或透明纸封装,每封 125 g 或 250 g。然后装入木箱,箱内垫一层防潮纸,外捆两道铁箍。

第三节 土鳖虫养殖

土鳖虫又名地鳖虫、土鳖、地乌龟、节节虫、臭虫母等,各地名称不一。主要产于江苏、浙江、河南、湖北等省,安徽、山东、河北、山西、内蒙古等省也有分布。据文献记载,入药种类有中华地鳖、冀地鳖和金边地鳖等,其中中华地鳖是目前人工饲养的主要品种。

土鳖虫是我国传统的活血化瘀类中药,在历代本草和现在的各版中国药典上都有记载。其性味咸、寒,有小毒,归肝经,具有逐瘀、破积、通络、理伤等功效,主要用于血滞经闭、产后瘀血腹痛、跌打损伤、骨折、消肿等。跌打丸、治伤散、七厘散、消肿膏、白药等中成药都以土鳖虫为不可缺少的成分。

一、中华地鳖的生物学特性

中华地鳖(*Eupolyphaga sinensis* Walk.),属昆虫纲(Insecta)蜚蠊目(Blattaria)鳖蠊科(Eupolyphaga)。

(一)形态特征

1. 成虫形态

雌雄异体。体扁平,头小而隐藏在前胸背板下。触角丝状。复眼肾形,环绕触角,单眼 2 枚。咀嚼式口器,大颚坚硬。前胸大,如盾状,前狭后宽,盖于头上。前胸有发育相等的具有细毛多刺的足 3 对。足基节发达,藏于胸部及部分腹节下。跗节分 5 节,具有爪 2 枚。腹部 9 节,有分节的尾须 1 对,末端有瓣片 1对。

雌成虫体长 2~3 cm、宽 1.7 cm 左右。体形扁圆,呈黑色,有光泽。中、后胸背板弧形,双翅退化。腹部第 1 节很短,腹板不发达。第八、九两腹节缩在第七腹板的里面。生殖器不突出。

雄成虫体狭长,体长约 3 cm、宽 1.3 cm 左右。前胸呈现波状纹,有缺刻,具翅 2 对。前翅革质,后翅膜质,呈扇形。腹部末端有尾刺 1 对。

2. 若虫形态

若虫体呈钝三角形或扁长椭圆形。在若虫的胸部背中央有一条蜕裂线延伸到头部复眼间分叉。刚孵化的若虫似芝麻粒大,长 0.4 cm、宽 0.3 cm。称 1 龄若虫,以后每蜕皮一次,龄期增加 1 龄。各龄期的若虫在形态上基本相似,幼龄阶段难以目辨雌雄。5 龄后雄若虫的中、后胸背板具有翅芽,形成盾形曲线状,雌若虫的中、后胸背板翅芽退化,形成 60°的弧形曲线状(表 6-2)。

表 6-2　雌雄若虫的鉴别

特征	雄若虫	雌若虫
胸部第二、三背板的弧角	＜45°	＜60°
胸部第二、三节后缘线条的形状	梯形	弧形
爬行姿势	虫体稍抬起	伏地爬行

3. 卵的形态

地鳖虫的卵成块产出，称为卵鞘。卵鞘一般长 0.2～1.5 cm，呈豆荚形，边缘锯齿状。卵鞘初产时为白色，后渐变成黑棕色。每一卵鞘内有卵 2～30 粒不等，一般为 10～18 粒，成双行交叉排列。

(二)土鳖虫的栖息环境

在自然环境中，野生土鳖虫成虫或若虫一般生活在鸡、鸭棚下、牛栏、马圈、食品加工作坊、榨油坊、老旧房屋墙角下的砖石缝隙中；在室内多见于土地面的厨房、锅台、灶脚四周以及锅碗橱下的松土层中，这些泥土疏松、肥沃，而且有一定湿度。

(三)土鳖虫的生活习性

1. 昼伏夜出性

土鳖虫有较强的避光性，多在夜晚出来活动、觅食或交配，白天回到浅土中潜伏，但在隐蔽或黑暗处白天也出来活动。

2. 土栖性

土鳖虫喜欢栖息于阴暗潮湿、有机质丰富、偏碱性的疏松土壤中。土鳖虫的潜土深度，夏季室内日间可达 1.5～2 cm，而夜间在 1～2 cm 深度最多。在野外生活的土鳖虫，当秋季或冬季来临时，潜土深度则随着温度的下降向土层深处潜入，地下 10 cm 处虫体最多。

3. 冬眠性

土鳖虫是变温动物，具有冬眠习性。每年 11 月气温下降到 10℃时，土鳖虫活动逐渐减少并停止采食，开始进入冬眠；到翌年 4 月"清明"前后，气温回升到 10℃以上时，又开始活动觅食。土鳖虫活动的温度在 13～35℃，其生长发育的最适温度为 25～32℃。

4. 假死性

土鳖虫无自卫能力，一旦有响动和亮光，便立即潜逃；因逃之不及而被捕捉或触动后，便立即装死，这种现象称为"假死"。有时假死的时间较长，当它们发觉没有动静时，又爬起来，迅速逃遁。

5. 杂食性

土鳖虫属于杂食性昆虫。一般喜食米饭、麸皮、米糠、豆饼、杂鱼、蚌、螺蛳。南瓜花、叶、瓜果皮、各种叶菜类等也可喂食。

(四) 土鳖虫生活史

土鳖虫是一种不完全变态的昆虫，一生发育过程只经过卵、若虫和成虫三个时期。

由卵到性成熟生产第一个卵鞘为止，为一个世代周期。在一般情况下，土鳖虫完成一个世代，需要 2～4 年的时间，并且雌虫与雄虫的生活史不一致。

土鳖虫每年 4 月下旬至 11 月中旬为产卵期。在 4 月下旬至 9 月初产的卵，按其先后，从 7 月初开始到 11 月中旬陆续孵化。9 月中旬到越冬休眠前产的卵要到次年的 6 月底至 7 月初才陆续孵化。从卵中孵化出来的若虫不活动，待蜕皮后变成单独行动的若虫，即1龄若虫；以后每蜕1次皮，增加1龄。雄若虫共9龄，蜕皮8次，历时10个月左右，然后羽化为有翅成虫。雌若虫共11龄，蜕皮10次，历时13～14个月，然后羽化为成虫。雄虫羽化后，就开始交尾，经7～30 d后死亡。雄虫自孵化开始到死亡，全生育期为350 d左右(不包括休眠期)。雌虫羽化后3 d才开始交尾，经7～15 d开始产卵。雌虫自开始产卵到死亡历时2～3年之久。雌虫从孵化到死亡的全生育期约650 d(不包括休眠期)。

(五)交尾与产卵

冬眠后的成熟雄性若虫，开始活动觅食后不久，便蜕去最后一次皮，变为有翅型成虫，达到性成熟；雌若虫在最后1次蜕皮后的第三天后可以交尾。亦有雌虫蜕8次皮时就进行交尾的情况。

土鳖虫发情交配盛期一般在夏、秋两季。雌虫发情时腹部会产生一股特殊的气味，来引诱雄虫前来交配。当雄虫嗅到气味后，会立即向雌虫爬来。其中，先到的雄虫爬到雌虫背上，不断转圈后与雌虫尾部交配，其他雄虫则去寻找新的发情雌虫。雌雄交尾时间26～34 min，也有长达2 h的。一只雄虫可以和3～5只雌虫交配，雄虫交配后，翅膀破碎，1个月左右陆续死亡，其寿命为40～60 d。

产卵：在雌虫的生殖系统中有一贮藏精子的受精囊。雌土鳖虫1次交尾，终身可产受精卵。一般情况下，雌虫交配后7 d左右便可产出第一枚卵鞘，以后每隔4～6 d产卵一次。在雌虫产卵时，阴道副性腺分泌胶状液把卵粒黏合在一起形成革质卵鞘。卵鞘表面有数条稍弯曲的纵沟，即卵鞘内卵与卵之间的隔膜处。卵鞘内陷的一侧较厚，另一侧较薄，有锯齿形钝刺，为胚胎发育成熟后，若虫钻出卵鞘时的通道。土鳖虫的卵一般产在表土层。

1只健壮的产卵成虫，一生可产卵鞘70～100枚。初期产的卵鞘呈牛角形，长约1.5 cm，内有卵28～30粒；中期产的卵鞘呈豆荚形，长约0.9 cm；内有卵10～12粒，后期产的卵鞘明显变小而少，长约0.4 cm，内仅有卵2～5粒。卵鞘的大小、产卵的多少与食料、虫龄等有着密切的关系。

土鳖虫产卵时卵块不立即全部排出体外，而像挤牙膏式地逐步排出。卵鞘在脱落前一直连在生殖孔上，像拖着尾巴一样，即雌虫的"拖卵期"。雌虫"拖卵期"的长短与温度有关，气温高，拖卵期短，气温低于25℃，拖卵期7 d；超出28℃，拖卵期2～14 h。

(六)孵化

卵鞘在一定温度内经过一段时间后，发育成新个体破卵而出的过程称为孵化。

温度对土鳖虫卵的孵化起决定性作用。在土壤温度为20℃左右，开始细胞分裂，形成胚胎。土壤温度在28～30℃，是孵化最适温度，可缩短孵化期。湿度也是孵化的一个重要条件。孵化土含水量在20%左右是孵化最适湿度。如果温、湿度不适合，会延迟孵化。一旦遇到合适的温、湿度时，仍能孵化。

开始孵化的卵粒内呈清澈水滴状，卵粒粘胶在一起。孵化的第15天，卵鞘外形饱满膨大，卵粒内呈乳白色浆汁，质地稠黏，卵粒不胶粘在起；22 d后基本发育成虫形；26～27 d便可略见眼点与前胸背板；30 d时眼点呈淡黑色，前胸背板呈淡棕色；35 d时开始孵化出若虫，40 d为孵化盛期，45～50 d进入孵化末期。

(七)蜕皮与成熟

土鳖虫的若虫要经过多次蜕皮才能发育成长为成虫。若虫蜕皮时，虫体不断伸缩，产生膨胀压，压迫体壁，使腹部第一节的节间膜拉长变宽呈白色。然后，第二节间膜伸长。接着胸部第二节背缝（蜕裂线）裂开，逐渐延伸到第三节背缝也开裂。最后，第一胸节背线缝开裂，头部先蜕出，然后腹部、尾端依次蜕出。若虫每次蜕皮过程，在 28～30℃的情况下，历时较短，如在表土层干燥的情况下，蜕皮时间可长达 1～2 d。

每次蜕皮的间隔时间，即若虫每 1 龄期所需的天数，与温度和食物是否充足有关。虫龄小，温度高，龄期则短。在 28～30℃的情况下，1～5 龄若虫每隔 15 d 即能蜕皮 1 次，增加 1 龄。5 龄以上，每隔 16～25 d 蜕皮 1 次，增加 1 龄。气温低于 24℃，便停止蜕皮。

二、人工养殖设施及设备

土鳖虫的饲养可根据具体情况进行小规模饲养和大规模饲养。小规模饲养可利用家庭多余房屋、阳台、厨房、地下室，采用木箱、塑料盒、陶瓷缸、桶、池等容器饲养；大规模养殖可专门建房进行立体饲养。目前土鳖虫的饲养方式以池养为主，适宜较大规模的饲养。

(一)饲养池的建造

建造饲养池，要以池底不渗水，或全年池底温湿度变化不大为原则。一般池底用二合土或三合土，上面抹水泥或直接用砖砌底。饲养池的池壁，应用砖和水泥垒砌。为防止土鳖虫逃逸，池顶沿边平放向内伸出 5 cm 的玻璃条或厚塑料薄膜，然后池顶沿平砌一块盖砖，将玻璃条盖住。在盖砖上抹一层水泥，要抹得平整光滑，以便加盖后不露缝隙。池壁也可用水泥预制板来代替，制作时应注意大小尺寸。上口沿四周也要嵌好玻璃条或厚塑料薄膜，所有接合处不留缝隙。饲养池的池口应用水泥或木板做个与池口大小相等的盖子，盖子两头各留 15 cm 嵌有 40 目铁纱的通气孔，用来调节池中的湿度和使空气对流（图 6-1）。

图 6-1　土鳖虫的饲养池

（仿李岗生，地鳖虫，2001）

饲养池可以建在地面上，也可半地下或地下（地窖式），一般是在室内靠墙壁造多层饲养台，像多层兔笼一样，砌成 4～8 层，每层分成若干小单池。单池的大小为长 1～1.3 m，宽 0.8 m；池口长 0.5 m，宽 0.3 m；池高，第一层高 0.5 m，池口底边距池底 0.2 m；第二层及以后各层高 0.45 m，池口底边距池底 0.15 m。

(二)饲养用具

(1)虫筛　虫筛主要用于土鳖虫分龄分池饲养、采收、选筛饲养土、卵鞘等。养殖土鳖虫一般应备有以下型号的筛子。

4 目筛：筛取 7～8 龄老龄若虫时使用。

6 目筛：筛取卵鞘，筛下虫粪时使用。也可筛下一般小若虫。

12 目筛：用于分离 1～2 龄若虫时使用。

17 目筛：用来筛取刚孵化的若虫，筛下粉螨时使用。

(2)饲料盘　是用来投喂饲料的用具，通常用三合板、纤维板或塑料板制作而成。一般可分为大、中、小三种。

大饲料盘：30 cm(长)×18 cm(宽)×1 cm(高)。供老龄若虫(7～8 龄若虫)和成虫使用，每平方米均匀摆放 4 个即可。

中饲料盘：20 cm(长)×18 cm(宽)×0.8 cm(高)。供中龄若虫(5～6 龄)使用，每平方米均匀摆放 6 个即可。

小饲料盘：15 cm(长)×8 cm(宽)×0.6 cm(高)。供 3～4 龄若虫使用，每平方米均匀摆放 8 个即可。

(3)干湿温度计　干湿温度计是用来测定养殖环境的湿度和温度的器具。

(4)喷雾器　喷雾器可用于增加饲养环境的湿度，也可用于喷洒药物。

(三)饲养土

饲养土又叫窝泥，是土鳖虫饲养中不可缺少的重要物质，是土鳖虫赖以生存的首要条件。

1.饲养土的土质要求

饲养土的土质不拘，沙土、黏土、壤土均可，但土质疏松、肥沃是主要条件。肥沃的土壤中含丰富的有机质和无机盐等营养物质，可为土鳖虫提供部分食料；疏松的土壤有利于土鳖虫潜伏时在土中钻进爬出，疏松的土质氧气充足，也便于自然调节饲养土内温度。通常情况下 6 目筛筛过的颗粒最适宜。

2.饲养土的湿度要求

湿度是影响土鳖虫生长发育的重要因素之一。土鳖虫喜好偏潮湿的环境，要求饲养土含水量在 15%～20%，即手捏成团，触之即散为度。

3.饲养土的制备

先将洁净土层翻开打碎(洁净土指没有施过农药的地表层土)，在太阳下暴晒消毒、灭菌、逐虫，并过筛去除杂质及砖块、石块。过筛时用 6 目筛，筛出的土粒以米粒或绿豆粒大小为宜。为了补充土鳖虫在脱皮、产卵过程中所消耗的钙质，在饲养土中经常加一定数量的石灰。通常每 50 kg 饲养土，加已风化的石灰粉 1 kg 充分拌匀。此外，在饲养土中也常常加入其他补充物，如草末、草木灰、煤灰、蚯蚓粪和各种牲畜粪等物。

三、土鳖虫的引种

人工养殖土鳖虫可以从卵鞘开始，也可以从若虫、成虫期开始，其来源可分为野生种和养殖种两种。

(一)野生种的采集

当地有野生种土鳖虫的地方可以就近采集野生虫作为种虫进行繁殖。

捕捉野生土鳖虫一般在 5—9 月进行。取盆(钵) 1 只，内装上炒熟的麸皮，埋在灶间的柴草堆下、鸡舍旁或墙脚下，以及土鳖虫经常出没的地点，引诱野生土鳖虫到盆内取食，以便捕捉。野生土鳖虫数量较少，也可采用野生土鳖虫与人工饲养的虫体杂交繁殖的后代，选择生活力强者作种虫。

(二)养殖种虫的引进

引种人工饲养的土鳖虫是目前生产上常采用的方法。

(1)优质成虫的选择标准　应选择体呈卵圆形，个大体长、具有光泽、腹部饱满、四肢健壮、足上毛刺清晰、活动能力强、假死性好、逃跑迅速的成虫作种虫。雌虫的重量最好每千克在360～500只，这样的种虫不但成活率高，抗病虫害能力强，而且繁殖力也旺盛。

(2)优质若虫的选择标准　应选择生长健壮活泼、色泽鲜艳、生命力旺盛的若虫作种虫。这样的若虫成活率高，抗病虫害能力强，而且生长迅速。

(3)卵鞘的选择标准　应选择外表颜色为褐色或棕褐色，外观正常无畸形、粒大饱满、外表光亮而有轻微刻纹的卵鞘。用手轻捏卵鞘感到有弹性，对阳光或灯光观看，鞘内卵粒清晰可见。

采集和引种时应检查虫体是否有螨类、线虫等寄生，在入池前要消毒、隔离等处理，以免污染饲养器具、饲养土及原有的虫群。

四、土鳖虫的饲养与管理

(一)土鳖虫的饲料及饲喂方法

土鳖虫是杂食性昆虫，食料广泛，不同饲料的组合和搭配，对土鳖虫的生长、发育、繁殖影响很大。土鳖虫最喜食鱼、肉残渣、蚯蚓、蝇蛆等；其次是水果类，如梨、苹果、番茄、南瓜等；再次是米糠、麦麸、植物花；最后取食的是蔬菜、牧草、树叶等。因此，在选择饲料时，要进行适当的搭配，既要注意营养丰富、全面、可口，又要考虑到成本低、来源易得。

1.一般型饲料

在土鳖虫的各类饲料中，有相当一部分须进一步加工、调制后才能饲喂。首先将谷类、麦类、豆饼、蚕蛹等粉碎或加工成粒状、片状；青饲料、块茎瓜果类等切碎切细；各种动物性饲料(鱼粉、蚕蛹粉等除外)必须煮熟。其次把粉碎的精饲料与鱼粉、蚕蛹粉等其他煮熟的动物性饲料混合均匀，再放入贝壳粉、骨粉、磷酸氢钙、酵母粉等充分拌匀。同时把油料下脚、鱼肝油等与南瓜、青绿多汁饲料充分拌匀。最后把上述各种饲料混合拌匀，以湿度掌握在捏之成团，触之即散的程度。但这种方法配制的饲料，只能随配随用，不能长久保存，更不能作为商品出售，称其为一般型饲料。

2.商品型饲料

商品型饲料是人们把各种饲料进行科学的配比组合，添加一定的防腐剂和填充物混合后，经机械加工而成的固体食物。商品型饲料营养物质齐全，搭配合理，便于携带、保存、运输、喂养，饲养时可根据土鳖虫的虫龄加以选择。

3.饲喂方法

按虫龄、季节和发育阶段特点，采取适宜的喂食方法。

1～4龄若虫，宜采用撒料喂食的方法。由于虫体多集中在饲养池边缘，四周宜多撒一些，撒好后用手指深入土中2 cm左右耙土，将饲料掺入土表层中。幼龄若虫无取食青饲料能力，可以不喂。5龄以上若虫都能出土觅食，可在池面撒一层经过腐熟发酵的稻壳，将饲料放在取食盘上，然后将取食盘放在稻壳上供土鳖虫取食。供取食的盘应经常清洗消毒。

喂食次数应掌握低温月份每两天喂1次，高温月份每天喂1～2次。喂食量的多少与饲养密度有关。每次喂食后应注意观察食料余缺情况，原则上掌握“精料吃完、青料有余”，既要虫子吃饱，又要避免浪费。土鳖虫蜕皮前后食量减少，蜕皮期间完全停食。

(二)饲养管理

饲养管理是养好土鳖虫的中心环节。做好饲养管理工作,是提高其产卵率、孵化率、成活率,促进其生长发育,增加产量的关键。

1.分级管理

土鳖虫在饲养密度过度、食料不足、温湿度不适或缺少某些营养时,常会出现大虫吃小虫、壮虫吃弱虫、互相残食、吞食卵鞘或抢食现象。为避免或减少上述情况发生,饲养到一定阶段后要按虫体大小分在不同池中饲养,即称为分级饲养。

土鳖虫的分级饲养管理一般可分成 4 种类型:幼龄若虫池、中龄若虫池、老龄若虫池、成虫池。

(1)幼龄若虫池　幼龄若虫是指 1～3 龄若虫,即从芝麻形成长成绿豆形若虫,其生长期为 1.5 个月左右,栖息在饲养土 3 cm 深以下,可用 6 目筛筛取。

幼龄若虫刚从卵鞘中孵化出来,活动能力、觅食能力还很差,不吃食或很少吃食,也没有取食青饲料的能力。此期是土鳖虫一生中最难照料的阶段,其饲养土宜细、宜肥、湿度宜小,且要疏松。饲养器皿和设施如缸、盆、罐、池也宜小,饲养土厚度以 6 cm 为好。在第一次蜕皮前最好喂少量的精饲料,如米糠、麦麸类。喂养时,将精饲料均匀撒在表层土上,一般虫子在缸、池的边沿较多,在四边应多撒一些,撒好后用手指深入 2 cm 土中左右轻轻耙土,将饲料掺入土表层中。

幼虫经第一次蜕皮后,活动能力增强,取食量也开始增加, 2 龄后,可多增加一些精料的喂养量。每隔 2～3 d 清除 1 次池中剩食,以免霉变。此时期养殖密度为:初孵若虫 18 万只/m^2,2、3 龄若虫即绿豆型若虫 8 万只/m^2。

(2)中龄若虫池　中龄若虫指 4～7 龄若虫,生长期 3 个月左右。经两次蜕皮后,由绿豆型若虫成长为黄豆型若虫。这个时期的若虫活动能力逐渐增强,抗逆能力提高,对饲料的要求也更宽。

在饲料的搭配上可增大青绿饲料的比例,适当减少精饲料,品种要多样化,要适当增加钙、磷成分(如贝壳粉、骨粉、磷酸氢钙、风化石灰等),以满足中龄若虫蜕皮和生长的需要。特别是在夏季和秋季可诱捕一些昆虫,如蛾类、蝼蛄、蟋蟀等,用开水稍烫后切碎喂养土鳖虫,以促进其生长发育,加速蜕皮。

土鳖虫从孵化到长至黄豆型大小,需要蜕皮 4～5 次,虫体增加 15～20 倍。因此要注意分池工作,避免因饲养密度过高而影响土鳖虫的栖息、取食等活动,黄豆型若虫一般饲养密度为 3 万只/m^2。饲养土厚度一般为 6～12 cm。

(3)老龄若虫池　老龄若虫是指 8～11 龄虫,从黄豆型成长到蚕豆型的老龄若虫一般需 3～5 个月。

老龄若虫与中龄若虫在形态生理上没有更大的变化,所以,饲养管理方式相似。老龄若虫后期即将羽化为成虫,由生长期转入到繁殖期,对营养的需求量有所提高。此时要增加精饲料和含蛋白质、维生素类饲料的比例,青绿饲料的比例适当减少。为提高产卵率和种卵质量打好坚实的基础。

雄虫一般占群体的 35%左右,当土鳖虫进入 9 龄,雄虫日渐成熟,不久将会羽化长翅,失去药用功能,此时要适时地去雄留种。一般保留雄虫数为雌虫数的 25%左右。多余的雄虫在出翅前拣出进行加工处理作为药用。

老龄若虫的饲养土厚为 9～15 cm。随着虫体的迅速长大，池内饲养土表层会积累较多的虫粪，要定期清除。最简单的方法可待其蜕皮后，将表层 0.5 cm 内的虫粪、饲养土一齐刮除，并随时补充新饲养土。

(4)成虫池　当雄虫经 7～9 次蜕皮，雌虫经 9～11 次蜕皮后，老龄雌、雄若虫完成最后 1 次蜕皮，都具有了生殖能力，这时，土鳖虫便进入成虫期。

为减少老龄若虫吃卵现象，应将个体较大、发育已经成熟的雌虫首先转入成虫池中饲养，过一段时间，待大部分老熟若虫进入成虫期后，再行转入，一般要转池 1～2 次。

成虫的饲养土厚度为 15～18 cm，表层的卵鞘要勤过筛，一般每 10～15 d 过筛收取卵鞘 1 次。

2.土鳖虫卵鞘的管理

(1)卵鞘的筛取　筛卵鞘操作要轻巧，避免互相碰撞，否则会损伤虫体和撞下雌虫尾部尚未产完的卵鞘。筛取时，首先用 2 目大眼筛筛取雌虫，筛下饲养土和卵鞘。筛取的雌虫要立即放养在备用的雌虫池内，健壮的雌虫会很快地钻入饲养土中，剩下个别老弱、伤残的雌虫应取出处理后药用。然后用 6 目筛筛取卵鞘及部分虫粪，筛下饲养土。最后清理卵鞘，处理虫粪，饲养土可继续留作饲养之用。

(2)卵鞘的处理　卵鞘从雌虫池筛取后，要进行必要的处理，否则会影响出虫率。

清洗：在卵鞘一侧呈锯齿状排列的是气孔。刚筛出的卵鞘，气孔易被饲养土塞住，应将泥土洗净，以利于卵的孵化。清洗方法是，首先在容器内盛满清水，水温应与饲养温度一致，然后把装有卵鞘的 6 目筛置于容器中，并轻轻漂动，洗去卵鞘表面的泥土，然后在格筛上晾干。不能在阳光下暴晒或火烤，清洗应在 2 min 内完成。

消毒：为减少菌类的感染，可用 0.02%(1∶5 000)的高锰酸钾溶液，把卵鞘浸泡 1 min 后，取出晾干。

(3)卵鞘的越冬管理　土鳖虫 8 月中旬以后产的卵鞘因气温逐渐下降，在自然情况下到翌年 6 月下旬至 7 月上、中旬才能孵化为若虫。越冬的卵鞘，应拌和一些新鲜饲养土，然后置于容器中，最后覆盖棉絮和草等保温。越冬卵鞘的饲养土，可偏干一些，一般湿度为 5%～10%，只要饲养土稍有湿润感即可。

3.土鳖虫卵鞘的孵化管理

(1)自然孵化　适用于 8 月中旬以前产出的卵鞘。通常将 4 月下旬至 8 月中旬产出的卵鞘，按月收集，与孵化土以 1∶1 的比例拌匀后放入卵鞘缸。

孵化土制备方法是：先用 17 目筛筛取孵化土，筛完后把 17 目筛斜立起来，把刚过完筛的土撒在筛上，这样较小的土粒过筛落下，弃去不用；较大的土粒从筛面滚下落在筛边。消毒处理可用 1 000 倍的新洁尔灭溶液拌和后晾干或晒干。孵化土呈颗粒状态，湿度以含水量 20% 左右为宜。但孵化前期可稍干一点，孵化后期可稍湿一点。

孵化时间随气温不同而异，5 月份的卵鞘一般到 7 月底可全部出房，而 8 月上、中旬的卵鞘要到 10 月下旬至 11 月中旬孵出。

在孵化期间，孵化土和卵鞘需每天翻动 1 次。孵出幼虫后，先用 6 目筛筛出卵鞘，再用 17 目筛筛出刚孵化的若虫，放入饲养缸或饲养盒中饲养，待养到蜕完第 1 次皮之后，移入幼虫池饲养。

(2)人工孵化　人工孵化是用人工加温的孵化方法。它排除了冬季和早春低温的不利影响，使卵鞘能在需要的时间里孵化，是提高土鳖虫产量的一项重要措施。加温孵化与自然孵化的孵化土要求相同，孵化温度一般在25～30℃，孵化期为35～50 d。每天翻动卵鞘2～3次，让卵鞘的温度湿度保持一致。孵化期的管理与自然孵化法基本相同。

4. 土鳖虫的四季管理

（1）春季管理　要在出蛰前做好开池的准备工作，把覆盖在池面上的保温稻草取走，并打扫干净，尤其要把上面发霉的草屑和死虫清扫干净。

土鳖虫经过漫长的冬眠后，消耗极大，这一阶段的饲料要调得稍湿一些。并撒上一些青绿饲料和新鲜菜叶，任其自由取食。混合精料要炒香（米糠除外），并拌以青饲料，以增进食欲。刚开始喂食要根据虫体出蛰活动的情况，少量喂食。随着气温的逐渐升高，出蛰活动的虫体逐渐增多，喂食量也要随之增加。4月下旬至5月，土鳖虫的活动、觅食恢复正常，这时越冬时并池的要进行分池。

（2）夏季管理　夏天是土鳖虫活动、生长、发育、产卵最旺盛的季节，要随时注意温、湿度的调节，做好防暑降温工作。

夏季梅雨季节，土鳖虫易患病。这时所用饲养土要尽量干燥一些，少喂青绿饲料，或青绿饲料要稍晾晒后喂饲。喂精饲料要做到少量多次，防止饲料的霉变而引起病害。

（3）秋季管理　秋季管理要在越冬前1个多月开始。首先，适当增加精料和蛋白质饲料。其次要增加饲养土厚度，越冬期饲养土的厚度比夏季时加厚3～6 cm。调节好饲养土的干湿度。冬眠前半个月要翻饲养土1次，检查饲养土中是否有害虫隐藏。最后，冬季冬眠前，要把两个饲养池的土鳖虫合并到1个池中，有利于保温、保湿。还要关紧门窗，糊严缝隙，封闭通风口，使温度下降不至过快。

（4）冬季管理　立冬前后，平均气温下降到10～12℃以下，土鳖虫进入冬眠。为保证其安全越冬，应做好以下工作：

①越冬前检查　越冬前要对虫体做一次全面的检查工作，对老、弱、病、残虫要坚决清除，以免冬眠时死亡或危及其他虫体。

②温度控制　土鳖虫比较耐寒，但做好保温工作，为其创造良好的越冬环境也是重要的。土鳖虫的适宜越冬温度在0～4℃，当虫体全体进入休眠后，饲养土上面宜盖一层2 cm厚的砻糠灰或草木灰保暖，然后再加盖一层6 cm厚的稻草或草帘。

③湿度控制　冬季饲养土一般应稍干些，可选择中午暖和时喷水调节。冬季一般严禁翻动饲养土，否则土鳖虫的死亡率会显著增加。

④鼠害的预防　老鼠喜食土鳖虫，在越冬期如老鼠潜入池内，会大量咬食虫体造成严重的损失。因此在越冬期要做好防鼠工作。

（三）土鳖虫的加温快速饲养

土鳖虫在自然情况下，每年11月中旬到次年4月，因气温低于10℃进入休眠阶段。同时，9月以后产的卵要到次年7月才能孵化，因此完成一个世代需2～3年。其中虫体休眠期却占去一个世代的1/3时间。实践证明，使用人工控制温、湿度及改善营养条件的办法，能使土鳖虫不休眠，使生长周期由23～33个月缩短为11个月左右，达到了加速生长繁殖的目的。

1. 卵鞘的加温孵化

将温度控制在30℃，相对湿度控制在75%左右，卵经过35～45 d即可孵化。如果温度在27～28℃，需要40～60 d才可孵化。在冬、春两季采用人工加温，可使原先不孵化的卵及时孵化。加温催孵的设备主要有两种：一种是利用电热，另一种是利用火热。

人工加温催孵在冬春两季均可进行，但每年的 2 月上旬开始最适宜。

2. 虫体加温饲养

在冬、春两季，自然界温度不能满足土鳖虫生长的要求，可以进行人工加温。加温的时间一般从 11 月室温低于 10℃时开始，到 5 月结束。通过人工加温饲养，可使当年 5 月所产的卵，到次年 4 月羽化为产卵雌虫，世代周期仅为 11 个月。通过加温饲养的雌虫，寿命缩短，体质减弱，容易生病，甚至死亡，比自然生长的雌虫要短 20～30 个月。因此，对繁殖产卵的土鳖虫要以自然饲养方法为好。而加温加速饲养法，主要用于促进入药雌虫的生长，可进一步提高其产量。

加温饲养土鳖虫的饲养室要密闭，保温。在室内加温方式可分为火坑和火炉两类。

五、产品采收与初加工

药用土鳖虫，一般以干燥的雌虫入药。生翅雄虫不能作药用。每年的 11 月是土鳖虫的采收季节。将已过产卵盛期的雌虫和不强壮的若虫，筛去坑土、卵鞘后集中在盆内，先用清水洗去身上的泥沙，再用沸水烫死。土鳖虫加工时一定要注意烫透、晒干。加工前，要停食半天至 1 d，使之吃进的食物完全消化。如果腹内有残留食物，加工后容易霉烂生虫，影响药效。也可经过酒炙再入药，每千克土鳖虫用白酒 100 g 或黄酒 200 g 拌匀，吸尽，晾干待用。

思考题

1. 简述蜜蜂的分类学地位、分布。
2. 简述蜜蜂的形态特征。
3. 简述蜜蜂的生活习性。
4. 蜜蜂的饲养设备与用具有哪些？
5. 简述蜂群的检查方法。
6. 人工合并蜂群的方法有哪几种？
7. 简述蜂群的阶段性管理的划分及饲养管理。
8. 简述中蜂过箱技术。
9. 虫草的生物学特性有哪些？
10. 影响虫草生长的环境因子主要包括哪些？对虫草的生长规律有何影响？
11. 冬虫夏草的生产设施主要由哪些构成？
12. 土鳖虫的世代周期为什么为 2～4 年？
13. 简述土鳖虫加温饲养的意义。

第七章 其他药用动物的养殖

第一节 珍珠培育

珍珠是由蚌科动物及珍珠贝科动物等双壳类动物的外套膜受刺激所产生的分泌物层叠而成的颗粒状物，药材名为珍珠，别名：合浦珍珠贝、真珠、蚌珠、湖珍珠、珠子等；其贝壳也可入药，药材名珍珠母。

珍珠是一种有机宝石，自古以来就被视为珍宝。它光彩夺目，晶莹美丽，既可制成多种华丽的装饰品，也可加工成药材。因其含有多种人体必需的氨基酸，珍珠被广泛应用于化妆品和饮料等行业。珍珠具有较高的经济价值，是外贸出口的重要资源。且其原动物河蚌肉可食，亦为鱼类、禽类的天然饵料和饲料。

珍珠分淡水珍珠（蚌珠）和海水珍珠（贝珠）两大类。我国常见的蚌科动物有10余种：三角帆蚌、褶纹冠蚌、背角无齿蚌、圆背角无齿蚌、猪耳丽蚌、珠母珍珠蚌等。这些蚌科动物都是淡水蚌。河蚌是淡水蚌的总称。目前生产上用得最广、养殖珍珠价值最大的是三角帆蚌和褶纹冠蚌。珍珠贝科动物有珍珠贝、马氏珍珠贝等。

蚌类在动物分类学上属于软体动物门（Mollusca）瓣鳃纲（Lamellibranchiata）真瓣鳃目（Eulamellibranchia）蚌科（Unionidae）；珍珠贝类在动物分类学上属于软体动物门（Mollusca）瓣鳃纲（Lamellibranchiata）真瓣鳃目（Eulamellibranchia）珍珠贝科（Pteriidae）。

珍珠始载于宋代《开宝本草》，是历史悠久的名贵药材。珍珠，性寒味甘、咸。归心、肝经；具有清热解毒、养阴熄风、镇心安神、止咳化痰、明目止痛和收敛生肌等功能。主治惊悸、惊风、抽搐、失眠、结膜炎、白内障、癫痫、烦热、消渴、喉痹、口疳、疮疡久不收口、面斑等。在珍珠丸、六神丸、行军散等多种常用药中，都有珍珠配伍。目前，用珍珠粉制成的珍珠霜、健肤蜜等，能滋润肌肤，深受国内外消费者欢迎。

珍珠母，性凉味咸。归心、肝经。具有熄风定惊、止血、平肝潜阳功能，主治惊悸、眩晕、失眠、耳鸣、心悸、癫痫、吐血、妇女血崩等。珍珠母还含有氨基酸及锶、铝、钡、锌等元素，有抗衰老、抗溃疡、抗癌等作用。

一、生物学特性

(一)种类及形态特征

1. 蚌科

外形呈椭圆形或卵圆形。壳质薄。易碎。两壳膨胀,后背部有时有后翼。壳顶宽大,略隆起,位于背缘中部或前端。壳面光滑,具同心圆的生长线或从壳顶到腹缘的绿色放射线。铰合部窄,无齿。斧足发达。雌雄异体。

目前,世界各国已有记录的蚌有 1 000 余种和 80 多个变种,分属于 11 个属,其中有 500 多种产于北美洲,其他主要分布于亚洲、欧洲和北非。我国淡水蚌类资源丰富,目前已发现的有 140 多种,其中常见而经济价值较高的有 10 多种。大部分能在体内自然形成珍珠,有的种类可用做淡水育珠。由于植珠手术的难易、产量的高低和珠质的优劣等原因,适合培育珍珠的品种有如下几种:

三角帆蚌 *Hyriopsis cumingii* Lea

三角帆蚌属蚌科帆蚌属,又名翼蚌,苏州地区俗称劈蚌或石蚌。蚌壳大而扁平,质厚重而坚硬,背缘向上伸展呈三角形的帆状翼,故名三角帆蚌。此翼脆弱,易折断,通常仅在幼蚌时保持完整。它的韧带长,位于后翼基部的前方。壳表面不平坦,生长轮脉粗而明显。壳顶具褶纹,后背部有 2 条由结节突起组成的斜肋。年轻时,壳面呈黄绿色、红棕色、翡翠色等。随蚌年龄的增加,壳色加深呈紫褐色或棕黑色,并具有放射色线。右壳内有拟主齿和侧齿各 1 枚,左壳内有拟主齿和侧齿各 2 枚。壳内面有珍珠光泽。

三角帆蚌产珠质量光滑细腻,色泽鲜艳,质量最佳,但珍珠形成较慢,易患病。手术操作简便,但耐酸碱能力较差。主要分布于我国江西的鄱阳湖,湖南的洞庭湖,江苏的太湖、洪泽湖,高宝湖、邵伯湖,山东的微山湖,安徽的蚌埠,浙江的菱湖、余杭,广西的钦州地区等大中型湖荡江河中。该蚌是我国淡水珍珠的主要育珠品种。

褶纹冠蚌 *Cristaria plicata* Leach

该蚌属于蚌科冠蚌属,俗称河蚌、湖蚌或鸡冠蚌。壳大,两壳膨突,壳质较薄。背缘向上扩展成巨大的冠,使蚌体外形略呈不等边三角形。成体的冠常有残伤,幼体的贝壳一般完整。韧带粗壮,位于冠的基部。壳后背部有一列纵肋(褶纹)。壳顶偏前方,位于距前端壳长约 1/6 处,有数条肋脉。壳色多为黄褐色,前侧齿细小,无拟主齿。

该蚌珍珠质累积快,产量高,产珠多为银白色、乳白色、鲑白色、淡蓝色或七彩色。除南方少数地区,全国各地湖荡、河沟、池塘均有分布。人工繁殖容易,幼蚌生长快,成蚌不易患病,培育珍珠颗粒大,成珠快,产量高,但珠形不圆,光泽较弱,多为药用珍珠。

背角无齿蚌 *Anodonta woodiana woodiana* Lea

该蚌属蚌科无齿蚌属,俗称河蚌或挑子头蚌。两壳膨突,呈长圆形,壳高为壳长的 1/2,后部略斜切状。壳顶靠近前端的背缘,通常被腐蚀。壳的表面光滑呈黄褐色,有微细的环形轮脉,无铰合齿。壳内面珍珠层呈金黄或橙色。产珠质量尚可,但因壳薄,肉多,操作不便,生产上多不采用。

该蚌常栖息于水深 1 m 左右的静水及缓流的河道和湖泊中,也是池塘内常见的种类,我国各地几乎都有分布。

椭圆背角无齿蚌 *Anodonta woodiana elliptica* Heude

该蚌属蚌科无齿蚌属。蚌壳大,壳长可达 190 mm 以上,呈长椭圆形。壳质较厚,坚固。两壳较膨突,壳前部短而低,后部长而高。壳顶较小,膨胀,稍突于背缘之上。分布于我国各地江河、池塘中。

椭圆无齿蚌因壳较膨突,足和内脏团都大,手术困难,因此目前用作育珠的很少。

猪耳丽蚌 *Lamprotula rochechouarti*

又名猪耳朵,牛脚蚌。壳大,呈三角形似猪耳朵。壳质坚厚,两侧不等,壳面黑褐色,有瘤状结节;壳内面乳白色,有珍珠光泽。多生长在流水环境的河流、湖泊。用来育珠质量较高。

背瘤丽蚌 *Lamprotula leai*(Gray)

该蚌属蚌科丽蚌属,俗称麻蚌。蚌壳坚硬、厚重,呈长椭圆形。前端圆窄,后部扁而长。腹缘呈弧状,后背缘弯曲稍有突出。壳顶略高于背缘之上,几乎位于背缘最前端。壳面除腹缘外,布满瘤状结节。结节多连成条状并与后背部的粗肋相接呈"人"字形,铰合部发达,左壳具拟主齿和侧齿各 2 枚,前拟主齿不发达。右壳具拟主齿和侧齿各 1 枚。

该蚌主要分布于大中型湖泊及河流中,育珠成珠快,能产银白色的珍珠,珠质差,颗粒小,但由于体小壳厚,壳口开不大,难于手术,至今未被采用。目前,只用其贝壳制作培育有核珍珠的珠核。

珍珠蚌 *Marqaritiana dohurica* Middendorff

该蚌属珍珠蚌科珍珠蚌属。壳中等大小,坚厚,长卵圆形。前端圆,后端略突出。腹缘中央部稍向内凹入。壳顶偏向前方,常被腐蚀。壳顶部的生长线常为同心圆状。壳面呈褐色或黑色,具有多数轮脉。铰合部有大的中央齿。壳内有珍珠光泽。左壳具 2 枚拟主齿,并有许多扇形列的小褶,右壳主齿 1 枚,扁而厚。左右壳侧齿均退化。鳃有不完整的鳃叶间隔膜。外鳃的外叶后部不与外套膜结合,留有较长的间隔。无鳃水管,鳃与肛门开口间无明显的区分。2 对鳃部有育儿囊。钩介幼虫无钩。

该蚌产于我国东北及山东等地。日本曾用该蚌作为母蚌养殖淡水珍珠。法国也以该蚌作为研究珍珠的材料。

此外,还有达呼里珍珠蚌、蒙古珍珠蚌,都产于我国的东北。据记载,珍珠蚌能产名珠,但我国目前还未采用。

2. 珍珠贝科

两壳不等或近相等,左壳稍凸起,右壳较平。壳顶前后通常具耳,后耳较前耳大。贝壳表面通常有鳞片。铰合线直,韧带很长。铰合部在壳顶下部有 1 或 2 个主齿。闭壳肌痕 1 个,位于贝壳中央。鳃叶褶叠,与外套膜愈合。足舌状,具足丝。本科动物均分布于热带和亚热带海洋中,利用足丝栖息于浅海岩石或珊瑚礁上。

珍珠贝 *Pteria margaritifera*(L.)

又名珠母贝、黑蝶贝。贝壳呈不规则的圆形,壳顶位于背缘中部靠前端。左壳稍凸,右壳较平。壳面鳞片呈覆瓦状排列,呈墨绿色或暗绿色,间有白色斑点或放射肋。贝壳内面珍珠层厚,有美丽的虹光色彩,边缘为黄褐色。铰合部无齿。

马氏珍珠贝 *Pteria martensii*(Dunker)

又名合浦珠母贝。贝壳左右不等,左壳较右壳膨胀。壳顶位于前方。壳面淡黄色,同心生长的轮脉极细密,呈片状,薄而脆,极易脱落。铰合线直,铰合部无铰合齿。韧带细长,紫褐色。壳内面中部珍珠层厚,光泽强,边缘淡黄色。

(二)生活习性

1.蚌的生活习性

(1)栖息环境　蚌是水生底栖动物，在自然环境中，一般在江、河、湖泊、池沼、小溪等泥质、沙质或石砾之中行埋栖生活。水温20～25℃，水质肥而不浊。冬、春寒冷时，利用斧足挖掘泥沙，使蚌体部分潜埋在泥沙中，前腹缘向下，后背缘向上，仅露出壳后缘部分进行呼吸摄食。天热时，则大部分露在泥外。不同品种对环境的要求也不同。三角帆蚌和丽蚌栖息在沙泥质底的大中型湖荡和水质较清、pH稳定在7～8的流水环境中；无齿蚌和冠蚌一般生活在泥质底、pH 5～9的静水或缓流的较肥的水中。

(2)摄食　蚌不能主动追逐食物，依靠蚌壳的开闭，外套膜内侧纤毛和鳃纤毛的摆动造成水流，食物便随水进入蚌体。食物随水进入外套腔，小颗粒沿鳃丝向上移至鳃的基部，再向前移动至唇瓣，经唇瓣再次选择后微颗粒进入口中，大颗粒则由内鳃边缘向后移动，在两鳃相交处，入外套膜痕至后端，两壳猛闭排出体外。据有人统计，每天流进蚌体的水可达40 L。

蚌的食物主要是单胞藻、原生动物和有机碎屑等，以及加轮虫、鞭毛虫、绿眼虫、绿粒藻、栅藻、舟形藻、甲藻、四角藻、纺锤硅藻、杆星藻、甲壳动物的残屑及植物叶片等。易被消化的主要是硅藻。

褶纹冠蚌与三角帆蚌食性有所不同。褶纹冠蚌，硅藻、绿藻都可取食，而三角帆蚌只取食硅藻。蚌的摄食种类随地区和季节的不同有很大变化，摄食量取决于水中饵料的多寡。因此，在进行人工培育珍珠时要掌握养殖水域的适宜肥度，保证蚌有丰富的食物，以达到育出优质珍珠的目的。

(3)行动　蚌的行动能力很弱，环境平静时，由韧带牵行，微微张开双壳，徐徐伸出斧足。一般斧足向壳的前方伸出，并固着在泥地上，再收缩蚌体向前移动。这种爬行，非常缓慢，通常1 min只前进数厘米。凡蚌体经过之处，均留有一条浅沟。当蚌遇到敌害时，斧足很快缩回，闭壳肌同时急剧收缩，双壳紧闭，以御外敌。

2.珍珠贝类的生活习性

(1)栖息环境　珍珠贝科动物生活在海洋中，海水清澈，水流较缓，自潮间带至10余米深的混有砾石的泥砂底质上。珍珠贝主要分布于海南、广西、广东沿海的暖水海洋中；马氏珠母贝主要分布在广西、广东沿海较为平静的海湾。

(2)活动规律　一般生活在低潮线附近到水深20 m左右区域，以水深10 m较多。幼贝多在水深3 m处较浅的水层。适宜的水温，珍珠贝为15～30℃。马氏珠母贝为23～25℃。适宜盐度为1.96%～3.67%。珍珠贝第一年生长最快，第二、三年次之，第四、五年迅速下降。生长速度与水温密切相关，水温超过30℃或低于13℃时，就失去正常活动的能力，15℃生长较慢，18℃较快，20～28℃最快。其寿命一般为11～12年。

(3)食性和活动方式　珍珠贝主要食圆筛藻、舟形藻、针杆藻、菱形藻、原甲藻等，以及一些小型甲壳类动物的卵、无节幼体、贝类的浮游幼虫、有机碎屑等。营附着生活，利用足丝附着在岩礁、珊瑚、砂、砂泥及石砾的混合物上。

(三)珍珠的形成机制

1.珍珠的成因

一般认为，蚌的外套膜表皮细胞，受到某一刺激而急剧地分裂增殖，逐渐地包围刺激源，形成完整的珍珠囊，并以刺激源为中心，渐次层复一层地分泌珍珠质，从而形成珍珠。所形成的珍珠是圆球形或非圆球形，关键在于珍珠质能否均匀地在刺激源周围积累。归纳起来，形成天然珍珠的原因有以下两种：

(1)异物偶然侵入壳内　砂粒、小虫或虫卵等异物，偶然侵入壳内，与部分外套膜表皮细胞一起陷入结缔组织，表皮细胞组织裂殖成珍珠囊，包围异物，分泌珍珠质而形成珍珠。

(2)外套膜表皮细胞的病变或受伤　外套膜表皮细胞组织的一部分，因病变或受伤等原因，脱离原来的部位，进入结缔组织中，裂殖形成珍珠囊而形成珍珠。

前一种情况形成的珍珠是有核的，后一种情况形成的珍珠是无核的。由以上两个成因看出，不论珍珠由哪种原因形成，分泌珍珠质的外套膜表皮组织，是它们共同的必备条件，这在人工培育珍珠中是极其重要的。

2.养殖珍珠的形成过程

根据河蚌天然成珠的原理，珍珠是由珍珠囊的表皮细胞分泌的碳酸钙结晶以及壳角蛋白而形成的，故珍珠质的分泌机构是珍珠囊。从育珠蚌外套膜剪下活的上皮细胞小片(简称细胞小片)，与蚌壳制备的人工核，一起植入蚌的外套膜结缔组织中。植入的细胞小片，依靠结缔组织提供的营养，围绕人工核迅速增殖，形成珍珠囊，分泌珍珠质，从而生成人工有核珍珠。人工无核珍珠，是仅将细胞小片植入外套膜，培育出无核珍珠。淡水养殖珍珠，大都是无核珠。珍珠形成过程分伤口愈合期、囊袋形成期、珍珠形成期、珍珠增厚期、珍珠成圆期、珍珠衰老期。

(1)珍珠囊的形成　珍珠囊是由插入外套膜的小片与母蚌结缔组织愈合后裂殖而成的，具有分泌珍珠质机能的囊状物，珍珠就在这囊内形成。

①无核珍珠囊的形成　小片插入育珠蚌结缔组织中，首先是小片的边缘，尤其是角突部分与育珠蚌结缔组织愈合，并吸收蚌体营养而迅速裂殖成珍珠囊(图7-1)。

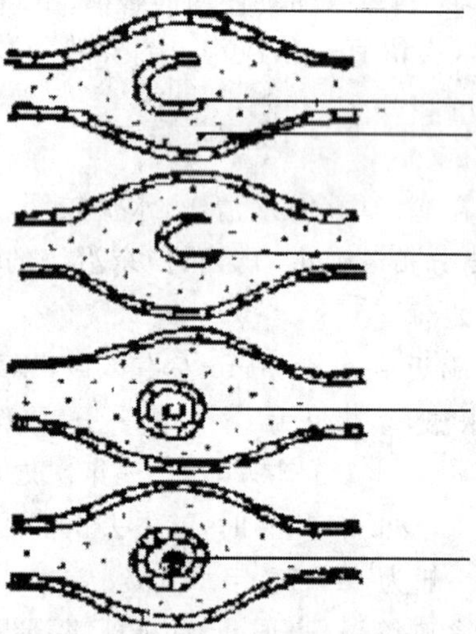

图7-1　无核珍珠囊的形成

②有核珍珠囊的形成　实验观察，插入的细胞片和核，4 h后小片就接近核，1 d以后开始沿着人工核分裂增殖，2 d后约包围核的一半，5 d后形成珍珠囊，以后即不见有显著的变化。这种裂殖可能是受伤后产生的伤愈激素所致。

珍珠囊形成过程的快慢和蚌体的强弱、年龄的大小、手术技术的高低、水质的优劣等有关，特别是与手术季节的水温关系很大，水温 15℃时 15 d 左右，20℃时 12 d 左右，25℃时 8 d 左右，30℃时 5～7 d。

(2)珍珠质的分泌

①分泌过程　珍珠囊形成过程中，其表皮细胞的形态是有变化的。初插入的细胞片原来存在许多腺细胞，随着养殖时间的延长，腺细胞逐渐减少，直至完全消失，细胞形态由高的圆柱形逐渐变成低的扁平形。由于细胞形态的改变，导致分泌机能也随着改变。初期珍珠囊内表现为酸性，分泌物为有机物(壳角蛋白)，接着呈碱性，分泌物为方解石型的棱柱层，最后才为中性珍珠质。以壳角蛋白为核心，随着时间的延长，珍珠质越积越多，形成珍珠。当剖开形成不久的无核珍珠囊进行观察时，可看到棕黄色的片状物，这是有机物和棱柱质的混杂物。无核珍珠就是以此为中心，一层一层地覆盖上珍珠质而形成珍珠。剖开形成不久的有核珍珠囊，核面同样也为棕色。

②钙的吸收　珍珠的主要成分是碳酸钙，含量 90%～95%。蚌体内的钙质主要来源于食物，其次是水。日本用许氏帆蚌试验表明：蚌的鳃、外套膜和足都能直接从水中吸收钙。从蚌体不同部位钙含量的分析发现，整个蚌体(肉质部)钙的含量为脱水后体重的 3.39%，以鳃的含钙量最高。用放射性同位素 ^{45}Ca 标志证明，鳃对钙的吸收力较强而排出能力很差，因此认为鳃是吸收和贮藏钙的器官。外套膜对钙吸收和排出的能力都很强，可见这和外套膜的分泌含钙物质有关。从饵料和水中吸收的钙，逐渐由血液输送到外套膜内。

钙被蚌体吸入并输送，据报道主要是依靠一种叫碱性磷酸酶的作用。它们在外套膜靠外表皮的结缔组织和珍珠囊的结缔组织中均有分布。碱性磷酸酶能同钙离子相结合，形成磷酸盐及其他盐类，使钙离子得到能量，透过外套膜表皮被吸收，再输送到育珠蚌以及珍珠囊的结缔组织内，向珍珠囊的表皮细胞移动。钙在移动中，又和硫酸软骨素(一种酸性复合蛋白)相结合，并受其诱发，使钙离子具有活性，被输送到珍珠囊表皮细胞的原生质膜的分泌界面，由硫酸脂酶、碱性磷酸酶和其他酶分解，被表皮细胞排出。排出的钙在碳酸脱水酶的作用下，和来自蚌体代谢产生的二氧化碳结合，生成碳酸钙。碳酸钙经蚌体的生理生化作用便形成珍珠质。

③黏液在形成珍珠过程中的作用　解剖蚌时，经常看到蚌体内有黏液。有关报道认为：黏液是壳角蛋白的前身，是糖蛋白类物质。这些糖蛋白与碱和其他无机物结合，变性后形成壳角蛋白。壳角蛋白就是珍珠囊早期分泌的物质。

二、蚌、贝的养殖技术

(一)珍珠养殖场的建造

养殖场地应选择在风平浪静，饵料丰富，浮泥少，低潮时水深 3～5 m，底质硬，冬季水温不低于 13℃，雨季盐度不低于 1.698%，无污染，受台风影响小的海域。一般将贝笼吊养在养殖架上，养成期为 2 年。养殖架有浮筏式和固定式两种。浮筏式用毛竹搭建，底部用木桩固定。固定式用长 5～9 m、直径 15～18 cm 的钢筋水泥柱插入海底，柱间距为 10～15 m，行距 8～12 m。贝笼用 8～10 号镀锌铁丝或硬质塑料制作笼框，外包胶丝网布作网笼，网目依贝体的生长而加大，吊绳用聚乙烯材料。育苗笼用 8 号铁丝做成方形框架，外包塑料网片，框架大小为 36 cm×36 cm×13 cm，网片大小为 40 cm×40 cm，供贝苗中间培育用。

(二)繁殖技术

1.蚌类的繁殖特性

褶纹冠蚌在每年3—4月、10—12月繁殖两次,产卵水温为15～20℃。三角帆蚌在上海地区每年5月开始成熟,5—7月为产卵季节,产卵水温18～30℃。在繁殖季节,雌蚌不将卵排出体外,而排于外套膜与精子结合。受精卵在雌蚌的鳃叶腔内孵化,故鳃叶腔又称“育儿囊”。孵化的幼虫具有两壳,称为“钩介幼虫”。钩介幼虫的特征是两壳侧缘中央有钩,中央有一条长鞭毛状的足丝。幼虫靠启闭两壳游泳,以壳线的钩附着在鱼的鳍或鳃瓣上。孵化后的钩介幼虫在母体内停留一个时期后,到第二年的春季脱离母体,寄生到鱼上。不同种类和水温,钩介幼虫的寄生时间不同,3～20 d不等。

育珠蚌的发育包括:受精卵、卵裂、囊胚、原肠、钩介幼虫,钩介幼虫在鱼体上寄生一段时期,完成变态发育,离开鱼体,发育成稚蚌、幼蚌,最终发育为成蚌。育珠蚌的产卵量很大,一只三角帆蚌或褶纹冠蚌,一次排卵40万～50万颗。它们的生殖腺逐次成熟,多次排卵。虽然育珠蚌的产卵量很高,但由于变态发育的过程坎坷,最终发育成稚蚌的只占百分之几,绝大部分夭折。

2.珍珠贝类的繁殖特性

珍珠贝的繁殖期为5—10月,而以5—6月和9—10月为繁殖高峰。繁殖水温为25～30℃,最佳为27～28℃。珍珠贝为卵生型种类,怀卵量大,2～3龄的雌贝怀卵量一般为600万左右,精、卵为逐渐成熟,分批排放。

海洋育珠还可直接从生长地采天然苗放养或进行人工繁殖育苗。天然苗采集的时间一般在第一次繁殖高峰,即水体中出现大量后期壳顶的幼虫时。采苗场地应在海湾口狭小而湾内宽阔处,海水流速为每秒0.3～0.5 m,水温为26～29℃,密度为1.019～1.022 g/mL时,干潮时水深4～5 m,底质为砂或砂泥且风平浪静的海区。用废旧网片或贝壳作为采苗器,在采苗高峰期前5～6 d将采苗器吊于浮筏下,投放水深为0.5～2 m。投放后不要随意移动,并经常检查附苗情况,当附着幼苗壳体长达0.5～1.0 cm时就可以收苗。收苗时必须结合除害,边收边分笼放养下海。一般将幼苗进行中间暂养,然后养成。

人工繁殖育苗首先要进行苗种培育,然后进行育成培育。

(三)饲养管理技术

1.饲料准备

海洋育珠时,幼体培育期饵料多为扁藻、金藻等,养成期不需投饵。淡水育珠时,主要饵料生物有浮游植物和浮游动物。浮游植物有金藻、黄藻、硅藻、甲藻等;浮游动物有原生动物、轮虫、桡足类、枝角类等。其中浮游植物是育珠蚌的主要饵料。三角帆蚌以食硅藻为主,兼食原生动物和有机碎屑等。

2.苗种培育

淡水(河蚌)育珠和海洋育珠有所不同。

(1)淡水育珠的苗种培育

亲蚌选择:挑选年龄在4～5龄、贝壳完整无残、壳色光亮、蚌体健壮丰满、外鳃瓣无伤、成熟度达80%以上的亲贝。雌蚌以产过卵为最好。鉴别雌雄最简单、最有效的方法是看它的鳃。雌体鳃瓣上的鳃丝排列整齐细密,沟纹不明显,淡褐色,不透明;雄蚌鳃瓣上的鳃丝排列稀疏,沟纹明显,淡黄色,透明状。雌蚌鳃丝的密度为雄蚌的2～3倍。每年自2月底开始,从育珠蚌暂养池里挑选一定数量的雌雄蚌，分别在贝壳上刻上雌、雄记号，然后以 1∶1 的比例，相间配组吊养于池中，间距为 10 cm 左右，使其进行自然受精。

钩介幼虫的采集：钩介幼虫的采集效果好坏，直接关系到人工育蚌的成效，要认真对待，细致操作。人工采集钩介幼虫，人为地给其提供宿主鱼，让其在鱼的鳃上和鳍上寄生发育变态成稚蚌。最好用性情温和的鱼作宿主鱼，一般用鳙鱼、黄颡鱼、鲢鱼、草鱼、泥鳅等。作为采苗的钩介幼虫一定要发育成熟。发育成熟的钩介幼虫即可脱离卵膜，从亲蚌的鲍腔中排出，并用其足丝和钩附着在鱼鳍和鳃上。人工采集钩介幼虫方法如下：

静水采苗法：把含有成熟钩介幼虫的母蚌从培育池中取出，放入采苗桶或木盆等容器内，每一容器 2～3 只，同时加入新鲜水，约 10 min 后，可见钩介幼虫排出，一团团如棉絮状地沉于水底，立即放入宿主鱼，并适当搅动水，增加鱼和钩介幼虫的活动力，看见鱼鳃上附有白点时表明附苗成功。

流水采苗法：对装有母蚌和寄生鱼的容器上面不断喷水，使容器内的水不断流动更新，保持水质新鲜，氧气充足，这样经过一夜，母蚌排出的钩介幼虫就寄生在鱼体上了。然后将采好苗的鱼及时分养。此法钩介幼虫流失率高。

(2)海洋育珠的苗种培育

亲贝选择：挑选 3～5 龄、生长旺盛、体壮健康、放射肋线明显、性腺丰满、无病虫害的亲贝。挑选的时间最好在前一年繁殖盛期(8—9 月)进行，将选好的亲贝按 2∶1 的雌雄比例分别吊养在营养丰富的水层。雌贝性腺鲜黄色或淡黄色，表面光滑；雄贝性腺乳白色，表面粗糙，呈颗粒状。

精卵采集：一般将选择的亲贝培育一年后性腺成熟，轻压生殖孔周围，有生殖细胞溢出，如果卵在水中很容易分散，精液呈乳状，则表明生殖细胞已成熟，可以采集。切断亲贝的闭壳肌，取软体部用过滤海水洗净，消毒脱脂棉擦去体液和海水，然后用尖嘴吸管吸取精、卵，分别置于装有 50 mL 过滤海水的烧杯中。

受精、洗卵、选优：将采集的精、卵用筛绢过滤，然后按 1∶4 的比例，先将卵倒入装有含 0.02%～0.07%氨海水溶液的容器中，搅动 10 min，再倒入精液，再充分搅动。水温为 27～29℃，密度为 1.020～1.024 g/mL。当受精卵下沉后，每隔 30～40 min 洗卵一次，重复 2～3 次，静置孵化。受精后 4～5 h，胚体发育至囊胚或原肠期，可旋转运动并上浮于水中，此时进行 1～2 次选优，将上层的胚体用虹吸法吸入水缸或水池中，按 50～60 个/mL 的密度暂养。

幼虫培育：胚体发育至 D 形幼虫时，进一步经过选优，按每毫升：1～4 个的密度移入育苗池中进行培育。刚开始，水位保持在总水量的 1/4～1/2，然后 3～4 d 内逐日加过滤海水至满。并且，根据幼虫的生长，日换水量由 1/3 逐渐增至 1/2，到变态时增至 2/3 或更多。换水在早晨进行，以避免温差太大。最佳的饵料是扁藻、金藻。根据幼虫胃的饱满度及残饵的多少来增减投饵量。每日充气或搅拌数次，增加溶氧，并使饵料和幼虫分布均匀。当培育 15～18 d，幼虫发育至变态期，且有 20%以上的幼虫出现眼点时就可投放采苗器进行采苗。采苗器应分批投放，2～3 d 内投放完毕。当幼虫长至壳长 3 mm 左右时即可收苗。

3. 饲养管理

(1)淡水育珠的育成培育　钩介幼虫寄生到宿主鱼上后，三角帆蚌经 7～32 d，褶纹冠蚌经 6～12 d 发育成熟，变成稚蚌，脱落入池底，此时要及时取出宿主鱼，开始进行幼蚌的培育。当幼蚌长到 0.5 cm 时开始分养，密度为 5 000 只/m^2。幼蚌长到 1.5 cm 左右时，可以收集起来，

进行育成培育,10 cm 以上成为成蚌。养殖方法如下:

吊养法:又分串吊(或单吊)和笼吊两种方式。串吊:在幼蚌的翼部钻一个洞,穿上尼龙绳。在一根绳上穿 1～3 只幼蚌。蚌与蚌之间的距离为 16 cm 左右。目前多采用一根绳上吊一只幼蚌,有利于管理。此法幼蚌生长速度较慢。笼吊:将幼蚌放入笼内或网夹内,挂在水中吊养,此法成活率高,恢复快。每只笼子放养 8～10 只。

底养法:将幼蚌直接放入池塘或河道的水底养殖,一般每方米放养 1 000 只,两年可长到 12 cm 以上。要求底质要硬,决不能是淤泥底,幼蚌在淤泥底容易死亡。水不能过浑,水浑易使底部氧气、饵料、温度等条件都比较差。

鱼蚌混养法:在养殖幼蚌的水域中混养鱼,以最大限度地发挥水体的生产潜力。混养的有草鱼、鲫鱼、鳙鱼等,不能混养鲢鱼、青鱼、鲤鱼等。

三角帆蚌的幼蚌培育与褶纹冠蚌的幼蚌培育有所不同,前者必须具有流水条件,后者不需流水条件。用池塘养殖时,应根据营养土的流失情况,及时添加或换营养土。营养土是由发酵干猪粪或牛粪与干泥或干塘泥按 1∶4 的比例配制而成。定期检查蚌的生长情况,经常清洗网箱上的附着物,驱除水鼠、麦穗鱼、虾、虫等敌害。在冬季,尽可能提高水位,防止幼蚌冻死。当水面结冰时,要及时破冰,增加水中的溶解氧浓度。

(2)海洋育珠的育成培育

贝苗的中间培育:此阶段是指从收苗开始到幼苗长到壳长 3 cm 时的海上培育阶段,一般需 6 个月。在此期间,应根据贝苗的生长情况及时疏苗换笼,否则会影响贝苗的生长。一般贝苗大小为 2～3 mm 时,每笼装苗 3 000～5 000 个(笼目大小为 0.5～0.8 mm);3～5 mm 时每笼装苗 1 500～2 000 个(笼目大小 1～2 mm);5～10 mm 时,每笼装苗 500～1 000 个(笼目大小为 2～3 mm);15～25 mm 时,每笼装苗 125～250 个(笼目大小为 5～7 mm);30～40 mm 时,每笼装苗 65～125 个(笼目大小为 10 ～12 mm)。在适宜的温度下,将苗笼吊在 1.5 m 较浅的水层培育,但冬季吊挂水层应深些。培育期间要注意勤冲洗、勤除害和防台风。当贝苗大小为 2～5 mm 时,每隔 2～3 d 洗笼一次,5～10 mm 时,一周洗一次,15～40 mm 时,每隔半个月洗一次。在清洗和换笼的同时进行除害。

成贝养殖:养殖过程中,应根据季节调整吊挂水层。春季水温回升后,吊于 1～2 m 水层,夏季水温较高时,吊于 2.5 m 以下的水层,秋季至初冬则吊于 2 m 以下的水层,晚冬吊于 3.5 m 以下的水层。随着贝体的逐渐长大,养殖密度应逐渐下降,同时,网笼的网目也应逐渐加大,成贝养殖期间的放养密度及其他情况见表 7-1。养殖过程中,要定时清理贝壳上和网笼上的附着生物。清理工作与换笼一起进行,一般一年清理贝壳 3～4 次,动作要快要轻,尽量缩短贝体离水时间,防止日晒。除此之外还应注意防风、防寒、防晒。

表 7-1 成贝养殖期间的放养密度及其他情况

贝体大小 /mm	放养密度 /(个/笼)	贝笼网目 /mm	贝笼规格 /cm	分笼时间 /d	洗笼时间 (每隔天数)
11～20	300～600	5～7	40×40×10	15～20	5～7
21～35	100～150	10～15	40×40×10	20～30	7～10
36～55	60～80	15～25	35(直径) ×10	30～40	15～20
56～70	30～40	25～30	35(直径) ×10	60～90	15～20

三、人工育珠技术

人工培育珍珠，手术操作很关键，必须严格按照要求进行，才能保证植出的珍珠质优量大。手术操作必须在无菌室或超净工作台内进行，手术工具包括制备小片工具和植核工具，要齐全质优。操作人员的技术要熟练。

(一)育珠器材

1.植珠工具

(1)无核植珠工具　淡水珍珠养殖是一项新的工作，近年来，通过生产实践，各地因地制宜地创制出各种不同的淡水植珠工具。现将常用的几种介绍如下：

①制片工具

开壳刀：供剖蚌用。

剪刀：用来剪除外套膜边缘膜的有色线部分。

镊子：剥分外套膜内外表皮及洗片、修整、切片用。

切片刀：切取和修整小片条用。

解剖盘(搪瓷盘)：供剥片和植片手术时放置手术蚌和手术架用，以防水溢至桌面和地面。

小片板(玻璃板)：制片时放置小片用，以 6 cm 宽，20 cm 长的长方形较适用。

海绵数块：供制片手术时擦洗黏液污物。

杯子：供盛放制片工具用。

盆：清洗小片条及清除蚌体内污泥脏物用。

滴管：制片和送片时滴注清水用。

手术架：供制片和送片时固定蚌体用，多为木制。

②植片工具

开口器：用于开壳口。用铁片或不锈钢片制成，形似钳，中部装有弹簧，头部扁薄，便于插入两壳之间，用手轻捏柄部，就可撑开壳口。

塞子：供手术时撑开插片蚌的壳口，不使合拢，便于手术操作。用竹、木、钢丝或有机玻璃、硬塑料等均可制成。

拨鳃板：供手术时拨鳃及斧足等用。用竹片或不锈钢片制成，长约 20 cm，一端或两端成舌形。

送片针：供送片用。用不锈钢丝制成，长约 20 cm，针头圆球形或厚扁圆形，针头顶端有短刺较好(不超过 0.5mm)。医用的双头探针也可代用。

(2)有核植珠工具　制片工具与无核植珠工具相同。植核工具有：

开口刀：送核时开口用。用不锈钢丝制成，长约 20 cm，刀口锋利。

通道针：为开口后通道用，前端呈球形，便于送核到预定部位。

小钩：用于送核时钩开伤口，便于核被送入。

送核器：供送核用。长约 20 cm，两头像烟斗形，随核径的大小制成几种规格。

送片针：送片针不同于无核送片针，针头呈“丫”形。

2.珠核

人工养殖珍珠的珠核，一般采用淡水蚌壳作为原料，我国长江流域所产的蟾背蚌、背瘤丽蚌、弯蚌等都是制造珍珠核的好材料。其他如沟蚌等蚌壳坚厚的海、淡水蚌类的蚌壳，都可作为制珍珠核的材料。此外，尚有用高浓度的合成树脂作为珍珠核的原料，如丙烯、苏合香烯、氧化维尼龙、聚乙烯等和碳酸钙粉末按一定比例混合，经干燥后加热100℃，加压150～200 kg/cm^2，可制成圆球形人工合成珍珠核（松田博之，1964）。由于蚌壳制的珍珠核有不少缺点，近年来有的国家已开始采用铝玻璃作为珍珠核的材料。珍珠核越圆越好。核的大小因用途不同，而有不同的规格。直径2～3 mm为细核，3～5 mm为小核，5～7.5 mm为中核，7.5 mm以上的为大核。

（二）植珠手术

1. 手术蚌的选择

用作手术操作的河蚌统称为手术蚌，包括小片蚌（又称供体蚌）和育珠蚌（又称受体蚌）。

（1）小片蚌的选择　小片蚌是制备小片的基础，而小片质量的好坏直接影响珍珠的形成和珍珠质的分泌能力。因此小片蚌必须选好，要求年轻些，选择2～3龄，蚌体完整无残，健壮无病，蚌壳颜色鲜亮，青褐色或深绿色，体长10～13 cm，体膨大，闭壳肌有力，受惊即紧闭贝壳，喷水力强，膜肥厚的蚌。

（2）育珠蚌的选择　育蛛蚌，是用来插植小片或珠核培育珍珠的蚌，又叫插片蚌或受体蚌。育珠蚌的要求为：贝壳完整、闭壳迅速，喷、吸水有力，壳面生长线稀疏，体质健壮，无病无伤，与小片蚌为同一品种。

2. 育珠手术

育珠手术最适宜季节是在春（3—5月）、秋（9—10月）季节，夏季易污染。将选择好的手术蚌进行约20 d的强化培育，手术前1 d，将手术蚌洗净，暂养于微流水中，让其排空体内食物后，进行手术。淡水育珠手术主要是无核珠手术，手术包括小片制备和植核两个过程。

（1）制片　制备小片的步骤：

①开壳插塞。用解剖刀切断前后闭壳肌后，蚌自然张开两壳，再折断韧带，分开左右壳。开壳时注意不要损伤外套膜边缘膜和脱离蚌体，要保持外套膜完整无损地贴附在两壳上。

②剪除外套膜边缘膜有色部分。将开壳的蚌固定在手术架上（手术架置于搪瓷盘内），用剪刀沿蚌壳腹缘剪去外套膜的有色边缘。

③剥分外套膜内外表皮。先在边缘近前闭壳肌或后闭壳肌附近开一小口，一只手把镊子夹住内表皮，另一只手把钝头镊子的脚从开口处插进内外表皮之间的结缔组织中，两手协作分离，将前后闭壳肌之间的边缘膜内外表皮全部剥离。镊子插入时尽可能偏向外表皮一侧，这样分离可使外表皮少带结缔组织，得到均匀的小片条。

④剪取外套膜外表皮。用剪刀把已分离的外套膜外表皮沿外套膜肌痕由前到后全部剪下，在消毒液中浸1 min后，用泡沫塑料轻轻地拭净正反两面上的黏液和污物。再把外套膜外表皮的正面（贴壳的一面）向上，反面（贴结缔组织的一面）向下，平展在小片板上。千万要注意，别搞错正反面。

⑤整修切片。剪下的带状外套膜外表皮均需修整，并切成4～5 mm见方的细胞小片。由于在制片过程中，条状片往往拉长，有失自然状态，所以在切制小片时，长宽比应为3∶2，这样待收缩后，正好成正方形或近乎正方形。一般一只小片蚌可切成小片40片左右。

小片切成后，要滴上一些冷开水、生理盐水、氧化钴或金霉素消毒液。小片制成后，要立即插植到育珠蚌的外套膜结缔组织中去。

（2）植核　经过植片，小片的结缔组织与育珠蚌外套膜的结缔组织愈合为一体，形成珍珠

囊,不断分泌珍珠质产生珍珠。插植小片的步骤是:

①开壳。用开壳器慢慢撑开育珠蚌的两壳,开到一定程度,插入楔形木塞或"U"字形钢丝塞子进行固定,以利插植小片操作。壳不能开得太大,否则容易损伤闭壳肌,使壳不能闭合,导致育珠蚌的死亡。育珠蚌开壳后,腹缘朝上,倾斜于手术架上,然后用舌形竹片把鳃和内脏团拨向一侧,用泡沫塑料蘸清水洗净内脏团和外套膜上的污物和黏液。

②插植小片。方法有横插法和直插法两种。我国大都习惯采用横插法。右手拿送片针,左手拿钩形开口针,左右手配合把小片挑在送片针的圆头上,使小片包成袋状(小片的外表皮卷在里面,而结缔组织在外面,切莫有误),再用开口针在育珠蚌外套腔部位的外套膜上横开伤口(即开刀),把小片送达伤口底部。千万注意,不要穿透外表皮将小片送到壳上,否则不能成珠,或者形成附壳珠。为了防止将小片带出,在取出送片针时,先要用开口针轻轻压住已送入的小片,再取出送片针,也可紧接着用开口针整圆。植片深度要适中,一般为 0.8～1 cm。一侧手术结束后,将蚌体调个方向,把鳃和内脏团拨到已植片的一侧,继续进行另一侧的植片手术。

③整圆。当小片插植后,要随即用整圆器(也可用钩形开口针或送片针的圆头)在伤口外面把小片整理成鼓状突起,使其以后形成袋状珍珠囊,产生圆形珠。

④拔除木塞。整理好小片后,将育珠蚌从手术架上取下,立即拔除塞子,在蚌壳上刻上育珠人员代号、编号及植片日期等,放入盛有新鲜清水的木盆或水泥槽中,使其及时吸收到水分和氧气。

⑤钻洞准备养殖。如果吊养,要在蚌壳背缘翼状部位钻一个洞,以使用尼龙丝或塑料绳穿起来进行吊养。手术后要及时把育珠蚌送到适宜的水域中养育。

3. 术后的管理

(1)养蚌育珠的管理　养蚌育珠从育珠蚌进行手术起到珍珠育成收获为止,一般需要 2～3 年。手术后的育珠蚌,应先放入清水中暂养一段时间,待伤口愈合、体质有所恢复后,再将其移至肥水中养殖。一般在水温 15～25℃,伤口不大,水质良好的条件下,1 周左右伤口即可愈合,恢复正常。随着温度的升高,环境的改善,伤口的愈合时间会缩短。30℃左右,环境优良,愈合最快。育珠蚌手术后的 1 个月内最易发生吐片、死亡,在此期间,必须细致检查,发现缺失小片要及时采取补片措施。

定期检查河蚌,把死去的河蚌和附着在河蚌上、笼子上的螺蛳以及水生植物清除干净。随着水位和水温的变化及时调节育珠蚌的养殖深度。在冬季和夏季,为防寒冷和酷暑应吊养深一些,夏季离水面 100 cm 左右,冬季深至近水底而又不碰着泥。春、秋季可吊养浅一些,促进珍珠的形成和生长。加强养殖水域的肥水培育,要适时施肥。施肥最好在晴天进行。施肥量依水质情况而定,一般是少量多次,逐步改善水质肥度,使育珠蚌逐渐适应。有机肥施在水域的四周,或施在育珠蚌的周围,或装在箩筐里吊在水中,使其慢慢溶在水中。无机肥最好溶解在水中后泼施。另外,要防止蚂蟥、鳗鱼等天敌的危害,防止大风、暴雨的袭击。

(2)养贝育珠的管理　施术贝手术后应先放在休养笼内在休养池休养 20～25 d。休养池应风平浪静、水流缓慢、水温在 28℃以下、海水密度 1.016 g/mL、水深 5 m 以上、底质较硬、无污染、敌害生物少,且位置靠近植核室。休养笼采用双圈笼,内套网布,以减缓水流的交换和风浪的冲击,每笼放养 30～40 个施术贝。吊养在 3～5 m 的水层。每天检查一次,连续 3 d,以后每隔 2～3 d 检查一次,直到结束。

休养期过后，施术贝从休养池转入育珠场。育珠场要风平浪静、潮流通畅、砂或砂泥底质、水深 5 m 以上、冬季水温在 13℃以上、有适量淡水注入、海水密度为 1.018～1.020 g/mL(雨季不低于 1.013 g/mL)。根据水温不同，随时调整吊挂水层。

四、珍珠的采集与加工

(一)采珠时间

根据珍珠质的分泌规律，采收珍珠的季节，一般都在生长期最后一年的秋后，即 10—12 月进行，最好在次年的 2 月前后采收。从育珠蚌养殖规律看，一般养殖周期为 2～3 年。从无核珠形成过程看，以第二至第三年最快，第四年以后生长速度下降，育珠蚌也渐趋衰弱，易于死亡。养殖 2～3 年的珍珠颗粒大，圆整，富有光泽，质量高。3 年以上虽颗粒大，但光泽不好，质量并不高。

(二)采珠方法

(1)剖蚌取珠　有两种方法，一是用刀剖开蚌的两壳，用手挤出珍珠，此法费时费力，但不易损伤珍珠；二是用绞肉机将蚌绞碎，用清水冲洗，分离出珍珠。此法省时省力，但易损伤珍珠。

(2)活蚌取珠　操作过程类似插片技术。即打开蚌壳以后，用弯头镊子把珍珠一颗颗取出，取出后的育珠蚌再继续养殖，第二年可作为育珠蚌重复使用。

采下的珍珠要立即处理，因为在采下珍珠的外表常附有体液和污物，如放置过久，会使珍珠的光泽暗淡，影响质量。先将采收的珍珠及时放入饱和的食盐水中浸泡 5～15 min，然后用清水冲洗，洗去黏液和珍珠囊碎片后，再放到 0.15%～0.2%十二醇酸钠中洗涤(浸泡一夜)，再用清水洗净，用绒布或白绸布擦干打光，最后，经检验，将不同质量等级的珍珠分装保存，以待进入市场。

(三)珍珠及其产品的加工

药用珍珠的质量要求为：卵圆形、类球形、棒形，直径 1.5～8 mm；表面呈白色、浅蓝色、浅黄绿色、浅粉色；半透明、光滑或微有凹凸，具特有的彩色光泽。质坚硬，破碎面可见层纹；无臭、无味；纯净、质坚、有彩色光泽者最好。污珠、嫩珠等不能药用。药用珍珠的炮制方法如下：

(1)珍珠　取原药材，除去杂质，洗净，晾干，捣碎即可。

(2)珍珠粉　将净珍珠置乳钵内，加入适量水研细，再加多量的水，搅拌，倒出混悬液，下沉部分再按上法反复操作数次，直至研尽，合并混悬液，静置后，分取沉淀，干燥，研散。也可将净珍珠捣碎，研成细粉。

第二节　水蛭的养殖

水蛭，别名蚂蟥、马蛭、马蜞、血吸虫，属环节动物门(Annelida)蛭纲(Clitellata)鄂蛭目(Gnathobdellidae)水蛭科(Hirudinidae)。是我国传统的特种药用水生动物，具有极高的药用、经济价值，在内陆淡水水域内生长繁殖。其干燥全体作为中药，性平，味咸、苦，有小毒，具有治疗中风、高血压、清瘀、闭经、跌打损伤等功效。近年新发现水蛭制剂在防治心脑血管疾病和抗癌方面具有显著疗效。

水蛭在医学上具有多种药用功能，入药可治疗多种疾病。具有破血、逐瘀通经之功效，用于血瘀闭经、跌扑损伤等。近几十年，现代医学研究发现鲜水蛭唾液中含有一种水蛭素，能抑制凝血酶的活性。水蛭素抑制凝血酶，即阻止了纤维蛋白原形成纤维蛋白，从而抑制了血栓的形成。水蛭体内所含成分有助于断肢再植的血循环，可提高手术成功率，消除后遗症。利用水蛭的这一特性，用它来吮吸外伤病人的脓血，达到清理瘀血的目的；研究证明，水蛭用于防治心脑血管疾病和抗癌具有特效。如山西、陕西、河北、河南、黑龙江、吉林、广东、香港等地制药厂大量使用水蛭生产的欣复康溶胶囊、速溶治栓汤、韩氏瘫速康、活血通脉胶囊、逐瘀活血胶囊、舒血通注射液等治疗心脑血管类疾病的成药。虽然水蛭用途广泛，但专属破血逐瘀之品，老人、体虚之人慎服，孕妇忌用，有凝血障碍者禁用。

我国水蛭近百种，但在临床上应用的主要是日本水蛭（*Hirudo nipponica* Whitman）、宽体金线蛭（*Whitmania pigra* Whitman）、和尖细金线蛭（*Whitmania acranulata* Whitman）三种，以其干燥的全体入药。目前我国人工养殖产量最高的是宽体金线蛭。中国南方在 1995 年前后，开始捕捞自然苗种，首次进行人工饲养，获得成功。北方地区因苗种和技术原因一直未有养殖。

水蛭在近 20 年的历史行情中，价格上涨了十几倍，尤其近几年水蛭价格多有波动，其中不乏人为炒作的因素。随着现代生物科技的发展，药厂也越来越重视研发，因此，水蛭的养殖也开始品种化。菲牛蛭的药用价值的发现，可能会引发一场水蛭养殖业的变革。

一、生物学特性

（一）形态特征

水蛭背面绿中带黑，有 5 条黄色纵线，腹面平坦，灰绿色，无杂色斑，整体环纹显著，背腹扁平，前端较细，后端钝圆，体呈叶片状或蠕虫状。体大型，体长 60～120 mm，宽 13～14 mm。体型可随伸缩的程度或取食的多少而变化。水蛭的头部不明显，在头背方有数对眼点，呈“∩”形排列，它们的数目、位置和形状是鉴别不同种类的依据。口内有 3 个半圆形的颚片围成一“Y”形，当吸着动物体时，用此颚片向皮肤钻进。吸取血液，由咽经食道而贮存于整个消化道和盲囊中。身体分节，前端或后端的几个体节演变成吸盘，具有吸附和运行的功能。前吸盘较小，围在口的周围，后吸盘较大，呈杯状。水蛭的身体由许多体节组成。每体节又分为几个体环。身体各节均有排泄孔，开口于腹侧。雌雄生殖孔相距 4 环，各开口于环与环之间。不同的种类其雄性生殖孔和雌性生殖孔分别位于腹面的不同位置。雄性交配器露出时呈细线状。

1. 日本医蛭

又名：医用蛭。体狭长稍扁，略呈圆柱形，体长 30～50 mm，宽 4～6 mm（固定）。背面绿中带黑，有黄色纵线 5 条。腹面平坦，灰绿色，无杂色斑纹。体环数 103；环带不显著，占 15 环。雄生殖孔在 31～32 环沟间；雌孔在 36～37 环沟间。眼 5 对，排列成弧形。体前端腹面有一前吸盘。食道纵褶 6 条，颚 3 片，半圆形，颚齿发达。后端腹面有一后吸盘，碗状，朝向腹面，肛门在其背侧。

生活于水田及沼泽中。吸人、畜血液。行动敏捷，能作波浪式游泳和尺蠖式移行。春暖时即活跃，6—10 月为产卵期，冬季蛰伏。再生力很强，如将其切断饲养，能由断部再生成新体。全国各地均有分布。

2. 宽体金线蛭

体长大，略呈纺锤形，扁平，长 6～13 cm，宽 0.8～2 cm。背面通常暗绿色，具 6 条细密的黄黑色斑点组成的纵线，背中线1条较深。腹面淡黄色，杂有许多不规则的茶绿色斑点。体环数107。环带明显，占15环。雄生殖孔在33～34环沟间；雌孔在38～39环沟间。眼与日本医蛭同。前吸盘小，颚齿不发达。

生活于水田、河流、湖沼中。不吸血，吸食水中浮游生物、小型昆虫、软体动物的幼虫及泥面腐殖质等。全国大部地区均有分布。

3.尖细金线蛭

又名：茶色蛭、柳叶蚂蝗、牛鳖。体较宽体金线蛭略小，呈柳叶形，扁平，背部棕绿色，有5条细密的绿黑色斑点组成的纵线；腹面浅黄色，平坦，散布不规则的暗绿色斑点。其余特征与宽体金线蛭相似。全国大部地区均有分布。

(二)生活习性

1.分布范围

全国大部地区的湖泊、池塘以及水田中均有生产。主产于山东微山、东平、南阳湖等湖中，以微山湖产量最大，除供应本省外，并销售东北、河北、山西各地。江苏苏州市郊、吴县等地所产亦外销一部分。此外浙江、安徽、湖南、湖北、四川、河北、辽宁、吉林等处亦产，均自产自销。

2.栖息环境

水蛭主要生活在淡水中的水库、沟渠、水田、湖沼中，以有机质丰富的池塘或无污染的小河中最多。喜欢在池底及石块较多、池岸较坚硬的水中生活，这有利于蛭类吸盘的固着、运动和取食。一般来说，水蛭多喜欢在岩石底下生活，其次是石子底、有泥沙碎石的泥沙底，而在深水的淤泥中最少。水草、藻类丰富的水域相对较多，这有利于其隐蔽和栖息。水蛭有时候也爬到潮湿的岸上活动。因此，岸边土壤潮湿、草丛丰茂，有利于水蛭栖息和繁殖，养殖水蛭要根据以上特性创造适宜环境。

3.生活习性

水蛭属环节动物，在中国南北方均可生长繁殖。每到春暖即行活跃，6—10月均为其产卵期，到冬季往往蛰伏在近岸湿泥中，不食不动，生存能力强。

(1)行为　水蛭是高度特化的营半寄生生活的环节动物，其运动行为可分为游泳、尺蠖式运动和蠕动。游泳时，波浪式向前运动，而在岸上或植物体上爬行时通常采用尺蠖式和蠕动运动方式。

(2)活动规律　水蛭白天躲在水旁潮湿的泥土中、石块下、植物间等隐蔽处，很少在外面活动，善于游泳，夜间活动繁忙。在冬季气温低于10℃时，水蛭在泥中越冬，潜伏深度为15～25 cm。长江流域由于冬季温度高，潜伏深度为7～15 cm，3—4月出来活动，要求水的最低氧浓度为0.7 mg/L，低于一定的氧浓度时，纷纷钻出水面，爬到岸边草丛中，呼吸空气中的氧气。当空气闷热、气压较低时，水中氧浓度降低，水蛭表现不安，向水表面和岸上移动时，一定要特别注意。

(3)捕食食性　水蛭为杂食性动物，以吸食动物的血液或体液为主要生活方式，常以水中浮游生物、昆虫、软体动物为主饵。人工条件下，以各种动物内脏、熟蛋黄、配合饲料、植物残渣，淡水螺贝类、杂鱼类、蚯蚓等作饵。

(4)水温　水蛭是变温动物，体温随周围环境温度变化而变化。适宜水蛭的生长水温为10～30℃，25～30℃生长最快。水温在25～30℃时，摄食旺盛，生长发育快；当水温达到32℃以上时，会感到不适，食欲开始减退，活动减少，生长速度减慢；当把水蛭放到43℃水中，它就离水外逃；当水温达到 45℃时，水蛭沉底蜷曲；48℃死亡。北方地区低于 3℃时在泥土中进入蛰伏冬眠期，次年 3—4 月高于 8℃左右出蛰活动。

4. 生长繁殖

水蛭一般要 3 龄才能性成熟，异体交配，体内受精，同时兼具雌雄生殖器官，每条种蛭均可繁殖，每年可繁殖 2～3 次。性成熟后开始求偶，求偶时喜欢在清水中互相追逐，然后在池塘拐角、石块下、水草丛中进行交配。交配时互相反方向进行，生活史中有"性逆转"现象，存在着性别角色交换，在一生的不同时期扮演不同的角色。交配后 1 个月左右开始产茧，由生殖带分泌黏液，包裹在卵细胞的外面，形成卵茧，通过身体向后蠕动，卵茧从前方排出体外，落入湿泥土中，整个产茧过程约需 30 min，一般产卵茧 1～4 个，每个卵茧可孵化出数十条小水蛭。在湿泥中孵化，温度以 20～30℃为宜(25℃最好)，经 16～25 d 从茧中孵出幼蛭，便开始了独立的生活。

二、水蛭的人工养殖

(一)建场

1. 场址选建

水蛭的养殖场应选择在水源充足、环境安静、冬暖夏凉、背风向阳、饵料充足、交通方便的地方建造，最好远离公路 100 m 以上，根据实际情况，可选用避风向阳、排灌方便的地方建池，面积宜小不宜大，小规模养殖可利用房前屋后的土坑。

2. 养殖方式及养殖池建造

水蛭养殖方式有野外粗放养殖和集约化养殖。野外粗放养殖是利用自然条件，通过圈定养殖范围后进行养殖的一种养殖方式，一般有水库养殖、池塘养殖、沼泽地养殖、湖泊养殖、洼地养殖、稻田养殖。集约化养殖是采用人工建池、投喂饵料的科学饲养管理方式，一般有鱼塘养殖、场区养殖、室内养殖、庭院养殖、工厂化恒温养殖等。这几种养殖方式放养密度大，资金投入相对较高，饲养技术精细，但单位面积产出多，经济效益好。本节主要介绍以下几种养殖池的建造及消毒方法。

(1)池式养殖法　用砖头、水泥、石灰等材料建造水池，规格为长 6～7 m、宽 3 m、高 1～1.2 m，水深 0.5 m，做好进、排水设施。室外水泥池中需投放水草等植物，以便水蛭栖息。池底略向出水孔倾斜，以便于排干池水。新池要用漂白粉或高锰酸钾消毒，浸泡 15 d 后方可使用。池底放一些石头、瓦片，供水蛭隐藏，池中种少许水草(如菊花草、金鱼草)，池面放养占其 1/5 的水葫芦，再放几块木板，几节大竹子漂浮于水面。用油毛毡、石棉瓦、竹片搭一个简易的遮阳棚。

新建的水泥池不能立即投放种蛭，其池体的碱性物质(硅酸盐水泥、氢氧化钙等)需经过 20 d 的淡化后或用过磷酸钙法、冰醋酸法、酸性磷酸钠法、薯类脱碱法等进行脱碱处理，才能投苗。不能一次性投苗，待养殖池总体环境条件趋向食物链总体平衡以后，才能逐步加大投种量，一般每平米投放 100 条。

(2)沟式养殖法　在田边、房前屋后挖水池，宽 2 m、深 0.8 m，长度不限。清理干净，每平方米用 0.3 kg 生石灰，溶于水后趁热喷洒消毒，再清洗后即可注入清水，必须放一些石头、瓦片、竹子等物，水葫芦可多放一些，但不要超过 1/3 水面。

(3)鱼塘养殖法　利用鱼塘改造而成，鱼塘面积不宜过大，以 1 亩(1/15 hm^2)左右为宜，以便于管理,鱼塘四周的杂草须清理干净,用生石灰撒塘消毒(200 kg/亩),用油毛毡等材料建一道 40 cm 高的围栏,塘底多铺放一些石块、瓦片,水葫芦不超过塘面的 1/5,在水面上多放几块大木板、竹排。

(4)缸式养殖法　可用水缸、大盆子、水桶等容器养殖水蛭,这种方法简易灵活,操作方便,少量养殖可采用此法,用高锰酸钾消毒后方可使用。缸中放几块小瓦片及几株水草,水不要放得太满,盖上一个稍透光的竹编盖子。

(5)沼泽、泥塘养殖法　沼泽、泥塘水生植物茂盛,有机物质、腐殖质含量较多,浮游生物、水生植物丰富,因此,只要建好围栏,防逃、御天敌侵害即可。此种模式投资成本较低,管理、捕捞较麻烦。

(6)稻田套养　在稻田中挖沟渠、溜沟作为水蛭主要活动场所,一般按"井","十"等形状开挖,分溜沟式和泥塘式两种。溜沟要求分布均匀,四通八达,有利于水蛭的生长和觅食,一般宽 0.4 m,水深 0.3～0.5 m,溜沟面积占总面积 10%左右;泥塘式是在稻田内部开挖泥塘,泥塘与稻田沟渠相通,沟宽、沟深均为 0.4 m 左右,深为 0.5～0.6 m,占稻田面积 15%左右,注意稻田施农药对水蛭危害。一般选择高效低毒农药,也不要使用化肥,最好用动物粪便较理想,不仅有利于稻子丰收,也是水蛭的好饲料。

(7)标准化集约精养　建议池塘长 90 m,宽 7～8 m,池深 1.2～1.5 m,水深 0.5～0.6 m,做好进、排水设施,建设泥土栖息地,高出水面 0.3 m,上面种水草,以遮阴防晒,使用 40 目聚乙烯网布做好防逃措施。一般每亩水面积投放种蛭 2 000 条。

(二)人工繁育技术

1. 繁殖池的建造

池面积为 30 m^2 左右,宜建成 5 m×5 m 或 6 m×6 m 的正方形。池四周靠池壁设 1～1.5 m 的平台,中间为水面,水深 50 cm,平台高出水面 2 cm,平台面保持湿润。平台的土应为高含腐殖质的疏松沙质土壤。齐平台面应设溢水口,防止雨水淹没平台造成繁殖失败。分为小型养殖池与大型养殖池两种。

(1)小型养殖池的建造　一般修建宽 3 m,深 1 m 的池沟,长度不限。也可建若干小池共埂,池埂宽 40 cm,每一池内设出、入水口。池中间必须有 50～100 cm 宽的产卵平台,平台与水面在一个水平面上,平台上面堆放一层 20 cm 厚的腐殖土壤。作为水蛭产卵繁殖的场所。水位 50～60 cm 为宜。

(2)大型养殖池的建造　大型养殖池的建造一般根据实际的地理环境情况而建成不同的规格的池子。如果水源不方便,还可以在池的底部铺上一层塑料薄膜。池底应放入适量的河泥,以增加水的有机质含量。水中栽植一些水草,可以净化水质,增加水中含氧量。池岸上最好再埋上一圈尼龙网纱(高 0.5～0.6 m),用以阻挡蛙、蛇等天敌进入养殖池。在池的岸上栽培垂柳等树木遮阳。

2. 种蛭的选择

用于繁殖的种蚂蟥,年龄应在 2 年以上,体重 30 g 左右,体质健壮,活泼好动,用手触之即迅速缩为一团。这样的水蛭怀卵量多,孵化率高。种水蛭的投放量按池中平台陆地面积计算,一般每平方米放 1.5 kg 左右。保持水质肥厚,要有充足的浮游生物和螺蛳供其取食。

3. 繁殖

在长江中下游一带,水蛭产卵茧的时间从 5 月初开始,持续到 6 月中旬(随个体差异而不同)，5 月中旬为其繁殖高峰期。产卵茧期应保持安静，避免在岸边走动震动，水蛭会受惊而逃走，造成空茧。

4. 孵化管理

水蛭产卵茧后，即可收取捕捉另池饲养或加工。繁殖池兼作孵化池。卵茧让其在穴道中自然孵化，产出后 11～15 d 孵出幼蛭。刚孵出的幼蛭体形很像成体，呈软木黄色，体背部的两侧各排列着 7 条紫灰色的细纵纹。随着幼蛭的生长，纵纹间的色泽逐渐变化，形成 5 条由两种斑纹相间组成的纵纹而变化成成体的色纹。在孵化阶段，应尽量避免在平台上走动，以免踩破卵茧。平台面可覆盖一层水草保持湿润。若碰到下雨天气，要疏通溢水口。水面不能没过平台，保持差距 3 cm 左右。把繁殖后的种水蛭捞出后，即可投放幼嫩的蚌类和螺蛳供幼水蛭取食，幼水蛭孵出后两三天内主要靠卵黄维持生活，3 d 后即可采食。初孵出的幼蛭主要取食蚌、螺蛳的血液和汁液。在一个蚌的体内，会钻入 10～100 条幼水蛭。随着幼体的长大，它们会吞食蚌、螺蛳的整个软体部分。幼水蛭生长迅速，半个月后，平均增长达 15 mm 以上，即可转入大池中饲养。

(三)水蛭饲养技术

水蛭生命力强，粗生易长，易管理。主要管理工作是投饵和调节水质。

1. 投饵

金线蛭主要取食螺类、蚯蚓等无脊椎动物及哺乳动物的血液。天然饲料以来源广泛的螺蛳为主，辅以蚯蚓、昆虫的幼虫等，人工饲料主要是各种动物血。螺蛳可以一次性投放，即在养殖池内放养一定数量的螺蛳(每亩 25 kg 左右)，让其自然繁殖，供水蛭自由取食。每星期喂一次动物血，对水蛭的迅速生长有显著的作用。把猪、牛、羊等动物鲜血凝块放入池中，每隔 5 m 左右一块。水蛭嗅到腥味后很快就会聚拢来，吸饱后自行散去。要及时清除凝血残渣，以免污染水质。

2. 调节水质

水蛭病害极少，以调节水质为主，水蛭虽然对环境和水质要求不严，但水环境变化过大或变坏，则影响其生长和繁殖。养殖过程中，水温宜保持 15～30℃，过低便停止摄食，过高也影响生长。人工养殖密度高，水质保持清洁，以保证一定的溶氧量。一般水体中溶解氧应大于 0.7 mg/L。小水体可通过人工淋水增氧，较大的水体要及时注入新水或换水。7—8 月水温高，要注意适当换水，保持较为清新的水质十分重要。

3. 越冬管理

要保证种水蛭安全越冬。入冬后，气温降到 10℃以下，水蛭停止摄食，钻入土中或树叶下冬眠。早春放养的水蛭一般都已长成成体，可加工出售。捕捞时，先将水排完，然后用网捞起，选个体大、生长健壮的留种。每亩应留种 15～20 kg，集中投入育种池中越冬。排水越冬时，排水后，可在池面上加盖稻草或禾秆以防冻并保持泥土湿润。带冰越冬时，要将池水适当加深，以防止完全结冰。

温室越冬　受地域影响，北方养殖水蛭应建立人工条件下的日光越冬温室，以打破其冬眠习性，增加养殖时间，缩短上市周期。日光温室一般为竹木塑苫结构，北部墙体为土铸或砖混，厚 0.8～1.5 m，东西向，长 30～50 m 不等，南北跨度 10～15 m，主柱数量 5～7 排。上覆塑膜及可卷放的稻草苫，留出门、通道及风口。在严寒雪封季节，还应做好除雪和人工增温措施。较高级的温室可用塑钢无立柱方式。

三、水蛭天敌的防除

水蛭的天敌主要有鼠、蛇、蛙、蚂蚁、水蜈蚣等。防除鼠的方法是加固池子，严防窜入；在池塘四周撒鼠药、铺鼠夹、安装电动捕鼠器等。防除蛇、蛙的方法是，把防逃设施装牢，用棍子、渔网将池塘内的蛇、蛙清除。防除水蜈蚣的方法是在进水口处安装铁网、尼龙网，以免水蜈蚣随水进入池塘。

四、水蛭的采收与加工

（一）采收

1. 采收时间

早春繁殖的水蛭到4—5月可产幼水蛭，到9—11月已长到8～10 g，即可捕捉留种或加工出售。6月以后放养的水蛭（5 g以下），在饵料充足、水质良好的情况下，90%能在入冬前长成成蛭，也可以采收。

2. 采收方法

（1）备好网兜，将池水搅浑，待水蛭聚集时，用网兜捕捞；也可在晚上用灯光照射水面，水蛭有趋光性，都集中在灯光下水中，然后用网兜捕捞。

（2）用稻草等秸秆作物扎成小捆，以畜禽血浸泡后放入池中，约20 min后将稻草捆捞出，用生石灰撒于其上，不久后水蛭即自行脱落。

（3）将猪大肠截成段，套在木棒上，每隔一段距离插入池水中，不久水蛭即吸附在猪大肠上，过一段时间即可收取。

（二）加工方法

1. 水烫法

将洗净的水蛭集中放入盆等容器中，将开水突然倒入，以水淹没蛭体2～3 cm为宜。20 min左右待水蛭死后，即捞出洗净，晒干。晾晒时，最好晾晒在纱网上，纱网高出地面50 cm。用此种方法加工的水蛭干品，质量好、售价高。

2. 酒闷法

将高度白酒倒入盛有水蛭的容器中，以能淹没蛭体为度，然后加盖密封半小时后，等水蛭醉死了，再用清水洗净晒干即可。此法加工的干品好，但成本高。

3. 烧碱法

将食用碱粉撒入盛水蛭的容器中，用双手将水蛭上下翻动，边翻边揉搓，在碱粉的作用下，水蛭逐渐缩小，最后冲洗干净晒干即可。

4. 热炒法

将滑石粉置锅内炒热，然后放入水蛭，炒到水蛭微鼓起，取出筛去滑石粉，置于干燥容器中保存即可。

5. 生晒法

将水蛭用铁丝穿起，悬挂在阳光下直接曝晒，干后收存即可。此法加工的干品好，但加工比较麻烦，时间较长。

6. 盐渍法

将活水蛭放入容器中，层层撒盐，直到容器装满为止，渍死后晒干即可。但盐渍品在收购时价格低，一般会折价 20%～30%，也可洗去盐分再晒干。

选择晴天加工，阴天无法晾晒，易腐臭变质。如果加工晾晒时突然遇到阴雨天，可放在室内加温烘干。

干品水蛭的质量好坏是出售价格高低的关键。上等水蛭干品标准是：规格整齐，呈扁平纺锤形，背部稍隆起，腹面平坦，质脆易折断，无杂质，含水率在 2%以下，并有腥气，断面呈胶质状有光泽者为佳。

贮藏时，应置于干燥处（如瓶、罐、塑料袋等）密封，以防虫蛀。

第三节　蚯蚓的养殖

一、概述

(一) 蚯蚓养殖的国内外情况

蚯蚓，俗称曲蟮、土龙，中药称地龙，以干燥全体或去内脏的干燥体入药。

20 世纪 60 年代，一些国家才开始进行人工饲养蚯蚓，到 70 年代，蚯蚓的养殖已遍及全球。作为一项颇有前途的新兴养殖业，目前许多国家已发展和建立了初具规模的蚯蚓养殖企业，如美国、日本、加拿大、英国、意大利、西班牙、澳大利亚、印度、菲律宾和我国的台湾等有较大规模的养殖和利用，有的国家已发展到工厂化养殖和商品化生产。蚯蚓可用于食品、医药、环保、改良土壤等各个方面，并出口换取大量外汇。近几年，日本、美国、法国、德国等国家都相继开展了对蚯蚓人工养殖的广泛研究。日本的前田古彦收集了世界各地的蚯蚓良种进行研究，利用美国的红蚯蚓，同日本的花蚯蚓杂交，通过 2 000 次的杂交试验，培育出“太平 2 号”优良品种，基本上解决了蚯蚓的繁殖和饲养等问题。日本现有大小蚯蚓养殖场 200 多家。据估计，全世界每年蚯蚓贸易额达 10 亿美元以上。

我国蚯蚓养殖起步并不晚，并且从一开始就受到重视。在 20 世纪 70 年代末，国内多个省市从国外引进蚯蚓，其中上海市从日本引进红蚯蚓“太平 2 号”、天津市从日本引进红蚯蚓“北星 2 号”，安徽、广西桂林也相继从日本引进蚯蚓。北京、吉林、江苏、浙江、河北、山东、福建、广东、湖南、湖北、云南、四川、江西等地也相继开展了人工养殖蚯蚓的研究。1980 年，由农业部、粮食部等单位在上海召开了全国人工养殖蚯蚓经验交流会。一时全国有 27 个省、市、自治区 200 多个单位引种养殖，出现了第一次“蚯蚓养殖热”。然而，由于养殖技术，尤其是适合我国国情的高产养殖技术及配套的综合利用技术不完善，养殖周期长，采收加工利用繁琐，导致经济效益不高，养殖的蚯蚓没有销路，严重影响了养殖蚯蚓的积极性。近年来，由于蚯蚓药用的规范化开发，又重新唤起了新一轮的全国蚯蚓养殖热。利用蚯蚓处理有机废弃物（包括生活垃圾），是废弃物资源化的有效途径，也是环保产业的一个热点。

改革开放以来，随着人民生活水平的不断提高，人们的膳食结构发生了很大变化，对肉、蛋、奶、鱼等的需求量越来越大。各种养殖业包括特种动物养殖业的迅速发展，对鱼粉、豆饼等各种动物蛋白饲料需求量很大，使得这类饲料的价格大幅度上升，供不应求。因此，开发新的饲料蛋白源是亟待解决的问题。蚯蚓综合养殖利用正是解决动物蛋白原料来源缺乏的重要途径之一。蚯蚓不仅可以替代鱼粉，而且实践证明，用蚯蚓作为饲料或添加剂来饲养畜、禽及鱼类，可大幅度提高经济效益。

(二)蚯蚓的价值

蚯蚓的用途很广,概括起来有以下几个方面:

1.改土造肥

蚯蚓在改土造肥上的作用:一是对土壤做疏松、耕耘;二是提供大量的优质肥料——蚯蚓粪;三是给土壤提供大量的氮源。

2.优良的蛋白饲料

蚯蚓具有生长快、繁殖率高和蛋白质丰富的特点。蚯蚓蛋白中含有多种必需氨基酸,畜、禽及鱼类均喜食,能促进生长,饲料报酬高。

3.处理有机废物

蚯蚓食性极广。许多污染环境的有机物质、畜禽粪便和污泥,经发酵腐熟后,都可以成为它的食料。因此,通过养蚯蚓的途径可以处理有机废物,化害为利,净化环境。蚯蚓食量大,处理有机废物的效率很高。利用蚯蚓来净化环境,已成为国外人工养殖蚯蚓的首要目的。

蚯蚓粪对硫化氢、硫化甲烷、氨、苯乙烯等恶臭气体具有很强的消除作用。用蚓粪做除臭剂成本低,消除臭气种类多,可使除臭与制肥相结合,无2次公害。

4.供人食用的优质营养品

据测定,新鲜蚯蚓的蛋白质含量在20%以上。干制品在70%左右。我国古代就有吃蚯蚓的记载。美国食用蚯蚓已十几年,有专门制作蚯蚓食品的公司。蚯蚓浓汁罐头和蚯蚓饼干远销欧洲各国。新西兰人经常食用的有8种蚯蚓,并用蚯蚓食品馈赠亲友。所以,蚯蚓在今后很可能成为人类蛋白食物的一个重要来源。

5.治疗多种疾病的动物药

蚯蚓药用名称为地龙,在《神农本草经》中列为中品。地龙一名始见于《图经本草》,李时珍所著《本草纲目》列于虫部湿生类。对蚯蚓的药性有以下论述:“上食槁壤,下饮黄泉,故其性寒而下行。性寒,故能解诸热疾;下行,故能和利小便,治足疾而通经络也。”

二、生物学特性

(一)分类、分布

蚯蚓,属环节动物门(Annelida)寡毛纲(Oligochaeta)后孔寡毛目(Opisthopora)钜蚓科(Megascolecidae)正蚓属(*Lumbricus*)。全世界已经发现和确定的有2 500多种,我国有160多种,但适合人工饲养的只有20多种。目前我国养殖的药用品种主要有威廉环毛蚓、赤子爱胜蚓(*Eisenia foelida* Savigny)和背暗异唇蚓(*Allolobophora caliginosa trapezoides* (Duges))等。地龙的原动物为参环毛蚓(*Pheretima aspergillum*(E. Perrier))、通俗环毛蚓(*Pheretima vulgaris* Chen)、威廉环毛蚓(*Pheretima guillelmi* (Michaelsen))和栉盲环毛蚓(*Pheretima pectinifera* Michaelsen)。第一种主产于广东、广西,习称“广地龙”,后三种习称“沪地龙”。

(二)形态特征

蚯蚓体圆而细长,分节,具有体腔,口在前端,上覆有肉质的叶称口前叶。头部由口前叶和围口叶组成。体节之间有一深槽,叫节间沟。体节的数目因品种不同而有差异,每节都有呈环状排列的刚毛。肛门在身体末端,呈直裂状,两侧稍隆起。从第6~7节起沿背中线节与节之间有一背孔。不同属、不同种其位置有所不同。背孔平时紧闭,在土壤较干燥的情况下背孔张开，身上分泌出体腔液以湿润皮肤，这是蚯蚓的一种保护性反应。肾孔通常每节 1 对，开口于腹面两侧。雌雄同体，异体受精。性成熟的个体靠近体前面一段隆起的地方称为环带。环带的腺细胞发达，由表皮层增生所形成，是性成熟的象征。一般雄性生殖孔为 1 对，有的种有两对生殖孔；雌性生殖孔 1 对或单个，其位置因不同种而有所差异。受精囊孔 1～5 对不等。卵产在卵茧内。不同种类的蚯蚓，形体结构也不完全相同。

(三)生活习性

1. 栖息环境

蚯蚓终年生活在地下。蚯蚓穴居于潮湿、多腐殖质的泥土中，以菜园、耕地、沟渠等处数量最多。体色因环境不同而异，具有保护色的功能，一般为棕色、紫色、红色、绿色等。蚯蚓的表皮层系一层长柱状的表皮细胞，中间存有具有分泌功能的黏液腺和蛋白腺，黏液溶解空气中的氧气，利用背孔和细胞腺孔吸收体表黏液中溶解的氧气，并排出二氧化碳。当蚯蚓在土壤中行动时，体表的黏液能使身体容易滑动不受土粒的损伤。蚯蚓在土壤中栖息深度为 10～20 cm，呈纵向地层栖息，头朝下吃食，有规律地把粪便排积在地面。在土壤中蚯蚓的打洞方式是先把头伸长缩尖，打个小孔，然后把头部胀大挤压分开土向前推进。土壤的上层常有大量的落叶、枯草、植物根茎叶以及腐烂的瓜果、动物粪便等，这些都是蚯蚓最好的食物。

蚯蚓是变温动物，体温随着外界环境温度的变化而变化。因此，蚯蚓对环境的依赖一般比恒温动物更为显著。环境温度不仅影响蚯蚓的体温和活动，还影响蚯蚓的新陈代谢、生长发育及繁殖等。

2. 蚯蚓的生活周期

从卵茧产下开始至幼蚓孵化，直到发育成熟，出现环带并产卵，是蚯蚓的一个生活周期。周期的长短与蚯蚓的繁殖和生长速度关系大。生活周期短，一年中繁殖次数较多，增殖倍数大。这对人工养殖有很重要的意义。

由于品种的不同，生活周期有较大的差异。即使同一个种，在不同的温度、湿度和食料的影响下，生活周期也不一样。

现以国内养殖较多的正蚓科的赤子爱胜蚓(包括曲塘一号以及日本的“太平 2 号”、“北星 2 号”等)、巨蚓科的威廉环毛蚓和链胃科的无锡杜拉蚓为例。据林兰泉研究，从日本引进的赤子爱胜蚓，在室温 22～32℃，用发酵的马粪作饲料，湿度 60%～70%的条件下，从产卵茧至幼体孵化，最短需要 12 d，最长需要 26 d，平均约为 21 d。从幼蚓孵化出到性发育成熟出现环带 32～67 d，平均 36 d。但个别也有长达几个月尚未成熟的幼体。环带出现到开始产卵，一般经 11～12 d。整个生活周期最短 47 d，最长 128 d，一般 3～4 个月。江苏海安曲塘产的赤子爱胜蚓，从交配到产卵 2～12 d，卵茧孵化需 21～25 d。幼蚓发育成熟至产卵需 60～90 d。韦尔克报道欧洲的赤子爱胜蚓卵茧孵化约需 77 d，发育成熟需 385 d，整个发育周期约需 460 d。

3. 生活规律

(1)温度　蚯蚓的活动温度为 5～30℃，最适宜温度为 20℃左右，28～30℃能维持生长。当温度低于 10℃时，活动迟钝。当温度低于 5℃时，进入休眠状态。当温度超过 32℃时，就停止生长，也处于休眠状态，称为热休眠。如果温度下降到 0℃以下或升高到 40℃以上都会导致死亡。

(2)湿度　蚯蚓生活的湿度范围为 10%～70%，适宜湿度为 60%～70%。不同种类的蚯蚓,其适宜的湿度是不同的。蚯蚓喜欢生活在阴暗潮湿的环境中,但又怕水浸泡。当土壤的含水量超过60%或被水淹后,多数蚯蚓马上逃离,逃不走的表现身体水肿、生命力下降,甚至死亡。

(3)土壤 蚯蚓一般喜居在潮湿、疏松而富含腐殖质的泥土中,特别是肥沃的庭院、菜园、耕地,或沟、河、塘、渠道旁以及食堂附近的下水道边、水缸下等处。蚯蚓怕酸碱,适应的土壤pH为6.0～8.0。

(4)光线 蚯蚓无眼,但由于皮肤分布很多神经末梢和感觉细胞,能感觉光线和温度,所以对光线、温度均敏感,通过触觉能感觉到土壤震动。蚯蚓有避光性,昼伏夜出。惧怕太阳光、强烈的灯光、蓝光和紫外线照射,但不怕红光。用强烈的阳光、蓝光和紫外光照射20 min左右就会死亡。

(5)再生 蚯蚓受伤或被切断之后,能够生出新的组织代替丢失的部分,这种能力叫做再生。当蚯蚓机体的一部分损伤或被切断后便可重新生成。夏季再生较快。一般适合再生的温度是18～20℃。另外,幼蚓比老蚓再生快。

绝大多数蚯蚓具有很强的再生能力。一般异唇属、正蚓属和杜拉蚓属,再生能力较强,而环毛属蚯蚓稍差一些。通常前面5～8节被切断,受伤部分先结成疤,然后逐渐再生出变形的头部。假如切去9节以上,虽然能再生,但是恢复较慢。如果在15节以后切断,通常不易再生头部。但可再生一个缺脑的尾部,成为一条具有两个尾部的变态蚯蚓。而尾部切断,再生能力比头部强。有时可以看见一条蚯蚓长出二条分叉的尾巴或在丢失的尾部再长一条细长的或肥大的尾巴。

4.蚯蚓的食性

蚯蚓食性很广,属杂食性。各种植物的茎、叶,家畜粪便,工农业副产品及家庭垃圾都可以作为它的饲料,特别是兔粪、牛粪、草等对蚯蚓生长发育更为有利。蚯蚓的消化道从口开始,有咽头、食道、嗉囊、砂囊、肠。通过嗅觉和味觉寻找食物和分辨食物味道。吃食时先分泌黏液软化食物,然后由口前叶吞咽,通过有肌肉质厚壁的砂囊,起到混合磨碎食物的作用。食道两侧有石灰腺,能排出钙,起到中和消化道内酸性物质的作用。

蚯蚓特别偏爱肉汤、动物的血、动物的内脏等动物性饲料。蚯蚓从基料、饵料中所含的糖类、纤维素、木质素、蛋白质等物质中吸收氮素和碳素作为营养。此外,还需要吸收钙、钾、钠、磷、镁等矿物质元素。饵料的碳素率是指饵料中有机物内碳和氮的比例,即相当于畜禽营养需要中的能量蛋白比。赤子爱胜蚓对碳素率的要求是20%～30%。蚯蚓排斥咸、苦、辣的东西,喜食有甜味的食物如糖蜜、水果皮等。

5.生长繁殖

蚯蚓雌雄同体。雄性生殖器官在第10、第11节的后侧,为两对精巢囊,每一个囊内有精巢和精漏斗各一个,通过隔膜上的小孔与后一对的贮精囊相连;贮精囊两对位于第11节和第12节内,精细胞在精巢中产生后,先进入贮精囊中发育,待成熟后再回到精巢囊,由精漏斗经输精管排出。两条输精管,在第13节后,两两平行,当行至第18节与前列腺的支管和主管相会合,由雄生殖孔排出,雄生殖孔在第18节腹面两侧。雌性生殖器官为葡萄状的卵巢一对,附着在第12、第13节隔膜的后方。成熟的卵落入体腔,经第13节内一对卵漏斗,通过较短的输卵管,至第14节会合,而由一个雌性生殖孔排出。另外,在第6至第9节内,有受精囊2或3对,为接受和储存异体精子的场所,开口于6～9节间腹部节间沟两侧。

蚯蚓是异体受精。蚯蚓的雄性生殖细胞先成熟。成熟后两条蚯蚓要进行交配，交配时，副性腺分泌黏液，使双方的腹面相互黏着，头端分向两方。雄性生殖孔与异体受精囊孔相对，精液从各自的雄生殖孔排出，通过对方的受精囊孔进入受精囊内。交换精液后两条蚯蚓各自分开。待卵成熟后环带分泌黏稠物质，在环带外凝固而成环状黏液管（蚓茧），成熟的卵由雌生殖孔排至蚓茧中。当蚯蚓作波浪式后退运动时，蚓茧相应逐渐向前移动。当移至受精囊孔处精子逸出，在茧中受精。蚯蚓继续后退，最后蚓茧离开身体，两端封闭而留在土中。每个蚓茧有1～3个胚胎，2～3周孵化。

6.“六喜”、“六畏”

(1)“六喜”

一喜阴暗。蚯蚓属夜行性动物，白昼蛰居泥土洞穴中，夜间外出活动，一般夏、秋季晚上8时到次日凌晨4时左右出外活动，它采食和交配都是在暗色情况下进行的。

二喜潮湿。自然陆生蚯蚓一般喜居在潮湿、疏松而富于有机物的泥土中，特别是肥沃的庭园、菜园、耕地、沟、河、塘、渠道旁以及食堂附近的下水道边、垃圾堆、水缸下等处。

三喜安静。蚯蚓喜欢安静的周围环境。生活工矿周围的蚯蚓多生长不好或逃逸。

四喜温暖。蚯蚓尽管世界性分布，但它喜欢比较高的温度。低于8℃即停止生长发育。繁殖最适温度为22～26℃。

五喜酸甜。蚯蚓味觉灵敏，喜甜食和酸味。

六喜同代同居。蚯蚓具有母子两代不愿同居的习性。尤其高密度情况下，小的繁殖多了，老的就要跑掉、搬家。

(2)“六畏”

一畏光。蚯蚓为负趋光性，尤其是逃避强烈的阳光、蓝光和紫外线的照射，但不怕红光，趋向弱光。

二畏震。蚯蚓喜欢安静环境不仅要求噪声低，而且不能震动。受震动后，蚯蚓表现不安，逃逸。

三畏水浸泡。蚯蚓尽管喜欢潮湿环境，甚至不少陆生蚯蚓能在完全被水浸没的环境中较长久地生存。但其从不选择和栖息于被水淹没的土壤中。

四畏闷气。蚯蚓对氨、烟气等特别敏感，当氨在空气中浓度超过17%时，就会引起蚯蚓黏液分泌增多，集群死亡。烟气中主要有二氧化硫、一氧化碳、甲烷等有害气体。蚯蚓生活时需良好的通气，以便补充氧气，排出二氧化碳。

五畏农药。使用农药尤其是剧毒农药的农田或果园，蚯蚓数量少。有些种类农药，如氯丹、七氯、敌敌畏、甲基溴、氯化苦、西玛津、西维因、呋喃丹、涕灭威、硫酸铜、三九一一等，对蚯蚓毒性很大。有些化肥如硫酸铵、碳酸氢铵、硝酸钾、氨水等，对蚯蚓有很大的杀伤力。

六畏酸碱。蚯蚓对酸碱性物质很敏感，过酸过碱，均可造成其死亡。

三、蚯蚓的人工养殖

（一）建场

1.场址选建

蚯蚓对养殖场地的要求条件不高。但为了获得高产，亦应对养殖场有所选择。在选择养殖场所时，最好避开公路、铁路等有相当震动的地方。此外，还应尽量选择环境污染少、天敌少的地方，利于防旱、排涝、防寒保暖以及离饲料源近的地方等。可选择水渠旁、河边和自来水处。规模较小的蚯蚓养殖场可设在室内，如仓库、住房、牛棚、马厩、猪圈等处，都是可供选择的场所。

2.养殖方式及养殖池建造

蚯蚓的养殖方法很多。人工养殖常见的有室外养殖和室内养殖两种。可利用楼房、平房、地下室、防空洞等进行室内养殖，利用庭院、林场、果园、荒山坡地等进行室外养殖。利用塑料大棚养殖也是一种好的选择。另外，也可用木箱、塑料盆、砖池子等进行小规模养殖。室内养殖法依养殖容器的不同，可分为盆养法、缸养法、木箱养殖法、室内立体养殖法等。室外养殖法可分为土法养殖法、养殖池养殖法、沟槽养殖法、堆肥养殖法、塑料大棚养殖法、通气加温加湿养殖法、半地下室养殖法、园林或农田养殖法、沼池养殖法、地面温室循环养殖法、人防工事养殖法等。究竟采用哪种方法要根据自己的条件而定。

如果要大规模饲养蚯蚓，采用室外养殖法为好，设备简单，管理容易，成本低。

下面简单介绍几种养殖方法。

(1)盆式养殖法　利用花盆、脸盆、木盆以及水桶、缸子等小型容器来饲养蚯蚓，这种养殖方式操作非常方便灵活，如果需要蚯蚓量不多时可采用这种方式。饲养时，先在容器中置入20 cm 高(约为盆高的 3/4)的腐熟牛粪和其他饲料，再放入 100～200 条蚯蚓为宜。

由于盆体小、盆内湿度和温度受环境影响而发生较大的变化，如饲料易于干燥，温度高低变化明显。因此在保证通气的前提下，上面加盖，注意盖子要开 10 个左右小孔通气，盆口可加盖塑料薄膜，同时经常喷水，以保持盆内饲料的适宜湿度。或随着外界气温的高低经常移动放盆的位置，以调节盆内的温度。此外，盆养的饲养时间不宜太长，多以 30～60 d 为宜。

(2)箱式养殖法　可用木材或竹子、柳条、塑料等材料制成养殖箱，其规格一般为长60 cm、宽 40 cm、高 20 cm。箱子的底面或侧面要有排水孔和通气孔，下面有拉手把柄，以便操作，饲料装量为 15 cm 高，放入蚯蚓后，再在饲料表面覆盖一层塑料薄膜或一块薄的木板，以减少水分蒸发。生产量多时，可将箱子层叠，进行立体养殖。

(3)坑式养殖法　在室外挖坑，长度可根据实际情况掌握，一般的规格为宽 100 cm，深50 cm，用石头或砖头砌壁，用水泥灰浆抹缝，以防蚯蚓钻洞逃跑。在坑底放一层 5 cm 厚的稻草或树叶，然后放入饲料及蚯蚓种。在坑四周挖排水沟，坑上遮盖塑料布、石棉瓦等挡雨，坑内不能积水。

(4)池式养殖法　用水泥、砖建造水池，长度以方便操作为准，一般的规格为宽 150 cm，深80 cm。新池子建好之后，要用水浸泡 5 d，然后将水放掉，目的是将水泥中的有害物质排除掉。与坑式养殖法一样，也在池底放一层 5 cm 厚的草或树叶，再放入饲料及蚯蚓。注意池上搭一个简易棚子，以防雨防晒。

(5)露天堆肥养殖法　选择地势高爽、排水良好、暖和通风、无污染、无惊扰的地方，把未经发酵的牛粪、马粪、猪粪做成高 15～20 cm，宽 1～1.5 m，长度不限，放入种蚓，盖好稻草，遮光保湿，就可养殖。夏天养殖坑上面要搭棚遮阴；冬天养殖坑上面要搭建简易的塑料棚，提高坑温，保护蚯蚓安全越冬。此外，还应做好保护工作，以防老鼠、青蛙、蛇等的侵害。

(6)半地下室蚯蚓养殖法　选择背风、干燥的坡地，向地下挖 1.5～1.6 m 深、2.5 m 宽、长度自定的沟。沟的一侧高出地面 1 m，另一侧高出地面 30 cm，形成一个斜面，斜面用双层塑料薄膜覆盖。

(二)蚯蚓的人工繁殖技术

1.蚯蚓种的选择

人工饲养蚯蚓的种类可根据饲养的目的和环境条件加以选择。若为药用，则以饲养参环毛蚓、中材环毛蚓和背暗异唇蚓较佳。用作饵料的应选择生长快、繁殖率高和蛋白质含量丰富的蚓种，如参环毛蚓、亚洲环毛蚓、赤子爱胜蚓、背暗异唇蚓等都可以入选。用于改良土壤、疏松下层泥土的应选择抗逆性强，且善于钻土，栖于深层土壤中的环毛蚓属的蚯蚓。体型较小的异唇蚓属、爱胜属的蚯蚓，则有利于疏松表层土壤，均可选养。处理垃圾、污泥废物时，可选择吞食量大、繁殖快的蚯蚓，爱胜属的蚯蚓是可选的对象。

根据当地的自然条件因地制宜地进行蚯蚓的选择。如微小双胸蚓或枝蚓属的一些蚯蚓，由于适应在 pH 3.7～4.7 的酸性土壤中生活，而且耐寒、喜水，因此适于地下水位高或江湖水库、河沟等潮湿土壤中生活。水位低的干旱地方，可以饲养耐旱的杜拉蚓及直隶环毛蚓。沙质土壤地区，可饲养喜沙居的湖北环毛蚓和双卧环毛蚓。

总之，在生产实践中，适于人工饲养的蚯蚓应具备下列条件：

(1)能提供利用价值高的优质产品，如蚓体、蚓粪、某些特殊的药用成分及生物化学物质等。

(2)有较高的繁殖力，年增长率达 1 000 倍以上。

(3)能适应人工养殖环境，如不逃逸、有定居性、耐高密度养殖、适应有机物丰富的饲料等。

(4)有较强的抗逆性，如能耐热、抗寒，一年四季都能生产，受季节的影响小，抗病害能力强等。

赤子爱胜蚓是目前公认的良种蚯蚓。日本“太平 2 号”蚯蚓是赤子爱胜蚓的人工饲养型。

2.蚯蚓的提纯和复壮

为了保持蚯蚓优良品种的高产、优质等性能，必须通过纯种选育对蚯蚓提纯和复壮。为了保持蚯蚓某一优良品种的特性，并希望这些优良特性得以提高、趋向一致，同时把这些优良性状遗传给后代，就需要不断从群体中挑选优良的纯种个体，繁殖后代，这就叫“纯种选育”。在纯种选育和提纯工作中，应有计划、有步骤地建立三级繁育体系，即蚯蚓原种—蚯蚓繁殖场—蚯蚓生产场。

蚯蚓原种场的主要任务是进行蚯蚓纯种选育和提纯复壮，以不断选育并保持优良品种，达到早熟、高产、优质、稳产、低耗。

蚯蚓繁殖场的主要任务是原种场选育出的优良品种进行纯种繁殖，不断扩大品种数量，以便向生产场及个体养殖户提供大量蚓种。

蚯蚓生产场的主要任务是对繁殖场运来的蚓种(成蚓、幼蚓或蚓茧)进行繁殖，结合当地蚯蚓的综合利用而得到蚓体、蚓粪、蚯蚓粉、化学提取物等产品。

3.蚯蚓的交配、产卵与个体发育

蚯蚓交配时，两条蚯蚓互相倒抱，副性腺分泌黏液，使双方的腹面粘住，精液从各自的雄性生殖孔中排出，输入对方的受精囊内，交换精液后即分开，蚯蚓交配一次可连续一个月正常生殖。待卵成熟时，生殖带(环带)分泌黏稠物质，卵细胞落入其中形成蚓茧。蚓茧从蚯蚓身体前端脱落。蚓茧如绿豆大小，每个蚓茧含有 10～20 个胚胎(个别含 60 个)，20 d 左右可孵出小蚯蚓，幼蚓一两个月即达性成熟。

4.蚯蚓繁殖的条件

蚯蚓繁殖的最佳温度为20～30℃,在这个温度范围内蚯蚓交配最活跃,产卵量最大,孵化时间短。蚯蚓繁殖的最佳湿度为70%。蚯蚓繁殖的最佳酸碱度是pH 7左右。

(三)蚯蚓的饲养管理

1.蚯蚓的饲料

(1)饲料的种类 蚯蚓主要以腐败的有机物为食。经过发酵的畜禽粪便,酿酒制糖、食品生产、木材加工、造纸等有机废物(酒糟、糖渣、木屑、废纸浆等),垃圾中的有机物、活性污泥、稻草落叶、瓜藤果皮、厨房废弃物(蔬菜下脚、剩余饭菜、米汤废血、各种泔水、动物内脏等),以及昆虫的幼虫、卵,动物尸体,各种细菌、真菌等,都是蚯蚓喜食的饲料。

(2)饲料的堆制 草料、粪料宜交替铺放。草料约厚10 cm,粪料约厚5 cm。交替铺3～5层后,可在堆面淋水至堆底渗出水为止。然后再重复铺放3～5层,淋水。料堆宜松软,长宽不限,高度在1 m左右。温暖季节,堆积后第二天,温度可渐渐上升,1周后,饲料分解极盛,早晚可以见到堆面"冒白烟"。每隔3～5 d翻堆一次,翻堆时,将下面的料翻到上面,四周的料翻到中间,一般翻堆3～5次,饲料就发酵好了,发酵过的饲料,色泽黑褐,无异味,质地松软,不粘手。

(3)饵料的投喂 在容器中养殖蚯蚓,其投放方法有上投法、下投法、侧投法、饵料块投法。其中较常用的是"上投法",即将饲料直接投放于蚯蚓栖息的环境表面,当观察到养殖池(盆、箱、坑)表面粪化以后,就可在上面投喂一层新饲料,5～10 cm厚,蚯蚓会自行进入新饲料层中摄食、栖息。

2.蚓粪的清除

适时采收蚓粪,一是为了获得养殖的产品;二是为了扫养殖床上的堆积物,以便于操作;三是为了消除环境污染,有利于蚯蚓的生长发育与繁殖。清除蚓粪前一天,放一些饲料到养殖坑下部,蚯蚓多被诱集于下面新饲料中,此时,慢慢由上而下刮除蚓粪,蚯蚓则随着刮粪而被光照,被引向下部,直到新饲料层为止。

3.温度、湿度与密度的调节

饲养过程中,温度宜在15～35℃,湿度为60%～80%。养殖密度一般为2 000条/m² 蚯蚓。密度大时,要及时采收。

四、蚯蚓天敌的防治

(一)天敌的种类

蚯蚓的天敌分捕食性和寄生性两大类。捕食性天敌有鸟、蛙、家禽类,寄生类的天敌有绦虫、线虫、螨虫等。

(二)防治方法

(1)蜈蚣、蝼蛄、蟑螂也可以危害蚯蚓,要注意捕杀。在养殖床周围挖水沟防范。

(2)鼠类采用毒饵、放鼠夹、鼠笼、灌鼠洞、熏洞、堵洞等多种办法进行综合防治。也可用猫杀鼠。

(3)在蚓床成片集中的地方,也可以采用修围水沟包围养蚯蚓场地的办法防御。

(4)用百虫灵喷杀蚂蚁、蟑螂、蝼蛄等。发现养蚯蚓场有蚁群,要追索蚁路,捣毁蚁窝。如果是零散的,用骨头诱集,用开水烫死。如果蚂蚁太多,也可用杀蚁酮药杀。还有螨和壁虱一类的害虫，也危害幼蚓和刚产下的卵茧。小量的可用鸡蛋壳盛水置于料床上诱集，数量多时可用杀螨酚药杀，或彻底更换饵料。如发现料中有螨或壁虱，在使用前先用塑料薄膜将料严密封罩几天，使料堆内虫害由于缺氧，大部分集聚到薄膜上来，而集中消灭之。

(5)寄生类的天敌，需要解剖蚯蚓体，用放大镜或低倍显微镜才能看得到。平时在蚓床上经常出现成蚓不明死亡，经检查，除消瘦外无其他病变，就可怀疑是寄生虫病，进行进一步检查。

五、人工养殖蚯蚓的采收与加工

蚯蚓养殖到一定程度，除了专供繁殖以外，即应采收利用。

(一)蚯蚓的采收

不同的养殖方法，采收的方法不一样，大致可分为：光照下驱法、诱捕法、红光夜捕法、水驱法、挖取法、电驱法等。而野外采集标本，也可采用化学法。

1. 光照下驱法

此法适于室内养殖床以及箱养、池养的赤子爱胜、北星 2 号、曲塘一号及太平 2 号等蚯蚓的采收。

在养殖床内的蚯蚓，大部分达 400～600 mg，而且每平方米密度已达 1.5 万～2 万条时，即可采收一部分。采收方法，是利用蚯蚓避光特性，在阳光或灯光照射下，用刮板逐层刮料，驱使蚯蚓钻到养殖床下部，最后蚯蚓聚集成团。然后把蚯蚓困置于孔径 5 mm 的大框上，框下放收集容器，在光照下，蚯蚓自动钻入筛下容器中。

如欲净化蚯蚓体内的食物，可将蚯蚓进行自然干燥，在遭受干燥的情况下，蚯蚓自动排净消化道的粪粒。然后在筛网上，用清水冲洗体表。也可把蚯蚓放入 5～10 倍清水中，经 1～2 昼夜，使消化道食物排泄在水中，达到净化的目的。

2. 红光夜捕法

此法适于田间养殖蚯蚓的采收。如威廉环毛蚓，湖北环毛蚓等。利用蚯蚓在夜间爬到地表采食和活动的习性，在凌晨 3～4 时，携带红灯或弱光的电筒，在田间进行采收。此法非常简单，采取量也较多。

3. 诱捕法

可用于室内养殖床，也可用于大田养殖蚯蚓的采收。如饲养赤子爱胜蚓的养殖床，在采收前，可在旧饲料表面放置一层蚯蚓喜爱的食物，如腐烂的水果等。经 2～3 d，蚯蚓大量聚集在烂水果里，这时可快速将成群的蚯蚓取出，经筛网清理杂质即可。

在田间，如饲料地或桑园、果园等，可选择蚯蚓喜吃的饲料，堆放在养殖槽附近。次日凌晨，在饲料堆中收集诱入的蚯蚓。也可沿养殖池或养殖床边沿挖一深 10 cm 的小沟，沟的两端埋 2 个深约 30 cm 的陶瓷缸，或挖两个土坑，部分蚯蚓夜间沿沟槽爬行，进入瓷缸或土坑中，黎明前即可采收。

4. 水驱法

适于田间养殖。在绿肥或饲料收获后，即可灌水驱出蚯蚓，或在雨天清晨，威廉环毛蚓及其他蚯蚓大量爬出地面时，组织力量，突击采收。这种方法采集的蚯蚓要迅速处理，否则容易死亡。如不利用，应在短时间内移入新养殖坑中。

5. 挖取法

此法适于田间养殖或野外采集。观察地表，在较潮湿、蚯蚓粪堆多、孔洞密的地方，用三齿或四齿铁叉，挖土采收。这种方法简单易行，但费工费力，效率较低，又易损伤蚯蚓。

6. 电驱法

此法适用于利用蚯蚓净化土壤污染时，为了采收富集污染物质的蚯蚓，以便进行集中处理。这种蚯蚓不能作为蛋白饲料，也不能作为医药原料。此外，在田间养殖或野外采集标本时，也可采用。

可用二个尖头叉形电极，插入土壤 50 cm 深处，二电极距离 1 m，利用小型发电机，在电压 250 V、电流 2～4 A，通电驱出蚯蚓，效果良好。也可以用带有绝缘柄、直径 8～10 mm、长 75 cm 的钢杆 2～3 根，插入土壤，通入 220～250 V、3～5 A 的电，用可变电阻调节电流强度，驱出深层土壤中的蚯蚓。也有的用 ZKA 手提式发电机，电压 360 V，先向土壤注入冷水，再把电极插入土壤 46 cm 深处，通电驱出蚯蚓。电流通入下层土壤，迫使蚯蚓爬出地面。

7. 福尔马林采收法

将少量 10% 福尔马林洒在养殖坑上，蚯蚓在下面觉得难受，就会全部爬到上面，收集之。

8. 网眼分离法

在养殖箱下放一筛网，网眼大小 0.4 cm 左右，让蚯蚓能通过即可，在上面照光，蚯蚓就通过网眼爬下来。也可将箱网做成一个小笼子，里面放一个烂苹果，埋到养殖坑下面，一天后将笼子取出，里面即装满蚯蚓。

(二)蚯蚓的加工

在加工药用蚯蚓的时候，先是把收集起来的蚯蚓放进温水中，洗去其体表的黏液，再拌入草木灰将蚯蚓闷死，然后将草木灰去掉，用清水洗干净。用剪刀、解剖刀将蚯蚓剖开，去掉内脏，洗去泥土，贴放到竹子或木板上晒干，也可放入烘箱烘干，即可得到药用蚯蚓。

1. 净制

除去杂质，洗净。

2. 切制

洗净，切段，干燥。

3. 炮制方法

(1)酒制　取净蚯蚓段，加入黄酒拌匀，置锅内，用文火加热，炒至表面呈棕色时，取出，放凉。蚯蚓每 100 kg，用黄酒 12.5 kg。

(2)滑石粉制　取滑石粉，置锅内加热后，投入蚯蚓段，拌炒至鼓起时，取出，筛去滑石粉，放凉。

(3)甘草制　取原药材，用清水洗净内含泥土，捞起，晒至 8 成干，切成 1.5 cm 长段，放入甘草浓汤中，浸泡 2 h，捞起，晒干，即成。蚯蚓每 1 kg，用甘草 120 g。

(4)炒制　取蚯蚓微炒或炒黄研细。

(5)烫制　先将沙炒热，加入蚯蚓拌炒至鼓起，筛去沙即可。

复习思考题

1. 简答珍珠贝类和蚌类的动物分类学地位。

2. 简述河蚌的形态特征。

3. 简述河蚌的栖息环境。

4. 简要论述河蚌的人工繁殖技术及饲养管理要点。

5. 论述珍珠的采收与加工方法。

6. 简答水蛭的动物分类学地位。

7. 简述水蛭的形态特征。

8. 简述水蛭的生活习性。

9. 简要论述水蛭的人工饲养技术。

10. 论述水蛭的采收与加工方法。

11. 简答蚯蚓的动物分类学地位。

12. 简述蚯蚓的形态特征。

13. 简述蚯蚓的生活习性(六喜六畏)。

14. 简要论述蚯蚓的人工繁殖技术及饲养管理要点。

15. 简要论述蚯蚓的天敌防治技术。

16. 论述蚯蚓的采收与加工方法。

参考文献

[1] 中华人民共和国卫生部药典委员会. 中华人民共和国药典(2010年版一部). 北京:中国医药科技出版社,2010.
[2] 李时珍[明]. 本草纲目. 北京:人民卫生出版社,2004.
[3] 白庆余,等. 特种经济兽类养殖技术. 广州:广东经济出版社,1999.
[4] 王永生,等. 麝香生产技术. 北京:中国农业出版社,2004.
[5] 胡元亮. 实用药用动物养殖技术. 北京:中国农业出版社,2001.
[6] 陆善旦,等. 药用动物养殖及其药材加工. 上海:上海科学普及出版社,2001.
[7] 张含藻. 药用动物养殖与加工. 北京:金盾出版社,2002.
[8] 王宝维. 特禽生产学. 北京:中国农业出版社,2004.
[9] 白庆余. 实用经济动物养殖学. 长春:吉林科学技术出版社,1992.
[10] 卫功庆. 特种动物养殖. 北京:高等教育出版社,2004.
[11] 杨山. 家禽生产学. 北京:中国农业出版社,1995.
[12] 白庆余. 特种经济鸟类养殖技术. 广州:广东经济出版社,1999.
[13] 高君瑞,等. 蝎养殖明白书. 济南:山东科学技术出版社,2000.
[14] 潘红平,黄正团. 黄正团主编养蝎及蝎产品加工. 北京:中国农业大学出版社,2002.
[15] 周庆和, 刘呈苓. 蝎人工养殖技术. 济南:山东科学技术出版社,2002.
[16] 王琦. 蝎养殖与加工. 北京:中国农业大学出版社,2002.
[17] 张春,张玄微. 蝎高效养殖新技术. 天津:天津科学技术出版社,2002.
[18] 杨成俊. 农家致富药用动物养殖60法. 北京:中国农业科技出版社,1997.
[19] 杨冠煌. 中华蜜蜂. 北京:中国农业出版社,2000.
[20] 龚一飞,张其康. 蜜蜂分类与进化. 福建:福建科技出版社,2002.
[21] 陈盛禄. 中国蜜蜂学. 北京:中国农业出版社,2001.
[22] 曾志将. 中国蜜蜂学. 北京:中国农业出版社,2003.
[23] 张中印. 现代养蜂法. 北京:中国农业出版社,2007.
[24] 李崇洲. 蜈蚣养殖技术. 北京:金盾出版社,2001.
[25] 李家瑞. 特种经济动物养殖. 北京:中国农业出版社,2002.
[26] 马有祥. 冬虫夏草资源与环境. 兰州:兰州大学出版社,2010.
[27] 李昊,等. 虫草人工栽培与深度开发. 北京:科学技术文献出版社,2003.
[28] 李昊. 虫草的人工栽培技术. 北京:金盾出版社,2001.
[29] 王光亮. 药用动物养殖技术. 北京:中国中医药出版社,2006.
[30] 潘红平. 蚯蚓高效养殖技术一本通. 北京:化学工业出版社,2011.
[31] 孙振钧. 蚯蚓高产养殖与综合利用. 北京:金盾出版社,2013.
[32] 马丽娟,金顺丹,韦旭斌,等. 鹿生产与鹿疾病学. 长春:吉林科学技术出版社,1998.
[33] 白秀娟,鞠贵春,等. 经济动物生产学. 北京:中国农业出版社,2012.

[34] 高玉鹏,任战军.毛皮与药用动物养殖大全.北京:中国农业出版社,2006.
[35] 杨桂芹.经济动物养殖技术.北京:中国林业出版社,2000.
[36] 李敏,李校堃.中药材养殖技术.北京:中国医药科技出版社,2007.
[37] 刘炳仁.蝎养殖与加工新技术.北京:科学技术文献出版社,2000.
[38] 薛占永,等.蝎子.北京:中国中医药出版社,2000.
[39] 王坤,郝新强,刘树强.中国林麝养殖的发展现状、研究概述和经济效益分析.中国畜牧杂志,2010,46(18):14-17.
[40] 李林海.我国麝类动物养殖产业现状及对策研究:[学位论文].北京:北京林业大学,2012.
[41] 熊家军,鞠贵春,等.特种经济动物生产学.北京:科学出版社,2009.
[42] 高利.我国养鹿业存在的问题及发展出路.北京:中国农业出版社,2010.
[43] 李生,郑兴涛,李和平,等.东北梅花鹿育种核心群种公鹿茸重标准的制定.经济动物学报,1997,1 (4):7-9.
[44] 赵世臻.鹿的选种与选配.特种经济动植物,2010(3):5.
[45] 郑兴涛,李和平,赵蒙,等.我国茸鹿育种研究进展及现代茸鹿育种探讨.经济动物学报,2000,4(4),55-60.
[46] 邴国良,李和平,郑兴涛,等.我国茸鹿育种工作现状及前景.特产研究,1997,(1):43-46.
[47] 李和平,王守本.茸鹿良种繁育体系的建立与技术要点.特产研究,1997,(1):43-46.
[48] 郑兴涛,魏海军,王柏林,等.梅花鹿、马鹿及杂种鹿茸料比的分析.经济动物学报,2003,7 (2):28-30.
[49] 赵世臻.鹿的选种与选配.特种经济动植物,2010(3):5.
[50] 赵世臻.鹿的繁育.特产研究,1988(4):46-48.
[51] 白庆余,吕克润,等.茸鹿人工授精的研究.畜牧兽医学报,1984,15(1):21-26.
[52] 罗剑通,赵蒙,等.梅花鹿人工授精实验报告.特产研究,2000,(4):28-30.
[53] 赵蒙,邹兴淮,郑兴涛,等.利用人工授精技术优势 促进我国养鹿业发展.特产研究,2004,(2):47-50.
[54] 魏海军,杨福合,陆纯志,等.CIDR 和 PMSG 诱导东北梅花鹿同期发情的初步研究.经济动物学报,2003,7 (3):27-29.
[55] 陈连国,赵广华.人工授精和同期发情技术在茸鹿繁殖上的应用研究.当代畜牧,2005 (1):33.
[56] 都惠中,魏海军,高庆华,等.梅花鹿 XY 精子分选及冷冻精液制备.经济动物学报,2003,12(4):187-189.
[57] 魏海军,刘宪彬,赵蒙,等.梅花鹿的胚胎移植试验.北京:中国农业出版社,2010.
[58] 王梁,史文清,赵国世,等.梅花鹿鲜精和冷冻胚胎移植获得后代.北京:中国农业出版社,2010.
[59] 鞠贵春,张辉.梅花鹿种鹿质量标准研究.吉林中医药,2011,1(31):59-60.
[60] 鞠贵春,王丽丽,张辉.梅花鹿良种繁育技术研究.吉林中医药,2011,3(31):252-254.
[61] 范志勇.养熊业的问题分析及发展思考.天津农林科技,2006(1):4-10.
[62] 高晶,李怡文,高学敏.论熊胆的合理应用.天津中医药,2012,29(2):197-200.

[63] 李波，马跃，杨国祥，等. 中国黑熊及其养殖业的发展现状. 野生动物，2011，32(4)：233-236.
[64] 杨桂芹，白庆余，刘玉文. 棕熊和黑熊繁殖生态的研究. 中国动物学会成立60周年纪念论文集. 北京：中国科学技术出版社，1994，9：423-428.
[65] 杨桂芹. 熊的人工饲养. 特种经济动植物，1998(5)：7-8.
[66] 周艳. 黑熊无管引流采胆技术的研究：[学位论文]. 哈尔滨：东北林业大学，2012.
[67] 朱丽静. 蝎毒的采集和加工技术. 农村经济与科技，2000(10)：39.
[68] 陈秋实. 塑料大棚恒温养蝎技术. 农村经济与科技，2012(3)：30-31.
[69] 张金平. 高效养殖蝎技术. 农村养殖技术，2010(13)：38.
[70] 吴凡. 花房养蝎的四季管理. 农村养殖技术，2004(13)：23.
[71] 曾秀云，马仁华. 蝎在秋冬季的管理要点. 农村养殖技术，2009(17)：34.
[72] 张闯，李明. 如何确保蝎的安全过冬. 特种经济动植物，2003(2)：9.
[73] 张世鹏. 夏季蝎疾病防治. 农村养殖技术，2010(13)：39.
[74] 陈超峥. 小蝎子大财富——科学养殖才是致富硬道理. 农村百事通，2011(9)：14.
[75] 韦有华. 全蝎及其掺伪品鉴别研究. 吉林中医药，2006(8)：58-59.
[76] 韩双红. 蜈蚣的研究进展. 天津药学，2002，14(5)：13-15.
[77] 宋志顺. 中国蜈蚣目的分类研究：[学位论文]. 保定：河北大学，2004.
[78] 李晓东，李欣，屈桂群，等. 药用蜈蚣的生物学研究进展. 大众科技，2013，9：85-87.
[79] 卢国栋. 药用蜈蚣的生态习性与临床应用. 四川动物，2006，5(1)：123-125.
[80] 周世朗. 蜈蚣的生态习性和养殖与加工技术. 四川畜禽，1997(91)：70.
[81] 刘亚珠. 少棘蜈蚣的规范化养殖. 基层中药杂志，2002，16(6)：46-47.
[82] 迟程，罗天诰，冉永禄. 云南墨江药用蜈蚣分布及活动规律研究. 中国中药杂志，1991，16(7)：401-447.
[83] 梅松涛. 蜈蚣高效生态养殖技术. 中国：2011，CN 102106321 A.
[84] 肖红波，张恒波. 蜈蚣的人工饲养. 黑龙江畜牧兽医，2002(11)：40.
[85] 刘亚珠. 少棘蜈蚣的规范化养殖. 基层中医药杂志，2002，16(6)：46-47.
[86] 陈秋实. 蜈蚣养殖技术. 农村经济与科技，2011，22(06)：43-44.
[87] 潘继兰. 蜈蚣四季巧管护. 湖北畜牧兽医，2007(5)：39.
[88] 李子奇. 蜈蚣养殖四季管理要点. 农村养殖技术，2012，13：38.
[89] 李玉红. 蜈蚣的人工养殖. 新农村，2005(7)：18.
[90] 韩庆. 蜈蚣的人工养殖. 农村养殖技术，1998(4)：18.
[91] 洪友崇. 蜜蜂化石和起源问题. 中国养蜂，1997(5)：13-15.
[92] 杨冠煌，许少玉，匡邦郁，等. 东方蜜蜂在我国的分布及其亚种分化. 云南农业大学学报，1986(1)：89-92.
[93] 谭垦，张炫，和绍禹，等. 中国东方蜜蜂的形态学及生物地理学研究. 云南农业大学学报，2005，20(3)：410-414.
[94] 葛凤晨，陈东海，历延芳. 近代东北地区采捕野生蜂蜜和桶养中蜂历史概况. 蜜蜂杂志，2001(4)：34.
[95] 景莉，景养福，张映升，等. 蜜蜂定地饲养管理模式的探索. 中国蜂业，2013，2：24.

[96] 刘阳，王志. 长白山区野生中蜂的寻找和收捕. 中国蜂业，2005，56(5)：18.
[97] 薛运波，柏建民，牛庆生，等. 长白山中蜂活框代用饲料越冬技术的研究. 蜜蜂杂志，2005，9：17-18.
[98] 叶军，余陵峰，谢文胜. 湖北省"家庭式养蜂场"模式浅析. 蜜蜂杂志，2013，8：14-15.
[99] 邵瑞宜. 蜜蜂育种学. 北京：中国农业出版社，1998.
[100] 姜玉锁. 中国境内不同地理型东方蜜蜂遗传变异及其分化研究：[学位论文]. 太原：山西农业大学，2006.
[101] 朱翔杰，周冰峰，吴显达，等. 福建中华蜜蜂微卫星标记的遗传多样性分析. 福建农林大学学报(自然科学版)，2011，40(7)：407-411.
[102] 吉挺，陈晶，殷灵，等. 江苏省野生及家养中华蜜蜂微卫星 DNA 遗传多样性分析. 中国畜牧兽医，2007，34(12)：39-41.
[103] 殷玲. 线粒体 DNA 在蜜蜂遗传育种中的应用. 昆虫知识，2008，45(5)：708-712.
[104] 谢进金，孙亮先，黄周英. 蜜蜂(Apis)线粒体 DNA(mtDNA)研究进展. 泉州师范学院学报，2001，19(2)：54-58.
[105] 闫路娜，张德兴. 种群微卫星 DNA 分析中样本量对各种遗传多样性度量指标的影响. 动物学报，2004，50(2)：279-290.
[106] 李梦军，杨品红. 三角帆蚌选择育种技术研究. 内陆水产，2006，3：38-40.
[107] 戴银根，罗洁. 中国淡水珍珠产业现状与对策研究. 中国水产，2006，7：12-13.
[108] 李权昆，倪民军，陈万灵. 海水珍珠产业化发展方向与对策. 资源开发与市场，2006，4：349-352.
[109] 施志仪，杨显祥，李勇，等. 体外培养三角帆蚌外套膜细胞的生物学特性及有核珍珠培育. 中国水产科学，2007，1：149-154.
[110] 陈蓝荪，李家乐. 我国现代珍珠养殖产业的发展对策(下). 科学养鱼，2007，2：1-3.
[111] 李家乐. 淡水养殖珍珠蚌种质资源利用与保护. 科学养鱼，2007，6：1-2.
[112] 白志毅，李家乐，汪桂玲. 三角帆蚌产珠性能与生长性状和插片部位的关系. 中国水产科学，2008，3：493-499.
[113] 施志仪，谢先中，何秀娟. 三角帆蚌内脏团珍珠培育部位的生物性状研究. 生物技术通报，2008，3：178-181，189.
[114] 张莉，李世敏. 中国珍珠产业技术创新研究. 海洋科学，2008，4：19-23.
[115] 白丽蓉，陈刚，张健东. 珍珠贝育种的研究进展. 水利渔业，2008，4：15-18.
[116] 庞颖. 珍珠的合理培育与使用. 中国黄金珠宝，2008，5：100-105.
[117] 郝莹莹. 三种环境因子对三角帆蚌外套膜 Ca～(2＋)代谢和 ALP 基因表达的影响：[学位论文]. 上海：上海海洋大学，2011.
[118] 靳雨丽. 三角帆蚌外套膜细胞培养的改进及大型有核珍珠的培育：[学位论文]. 上海：上海海洋大学，2011.
[119] 王晓艳. 影响三角帆蚌育珠效果关键因子研究. 湖南农业大学，2011.
[120] 刘诗中，尹琼. 珍珠产业价值链的分析思考. 湖南科技学院学报，2011，1：99-101.
[121] 谢绍河，梁飞龙，林展新，等. 附壳造型珍珠培育技术研究. 广东海洋大学学报，2011，1：34-38.

[122] 闻海波，顾若波，华丹，等. 三角帆蚌遗传育种研究进展. 长江大学学报(自然科学版)，2011，1:233-236，239.
[123] 洪一江，曹小秋，王军花. 我国珍珠产业体系关键技术与可持续发展分析. 中国水产，2011，6:16-18.
[124] 靳雨丽，施志仪，李文娟，等. 三角帆蚌外套膜细胞培养的改进与大型有核珍珠的培育研究. 上海海洋大学学报，2011，5:705-711.
[125] 邓岳文，邓陈茂，杜晓东，等. 细胞小片处理对马氏珠母贝育珠效果影响. 海洋湖沼通报，2011，3:46-50.
[126] 庞许明，黄庆锐，贾友宏，等. 广西珍珠产业发展现状与对策. 中国渔业经济，2011，3:103-108.
[127] 段翠兰，陈光芸，陈静，等. 中国珍珠研究概论. 科学养鱼，2012，2:1-3.
[128] 刘永，张春芳，焦宗垚，等. 大珠母贝游离珍珠培育研究. 海洋科学，2012，4:30-36.
[129] 钱伟平，许梓荣，张明霞，等. 注射法培育三角帆蚌有核珍珠的研究. 浙江农业学报，2002，2:22-26.
[130] 方爱萍，张根芳. 淡水珍珠养殖业的现状和展望. 科学养鱼，2000，2:6-7.
[131] 何福林，向建国. 有核珍珠培育的关键技术. 渔业致富指南，2005，14:40-41.
[132] 赵明森. 我国淡水珍珠生产的现状及发展对策. 科学养鱼，2003，2:3-4.
[133] 蔡仁逵. 中国珍珠业发展综述(上). 科学养鱼，2003，10:3-5.
[134] 张辉，张蓓莉. 中国的养殖珍珠资源及市场. 宝石和宝石学杂志，2004，4:14-18.
[135] 王海. 珍珠与马氏珠母贝表型性状相关性以及矿化基因在珍珠囊和外套膜中的定量表达研究:[学位论文]. 海口:海南大学，2013.
[136] 李小兵，张梁. 浅谈淡水彩色珍珠的成因及其培育技术. 广西水产科技，2012，1:25-27.
[137] 袁晓泉. 池蝶蚌与三角帆蚌育珠性能比较研究:[学位论文]. 武汉:华中农业大学，2008.
[138] 谢绍河，梁飞龙，林伟财，等. 三角帆蚌和褶纹冠蚌培育附壳造型珍珠的术前处理及养殖模式研究. 海洋湖沼通报，2012，4:89-95.
[139] 李有宁，陈明强，翁雄，等. 我国热带海水大型珍珠贝类的珍珠养殖技术现状及对策建议. 广东农业科学，2013，1:136-138.
[140] 王海华，丁文军，金霞，等. 江西省珍珠产业发展研究. 中国渔业经济，2012，5:113-120.
[141] 张根芳，许式见，方爱萍. 组织小片对三角帆蚌外套膜无核珍珠颜色成因的影响. 水生生物学报，2013，3:581-587.
[142] 张根芳，许式见，方爱萍. 三角帆蚌(*Hyriopsis cumingii*)外套膜无核珍珠颜色成因的育珠实验. 海洋与湖沼，2013，2:531-536.
[143] 陈永富，钱国英. 培养条件对三角帆蚌外套膜离体上皮组织珍珠质分泌能力的影响(简报). 分子细胞生物学报，2009，Z1:249-255.
[144] 黄惟灏，沈智华，童建民，等. 三角帆蚌内脏团培育圆形有核珍珠的试验. 淡水渔业，2009，4:72-74，71.
[145] 谢绍河. 淡水有核珍珠大面积养殖技术研究. 广东海洋大学学报，2010，1:55-58.
[146] 符韶，邓陈茂，黄海立，等. 珠母贝人工培育黑珍珠的影响因素分析. 中国水产科学，2010，6:1340-1345.

[147] 李飞星,杨伟文.珍珠产业国际竞争力比较研究.农业经济问题,2010,11:97-102.
[148] 许巧情,李景.三角帆蚌年龄与培育珍珠产量和质量比较.科学养鱼,2010,8:46-47.
[149] 赵永超.三角帆蚌雌雄间生长和产珠性能差异研究:[学位论文].上海:上海海洋大学,2013.
[150] 刘越.三角帆蚌供片蚌对珍珠质量的影响:[学位论文].上海:上海海洋大学,2013.
[151] 孔进,杨明星,何剑寒.淡水无核养殖珍珠生长过程中的改色实验初探.中国宝玉石,2012,4:153-157.
[152] 金武.三角帆蚌生长性状与育珠性状的遗传参数估计:[学位论文].上海:上海海洋大学,2012.
[153] 白志毅,林静云,李家乐.三角帆蚌供体及受体细胞共同形成珍珠囊的分子证据.见:中国遗传学会,新疆维吾尔自治区科协,新疆大学.中国的遗传学研究——遗传学进步推动中国西部经济与社会发展——2011 年中国遗传学会大会论文摘要汇编.2011.
[154] 黄凯,施志仪,李文娟,等.三角帆蚌内脏团不同插核部位对机体生理代谢的影响.水生生物学报,2013,6:1085-1093.
[155] 余祥勇.世界珍珠研究发展趋势及其对我国珍珠产业的启示.见:中国水产学会,世界水产养殖学会.2002 年世界水产养殖大会论文交流综述.2002.
[156] 龙云芳.淡水珍珠立体养殖生态系统总氮、总磷含量及氮、磷收支的研究:[学位论文].长沙:湖南农业大学,2012.
[157] 童水明,徐毛喜,颜冬,等.水蛭无土产卵技术.科学养鱼,2014,1:37-38.
[158] 王瑶.水蛭养殖.新农业,2012,8:46.
[159] 李军,于翔,宋文华,等.宽体金线蛭室内产茧、孵化及仔蛭饥饿研究.中国现代中药,2012,11:31-36.
[160] 高明,侯建华,李双安.水蛭人工养殖技术研究进展.黑龙江畜牧兽医,2013,5:17-19.
[161] 张卫,张瑞贤,李健,等.中药水蛭品种考证及资源可持续利用发展探讨.中国中药杂志,2013,6:914-918.
[162] 孟凡国,史红专,王嘉,等.蚂蟥与梨形环棱螺营养成分的相关性研究.中国中药杂志,2013,12:1915-1918.
[163] 初建军,王本玲,刘金平,等.水蛭养殖技术要点.中国畜牧兽医文摘,2013,6:73.
[164] 潘继兰.养殖水蛭关键技法.乡村科技,2013,5:35.
[165] 丁辰龙,蔺玉华,王信海,等.水蛭养殖池塘生物组成与生长条件的研究.天津师范大学学报(自然科学版),2013,4:64-67.
[166] 丁立威.水蛭产供销趋势分析.中国现代中药,2013,9:808-811.
[167] 张建军.北方地区水蛭的人工养殖技术.黑龙江水产,2011,2:20-21.
[168] 王刚,张平.城乡庭院水蛭养殖技术.科学养鱼,2011,5:32-33.
[169] 高山.水蛭的生态养殖与加工.水产养殖,2011,11:45-46.
[170] 周维官,周维海,丘毅,等.菲牛蛭规范化养殖标准操作规程(SOP).中药材,2011,9:1331-1335.
[171] 沈学能.水蛭网箱养殖技术.科学养鱼,2011,11:31.
[172] 张彬,龚元,于翔,等.体重、年龄和应激刺激对菲牛蛭繁殖性能的影响.四川动物,2012,

3:397-401.
[173] 汪波,龚元,于翔,等.菲牛蛭繁殖性能的初步研究.北京师范大学学报(自然科学版),2012,2:157-160.
[174] 高明,刘玉芝,李双安.宽体金线蛭的生物学特性及养殖技术.宁夏农林科技,2012,7:54-55.
[175] 高明,侯建华,李双安.温度对宽体金线蛭繁殖的影响研究.安徽农业科学,2012,22:11305-11306.
[176] 张彬,汪波,龚元,等.几种水蛭抗凝血物质提取及活性分析.中山大学学报(自然科学版),2012,4:92-96.
[177] 史红专,郭巧生,朱再标,胡婷婷,张帅稳.不同温度和 pH 对蚂蟥消化道酶活性影响的初步研究.中国中药杂志,2012,17:2538-2541.
[178] 朱珠.水蛭养殖技术要点.科学养鱼,2012,9:40.
[179] 高小赣.水蛭的工厂化高密度养殖技术.山东科技报,2012-7-16007.
[180] 高明,侯建华,刘玉芝,等.温度对宽体金线蛭生长的影响.安徽农业科学,2009,22:10547-10548.
[181] 汪波,张彬,梁万文,等.3 种常用水产消毒剂对菲牛蛭幼体的急性毒性作用.广东农业科学,2009,8:170-173.
[182] 张彬,李浩华,林强,等.菲牛蛭细菌性疾病的病原检验及药物防治.中国水产科学,2009,6:878-890.
[183] 蔡丽娟,邹礼根,林启存.宽体金线蛭疾病快速诊断及治疗方法研究.水产科学,2009,11:695-697.
[184] 史红专,郭巧生,陆树松,等.不同月龄蚂蟥内在品质及最佳采收期研究.中国中药杂志,2009,23:3060-3063.
[185] 张彬,汪波,林强,等.3 种有益微生物对菲牛蛭养殖水体理化因子及成活率的影响.水生态学杂志,2010,1:107-111.
[186] 张彬,储霞玲,林强,等.相对密度和季节对菲牛蛭 *Hirudinaria manillensis* 繁殖习性的影响.中山大学学报(自然科学版),2010,5:87-92.
[187] 秦建生,潘桂成,吴俊堂,等.水蛭人工养殖技术试验.河南水产,2010,4:38-39.
[188] 李志坚.水蛭养殖六注意.农家致富,2009,12:41.
[189] 叶保华.水蛭的养殖技术.农业知识,2010,3:38-39.
[190] 汪志铮.药用蚂蟥的人工养殖技术.科学种养,2008,1:48-49.
[191] 李东方,李艳春,郑远洋.水蛭的生物学特性及养殖技术.黑龙江水产,2008,4:6-7.
[192] 周维官,周维海,覃国森.菲牛蛭的人工养殖方式试验.广西科学,2008,3:317-320.
[193] 李庆.水蛭池塘养殖技术.现代农业科技,2008,17:267.
[194] 吴桂亮.宽体金线蛭养殖技术.江苏农业科技报,2008-02-20006.
[195] 成钢,马玉明,王文龙,等.温度对羊粪养殖蚯蚓生长和繁殖的影响.河南农业科学,2013,12:136-138.
[196] 汪志铮.沼渣养殖蚯蚓技术.河北科技报,2014-1-11005.
[197] 董炜华,韩德复,吴祥文,等.蚯蚓在不同污水污染土壤中生长繁殖的状况.长春师范学